Masha Gerding

Doing Time

Masha Gerding

Doing Time

Eine ethnomethodologische Analyse der Zeit

VS VERLAG FÜR SOZIALWISSENSCHAFTEN

Bibliografische Information der Deutschen Nationalbibliothek
Die Deutsche Nationalbibliothek verzeichnet diese Publikation in der Deutschen Nationalbibliografie; detaillierte bibliografische Daten sind im Internet über <http://dnb.d-nb.de> abrufbar.

Zugl. Dissertation Ruhr-Universität Bochum, 2007

1. Auflage 2009

Lektorat: Katrin Emmerich / Sabine Schöller

VS Verlag für Sozialwissenschaften ist Teil der Fachverlagsgruppe Springer Science+Business Media.
www.vs-verlag.de

Umschlaggestaltung: KünkelLopka Medienentwicklung, Heidelberg
Druck und buchbinderische Verarbeitung: Krips b.v., Meppel
Gedruckt auf säurefreiem und chlorfrei gebleichtem Papier
Printed in the Netherlands

ISBN 978-3-531-16369-7

Danksagung

Diese Arbeit ist als Dissertation im Jahre 2006 von der Fakultät für Sozialwissenschaft an der Ruhr-Universität Bochum angenommen worden und wurde für die Drucklegung geringfügig überarbeitet. „Doing Time“ entstand aus einer Weiterentwicklung meiner Diplomarbeit am Lehrstuhl für Geschlechterforschung und Sozialstrukturanalyse bei Professorin Dr. Ilse Lenz. Sie war diejenige, die mich dazu ermunterte, dieses spannende Zeitthema fortzuführen. Liebe Ilse, Dir gilt als allererstes mein Dank für die Projektidee und die Begleitung in der gesamten Zeit - auch wenn ich selbst manchmal in der ein oder anderen „erklärenden Sackgasse“ gelandet bin!

Ich danke an dieser Stelle auch meinem Zweitgutachter Herr Prof. Dr. Rolf G. Heinze für die unkomplizierte Zusammenarbeit und freudige Diskussionsbereitschaft.

Gleichzeitig gilt mein besonderer Dank den vielen unterstützenden, klärenden und mobilisierenden Diskussionen im Rahmen des Lehrstuhlkolloquiums, aus dem ich meine Freundin Eszter Belinszki besonders hervorheben möchte. Darüber hinaus unterstützten mich im kleinen selbstorganisierten Kolloquium Yin Zu Chen, Lisa Mense, Charlotte Ullrich, Joensa Vieth und Torsten Wöllmann immer konstruktiv, ideenfreudig und kulinarisch.

Mein Dank gilt auch Minna Ullrich, die den Zeitpunkt ihrer Geburt klug gewählt hat, so dass ihre Mutter Charlotte die `undankbare` Aufgabe, eine erste Gesamtversion auf logische Kohärenz kritisch zu lesen, gelassen übernehmen konnte.

Ich danke Sven Benecke, der sich freundlicherweise um die „handwerkliche“ Endphase dieses Buches gekümmert hat.

Last but not least gilt mein ganz besonderer Dank meinem Mann Christof Hartmann, der gerade in der Endphase der Fertigstellung viel Rücksicht genommen hat, sowie meiner Tochter, die sich schon bald nach ihrer Geburt entschied, lange und unkompliziert durchzuschlafen!

Inhalt

Einleitung

Wenn man sich als Soziologin auf den Weg macht, die Konstruktionsprozesse der Zeit am Beispiel von Lehrerinnen und Lehrern in beruflichen und außerberuflichen Lebensbereichen und die möglichen Prozesse ihrer Vergeschlechtlichung in einer explorativen Studie zu untersuchen, handelt es sich hierbei um die „übergeordnete" Absicht, im Alltagshandeln der Subjekte die Zeit als generelles Bezugs- und Ordnungssystem als Teil ihrer gesellschaftlichen Wirklichkeit zu rekonstruieren. Die Zeit ist die am wenigsten hinterfragte Selbstverständlichkeit und dadurch zum „sichtbaren Ausdruck der Normalitätskonstruktion" (Soeffner 1983:17) geworden; durch Wiederholung von vertrauten und bekannten Handlungsmustern werden Rituale hergestellt und darüber in den Wissensvorrat einer Gesellschaft überführt, die gleichzeitig über die Sozialisation vermittelt werden (vgl. Abels 2001). In dieser Arbeit soll aus einer ethnomethodologischen Perspektive das Handeln der Subjekte hinsichtlich ihrer Alltagsstrategien untersucht werden, entlang derer sie den für sie selbst und andere geltenden Sinn von Zeit konstruieren.

Ausgangspunkt für die Untersuchung sind die durch die Arbeits- und Geschlechtersoziologie angestoßenen Diskussionen um flexibilisierte Beschäftigungsformen und zeitlich-flexibilisierte Arbeitsorganisation (vgl. hierzu ausf. Gottschall 2005, 2003, 2000; Gottschall/Pfau-Effinger 2002; Lenz 2000; Müller 1999, 1993) sowie deren Auswirkungen auf die innerfamiliale Arbeitsteilung (vgl. Hochschild 1997, 1989; Jurczyk 2000, 1999, 1998, 1993; Rerrich 2000).

Seit einigen Jahren sind zwei sehr verschiedene (arbeits)zeitliche Entwicklungen festzustellen: Einerseits nehmen geringfügige Beschäftigung zu und die Abnahme der wöchentlichen Arbeitszeit wird reduziert; andererseits führen neue Managementkonzepte und die damit verbundenen neuen Formen der flexiblen Arbeitsorganisation zu längeren Arbeitszeiten[1] (vgl. Oechsle 2002; Reich 2002). So werden Hochqualifizierte in diesen Diskussionen als die „Vorreiter neuer Formen der individuellen Arbeitszeitgestaltung angesehen" (Wagner 2000:258).

Diese Entwicklungen beeinflussen aber auch die Organisation des gesamten Alltagslebens und es müssen damit verbunden auf der individualisierten Ebene Handlungsstrategien und Lösungskonzepte entwickelt werden, die das Neben- und

1 Hierzu gehören Arbeitszeitkonzepte wie die Vertrauensarbeitszeit, aber auch neue Modelle und Kooperationszusammenhänge wie das individualisiert zeitlich stark restriktives Projektmanagement (vgl. ausführlich Pickshaus 2000). Untersuchungen zu den Auswirkungen von Sabbaticals und Blockfreizeiten auf die Alltagsorganisation ausführlich Pfahl/Reuyß 2002 und zu der 28,8-Stunden-Woche bei VW Jürgens/Reineke 2000, 1998.

Miteinander unterschiedlicher Lebensbereiche ermöglichen. In der alltäglichen Lebensführung mündet diese Entwicklung in die These vom „Arbeitsmonaden", der die ökonomische Marktlogik auf die Lebensbereiche außerhalb seiner flexibilisierten Erwerbsarbeit übertragen und bewältigen muss (Voß/Pongratz 1998; Voß/Jurczyk 1999).

Das gesamtgesellschaftlich relevante Bezugs- und Ordnungssystem, welches die Grundlage für diese Handlungsstrategien aller Beteiligten in diesem Alltagsarrangement bildet, ist die Zeit. Sie ist einerseits „universelle Erfahrungsdimension" (Zoll 1988:72); andererseits ist die in ihr geltende Zeitordnung eine grundlegende soziale Konstruktion, die gesellschaftliche Orientierungs- und Synchronisierungsleistungen ermöglicht, den Umgang der Menschen koordiniert und für das Funktionieren der gesellschaftlichen Produktion überlebenswichtig ist (vgl. Elias 1988). In modernen Gesellschaften löst sich diese Zeitordnung gleichzeitig auf und diese „weggeschmolzenen Verbindlichkeiten betreffen alle Zeitdimensionen" (Gross 1994:80).

Die Zeit im Alltaghandeln der Subjekte kann in ihrer Funktion als gesellschaftlich relevantes Bezugs- und Ordnungssystem die entscheidende Ebene sein, auf deren Grundlage Fragen nach der Balance von Arbeit und Leben, nach ihren neuen Steuerungs- und Bewältigungsmöglichkeiten im Kontext der Diskussionen um die Entgrenzung von Arbeit zwischen beruflichen und außerberuflichen Lebensbereichen grundsätzlich gestellt und erklärt werden können.

Nun könnte der/die kritische Leser/in fragen, warum ausgerechnet am Beispiel von Lehrerinnen und Lehrer die Zeit als gesellschaftliches Bezugs- und Ordnungssystem und die in den Alltagsarrangements zu bewältigenden Entgrenzungen von Arbeit und Leben sowie deren Konsequenzen für die innerfamilialen Arbeitsteilungen analysiert werden können?

Unabhängig von den öffentlichen Diskussionen über überlastete Lehrer an den Schulen, verweigerte Bildungs- und Erziehungsaufträge von Eltern, zunehmende Probleme durch Lehrermangel, problematische Schülerstrukturen etc.[2] handelt es sich trotz struktureller und arbeitsinhaltlicher Besonderheiten um einen Beruf, in dem die Arbeitsorganisation Merkmale aufweist, die denen der individualisierten Arbeitszeitorganisation hochqualifizierter Angestellter entsprechen. Die Entgrenzung von Arbeit und Leben hat im Lehrberuf an Ganztagsschulen eine Tradition; nämlich dort, wo es keine geeigneten Arbeitsplätze für Lehrerinnen und Lehrer (außerhalb der Klassenräume) an den Schulen selbst gibt und damit eine „betriebliche" Zugehörigkeit im Sinne der Normalarbeit nicht besteht. Für die Analyse der zeitlichen Konstruktionsprozesse im Lehrberuf sind die arbeitsorganisatorischen und arbeitszeitlichen Implikationen interessant, denn hier lösen sich individuell die

[2] Zu den Rahmenbedingungen der Lehrerarbeit vgl. ausführlich Klemm/Döbrich/Lohmann/Beckmann/Schmitter/Daschner 1998; Terhart 1997; Schönwälder 1998.

„Alltagsprobleme" im Lehrberuf auf, die als kollektive Wahrnehmungen erfahren und beschrieben werden.

Im Gegensatz zu anderen Untersuchungen wird hier nicht die flexibilisierte Arbeitsorganisationen in besonderen Berufsfeldern wie den „Kulturarbeitenden" und „wissensintensiven Dienstleistungen" gewählt (vgl. Betzelt/Gottschall 2005; Gottschall/Kroos 2003) oder auf den Beamtenstatus als arbeitsrechtliche Grundlage bei der Auswahl der Untersuchungsgruppe verzichtet (vgl. Ebert/Kühnel/Ostner 2005). Vielmehr gerade aufgrund der „Tradition" von Entgrenzung, des arbeitsrechtlichen Status und der damit verbundenen Beschäftigungssicherheit sowie der individualisierten außerschulischen und innerschulischen Arbeitsorganisation ist hier ein besonderes zeitsoziologisches Spannungsfeld zu sehen, in dem die zeitlichen Konstruktionsprozesse in unterschiedlichen Lebensbereichen aufeinander abgestimmt und im Zusammenwirken mit anderen koordiniert werden müssen; ähnlich wie in anderen Berufsfeldern, in denen eine hochmotivierte Zeitorganisation als Bestandteil der individualisierten Arbeitszeitgestaltung grundlegend ist.

Lehrerinnen und Lehrer haben vierzig verschiedene Arbeitsmodelloptionen[3], die sie aufgrund von familiären Verpflichtungen in Anspruch nehmen können. Werden familienfreundliche Arbeitszeitoptionen, die in ihrer Ausgestaltung eine gelungene Vereinbarkeitsoption zwischen beruflichen und außerberuflichen Lebensbereichen ermöglichen sollen, möglicherweise überflüssig, weil die Beschäftigten diese Optionen nur bedingt in Anspruch nehmen wollen? Inwieweit haben innerfamiliale Arbeitsteilungen eine Bedeutung für die Annahme bzw. Verweigerung arbeitszeitflexibilisierender Zeitmodelle durch die Beschäftigten? Wie erklärt sich diese paradoxe Situation von Verweigerungshaltungen der Beschäftigten einerseits und dem scheinbaren Bedürfnis nach vereinbarkeitsfördernden Arbeitszeitmodellen andererseits? Wie lassen sich familiale Zeiterfordernisse und –bedürfnisse der einzelnen Familienmitglieder in den Familien der Lehrerinnen und Lehrer einordnen? Wie wirken sich die organisationalen Rahmenbedingungen auf die Entscheidungen der Lehrer/innen und ihre individualisierten Berufswahlmotive aus?

Die Fragestellung

Die vorliegende Arbeit fragt nach den beruflichen und außerberuflichen Konstruktionsprozessen von Zeit bei Lehrerinnen und Lehrern an Ganztagsschulen und will die Prozesse ihrer möglichen Vergeschlechtlichung analysieren, da die Zeit als Schlüsselkategorie für die Analyse gesellschaftlicher Veränderungsprozesse von entscheidender Bedeutung ist. Moderne Gegenwartsgesellschaften zeichnen sich dadurch aus, dass Zeit für die Subjekte eine Ressource in allen Lebenskontexten

3 Vgl. http://www.vlw.de/nrw/biblio/recht/rech0389.htm (Ratgeber Recht: Neuregelungen zur Teilzeitbeschäftigung und Beurlaubung im Beamtenbereich; April 2001).

darstellt und zu einer ökonomischen Angelegenheit par excellance wird, die sich einerseits in vollen Terminkalendern, chronischem Zeitmangel sowie einem schnelleren Lebenstempo äußert und anderseits ebenso gesellschaftliche Phänomene wie *Zeitpioniere* (vgl. Hörning/Gerhardt/Michailow 1991) oder *Zeitrebellen* (vgl. Rifkin 1988) hervorbringt, die sich für einen gesellschafts-, geschlechts- und kulturspezifischen Umgang mit der Zeit entscheiden.

Das von der Landesregierung in Auftrag gegebene Gutachten zur Arbeitszeit im Lehrberuf stellte fest, dass an Ganztagsschulen im Vergleich zu anderen Schultypen[4] die meisten Stunden gearbeitet werden (vgl. Mummert&Partner 1999[5]). Die Besonderheit der Arbeitszeit an Ganztagsschulen liegt in der spezifischen Strukturierung der (Arbeits)Zeit: Es existiert kein Wochenendunterricht (anders als an Gymnasien), aber aus der komplexen Klassen- und Kursstruktur dieses Schultyps resultiert eine komplexere Arbeitszeitstruktur innerhalb und außerhalb der Schule.

Die arbeitsorganisatorische Besonderheit des Lehrberufs als permanenter Prozess der Entgrenzung von Arbeit und Leben ist in der berufsbiographischen Belastungsforschung in vielen Untersuchungen aus der Perspektive der pädagogischen Lehrerforschung analysiert worden, aber die Frage nach der gesellschaftlichen Relevanz von flexibilisierten Formen der Arbeitsorganisation spielen in diesen Untersuchungen keine oder nur eine untergeordnete Rolle.

Eine weitere Besonderheit im Lehrberuf, die den Grad der individualisierten Arbeitsorganisation verstärkt, ist das persönliche Engagement aufgrund der Verknüpfung von Person und Berufsrolle bei Lehrer/innen, ihre/seine außerschulisch verwendete Zeit (nicht) arbeitsinhaltlich zu verwenden. Lehrerinnen und Lehrer werden für ihr Lehrdeputat bezahlt und konstruieren entlang eigener individualisierter Entscheidungsprozesse, wie sie ihre außerschulische Zeit verwenden und entscheiden damit auch grundlegend, wie sie die zeitlich konkurrierenden Lebensbereiche Arbeit und Familie/Freizeit erfolgreich koordinieren.

Um eine Verknüpfung der zeitlichen Konstruktionsprozesse in beruflichen und außerberuflichen Lebensbereichen der befragten Lehrerinnen und Lehrer zu gewährleisten, wurde das Konzept der alltäglichen Lebensführung in die Untersuchung integriert. Hierdurch wird es möglich, die zeitlichen Konstruktionsprozesse am Beispiel des Lehrberufs an der Schnittstelle von Individuum und Arbeit zu analysieren

---

4 Darunter sind folgende zu fassen: Grund-, Real-, Haupt-, Sonderschulen, Gymnasium.

5 Zur grundlegenden Kritik an der Methodik und Operationalisierung der Untersuchung Schönwälder 1998; Schmitter 1997.

Aufbau des Buches

Das vorliegende Buch gliedert sich in vier Bereiche. Im ersten Teil dieser Untersuchung, dem konzeptionellen Rahmen, werden die für die der Fragestellung der vorliegenden Untersuchung wichtigen Theorien und Untersuchungen vorgestellt und auf ihre theoretische Tragfähigkeit und empirische Erklärungskraft hin kritisch diskutiert. Dazu gehören zeitsoziologische Untersuchungen und Abhandlungen, in denen Zeit als soziale Konstruktion theoretisch-konzeptionell verstanden wird. Hier werden Untersuchungen berücksichtigt, die zwar die Zeit nur begrenzt als soziale Konstruktion verstehen, aber für andere Aspekte wie der familialen Arbeitsteilung und Haushaltsorganisation umso relevanter bewertet wurden.

Die Lehrerforschung befasst sich mit verschiedenen Schwerpunkten und wird in dieser Arbeit auf die Untersuchungen eingegrenzt, in denen die Arbeitsorganisation und Arbeitszeit im Lehrberuf in einen konstitutiven Zusammenhang gebracht wird. Hierbei wurden Untersuchungen, in denen die Zeit als Kategorie implizit eingebunden war, stärker berücksichtigt als Ergebnisse und Forschungsleistungen der berufsbiographischen Belastungsforschung, da diese die Arbeitszeit und Arbeitsorganisation als integraler Bestandteil verwendeter Belastungskonzepte betrachten und die positiven Chancen und Möglichkeiten der besonderen Form der Arbeitsorganisation marginalisieren.

Der dritte Schwerpunkt bildet das Konzept der alltäglichen Lebensführung, das als interdisziplinäres Forschungskonzept in den letzten Jahren zunehmend an Bedeutung gewinnt. Es wurde gewählt, weil es den theoretischen Rahmen entlang der Frage nach der möglichen Vergeschlechtlichung von zeitlichen Konstruktionsprozessen in der Alltagsorganisation aus der Perspektive der Subjekte sinnvoll ergänzt. Dieses Konzept bietet die theoretisch-konzeptionelle Möglichkeit, die (zeitlichen) Strategien und „Methoden", unter denen hier im Sinne einer interpretativen Soziologie die nicht-bewussten Strategien der Lehrerinnen und Lehrer im Alltag verstanden werden, auf ihre alltägliche Relevanz hin zu untersuchen und mögliche Brüche und Widersprüche aufzuzeigen. Vor diesem theoretischen Hintergrund wird am Ende dieses ersten Teils die für die empirische Analyse wichtige theoretische Synthese der im konzeptionellen Teil diskutierten Ansätze zusammengeführt und verwendeten Zeitebenen des Doing-Time-Konzeptes dargestellt.

Der zweite Teil skizziert die methodologischen und methodischen Überlegungen der Untersuchung. Hier werden die soziologischen und ethnographischen Methoden aus der Fragestellung heraus abgeleitet und vorgestellt.

Der dritte Teil präsentiert die empirischen Ergebnisse der Arbeit. Hier werden zwei unterschiedliche Aspekte der zeitlichen Konstruktionsprozesse jeweils mit einem eigenen Kapitel gewürdigt und die Erklärungspotenziale des Doing-Time-Konzeptes am Beispiel der Lehrer/innenarbeitszeit auf der Grundlage der im ersten Teil der Arbeit skizzierten theoretischen Zugänge diskutiert. Einerseits werden die arbeitsinhaltlichen Aspekte der zeitlichen Konstruktionsprozesse in der Schule als Ort der Arbeit analysiert und andererseits wird das Spannungsfeld beruflicher und außerberuflicher Lebensbereiche außerhalb der Schule herausgearbeitet.

Im letzten Teil dieser Untersuchung werden die möglichen Potenziale und weiteren theoretischen Anschlussfähigkeiten des Doing-Time-Konzeptes gewürdigt. Dies betrifft die zeitsoziologischen Diskussionen, die Lehrerforschung, die Geschlechterforschung sowie die neueren stark durch die sozialwissenschaftlichen und arbeitszeitlichen Diskussionen um hochqualifizierte Berufsfelder, die sich durch flexible Beschäftigungsverhältnisse und individualisierte Zeitorganisation auszeichnen.

1. Theoretische Zugänge

1.1. Die Zeit: Gegenstandsbereiche und Fragestellungen der Zeitsoziologie

Was ist die Zeit? Die Zeitsoziologie beantwortet nicht die augustinische Wesensfrage[6]. Sie beantwortet auch nicht die Frage nach den temporalen Prozessen in den beobachtbaren Dynamiken gesellschaftlicher Wandlungsprozesse[7]. Der Zeitsoziologie geht es um die temporale Rekonstruktion bei der Analyse gesellschaftlicher Veränderungsprozesse. Hierbei ist eine Grundannahme, dass Zeit einerseits eine gesellschaftliche Ordnungsfunktion hat, in dem sie das Handeln der Subjekte strukturiert und koordiniert. Andererseits ist sie aber auch eine Syntheseleistung der Subjekte selbst, die ihnen hilft, die Ereignisse in einen sinnvollen Zusammenhang zu stellen und sie in das Ordnungssystem wiederum einzubinden. So ist die Zeit Bezugssystem und Ordnungssystem zugleich[8].

Die Zeitsoziologie kann sich aus ihrem Selbstverständnis heraus auf die Erkenntnisse anderer Disziplinen wie zum Beispiel der Physik verlassen. Sie beschäftigt sich nicht mit der Zeit als Distanz zwischen zwei Ereignissen als messbarer Größe, sondern stellt vielmehr die sozialen Implikationen von Zeit in das Zentrum ihrer Analysen und übergeordneten Fragestellungen. Hier kann sie sich durchaus auch weiterer analytischer Kategorien wie Klasse/Schicht, Geschlecht, Ethnie etc. bedienen, die Prozesse des gesellschaftlichen Wandels ebenfalls analytisch erfassen und systematisch erklären können.

Für den Kern dieser Arbeit ist an der Schnittstelle von Individuum und Arbeit die Zeit als Schlüsselkategorie von entscheidender Bedeutung, denn sie wird im Lehrberuf über den hohen Grad der individualisierten Arbeitsorganisation, der unklaren Arbeitszeitstruktur und der (räumlichen und zeitlichen) Entgrenzung arbeitsinhaltlicher Prozesse aus der Schule heraus für Lehrerinnen und Lehrer an Ganztagsschulen eine entscheidende Größe, die über die Gestaltungs- und Handlungsoptionen in der alltäglichen Lebensführung entscheidet. Das subjektive Empfinden, Zeit zu haben oder eben auch keine Zeit zu haben, entscheidet nicht zuletzt über die alltägliche Lebensführung beeinflussende Frage nach der Höhe der Arbeitszeit, über das Verhältnis von Arbeitszeit und Familienzeit, über die Freizeit

---

6 Augustinus 1982; XI, S. 10.

7 Überblick zu den verschiedenen Aspekten z. B. Kultur vgl. ausführlich Borscheid 2004, Rosa 2004, Levine 2002; Wochenende: vgl. ausführlich Rinderspacher 2002, 1995, 1987 und zum Aspekt: Zeitmuster und Wohlfahrtsregime Garhammer 1999, 1994.

8 Norbert Elias Arbeit zur Wissenssoziologie ist in dieser Arbeit für die wissenstheoretische Auseinandersetzung der Soziologie mit der Zeit entscheidend. Demnach ist die Zeit eine Syntheseleistung der Subjekte, die durch gesellschaftliche Wandlungsprozesse und kulturelle Implikationen beeinflusst wird (vgl. Elias 1988).

und darüber auch über die Entscheidung, die Vereinbarkeit von Familie und Beruf herstellen zu wollen und zu können. Damit kann die Zeit auch zur Schlüsselkategorie von gesellschaftlichen Veränderungsprozessen und ihrer Vergeschlechtlichung werden, nämlich dann, wenn die Arbeit es schafft, die Frage nach den Gestaltungskriterien von Zeit zu beantworten. Wer kann in familialen Kontexten seine/ihre Zeitinteressen umsetzen? Wer beteiligt sich in welchem Umfang an der alltäglichen Organisation des Haushaltes, wenn beide Partner berufstätig sind und Kinder versorgt werden müssen? Spielt das Geschlecht als eine Strukturkategorie bei diesen Fragen eine Bedeutung oder ist die Zeit als geschlechtsneutrale Kategorie in diese Kontexte einzubinden?

Bei dem folgenden Überblick geht es zunächst weniger um eine wissenschaftshistorische Auseinandersetzung mit der Zeit in der Soziologie, sondern vielmehr darum, die Zeit als Schlüsselkategorie für die Analyse der Zeitkonstruktionen im Lehrberuf fruchtbar zu machen. Da die Frage nach der Vergeschlechtlichung der Zeitkonstruktionen (Vereinbarkeit von Familie und Beruf, geschlechtsspezifische Arbeitszeitmodelle etc.) in die Analyse systematisch eingebunden wird, werden in einem weiteren Kapitel die zeitsoziologischen Perspektiven auf die Koexistenz verschiedener Lebensbereiche unter dem Aspekt der Vereinbarkeitsproblematik erläutert.

1.1.1. Die Zeit in der Soziologie

Die Soziologie beschäftigt sich mit den sozialen Implikationen von Zeit und bietet ein umfangreiches Angebot an analytischen Kategorien, mit deren Hilfe man differenzierte Prozesse gesellschaftlichen Wandels erfassen und erklären kann (Körper, Geschlecht, Ethnie etc.). Die Zeit als soziale Konstruktion gehört aus der Perspektive dieser Arbeit dazu. Die Zeitsoziologie beschäftigt sich im Kern mit der Entstehung von Zeit und ihren spezifischen Organisationsbedingungen, gesellschaftlichen Rahmenbedingungen und zugrundeliegenden Gestaltungskriterien[9]. Ebenso interessieren die Organisationsprinzipien und spezifischen Ausführungsbestimmungen von Zeit, die aus der Perspektive der Zeitsoziologie spezifischen kulturellen und gesellschaftlichen Wandlungsprozessen unterliegen (vgl. Borscheid 2004; Rosa 2004; Rinderspacher 2002a; Levine 2002). Demnach ist die Zeit aus der Perspektive der Zeitsoziologie nicht eine rein physikalische Größe, sondern ein durch gesellschaftliche Entwicklungsprozesse bestimmtes Bezugssystem, das seinerseits die gesellschaftliche Ordnung beeinflusst (vgl. Elias 1988).

Die Zeit als soziologische Analysekategorie ist keineswegs neu. So hat Werner Bergmann 1983 einen umfassenden (historisch-deskriptiven) Überblick über die

---

9 Vgl. ausführlicher Lüscher 1989 sowie aus kulturwissenschaftlicher Perspektive Metzler Lexikon Literatur- und Kulturtheorie. Ansätze, Personen, Grundbegriffe bei Nünning 2004.

Diskussionen, Schwerpunkte und Methoden empirischer Analysen gegeben, die sich mit der Zeit in sehr unterschiedlichen Kontexten und mit unterschiedlichen Fokussierungen beschäftig(t)en. Zeit war zwar in viele soziologische Forschungen als Kategorie mit eingebunden, wurde aber als theoretisches Konzept selten hinterfragt[10]. Die Zeit war nicht integraler Bestandteil theoretischer Erklärungsversuche, sondern verlor sich im Forschungsgegenstand der eigentlichen Untersuchung und blieb eine nicht hinterfragte Selbstverständlichkeit. In den letzten zwanzig Jahren wandelte sich der Fokus weg von religiösen und zeitlichen Bezugssystemen hin zu deskriptiven Analysen postmoderner Zeitwahrnehmungen (vgl. Rosa 2005; Borscheid 2004; Rinderspacher 2002a+b, 2000; Garhammer 1999, 1994; Zoll 1989; Fürstenberg/Mörth 1986).

Mit der zunehmenden Ökonomisierung und Technisierung/Rationalisierung der alltäglichen Lebensführung wurde die Zeit immer mehr als eine soziale Konstruktion begriffen, die in der Durkheimschen Denktradition Zeit als eine durch menschliches Handeln beeinflussbare Größe begreift. Daraus entsteht die zeitsoziologische Konsequenz, dass sie an die im Sinne einer interpretierenden Soziologie ausgerichtete Theoriebildung angeschlossen werden kann, wobei sie auch in dieser Untersuchung als Beitrag zur Erkenntnisproduktion verstanden wird (vgl. Eder 1998). Für die zeitsoziologische Forschung bedeutet das, dass auch hier die grundlegenden Prinzipien der begrifflichen Konstruktion von Wirklichkeit zu berücksichtigen sind (vgl. Janich 1980).

Armin Nassehi (1993) legt in der zeitsoziologischen Forschung den Fokus auf die soziale Perspektive der Zeiterfahrung und versteht darunter die gesellschaftliche Konstruktion der Zeit. Die Verabsolutierung konstruktivistischer Ansätze in der Zeitsoziologie wird von Jens Jetzkowitz u. a. (2004) am Beispiel der Systemtheorie Luhmanns kritisiert. Sie konstatieren, dass Luhmann die konstruktivistische Einsicht überbieten will, in dem er die Zeit als selbstreferentiell im Handeln einbindet und dieses konsequent als grundlegende Theorieannahme konzipiert (Luhmann 1984, 1981a+b). Demnach haben soziale Systeme – die nur kommunikativ verknüpft bestehen – immer nur in der Gegenwart im Austausch mit ihren Umwelten Bestand und erscheinen demnach als Differenz von Aktualität und Potenzialität. Aktualität bedeutet die Auswahl an Kommunikation, Potenzialität meint die Optionen zur Kommunikation. Damit wehrt Luhmann sich gegen ein System von Vergangenheit und Zukunft und stellt dieses als selektive Leistungen eines beobachtenden Systems dar. Systeme existieren somit nur in der Gegenwart und nicht in der Zukunft, weil man hier nichts über sie weiß und sie lediglich einen temporalisierten Möglichkeitshorizont abbilden (vgl. Luhmann 1990).

---

[10] Max Weber (1905; 1991 bei Winckelmann) integrierte sie als Konzept in die protestantische Ethik und Emile Durkheim (1912) bezog sie in seine Bestimmung elementarer Formen religiösen Lebens mit ein.

Peirce entwickelt einen anderen Zeitbegriff, der den Objekt- und Formaspekt gleichermaßen und damit anders als Luhmann berücksichtigt und somit Zeit als Objekt und auch als Form der Zeichenfunktionen betrachtet. Damit ist Zeit als das System der Beziehungen zu verstehen, „das jedes Ereignis zu jedem anderen vergangenen, gegenwärtigen und zukünftigen Ereignis hat" (Peirce 1991:482). Diese Begrifflichkeit verstärkt den transperspektivistischen Charakter der Zeit. Demnach hat sie ein Eigenleben außerhalb jeder menschlichen Wahrnehmung; Peirce konstatiert weiterhin in seinem Zeitkonzept, dass es eine subjektive und objektive Gültigkeit der Zeit in Form und als Objekt gibt. Zeit als soziale Zeit ist im Handeln hergestellte Zeit, die Vergangenheit, Gegenwart und Zukunft in Beziehung zueinander setzt und damit die relationale Struktur aufhebt. Die zeitsoziologische Forschung betrachtet demnach temporale Strukturen von Systemen nicht nur als Formen, sondern auch als Objekte (vgl. Jetzkowitz 2004).

Jetzkowitz u. a. entwickeln ihre Annahmen über eine konzeptionelle Weiterentwicklung der „temporalen Muster" (Dollase 1995:107), in dem sie konstatieren, dass der Differenzierungsprozess moderner Gesellschaften eine Vielzahl gesellschaftlicher Einheiten entstehen lässt, die je unterschiedliche Zeitordnungen haben und diese Entwicklung in der Ausbildung pluralisierter Zeitordnungen mündet. Dieser geht einher mit einer abstrakten Zeitmessung, die das Handeln der Menschen in ihrer Funktion als Koordinationsstandard regelt (vgl. Rinderspacher 1987). Parallel dazu steht das Individuum vor der Entscheidung, selbst die eigene Zeitverwendung zu gestalten. Damit ist die Zeitverwendung in der Zukunft an die Entscheidungshorizonte anderer gesellschaftlicher Teilsysteme gebunden und gliedert somit die Lebensbereiche des einzelnen auf (vgl. Rinderspacher 1995). In diesem Konzept kann aber die Gestaltbarkeit der eigenen Zeit nicht möglich sein, da sich die Zukunft im Netzwerk gesellschaftlicher Strukturen auflöst (vgl. Nowotny 1989).

Kritik an dieser Perspektivierung von sozialer Zeit ist aber folgende: Statt von einer prinzipiellen Unmöglichkeit der eigenen Zeitverwendung auch im Kontext gesellschaftlicher Strukturen zu sprechen, wird in dieser Arbeit im Gegensatz zu den vorgestellten Ansätzen die These vertreten, dass Gestaltbarkeiten der eigenen Zeit eher ungenutzt bleiben.

Gesellschaftliche Rahmenbedingungen beeinflussen wiederum diese Gestaltbarkeiten der Zeit zwar nicht unerheblich, aber sie werden nicht nur als objektivierbare Größe wahrgenommen, sondern als ein in den Handlungen und Entscheidungen der Individuen internalisiertes und gestaltbares Bezugssystem betrachtet (vgl. Jetzkowitz u.a). Im Gegensatz dazu stehen „reine" Entscheidungsansätze, die das Problem der zeitlichen Komplexität als „universelle Ursache" (Schimank 2005:166) bezeichnen, die sich aus der Sterblichkeit des Menschen ergibt (vgl. Schimank 2005). Zeitknappheit gilt als existentielle Bezugsgröße gleichermaßen auch für Organisationen. Theoretisch-konzeptionell wird die Zeit über die funktional ausdifferenzierte Gesellschaft und ihrer Explosivität hinsichtlich der Zeitdimension geleistet (vgl. Schimank 2005).

Der Protestantismus als Sinnsystem gesellschaftlicher Ordnung ist entscheidender Gestalter an der Logik der Zeit als ein die Zukunft vorbereitendes und kontrollierbares Element individueller und gesellschaftlicher Entscheidungen (vgl. Neumann 1988). Diese zeitsoziologischen Grundannahmen können vor dem Hintergrund der Freisetzungsthese in den Diskussionen um die Reflexive Moderne (vgl. Hildebrandt 2000, Weiss 1998, Beck/Giddens 1996) eine neue Perspektive einbringen, wenn sie die Zeit als ein sinnhaftes Bezugssystem gesellschaftlicher Ordnung verstehen: Das Wegbrechen sowohl von Traditionen als auch von Strukturen führen zu einem neuen bisher nicht erlebten Gestalten der eigenen Identität und den damit verbundenen Handlungsoptionen. So wird der/die Einzelne über die o.a. beschriebenen Prozesse verursachten zunehmenden Komplexität der Handlungsoptionen in die Eigenverantwortlichkeit seiner/ihrer Entscheidungen überführt und muss den Wegfall zeitlich eindeutig strukturierter Erwerbsbiographien in den beruflichen und außerberuflichen Lebensbereichen kompensieren.

Die Zeit wird in diesen Prozessen als starke Handlungsrestriktion wahrgenommen, allerdings lassen sich ihre Funktionsweise und die ihr zugrundeliegenden Mechanismen theoretisch bisher nur begrenzt einbinden. Nicht zuletzt deshalb, weil die Zeit als Sächliches in die Diskussionen als „selbstevidente Größe (Rosa 2005: 21) einfließt und auf die untersuchten Fragestellungen begrenzt bleibt (vgl. Levine 2002; Klein/Kiem/Ette 2000; Geißler 1999; Backhaus/Bonus 1998; Reheis 1998; Sennett 1998; Eberling 1996; Gronemeyer 1996; Zoll u. a. 1988).

Die Rezeption des Isaac Newton´schen Satz der Zeit, dass „(...) die absolute, wahre und mathematische Zeit (...) von sich aus (fließt) und ihrer eigenen Natur gleichmäßig und ohne Beziehung zu irgendetwas Äußerem (vermöge)" (Newton 1872, zitiert nach Hauger 1997:35) , führte bis ins Zwanzigste Jahrhundert zu der gesetzmäßigen Annahme der Zeit und vernachlässigte die kulturellen und gesellschaftlichen Einflüsse auf die Zeit. Es herrschten die physikalischen Paradigmen; verstärkt durch die Dominanz der Naturwissenschaften in den Wissenschaften insgesamt (vgl. Maurer 1992).

Einsteins Überlegungen führten zur Relativierung der Newton´schen Absolutzeit, da er die von Newton angenommene Gleichzeitigkeit von Ereignissen ohne einen gültigen Bezugsrahmen in Frage stellte (vgl. Fritzsch 2001). Für Einstein sind zeitliche Reihenfolgen von ihrer gegenseitigen Bewegung im Raum abhängig und diese sind nicht absolut feststellbar. Doch änderte diese physikalisch bedeutende Erkenntnis nichts an dem Alltagsverständnis der Zeit als einer unumstößlichen, weil wahren und absoluten objektivierbaren Größe.

Erst die 1988 von Stephen Hawking aufgestellte These der Zeitpfeile und der Feststellung der Umkehrbarkeit der Zeit, die sich in der Sichtweise der Zeitpfeile verdeutlicht, lässt erkennen, dass sich zu dieser Entwicklung eine Entwicklung in den Geisteswissenschaften und hier insbesondere in der Philosophie, zu deren Vertretern Heidegger und Husserl zu gehören, abzeichnete (vgl. Hawking 2005,1988; Heidegger 1927; Husserl 1966). Beide wenden sich eindeutig von der naturwissenschaftlich definierten Zeit ab und erarbeiten jeweils zwei unterschiedliche Zweiteilungen des Begriffes. So werden die Begriffe der subjektiven und objektiven Zeit entwickelt.

In der Ethnologie spielt der vergleichende Aspekt auch mit Blick auf die Zeit in unterschiedlichen kulturellen und gesellschaftlichen Kontexten eine große Rolle. Die Soziologie vernachlässigte bis in den 1970er Jahre hinein die Zeit als Forschungsgegenstand und erst in den 1980ern folgte eine Reihe von Tagungen, Kongressen und disziplinären anderen Arbeitszusammenhängen, in denen die „Zeit" etabliert wurde (vgl. ausführlicher Maurer 1992). In den 1980ern konnten erstmals interdisziplinäre Arbeitszusammenhänge dafür sorgen, dass die Zeit in der Soziologie als gesellschaftliches Problem begriffen und formuliert werden konnte. Die analytische Einbindung der Zeit in gesellschaftliche Kontexte ermöglichte eine Offenheit und Gestaltbarkeit in den Diskursen über die Zeit, wie sie bisher nicht stattgefunden hat (vgl. Rosa 2005; Maurer 1992).

Zu Beginn der 1980er Jahre entstanden viele Analysen, die sich mit der Zeit in unterschiedlichsten Fragestellungen, Kontexten und Methodologien beschäftigen (vgl. Bergmann 1983). Doch, so bemerkt Bergmann, fehlt es der Soziologie insgesamt an einer methodologischen und empirischen Konzeptionalisierung und einer einheitlichen Definition unterschiedlich verwendeter zeitsoziologischer Begriffe. Das größte Defizit ist die Tatsache, dass eine Einbettung zeitsoziologischer Analysen in die Theoriediskussionen immer noch nicht geleistet wird (vgl. Rosa 2005; Bergmann 1983). Bergmann konstatiert, dass sich die Wissenschaftler/innen in ihren Analysen oft verlieren und eine eigene Verortung innerhalb der Diskussionen nicht vornehmen; eine systematische Erfassung der Analysen und eine gelungene Rückbindung an die soziologischen Theoriediskussionen findet nicht statt. Dieser Befund vom Anfang der Achtziger Jahre wurde jüngst von Hartmut Rosa noch einmal bestätigt (vgl. Rosa 2005; Bergmann 1983).

Wissenschaftshistorisch begründen sich trotz der erwähnten Defizite viele dieser Analysen auf die auf Durkheim als Vertreter der „französischen Schule" zurückzuführende analytische Trennung von drei basalen Grundannahmen:

Im Zusammenspiel mit anderen wesentlichen Kategorien wird der

1. Zeitbegriff als das Produkt kollektiven Denkens verstanden und verwendet. Durkheim veranschaulicht dies anhand eines Gedankenexperiments: man soll sich die Zeit vorstellen ohne die Zuhilfenahme objektiver Hilfsmittel und sich danach überlegen, was von ihr – der Zeit- noch übrigbleibt.

2. Die Zeit wird als soziale Tatsache beschrieben, die eben nicht nur das individuelle Leben, sondern dasjenige ganzer Gesellschaften prägt.

3. Die Zeit ist in besonderer Weise durch die Religion geprägt und kommt hier durch die Erstellung christlicher Kalender zum Ausdruck. Der Kalender wird als Zeitmessinstrument „enttarnt" und wird nicht länger auf eine astronomisch-physikalische Messtechnik verkürzt. Der Kalender wird bei Durkheim als Ausdruck einer rhythmischen Kollektivtätigkeit gesehen, deren Funktion die Sicherung einer Regelmäßigkeit ist (vgl. Durkheim 1912/1981).

Obwohl sich Durkheim in seinen Analysen ausschließlich den Grundlagen des religiösen Lebens gewidmet hat, gelang es ihm – trotz umfangreicher Kritiken[11]- den Begriff der *sozialen Zeit* zu definieren. Hierunter versteht man seit Durkheim nun die kollektive Form der Organisation der Zeit und den dazugehörenden Zeitbestimmungen. Die Analyse der Zeitbestimmung bezieht sich somit auf die soziale Gestaltung der Zeit, die als ein Element der Zeitordnung zu verstehen ist[12].

Vor dem Hintergrund der oben skizzierten Entwicklungen in der bisherigen zeitsoziologischen Auseinandersetzung lässt sich begründen, warum die Zeitsoziologie für die Analyse gesellschaftlicher Entwicklungen entscheidende Erklärungskraft gewinnen kann. Wenn es dieser Arbeit gelingt, eine Rückbindung an moderne Theoriediskussionen zu leisten, kann die Zeit in ihrer Bedeutung für die integrierte Analyse von individuellen und kollektiven Handlungsoptionen und –restriktionen in modernen Gesellschaften eingebunden werden, die in der „Freisetzungsthese" zunehmend über die Gestaltungsoptionen der Subjekte entscheidet, wenn gesellschaftliche Traditionen und Strukturen als gültige Muster sozialer Ordnungen wegfallen und in den Identitäten der Subjekte aktiv ausgebildet werden müssen und können. Wie lassen sich diese gesamtgesellschaftlichen Entwicklungen in eine zeitsoziologische Analyse zu den zeitlichen Konstruktionsprozessen in beruflichen und außerberuflichen Lebensbereichen bei Lehrerinnen und Lehrern analytisch einbinden und welche zeitsoziologischen Aspekte können hier ertragreich für die Analyse dieses Berufsfeldes genutzt werden? Das ist Gegenstand des nächsten Kapitels.

---

11 Vgl. hierzu Dux 1989.

12 Zu den weiteren Entwicklungen und Abhandlungen in der Soziologie, die sich mit Zeit und der Weiterentwicklung in der Soziologie beschäftigen vgl. ausführlich Stanko 1994, Maurer 1992.

1.1.2. Neuere zeitsoziologische Forschung

Während im vorangegangenen Kapitel die für die Zeitsoziologie immer noch gültigen Grundannahmen in ihrer Entwicklung nachgezeichnet wurden und das Verständnis der Zeit als eine durch gesellschaftliche und kulturelle Bedingungen beeinflusste soziale Ordnung erklärt wurde, sind für die weitergehenden Überlegungen nun die zentralen Ansätze und Diskussionen in der Soziologie zu berücksichtigen, die entweder die Zeit zum zentralen Gegenstand haben oder sich um eine Einbettung der Zeit als Analysekategorie in bestehende theoretische Konzepte bemühen. Hierbei geht es nicht um Ansätze, die Zeit zur Erklärung spezifischer Muster in so genannten Längsschnittanalysen heranziehen, sondern um Ansätze, die Zeit als eine soziale Konstruktion zur theoretischen Vorannahme ihrer Untersuchungen haben. Das bedeutet für die weiteren Erläuterungen, dass die Zeitempfindungsforschung[13], Zeitverwendungsforschung sowie die später aus ihr hervorgegangene Freizeitsoziologie[14] im konzeptionellen Rahmen dieser Untersuchung nicht berücksichtigt werden.

Für die Analyse der zeitlichen Konstruktionsprozesse im Lehrberuf ist die Auseinandersetzung mit den neueren Entwicklungen der Zeitsoziologie wichtig, da die Zeit in der Arbeitsorganisation in entgrenzten Arbeitsverhältnissen als Regulativ an Bedeutung verliert, aber gleichzeitig die Organisationen auf eine effiziente und hochmotivierte flexibilisierte Arbeitsorganisation der Subjekte angewiesen sind, um ihre Handlungslogiken aufrecht zu erhalten.

Seit Mitte der 1980er Jahre lassen sich folgende wichtige Fragestellungen innerhalb der Zeitsoziologie feststellen: Wie wird Zeit als soziales Phänomen behandelt? Hat sie sich mit und in der Gesellschaft organisiert oder kann sie andersherum als der Ausdruck einer bestimmten gesellschaftlichen Ordnung gedeutet werden? Mit Hilfe welcher Kategorien kann man die Entstehung und die Entwicklung von Zeitstrukturen und Zeitbewusstsein erklären? Wie lässt sich das Dreiecksverhältnis von gesellschaftlichem Zeitbewusstsein, Zeitstrukturen und individuellen Zeitvorstellungen und -präferenzen erklären?

Grundsätzlich lassen sich zeitsoziologische Analysen in zwei große Bereiche einteilen (vgl. Rosa 2005; Nassehi 1993; Maurer 1992): Während sich die einen mit dem Phänomen der subjektiven Zeit beschäftigen und sich hier stark an eher handlungstheoretisch ausgerichteten Modellen und Schulen wie den Symbolischen Interaktionismus und der Phänomenologie orientieren, beschäftigen sich andere mit der Analyse der sozialen Zeit und erklären diese mit Hilfe systemtheoretischer Konzepte.

Die phänomenologisch ausgerichteten Arbeiten konzentrieren die Analyse auf das innere Zeitbewusstsein und begreifen es nicht als soziale Konstruktion, die als

13 Vgl. hierzu ausführlich Schöneck 2004, 2003.
14 Vgl. ausführlich zur Freizeitsoziologie Bühl 2004, Lüdtke 2001 und Prahl 1977.

zentrales Element eines gesellschaftlichen Zeitbewusstseins zu bewerten ist. Vielmehr soll die Zeit in ihrer eigenen Sinnhaftigkeit dargestellt und erklärt werden (vgl. Paris 2001; Schütz/Luckmann 1994; Hörning/Gerhard/Michailow 1990; Michailow 1989; Mead 1987; Brose 1986; Husserl 1966).

Luhmann kann, auch wenn er die Zeit immer als spezifische Fragestellung in seine Arbeiten integriert hat, als der Pionier in der Zeitsoziologie bezeichnet werden. Die Zeit wurde in seinen Überlegungen immer an der systemtheoretischen Differenz zwischen System und Umwelt betrachtet (vgl. Luhmann 1984, 1975, 1971).

Die funktionale Differenzierung und die damit entstehenden Teilsysteme bilden ihrerseits teilsystemische Zeiten aus und bewirken damit gleichermaßen die Bildung und Entstehung von Zeitknappheit. Jedes Teilsystem bildet eigene Zeitstrukturen und im Sinne Luhmanns Zeitgrenzen aus, die gegenüber anderen Teilsystemen durchgesetzt und behauptet werden müssen. Gleichzeitig benötigt jedes System Zeit, um sich zu organisieren und die ihm zugewiesenen Aufgaben zu bewältigen, die den Fortbestand des Systems gewährleisten (vgl. Luhmann 1975, 1971). Die Zeitknappheit in den Systemen führt nach Luhmann zu einer rationalen Bürokratie in Organisation, da das System in seiner vordringlichsten Aufgabe, nämlich die Komplexität zu reduzieren, zu einer Verzerrung der sachlichen Wertordnung führt und eine „Vordringlichkeit des Befristeten“ entstehen lässt (vgl. Luhmann 1971).

In den systemtheoretischen Analysen Luhmanns über die Zeit bleibt aber unberücksichtigt, wie sowohl die Subjekte als auch bestehende Herrschafts- und Machtstrukturen wiederum Einfluss haben auf die Ausgestaltung der systemischen Zeitstrukturen. Trotz des Gewinns für die Zeitsoziologie insgesamt ist bei Luhmann die Analyse des Verhältnisses von kollektiver zur individuellen Zeit unbedacht ebenso wie die Konzeption einer sozialen Zeit, da sie sich in der Abstraktheit der Systemtheorie verliert (vgl. Salzwedel 1988).

Bei Schöps ist die Zeit ein normatives Regulativ im sozialen Handeln (vgl. Schöps 1980). Die ihm zugrunde liegenden Ordnungsmechanismen teilt sie in folgende analytische Ebenen: die Realordnung der Zeit, die Zeitnormen und die Ordnungskontrolle der Zeit. Die Definition dieser ist am sozialen Handeln ausgerichtet. Für moderne Gesellschaften ergibt sich für sie hieraus die Erklärung der Zeitknappheit, da es eine Fülle von Handlungsoptionen und -erfordernissen gibt. Den Subjekten in modernen Gesellschaften wird der Charakter der Zeit als Ordnungsinstrument immer deutlicher, was sich auch durch die Untersuchung der Zeitpioniere (vgl. Hörning/Gerhardt/Michailow 1990) und auch durch die „Freisetzungsthese“ der reflexiven Moderne (vgl. Beck/Giddens 1996) bestätigen lässt. Zu den Arbeiten von Schöps lässt sich sagen, dass sie die systemtheoretischen Kategorien durch ordnungspolitische Überlegungen erweitert haben. Der Aspekt der Konstitution von Zeitordnungen ist hierbei besonders interessant.

Elias wissenssoziologische Analyse der Gesellschaft, die er anhand der Zeit erläutert, ist für viele Fragestellungen in der Zeitsoziologie immer noch grundlegend (vgl. Elias 1988). Zeit ist bei Elias sozial, da sie in erster Linie dazu dient, das Handeln der Menschen in einer Gesellschaft zu regulieren und aufeinander abzustimmen. Er prognostiziert, dass die Zeit die Lebensbereiche und die Persönlichkeitsstruktur der einzelnen Menschen in modernen Gesellschaften zunehmend durchdringen wird, weil es zu einer erhöhten Zeitdisziplin und Zeitbestimmung kommen wird.

Das Eliasche Konzept ist in den 1980ern verstärkt von kultursoziologischen Fragestellungen und Analysen aufgegriffen worden und für verschiedene aktuelle Fragestellungen nutzbar gemacht worden (vgl. Rüsen u. a. 2003; Nowotny 1993; Dux 1989; Zoll 1988; Rinderspacher 1985). Durch Elias gelangen die Verknüpfung von den Tätigkeiten des „Zeitens" und die Erstellung notwendiger Zeitmesssysteme, die sich an gesellschaftlichen/ökonomischen Bedürfnissen orientieren und ausgerichtet sind. Damit war und ist die Gestaltbarkeit und Offenheit von der Zeit als eine soziale Konstruktion postuliert.

Grundsätzlich kann in den letzten Jahrzehnten festgestellt werden, dass die Zeitsoziologie einen von den Naturwissenschaften und der Philosophie unabhängigen Zugang gefunden hat. Dieser befand sich zwar wissenschaftstheoretisch noch in den Anfängen, aber die Möglichkeiten für die Analyse von sozialen und gesellschaftlichen Wandlungsprozessen wurden durch die Bandbreite der Untersuchungen und Fragestellungen mehr als deutlich. Im Vordergrund standen zunächst Zeitanalysen, die lineare Zeit als zentralen Begriff verwendeten und damit gleichzeitig die strukturelle Komponente vernachlässigten, indem sie die Dichotomie zwischen zyklischer und linearer Zeit weiter dachten (vgl. Rinderspacher 2002b, 1987). Dieses Modell wird später von Rinderspacher erweitert, der die Zeitentwicklung hier bis hin zu einer abstrakten Zeitorientierung beschreibt.

Es wurden bisher Ansätze vorgestellt, die das subjektive Zeitempfinden in den Mittelpunkt der Analyse stellen bzw. sich wissenstheoretisch mit dem Phänomen „Zeit" beschäftigen. Für die Untersuchung nach den Zeitkonstruktionen in beruflichen und außerberuflichen Lebensbereichen bei Lehrerinnen und Lehrern erscheint eine alleinige Konzentration auf Ansätze, die das subjektive Zeitempfinden in den Mittelpunkt stellen, als zu kurz gegriffen. Die zeitlichen Konstruktionsprozesse in modernen Gesellschaften sind zu komplex, als dass sie sich „nur" durch die Rekonstruktion individualisierter und kollektiver Zeitempfindungen erklären lassen würden. Hier stellt sich nun die Frage, ob Ansätze, die sich auf die Rahmenbedingungen der Organisation und Ausbildung von Zeitstrukturen begrenzen lasse, ertragreicher sein können.

In den Arbeiten von Jürgen Rinderspacher geht es um die Bewirtschaftung der Zeit, da sie als knappes und ökonomisierbares Gut in modernen Gesellschaften erfahren wird. Modernisierung vollzieht sich entlang des Bestrebens, die Zeit effizient zu nutzen und somit den Wert dieser zu steigern. Zeit wird bei Rinderspacher zu einem universalistischen Bezugssystem für die neuzeitlich-industrielle und weiter – die reflexive Moderne (vgl. Rinderspacher 2002b, 2000, 1985). Da Zeit nur im Konflikt erfahrbar wird – strukturell ähnlich wie die Gesundheit oder das Recht – wird sie nicht erfahrbar, wenn der eigene Nutzen nicht als Grenze erfahren wird. Zeit ist kein von Natur aus gegebenes Objekt oder eine Naturkonstante, sondern eine aus sozialen Prozessen heraus entstandene und sich weiterentwickelte emergente Kategorie. In seinen Abhandlungen, die sich mit den Arbeits- und Öffnungszeiten – also einem stark an der Ökonomie ausgerichteten Zeitbegriff – beschäftigen, erklärt er den Bedeutungszuwachs der Zeit in modernen Gesellschaften. Im weitesten Sinne ist es die Organisationsform des Faktors Arbeit, die in zeitlichen Bezugssystemen weiterentwickelt werden.

Er stellt die Zeit in ihrer Wirkmächtigkeit auf die Arbeits- und Lebensverhältnisse dar und verdeutlicht, dass die Zeit ab dem Mittelalter in ihrer Bedeutung zu einer infinitesimalen Verwendungslogik gefunden hat und als negativer Zustand erfahren wird. Damit meint er – den mathematischen Sinn ignorierend- die bis zum Grenzwert hin unendlich werdende Bedeutung der Zeit. Die Frage nach der Arbeitsorganisation in Wissensorganisation und ihre Bedeutung für Strategien, die den zeitlichen Konstruktionsprozessen zugrunde liegen, sind die Überlegungen Rinderspachers gewinnbringend, denn sie erklären die Verwertungslogik von Zeit in den Alltagshandlungen der Subjekte.

Man könnte diesen Thesen natürlich auch widersprechen, da sich ebenfalls in der Moderne kollektive Lebensmuster wie das der Zeitpioniere ausbilden, die Zeit in ihrer Reflexivität als soziales Ordnungssystem hinterfragen und sich damit auch bewusst gegen diese infinitesimale Logik wenden (vgl. Hörning/Gerhardt/Michailow 1990). Allerdings entwickeln sie diese zeitreflexiven Muster aufgrund ihrer subjektiven Erfahrungen mit der von Rinderspacher diagnostizierten Logik, so dass sie sich eher als Differenzmodelle beschreiben lassen.

Trotz seiner umfangreichen Arbeiten findet eine definitorische Leistung dessen, was unter Zeitstrukturen zu verstehen ist, bei Rinderspacher (1995) nicht abschließend statt. Aber seine Leistungen bezogen auf die Verwertungs- und Verwendungslogik von Zeit sind für diese und weitere Untersuchungen sehr wichtig. Allerdings ist aus der Perspektive der Autorin die Konzentration auf Zeitstrukturen zu kurz gegriffen, so dass nun noch Ansätze vorgestellt werden, die sich um eine theoretische Verbindung der Mikro- und Makroebene von Handlung und Struktur bemühen. Damit werden aber zusätzlich Ansätze wichtig, die Zeit einerseits als ein soziales Bezugssystem gesellschaftlicher Ordnung zu erfassen und damit den Mikro-Makrodualismus zu überwinden versuchen und anderseits sich um eine theoretische Einbindung in bestehende Theoriediskussionen bemühen, so dass die Übertragbarkeit und Anschlussfähigkeit für bestehende Diskussionen von der Individualisierungsthese bis hin zur Reflexiven Moderne geleistet werden können.

Rainer Zoll diagnostiziert ebenso eine Krise in der Zeiterfahrung und den Umbruch von der zyklischen zur linearen Zeit, die, so glaubt er, nur mit der Wiederaneignung oder – so die andere Strategie – der Zerstörung der Zeit aufzuheben ist. Er beschreibt, dass es für das Individuum in modernen Gesellschaften immer wichtiger wird, dass es im gelebten Jetzt lebt. Gleichzeitig wird die Gegenwart immer weniger fassbar. Das Individuum kann es laut Zoll aber nicht geben, da es ohne Geschichte, also ohne die Vergangenheit und ohne die Zukunft nicht existieren kann. Die Gegenwart selbst wird als Zeit zwischen der unveränderbaren Vergangenheit und einer in seiner Ausgestaltung ungewissen Zukunft erfahren und kann – das ist die unabdingbare Konsequenz- nur durch die Zerstörung und der Wiederaneignung der Zeit geschehen (vgl. Zoll 1988). Damit leistet Zoll zwar eine Überwindung des Mikro-Makrodualismus, allerdings findet hier keine theoretische Rückbindung an soziologische Theorie statt.

Anthony Giddens (1997) hat mit seinen Thesen zur Konstitution der Gesellschaft die Überwindung des Mikro-Makrodualismus entscheidend vorangetrieben, in dem er den Wiederholungscharakter des Handelns und die Rekursivität dessen als Strukturmomente von Ressourcen begreift, durch die sie selbst permanent hergestellt werden. Er selbst beklagt die „Blindheit" der Sozialwissenschaften, insofern sie sich in diachrone und damit Zeit nicht berücksichtigende strukturanalytische Disziplinen entwickelt haben, die sich gegenüber der Tatsache, dass sich Gesellschaften in spezifischen temporalen Ordnungen entwickeln und darüber auch wiederherstellen, ignorieren. Er unterscheidet drei simultane zeitliche Formen des sozialen Lebens: Durée der Alltagserfahrung (reversible Zeit), Dasein (als die Lebensspanne des Individuums: irreversible Zeit) und Longue-Durée der Institution (reversible Zeit) (vgl. Giddens 1997,1987a).

Durée der Alltagserfahrung versteht er als den „repetitiven Charakter des Alltagslebens, dessen Routinen in den Begriffen der Überschneidung von vorübergehenden (aber kontinuierlich wiederkehrenden) Tagen und Jahreszeiten" verdeutlicht und damit „Zeit hier nur als Phänomen des Sich-Wiederholens konstituiert wird" (Giddens 1997:88ff).

Demgegenüber ist das Dasein irreversibel, weil es „mit dem Vergehen des menschlichen Organismus" endet (Giddens 1997:89). Die „Aufeinanderfolge von Generationen" (Giddens 1997:89) ergibt für ihn die Longue-Durée, die er als die über dem Individuum stehende Durée der Langzeit-Existenz von Institutionen versteht (vgl. Giddens 1997). Um in der Logik seines Konzeptes die Dualität von Handlung und Struktur bezogen auf die Zeit aufzunehmen, versteht er die „reversible Zeit der Institutionen sowohl als Bedingung als auch als das Ergebnis der Praktiken, die in der Kontinuität des täglichen Lebens organisiert sind" (Giddens 1997: 89).

Obwohl er in seiner Theorie der Konstitution der Gesellschaft seine theoretischen Überlegungen komplettiert, überwindet er aus einem selbst negierten Anspruch heraus Zeit als physikalische Größe nicht (vgl. Giddens 1997:88ff). Er diagnostiziert zwar Zeit als eine spezifische Dimension (neben dem Raum) von Gesellschaft, aber sie wird nicht in die Dualität von Handlung und Struktur systematisch eingebunden und als eigene soziale Kategorie begriffen. Er integriert die Zeit in eine Konzeption der Motivation des Selbst, denn hierüber kann er theoretisch die Beziehung des Bewussten zum Unbewussten für seine theoretischen Weiterführungen greifen (vgl. Rosa 2005, Giddens 1997).

Für diese Untersuchung sind die Überlegungen und Ausführungen Giddens, auch wenn er die Zeit nicht systematisch in seine Theorie der Konstitution der Gesellschaft rückbindet, aber insofern unerlässlich, als dass er die Dualität von Handlung und Struktur für die Restabilisierung gesellschaftlicher Ordnung verdeutlicht.

Es kann festgestellt werden, dass die Zeit in der Soziologie zunehmend als das Ergebnis sozialen Handelns begriffen wird. Den ersten sozialwissenschaftlichen Versuch, eine umfassende Zeitbetrachtung vorzulegen, gelang Durkheim und danach folgten die umfassenden Versuche der Systemtheorie (und verschiedener Einzelarbeiten), die Zeit in ein theoretisches Konzept einzubetten.

Elias ist es schließlich zu verdanken, dass die Zeit bzw. zeiten als das Ergebnis sozialen Handelns gedeutet und verstanden werden kann, da sie bestimmte Funktionen im gesellschaftlichen Zusammenleben erfüllt. Ändern sich die funktionalen Ansprüche in gesellschaftlichen Kontexten, ändert sich die Zeit in ihrer Logik und verändert damit gleichermaßen auch ihre Funktion als gesellschaftliches Bezugs- und Ordnungssystem.

Die Diskussion der für diese Untersuchung wichtigen zeitsoziologischen Analysen zeigt, dass eine Vielfalt unterschiedlicher Definitionen fortbesteht. Die systematische Einbindung der Zeit in die bestehende Theoriediskussion wurde verstärkt durch Vertreter der Systemtheorie geleistet (vgl. Nassehi 1993; Bergmann 1981; Rammstedt 1975). Trotz der immer noch fehlenden Leistung der Zeitsoziologie, dass die Zeit noch kein Grundbegriff der soziologischen Theoriebildung geworden sei (vgl. Rosa 2005[15]), will diese Untersuchung einer anderen theoretischen Perspektive folgen, in dem sie bei Lehrerinnen und Lehrern die zeitlichen Konstruktionsprozesse rekonstruieren wird.

1.1.3. Die Koexistenz verschiedener Zeitsysteme – Vereinbarkeiten beruflicher und außerberuflicher Lebensbereiche

Durch die Fragestellung eingrenzt werden die besonderen Rahmenbedingungen der Arbeitsorganisation einerseits, aber auch die Vereinbarkeitsstrategien der Lehrerinnen und Lehrer andererseits. Dazu werden im Folgenden Ansätze vorgestellt, die implizit die verschiedenen Zeitlogiken unterschiedlicher Lebensbereiche analy-

[15] Vgl. ausführlich zur Kritik an Luhmann Rosa 2005:18 ff.

sieren. Damit ist die theoretische Basis geschaffen Ansätze zu diskutieren, die sich mit den „Konsequenzen" dieser unterschiedlichen Zeitlogiken und den damit verbundenen Vereinbarkeitsproblemen beschäftigen.

Damit werden in diesem Kapitel die zeitlichen Ursache- und Wirkungszusammenhänge unterschiedlicher Lebensbereiche aus zeitsoziologischer Perspektive und im Fokus der Fragestellung dieser Arbeit vorgestellt und diskutiert.

Die Arbeitssoziologie beschäftigt sich trotz der historisch bedingten Transformationen ihres Selbstverständnisses und der Heterogenität ihrer (Teil)Fragestellungen mit der Flexibilisierung und Organisation von Arbeit(szeit) im Kontext gesellschaftlicher Wandlungsprozesse (vgl. ausführlicher Hirsch-Kreinsen 2003) bis hin zu neuen Konzepten in der Arbeitsmarktpolitik (vgl. Heinze/Ollmann 2005; Heinze/Streeck 2000). Unstrittig ist hierbei, dass die menschliche Arbeitskraft eine noch stärkere Ökonomisierung erfährt, die Wissensarbeit zu einer besonderen Arbeitsform mit ihren je spezifischen Risiken und Chancen macht (vgl. ausf. Deutschmann 2002) und andere wertschöpfende Entlohnungssysteme initiiert, die ihrerseits aus der zeitökonomischen Rationalität wiederum herausbrechen können (vgl. Hirsch-Kreinsen 2003; Bender 1997). Die o.a. Diskussionen in der Arbeitssoziologie leisten somit einen wichtigen Beitrag zur Analyse von Zeitverwendung, die aus dem Wandel der Arbeit und ihrer spezifischen arbeitsorganisatorischen Umsetzung heraus besondere Muster hervorbringt. Die Freizeitsoziologie analysiert ebenfalls im Kontext flexibilisierter Arbeitsverhältnisse und ihrer Formen der Organisation differenzierte Freizeitverwendungsstile (vgl. Bühl 2004; Lüdtke 2001; Prahl 1977).

Die Familiensoziologie hat sich in den letzten zwanzig Jahren umfassend mit den unterschiedlichen Formen von Familien und den damit verbundenen unterschiedlichen Interaktionen und Kommunikationen beschäftigt. Damit hat sie die Zeit als historische Größe in die Analyse eingebunden, aber nicht hinterfragt (vgl. ausf. Lauterbach 2003). Die Existenz von verschiedenen Lebensbereichen ist für die Zeitsoziologie wichtig, da sich historisch ein Rationalitätswandel rekonstruieren lässt, nach dem in den beruflichen Lebensbereichen die Wertrationalität durch die Zweckrationalität ersetzt wurde und die Wertrationalität in die anderen Lebensbereiche verlagert wurde. Freizeit und Familienzeit sind damit neue „Zeiten", in der durch die Arbeitsorganisation und Arbeitszeit verlorengegangene zeitliche Freiheiten neu formiert werden können (vgl. Maurer 1992).

Die Dichotomie von Arbeitszeit und Freizeit ist somit zwar ein Grundmuster moderner Zeitorganisation, die aber durch weitere Modernisierungsschübe in der Reflexiven Moderne nur noch begrenzt aufrecht erhalten werden kann (vgl. Jetzkowitz/Lüdtke/Schneider 2004; Maurer 1992; Hörning/Gerhardt/Michailow 1990; Rifkin 1988). Inwieweit gilt diese dichotome Zeitordnung für Lehrerinnen und Lehrer? Behält sie ihren normativen Charakter oder löst sie sich auf? Unter welchen Bedingungen löst sie sich auf? Wie korreliert diese Dichotomie mit den unterschiedlichen Lebensbereichen, die eine so eindeutige Trennung von beruflichen und außerberuflichen Lebensbereichen nicht mehr oder nur begrenzt ermöglichen?

Die herrschenden Zeitordnungen entsprechen in der Art und Weise Arbeits- und Lebensbedingungen einer Gesellschaft und der dort herrschenden Eigentumsverhältnisse, wie sie die notwendige Synchronität und zeitliche Abstimmung der Mitglieder einer Gesellschaft erforderlich werden lassen (vgl. Garhammer 1999; Maurer 1992; Rinderspacher 1985). In weniger ausdifferenzierten Gesellschaften bleibt der Zeitbezug ein anderer, da er sich nicht an die für die Gesellschaft notwendigen Synchronizitätserfordernisse anpasst (vgl. Rosa 2004; Levine 2002; Garhammer 1999; Maurer 1992; Wendorff 1989; Zoll 1988; Rinderspacher 1987). Diese Logik gilt somit auch für die unterschiedlichen Lebensbereiche, die sich über die Prozesse gesellschaftlicher Arbeitsteilung herauskristallisieren – wie Familie, Arbeit, Freizeit oder Ehrenamt.

Martin Kohli (1985) hat die Ausbildung eines institutionalisierten Lebenslaufregimes als Identitätsmuster der klassischen Moderne bezeichnet und verdeutlicht, dass die verzeitlichte Identität in der Familienplanung, Altersvorsorge sowie in den Ausbildungs- und Karrieremustern funktioniert, in dem sich die Subjekte auf die zeitlichen Sequenzen verlassen. Hierbei spielen die Milieuzugehörigkeit, die zu Identitätsclustern führen kann, ebenso eine Rolle wie mögliche Revisionen und Konversionen als Realoptionen in der biographischen Entwicklung (vgl. Kohli 1985).

Damit wird aber auch deutlich, dass die Zeitsoziologie ein genuines Interesse an der Ausbildung und Integration von Familienplanung und Familiengestaltung als Bestandteil von Identitätsmustern haben muss, da sich über die zeitliche Sequenzialität nicht nur Entscheidungen von möglicher Arbeitszeitflexibilisierung und Arbeitsorganisation in Organisationen anschließen, sondern auch die Frage nach den Vereinbarkeitsoptionen von familialen sowie beruflichen Interessen und Entscheidungen.

Familie wird in dieser Arbeit deshalb als ein gesellschaftlicher –in Abgrenzung zum beruflichen – Lebensbereich verstanden, der sich aus der Perspektive der Zeitsoziologie gegenüber anderen Lebensbereichen (beruflicher Lebensbereich) abgrenzt, denn die Zeit innerhalb familialer Strukturen ergibt sich aus der Berücksichtigung der zeitlichen Interessen der Familienmitglieder und kann aus zeitstrukturellen Gründen somit zu einem erheblichen Belastungsfaktor für die Balancierung von beruflichen und außerberuflichen Zeitinteressen werden[16] (vgl. Raehlmann/ Meiners/Glanz/Funder 1993, 1992; Rinderspacher 2000, 1987, 1985).

Familie ist ein in der Logik der Zeitsoziologie unabhängig zu definierendes soziales Konstrukt eigener Zeitbedürfnisse und daraus resultierender Zeithandlungs-

[16] Zeitliche Taktung von Pflegedienstleistungen in der häuslichen Betreuung für Bedürftige erscheint vor diesem Hintergrund als fragwürdige Verwertung von Zeit-Geld-Logiken bzw. zeitökonomischer Rationalität.

optionen, das sich gegenüber anderen beruflichen und außerberuflichen Lebensbereichen abgrenzt. Daraus ergibt sich strukturell eine Zeitknappheit, die durch unterschiedliche Verfahren identifiziert werden kann (vgl. Schöps 1980; Luhmann 1971). Um die zeitstrukturellen Anpassungsschwierigkeiten von beruflichen und außerberuflichen wie den familialen Lebensbereichen besser verstehen zu können, müssen die besonderen zeitlichen Interessen und Bedürfnisse von Familien und ihren Mitgliedern in ihrer zeitsoziologischen Bedeutung erläutert werden.

Irene Raehlmann u.a (1993) stellen auf der Grundlage des Eliaschen Zeitverständnisses fest, dass in Familien ein besonderes Zeitverständnis für die Interessen und Bedürfnisse der Familienmitglieder gilt. So soll es nach Rousseau (1987) danach gehen, nicht „Zeit [zu] gewinnen, sondern Zeit [zu] verlieren." Im Gegensatz zur Lohnarbeit ist die Familienarbeit weniger Restriktionen unterworfen. Raehlmann u. a. konstatieren in der geschlechtsspezifischen Arbeitsteilung begründet ein „aufgabenorientiertes Zeitverständnis bei der Frau" (Raehlmann/Meiners/Glanz/Funder 1993:12), denn die Familienarbeit, die sich in reproduktive und emotionale Aufgaben und Verpflichtungen aufteilen lässt, kann sich aufgrund der hier implizierten Beziehungsarbeit nicht rationalisieren lassen (vgl. Raehlmann/Meiners/Glanz/Funder 1993, 1992; Krell 1984).

Trotzdem beeinflusst die zeitökonomische Rationalität (Maurer 1992:116[17]) des beruflichen Lebensbereiches den außerberuflichen Lebensbereich und ist ein Zeitregime (vgl. Raehlmann 2004; Raehlmann/Meiners/Glanz/Funder 1993,1992), da die Zeitlogik des beruflichen auf die Zeitlogiken des außerberuflichen Lebensbereichs übertragen wird und sich damit die These vom Arbeitsmonaden, hervorgegangen aus dem Konzept der alltäglichen Lebensführung, zunächst bestätigen lässt (Jurczyk/Voß 2000), wie in Kapitel 1.1.3 dieser Arbeit später ausgeführt wird. Damit ist für den Bereich der Familie eine Zeitknappheit verbunden, die durch die Anpassung von familialen Zeitbedürfnissen der Familienmitglieder kompensiert werden muss. Die familialen Zeiterfordernisse müssen mit anderen außerfamilialen Zeitanforderungen in Einklang gebracht werden. Martina Schöps (1980) stellt fest, dass innerhalb des Teilsystems Familie ebenfalls Zeitbudgets und Termine koordiniert werden müssen. Das beeinflusst aber wiederum die Zeitbudgets innerhalb des familialen Zeitsystems und ist umso schwieriger zu erfüllen, je stärker der ausserfamiliale Zeitdruck, d. h. der externe in den anderen Lebensbereichen geltende Zeitdruck ist (vgl. Schöps 1980).

[17] Der Begriff der zeitökonomischen Rationalität wird im Verlauf dieser Arbeit zentral zur Analyse verwendet. Er wird allerdings als ein durch gesellschaftliche Entwicklungen entstandener, aber durch die Lehrerinnen und Lehrer subjektiv bzw. individualisiert zu bewertender verwendet, so dass die Definition darüber, was wie wert ist an Zeit, als das Ergebnis eines Reflexionsprozesses der Subjekte betrachtet wird.

Für die innerfamiliale Zeitordnung bedeutet das, dass der Zeithorizont des Familienmitglieds, welches in erster Linie für die Versorgung der anderen Familienmitglieder zuständig ist, auf die Zeitbedürfnisse der anderen ausgerichtet ist, damit diese ihn/sie für ihre – d. h. denen der Familienmitglieder – zeitlichen Bedürfnisse in Anspruch nehmen können. Kristin Tornes (1988) stellt fest, dass diese Familienzeit schließlich auch den öffentlichen Sektor indirekt fördert, dadurch, dass Überstunden, ehrenamtliches Engagement usw. möglich werden. Dies hat gesellschaftliche Folgen, „denn in den Zeitkonflikten [der Frauen; Anm. d. A.] kommen alle anderen Konfliktlinien zwischen Markt und Staat, zwischen Arbeits- und Freizeit, unfreiwilliger und freiwilliger, bezahlter und unbezahlter Zeit exemplarisch zum Ausdruck" (Nowotny 1989:116).

Im analytischen Fokus der vorgestellten Untersuchungen zu den Anpassungsschwierigkeiten unterschiedlicher Lebensbereiche und ihre Auswirkungen auf die familialen Zeitlogiken und ihre Mitglieder bleibt der Arbeitsbegriff. Im Rahmen dieser Untersuchung ist jedoch die rekonstruierte Bedeutung der Arbeitszeit, Familienzeit und regenerativen Zeit im Kontext der verschiedenen Lebensbereiche selbst als Gegenstand des Erkenntnisinteresses zu bewerten. Damit wird anderen zeitsoziologischer Arbeiten zunächst gefolgt, die ebenfalls nicht-arbeitsinhaltliche Lebensbereiche als in Abgrenzung und somit als „Restzeiten" der arbeitsinhaltlichen Lebensbereiche betrachten (vgl. Garhammer 2001, 1999; Rinderspacher 1985; Maurer 1994, 1992; Raehlmann/Meiners/Glanz/Funder 1993, 1992). Das heißt, dass in der Zeitsoziologie andere Lebensbereiche gegenüber arbeitsinhaltlichen Lebensbereichen in Abgrenzung zu diesen definiert werden. Damit gelten sie in der Theorie als Differenzbereiche, die sich entweder den Zeitlogiken gegenüber anderen Systemen hierarchisch verorten oder gleichrangig zu bewerten sind – abhängig von der Ausbildung ihrer Zeitlogiken (vgl. Rosa 2005, Hochschild 1997, 1993; Raehlmann/Meiners/Glanz/Funder 1993, 1992; Maurer 1992; Wendorff 1989; Zoll 1988; Bergmann 1981).

Innerhalb der Zeitsoziologie gibt es bisher keine Forschungsbeiträge, die Vereinbarkeitsproblematiken verschiedener zeitlicher Differenzsysteme bzw. das Neben-, Unter- und Übereinander von Zeitsystemen systematisch in die Theorieentwicklung einbinden. Hartmut Rosa (2005) ist diesem selbstgestelltem Anspruch am ehesten gerecht geworden; innerhalb seines Ansatzes geht es jedoch nicht um die die theoretische Dekonstruktion des Arbeitsbegriffes in der Begriffsbestimmung und seine Bedeutung für die Ausgestaltbarkeit verschiedener anderer Zeitsysteme, in dem er gesellschaftliche Teilbereiche in der Akzeptanz grundlegender zeitsoziologischer Annahmen Luhmanns subsumiert (vgl. Rosa 2005:473 ff.) und sie in handlungstheoretische phänomenologische Konzepte integriert.

Die Ergebnisse seiner Studie sind unter anderem die soziale Akzeleration, die er methodisch aus einer Phänomenologie der Beschleunigung ableitet. Aus der Perspektive dieser Arbeit ist Rosas Ansatz für die Umsetzung von gesellschaftlichen

Beschleunigungsprozessen für diese Arbeit, die an der Schnittstelle von Individuum und Arbeit ansetzt, nur begrenzt übertragbar, da die zeitlichen Gestaltungsoptionen der Subjekte sich in der Theorie der sozialen Beschleunigung verringern und auch subjektive Immunitätsoptionen unberücksichtigt bzw. als den der sozialen Beschleunigung unterzuordnenden Zeitoptionen nur marginal berücksichtigt werden (vgl. Rosa 2005). Er hat die funktionale Differenzierung als die akzelerale Triebfeder moderner Gesellschaften empirisch bestätigen können und damit gleichsam die Existenz unterschiedlicher gesellschaftlicher Differenzbereiche verifiziert (vgl. Rosa 2005, in Anlehnung an Luhmann 1975).

Aufgrund der ersten zeitsoziologischen Bilanz in diesem Kapitel stellt sich nun die Frage, welche Untersuchungen herangezogen werden können, die über die Erklärung von Anpassungsleistungen und Vereinbarkeitsproblematiken hinaus gehen und die besonderen Rahmenbedingungen und Kontexte berücksichtigen, in denen sich zeitstrukturelle Erfordernisse ausbilden. Daraus folgt, dass makrotheoretische zeitsoziologische Arbeiten nur begrenzt anwendbar sind, da ihre theoretisch-empirischen Konzeptionen die besonderen Kontexte, in denen es um Vereinbarkeitsproblematiken geht, nicht ausdifferenzieren können (z. B. Rosa 2005; Peirce 1991; Bergmann 1981; Luhmann 1975). Deshalb wird hier Forschungsarbeiten gefolgt, die stärker den Fokus auf die besonderen zeitlichen und organisationalen Rahmenbedingungen legen, in denen es zu der Ausbildung und Ausgestaltung von Vereinbarkeitsproblematiken und Anpassungsleistungen kommt.

Arlie Hochschild (1997) gehört nicht zur Zeitsoziologie im engeren Sinne, aber ihre Forschungsbeiträge zu den Spannungsfeldern Berufstätigkeit und Familie sind aufgrund ihrer ethnographischen Methode geeignet, an der Schnittstelle von Individuum und Beruf nach den individualisierten Motiven und Strategien sowie den organisationalen Rahmenbedingungen und ihren Einfluss auf die zeitlichen Gestaltungsoptionen der Individuen im Kontext der Vereinbarkeit von Familie und Beruf zu fokussieren.

Hochschild stellt in ihrer Untersuchung „Time Bandit: When Work becomes Home and Home becomes Work“ zunächst strukturelle Anpassungsschwierigkeiten fest, die sich bei den erforderlichen Synchronisationsleistungen von familiären Lebensbereichen und beruflichen-arbeitsinhaltlichen Lebensbereichen ergeben. Ihr Interesse gilt dem Aufspüren von familialen und organisationalen Gründen, aufgrund derer die Beschäftigten eines ausgewiesenen (zertifizierten) familienfreundlichen Unternehmens die familienvereinbarenden Arbeitszeitoptionen nicht in Anspruch nehmen (vgl. Hochschild 1997).

Um sich diesem Phänomen zu nähern, stellt sie zunächst fest, dass es innerhalb von Familien ein anderes zeitliches Bezugssystem als in Unternehmen gibt. Gleichzeitig verknüpft sie diesen empirischen Befund für die weitere Analyse mit einem Moment sozialer Ungleichheit, in dem sie den außerberuflichen, d. h. in ihrer Untersuchung familialen Lebensbereich als einen zeitsoziologischen Kontext klassifiziert, der die individualisierten Zeitinteressen einzelner Familienmitglieder an hierarchische Positionen in den Familienstrukturen knüpft (vgl. Hochschild 1997).

Sie rekonstruiert in ihrer Untersuchung eine zeitliche Diskrepanz zwischen Familie und Beruf im Spannungsfeld von innerfamilialen Positionierungen und stellt in diesem Zusammenhang fest, dass Kinder eine eigene Zeit als ein noch nicht erfolgreich internalisiertes zeitliches Bezugssystem der Erwachsenen haben. Diese Kinderzeit bezeichnet für Hochschild die Zeit, die durch die Kinder bestimmt wird. Die Rhythmen sind hier „flexibler und langsamer“ (Hochschild 2002:5). Sie stellt fest, dass Kinderzeiten mit anderen schnelleren Rhythmen kontrastieren: Hochschilds Studie fragt jedoch nicht weiter danach, wie schließlich diese Internalisierungsprozesse umgesetzt werden und wer daran wie beteiligt ist.

Damit ist der Ansatz ihrer Studie nur bedingt für eine zeitsoziologische Analyse einzusetzen, da es ihr nicht darum geht, die Differenz und die Divergenz von zeitlichen Bezugssystemen zu analysieren. Die große Leistung ihrer Studie liegt vielmehr in dem Sichtbarmachen der Motive, nach denen Unternehmensangehörige auf die Anwendung und die Umsetzung familien(zeit)freundlicher Arbeitszeitmodelle verzichten.

Wenn man die Vielfalt der aus familiären Gründen zu gewährenden Arbeitszeitmodelle an allgemeinbildenden Schulen in NRW für Lehrerinnen und Lehrer als vereinbarkeitsfördernde Arbeitszeitmodelle begreift, können die Ergebnisse der Hochschild-Studie teilweise übertragen werden, da die besonderen arbeitsorganisatorischen Rahmenbedingungen des Lehrberufs so nicht in der Untersuchung berücksichtigt wurden und werden konnten. Wenn man davon ausgeht, dass die wählbaren Arbeitszeitmodelle von Lehrerinnen und Lehrer die besonderen Rahmenbedingungen der Arbeitsorganisation implizit berücksichtigen, stellt sich die Frage, wie sich diese eingeschränkte Wirkmächtigkeit organisationaler Rahmenbedingungen für die Vereinbarkeit von Familie und Beruf erklären lässt?

Die für die weitere Konzeption des theoretischen Bezugrahmens dieser Untersuchung wichtigen Aspekte machen zwei große Schwerpunkte aus: Erstens gibt es zeitliche Anpassungsleistungen zwischen unterschiedlichen Lebensbereichen, die sich aus der zeitökonomischen Rationalität des beruflichen Lebensbereiches ergeben. Zudem gibt es trotz vorhandener Arbeitszeitmodelle, die einer zeitökonomischen Rationalität entgegen wirken sollen, die Tendenz, dass sich diese Modelle nicht durchsetzen, indem die Beschäftigten sich gegen die Umsetzung solcher Arbeitszeitmodelle entscheiden. Welche Antwort die Lehrerforschung auf die sich verändernden Rahmenbedingungen bereithält, soll Gegenstand des nächsten Kapitels sein.

1.2. Rahmenbedingungen der (Arbeits)Zeitkonstruktion im Lehrberuf

Der Lehrberuf wird in dieser Arbeit stellvertretend für ein Berufsfeld gewählt, das durch eine hochmotivierte zeitliche Selbstorganisation von Arbeitszeit durch die Beschäftigten selbst in modernen Wissensorganisationen zunehmend an Bedeutung gewinnt und dadurch Parallelen zur „Entgrenzungstradition" des Lehrberufes aufzeigen. Die Trennung von beruflichen und außerberuflichen Lebensbereichen wird im Lehrberuf erschwert, da eine räumliche Trennung von Arbeitszeit, Familienzeit und Freizeit etc. oft nicht gilt und die Lehrkräfte selbst „zeiten" (Elias 1988:15) müssen. Damit ist dieser Beruf besonders für die Frage nach den Zeitkonstruktionen im Spannungsfeld beruflicher und außerberuflicher Lebensbereiche geeignet, denn hier lassen sich die zeitlichen Strategien bei der Umsetzung von individualisierten Zeitinteressen und –bedürfnissen und die Auswirkungen organisationaler Zeitstrukturen in ihrer „Mikrototalität" (Kudera 1992:4) besonders exemplarisch herausarbeiten.

Der Lehrberuf beschäftigt in der wissenschaftlichen Diskussion verschiedene Bereiche der Pädagogik und der Sozialwissenschaften, die aus ihrer Perspektive unterschiedliche Dimensionen der Arbeitszeit und der Arbeitsinhalte im Lehrberuf in den Blick nehmen. Es ist hier dem Verdienst der berufsbiographischen Forschung anzurechnen, dass es kaum ein anderes Berufsbild in modernen Gesellschaften gibt, das besonders im bundesrepublikanischen Raum so gut erforscht ist. Viele Aspekte der berufsbiographischen Forschung, die disziplinär eher der Pädagogik zuzuordnen ist (vgl. Koch 1999), haben besonders die Rahmenbedingungen der Arbeitsorganisation und die hiermit verbundenen Konsequenzen für verschiedene Dimension der Lehrtätigkeit analysiert (vgl. Buchen u.a 1999,1997; Terhart 1994; Flaake 1989). Berufsbiographische Motive stehen neben arbeitsinhaltlichen Belastungen im Forschungsinteresse. Aus der Perspektive einer zeitsoziologischen Fragestellung ist an den Ergebnissen der berufsbiographischen Forschung zum Lehrberuf besonders interessant, inwieweit die organisationalen und individualisierten Rahmenbedingungen der Arbeitsorganisation die beruflichen und außerberuflichen Zeitpraxen und –strukturen beeinflussen und unter welchen Bedingungen es zur Konstruktion von unterschiedlich besetzten Zeiten wie Arbeitszeit, Familienzeit, Freizeit etc. kommt bzw. kommen kann.

Für die Fragestellung dieser Arbeit besonders interessante Bereiche der berufsbiographischen Forschung sind die Ansätze zur Arbeitsorganisation, die durch die berufsbiographische Belastungsforschung aufbereitet wurden, und die Arbeiten zur Arbeitszeit im Lehrberuf. Die Forschungen zur Arbeitsorganisation sind insofern interessant, als sie die zeitlichen Implikationen der Arbeitsorganisation und der Arbeitszeit indirekt in ihre Analyse integrieren. Ein wichtiges Motiv bei der Berufswahl ist die Freiheit in der Konstruktion der eigenen Arbeitszeiten und die damit verbundene Flexibilität in der individualisierten Arbeitsorganisation. Dies ist auch der Grund, warum viele Frauen diesen Beruf immer noch ergreifen, weil sie hier eine Vereinbarkeitsoption zwischen Beruf und Familie zu haben glauben (vgl. Kaiser 1997; Flaake 1989).

Die berufsbiographische Belastungsforschung leitet aus der Analyse der organisationalen und individualisierten Rahmenbedingungen der Arbeitsorganisation und den damit verbundenen Arbeitszeiten die negativen Belastungen ab und konzentriert sich auf die Entwicklung von alternativen arbeitsorganisatorischen Kontexten, in denen es zu einer geringeren Belastung im Lehrberuf kommen könnte. Hierbei setzt sie weniger auf eine analytische Trennung der unterschiedlichen Dimensionen in der Lehrtätigkeit, sondern vielmehr auf die Rahmenbedingungen und arbeitsmedizinischen Konsequenzen.

Aus der Forschungsperspektive dieser Arbeit werden deshalb für die Konzeption des theoretischen Rahmens folgende Aspekte der Lehrerforschung berücksichtigt:

a) Untersuchungen zur Arbeitsorganisation, weil sie die kontingenten Arbeitszeiten und die Bedingungen der Arbeitsorganisation zum Forschungsgegenstand haben,

b) Untersuchungen zur Arbeitszeit und den Möglichkeiten der Flexibilisierung sowie

c) Ansätze, die Schule als Organisation definieren.

1.2.1. Die Arbeitsorganisation: Rahmenbedingungen zur Konstruktion der Arbeitszeiten

Die Arbeitsorganisation im Lehrberuf ist ebenso Gegenstand berufsbiographischer Forschung wie die Arbeitszeit selbst. Allerdings müssen die besonderen Rahmenbedingungen, unter denen Lehrerinnen und Lehrer ihre arbeitsinhaltlichen und nicht-arbeitsinhaltlichen Zeiten konstruieren, zunächst vorgestellt werden, um die Arbeitszeiten im Lehrberuf deutlicher zu machen. Aus der Perspektive einer zeitsoziologischen Untersuchung ist die berufsbiographische Forschung zum Lehrberuf deshalb interessant, weil die Zeitorganisation bezogen auf die beruflichen und außerberuflichen Lebensbereiche ein wichtiges Forschungsfeld ist. Folgende Fragen könnte die Lehrerforschung beantworten helfen: Wie wirken sich die besonderen Rahmenbedingungen der Arbeitsorganisation auf die Arbeitszeiten aus? Wie entsteht in einer individualisierten Arbeitsorganisation das kollektive Gefühl der Zeitnot? Welche Strategien entwickeln Lehrerinnen und Lehrer, um der Zeitnot zu entgehen? Gibt es geschlechtsspezifische Unterschiede in der Arbeitsorganisation, wenn die Arbeitszeiten reduziert werden und sich dadurch auch die Bedingungen der Arbeitsorganisation verändern? Wie passen sich die Lehrerinnen und Lehrer veränderten Rahmenbedingungen in der Arbeitsorganisation an? Können sie selbst die Rahmenbedingungen ihrer Arbeitsorganisation ändern?

Um die Rahmenbedingungen der Arbeitsorganisation zu verdeutlichen, muss zunächst erläutert werden, was die alltäglichen Tätigkeiten im Lehrberuf sind. Die erste große Besonderheit ist das Spektrum an Tätigkeiten, die Lehrerinnen und Lehrer in ihrem Berufsalltag ausüben. Die Arbeitszeit im Lehrberuf allerdings wird in ihrer zeitökonomischen Rationalität an der Höhe des Lehrdeputats monetär anerkannt; d. h., dass Lehrerinnen und Lehrer für ihre Arbeitszeit nicht nach tatsächlich geleisteten Arbeitsstunden entlohnt werden, sondern nach den wöchentlich geleisteten Unterrichtsstunden in einer Schule. Diese Bewertungs- und Verwertungslogik der Arbeitszeiten im Lehrberuf führt zu einer Verzerrung der über die Unterrichtsstunden hinaus zu leistenden Arbeitsinhalte und den damit verbundenen Arbeitszeiten.

Im Vergleich zu anderen Staaten ist die Arbeitszeit von Lehrerinnen und Lehrern nicht vertraglich und nicht in den Dienstvorschriften festgeschrieben[18]. Der Urlaub muss in den Schulferien genommen werden und kann nicht entsprechend der subjektiven physischen und psychischen Bedürfnisse genommen werden.

Die Arbeitsinhalte im Lehrberuf gliedern sich in Anlehnung an die Arbeitszeituntersuchung „Untersuchung zur Ermittlung, Bewertung und Bemessung der Arbeitszeit der Lehrerinnen und Lehrern im Land Nordrhein-Westfalen“ von Mummert&Partner, die 1996/1997[19] im Auftrag der NRW-Landesregierung durchgeführt wurde, in folgende vorab definierte messbare Aufgabenbereiche: unterrichtsbezogenes Arbeiten[20], zusätzliche unterrichtsbezogene Arbeiten[21], außerunterricht-

---

18 Europäische Kommission: Zahlen zum Bildungswesen 1995.

19 Veröffentlichung erst im Januar 1999.

20 Vor- und Nachbereitungszeit je Unterrichtsstunde; Stunde für gestaltete Freizeit; Lerneinheit *(inkl. Wochenplanung, Planung von unterrichtsbezogenen Projekten, Vorhaben und schriftlichen Tests);* Beschaffung von Arbeitsmaterialien; Erstellung von Unterrichtsmaterialien; Vorbereitungszeit je Klassenarbeit; Korrekturzeit je Klassenarbeitssatz; Vorbereitungszeit je schriftlicher und mündlicher Abschlussprüfung; Korrekturzeit je schriftlicher Abschlussprüfung; Vorbereitungs- und Nachbereitungszeit sowie Durchführung von Nachprüfungen.

21 Erstellung von Dokumentationen und Listenführung *(z. B. Klassenbuch, Zeugnisse mit/ohne Verwendung von Ziffernoten, Entwicklungsbericht, Zeugnislisten, Anwesenheitslisten einschließlich Benachrichtigung der Ausbildungsbetriebe/Eltern, Notenlisten);* Kontrolle Haushefte; Schülerarbeiten/ Werkstücke außerhalb des Unterrichts; Jahresplanung; Aufwand für die Erstellung sonderpädagogischer Gutachten außerhalb des Unterrichts; Aufwand für die Erstellung von schulischen Gutachten über Schülerinnen und Schüler; Rehabilitationsplanung; Erziehungsplanung/Förderplanung.

liche Aufgaben[22], Entwicklungs- und Koordinierungsaufgaben[23], Mitwirkung in weiteren Gremien und Institutionen[24], Aus-, Fort- und Weiterbildungsmaßnahmen[25] und Verwaltungsaufgaben[26].

Die zitierte Untersuchung ist der erste umfassende Versuch, die Inhalte im Lehrberuf über verschiedene Schulformtypen entlang von verschiedenen Arbeitsschwerpunkten zu erfassen. Damit sollte die Grundlage geschaffen werden, die extremen Schwankungen in den wöchentlich geleisteten Arbeitsstunden im Lehrberuf adäquat unter Berücksichtigung organisationaler Rahmenbedingungen wie Fachkombination, Übernahme innerschulischer Funktionen, Lehrdeputatshöhe etc. zu erfassen (vgl. Mummert&Partner 1999). Das Besondere an der Studie ist der Versuch, die Arbeitszeit nicht über die tatsächlich geleistete Arbeit der Lehrerinnen und Lehrer quantitativ zu erheben und hierüber eine Standardisierung in den Arbeitszeiten selbst zu erreichen, sondern die Arbeitszeit aus der Perspektive der befragten Lehrerinnen und Lehrer zu standardisieren und transparenter in den Arbeitsinhalten zu werden. Damit löst sich diese Untersuchung trotz ihrer methodischen Mängel (vgl. Schönwälder 1997; Schmitter 1997) von dem Regulativ der wöchentlich geleisteten Arbeitszeit nicht ganz, da sie schließlich über die Transparenz der Arbeitsinhalte wiederum versucht, eine Transparenz der wöchentlich geleisteten Arbeitszeit herzustellen.

---

22 Beratung und Information von Schülerinnen und Schülern außerhalb des Unterrichts; Beratung der Eltern/ Elterngespräche außerhalb des Unterrichts; zugewiesene Pausenaufsichten und sonstige Aufsichten; Vorbereitung von eintägigen und mehrtägigen Schulwanderungen/ Schulfahrten; Durchführung von eintägigen und mehrtägigen Schulwanderungen/ Schulfahrten; Vorbereitung, Koordination, Betreuung und Nachbereitung von Betriebspraktika/ Berufspraktika; Dienstbesprechung, Koordination von Maßnahmen; Schulkonferenzen; Lehrerkonferenzen; Klassen- und Jahrgangspflegschaft/ Schulpflegschaft; Klassenkonferenz bzw. Jahrgangskonferenz; Fachkonferenzen; Bildungsgangkonferenzen; Abteilungskonferenz; Lehrerratssitzungen; Schülerratssitzungen; Schülerversammlung; Vorbereitung und Durchführung von Schulveranstaltungen; Planung und Durchführung von Projektwochen; Mitarbeit in Förderverein der Schule; zusätzlicher Aufwand für Einschulungen, Integration etc.; Vorbereitung und Durchführung von Arbeitsgemeinschaften, Schulchören etc.; Geldsammlungen; Begleitung von Schülerinnen und Schülern zu außerschulischen Stellen.

23 Schulprogramme; Kooperationen mit anderen Schulen; Kooperation und Teilnahme an Veranstaltungen mit Partnern des dualen Systems; Betreuung von EU-Projekten und Bund-Länder-Projekten.

24 Übernahme von Fachaufgaben für die Schulaufsicht; Mitarbeit in Arbeitskreisen, Ausschüssen und Gremien; Zusammenarbeit mit Institutionen im Umfeld der Schule; Personalvertretungsrechtliche Tätigkeiten.

25 Aufwand in Lehrerinnen- und Lehrerausbildung als Fachleiter/in; Aufwand in der Lehrerinnen- und Lehrerausbildung außerhalb des Unterrichts; Planung und Durchführung in der schulinternen Lehrer/innenfort- und –weiterbildung; Mitwirkung an staatlichen Prüfungen und Kammerprüfungen; Teilnahme an institutionellen Fort- und Weiterbildungsmaßnahmen inner- und außerhalb der Unterrichtszeit; Ferien; Sonderurlaub; eigene Fort- und Weiterbildung inner- und außerhalb der Ferienzeit.

26 Verwaltung, Beschaffung und Betreuung von Sammlungen/ Bibliothek und technischer Ausstattung; Erstellen von Statistiken für das Landesamt, Schulaufsicht und schulinterne Zwecke.

Unberücksichtigt bleibt in der Mummert & Partner-Studie die Arbeitsorganisation. Diese leitet sich in der Logik der Arbeitszeituntersuchung aus den Arbeitsinhalten ab und wird somit nicht weiter berücksichtigt. Es kann hier nur vermutet werden, dass die Arbeitsorganisation als solche eine zu vernachlässigende Rolle spielt, da die Transparenz der eigentlichen Arbeitsinhalte schon die Arbeitsorganisation abbildet.

Aus der Perspektive der vorliegenden Untersuchung ist es aber wichtig, die Arbeitsinhalte nach verschiedenen Arbeitsschwerpunkten herauszuarbeiten, um die Selbsteinschätzungen in der Rekonstruktion über die eigenen subjektiven arbeitsinhaltlichen Zeiten in den schulischen und außerschulischen Lebensbereichen einzuordnen.

Eine Besonderheit im Lehrberuf für die Bedeutung und die Ausbildung von Zeiten ist die Arbeitsorganisation selbst. Die enge Verschmelzung von Person/ Persönlichkeit und der Berufsrolle führt zur individualisierten Arbeitsorganisation und fällt damit qualitativ und quantitativ sehr unterschiedlich aus. Das persönliche Engagement und die Rahmenbedingungen, unter denen es ausgebildet und entstehen kann, entscheidet darüber, in welchem Umfang die arbeitsinhaltlichen Zeiten innerhalb und außerhalb der schulischen/organisationalen Kontexte der Lehrerinnen und Lehrern konstruiert werden. Sie entzieht sich damit einer möglichen Standardisierung einer allgemeinen, d. h. für alle geltende Arbeitsorganisation, die aber paradoxerweise durch die Lehrerinnen und Lehrer eingefordert wird (vgl. Gerding 1999).

Damit ist ein methodologisches Defizit der Arbeitszeituntersuchung von Mummert&Partner bestätigt. Das Anliegen, die Arbeitszeit und die Arbeitsinhalte idealtypisch zu erfassen, konnte auch in dieser Untersuchung nicht erreicht werden, so dass auch hier nur Schätzungen und keine abschließenden Bewertungen über die tatsächlichen Arbeitsinhalte und die Organisation dieser durch die Lehrerinnen und Lehrer selbst geleistet werden können (vgl. Schmitter 1997; Schönwälder 1997). Lehrerinnen und Lehrer entscheiden nicht nur unter schulischen Rahmenbedingungen über ihre Arbeitsorganisation, sondern auch außerhalb der Schulen, wie sie ihre Arbeitsinhalte organisieren und wie sie darüber ihre Arbeitszeiten konstruieren.

Die Lehrerforschung orientiert sich bei der Frage nach der Arbeitsorganisation selbst auch an den ausgebildeten Arbeitszeiten und beschränkt ihr Erkenntnisinteresse auf die Feststellung, dass es besondere Rahmenbedingungen für die Arbeitsorganisation gibt und begründet damit die Ausbildung von Arbeitszeiten. Zwar gibt es auch hier Kritik aus den eigenen Reihen, dass der eigentliche Kernbereich lehrerischer Tätigkeit- das Lehren- nicht im Zentrum der Lehrerforschung steht (vgl. Carle 1997).

Ursula Carle (1997) stellt fest, dass die bisherige Lehrerforschung diesen wichtigen Inhalt aus dem Blick verloren hat. Sie erweitert ihren Begriff des Lehrens um die lehrerische eigenaktive Fort- und Weiterbildung und die damit verbundene Erweiterung der Verfügung über sich selbst und bezieht eine Metaebene mit ein im Sinne einer höheren Lebensqualität im Lehrberuf (vgl. Carle 1997). Damit erweitert sie die Dimensionen des Lehrens. In den Analysen von Terhardt war der Begriff des Lehrens festgeschrieben auf ein gutes Verhältnis zu den Schüler/innen, geschickte Unterrichtsgestaltung, persönliche Atmosphäre im Unterricht etc. (vgl. Terhart 1994).

Des Weiteren kritisiert sie in den älteren Studien zur Lehrerforschung, dass weder die Gestaltbarkeit von Arbeitsbedingungen noch die Förderung kooperativer Strukturen als entscheidendes Kriterium beachtet wurden. Sie leitet hieraus ab, dass die Schule als unmittelbare Gestaltungseinheit im Vordergrund steht, und damit weder die Lehrperson noch die Schulform. Sie postuliert, dass man aus der Zusammenstellung der Probleme einzelner Schulformen Maßnahmen für schulformspezifische und damit organisationale Mängel entwickeln kann (vgl. Carle 1997).

Das Defizit bisheriger Forschung, d. h. mangelnde Rückbesinnung auf den eigentlichen Arbeitsinhalt – das Lehren – macht aus ihrer Sicht die Analysen, Rückschlüsse und Handlungsoptionen für die Entwicklung der Lehrer/innenarbeit grundsätzlich problematisch. Carle hingegen fordert, die Lehrerarbeit „(...) als Serviceleistung für den schulischen Kernprozess, nämlich die Lernarbeit der Schülerinnen und Schüler" (...) zu betrachten (Carle 1997:17). Diese Leistung muss im Sinne einer tätigkeitstheoretischen Ausrichtung fortwährend weiterentwickelt werden und hat somit schließlich auch Auswirkungen auf die Persönlichkeit. Allerdings wehrt sie sich gegen ein umgekehrtes Beeinflussungsverhältnis. Um die sich wandelnden Anforderungen an die Arbeit von Lehrer/innen adäquat zu erfassen, bezieht sie Ansätze des organisationalen Lernens mitein. Carle bezieht sich in ihrer Neukonzeption der Arbeitsinhalte nicht auf die Elemente der berufsbiographischen Belastungsforschung im Lehrberuf. Damit löst sie sich von dem Dogmatismus der Lehrer/innenarbeitszeit und orientiert sich entgegen der berufsbiographischen Belastungsforschung auf die Entwicklung von alternativen Konzepten und nicht auf die Festschreibung eines theoretischen und empirischen Status Quo.

Innerhalb der Lehrerforschung existiert ein anderer Schwerpunkt, der die zeitlichen Aspekte der Arbeitsorganisation stärker in den Fokus nimmt und sie in einen Belastungs-Entlastungs-Erklärungszusammenhang stellt (vgl. Wegner 2000,1998; Schönwälder 1998, 1997, 1993; Schäfer 1995; Schilling/Baur/Groß 1996; Wältz 1986; Rohmert/Rutenfranz 1975). In diesem Bereich der Lehrerforschung wird Lehrerarbeit durch das Spannungsverhältnis von Akzeptanz und Unangemessenheit charakterisiert; das Besondere in Form des pädagogischen Bezugs bleibt ungewürdigt. Lehrer bleiben trotz der Auffassung, der Beruf ist Lebensaufgabe denn entfremdete Tätigkeit, „Lohnerzieher". Das bedeutet, dass sie gegen Geld erziehen und unterrichten und ihr Arbeitsvermögen wie jede andere Ware vermarkten müssen (vgl. Garhammer 2001; Schönwälder 1998, 1997).

Die in verschiedenen Rechtsformen bestehenden Arbeitsverhältnisse (Beamte und Angestellte) scheinen trotz der Unkenntnis einiger der Betroffenen selbst als durch Entlohnung für umschreibbare und nicht festgelegte Leistungsforderungen, denen Lehrerinnen und Lehrer zu entsprechen haben, festgehalten zu werden. Das beinhaltet aber gleichzeitig die Gefahr, dass die pädagogischen Arbeitspflichten verletzt werden, weil die Festschreibung als solche nicht stattfindet und die Lehrerinnen und Lehrer diese Leistungsanforderungen dadurch auch überschreiten können. Dass bedeutet, dass die Arbeitsorganisation durch ihren individualisierten Charakter einerseits, aber auch durch den unklaren organisationalen Rahmen andererseits keine zeitliche Normativität entwickeln kann. Dieser Wirkungszusammenhang führt aus der Perspektive der Lehrerforschung zu einer individuellen (zeitlichen; Anm. d. A.) Subventionierung des Systems zu Lasten (der außerberuflichen Zeiten; Anm. d. A.) der Lehrerinnen und Lehrer (vgl. Schönwälder 1998,1997; Kaiser 1997).

Diese zeitliche nicht-entlohnte Mehrarbeit im Lehrberuf kann als naturalistische Belastung konzipiert werden, weil sich hier die Spezifität und Komplexität der Arbeitsinhalte ausdrückt. Ein naturalistisches Belastungskonzept von Lehrerarbeit beinhaltet folgende Dimensionen: Zeitlicher Umfang und Qualität belastender Arbeitstätigkeiten und Dienstpflichten, soziale Situationen im Schulalltag und Gedanken, die mit dem Erleben der Schulsituation verbunden sind; Selbsterfahrung mit Unverständnisreaktionen und Missachtungsbekundungen gegenüber der Lehrerschaft als Kollektiv als auch dem Individuum selbst gegenüber. Um die Forschung hier voranzubringen, werden Belastungsanalysen entwickelt, die auf verschiedenen Ebenen ansetzen. Mit diesen Verfahren kann der Versuch beschrieben werden, die Individualität der Belastung im Lehrberuf aufzufangen und für eine allumfassende Analyse zugänglich zu machen[27]. Diese verschiedenen Verfahren haben gemeinsam, dass sie auf den subjektiven Selbstwahrnehmungen, Selbstzuschreibungen und Selbsteinschätzungen der Befragten basieren (vgl. Jehle 1996; Grunder/Bieri 1995; Scheuch/Vogel/Haufe 1995; Saupe/Möller 1981).

Die Umstände der individualisierten Arbeitsorganisation können folglich nur durch teilstandardisierte Rahmenbedingungen empirisch vergleichbar aufbereitet werden können. Damit drängen aber auch die organisationalen Rahmenbedingungen der Arbeitsorganisation wie Deputatshöhe, Klassengröße, Unterrichtsfächer, Schulform etc. in den Hintergrund. Die Einflüsse organisationaler Rahmenbedingungen auf die Arbeitsorganisation werden in diesem Bereich der Lehrerforschung

27 Anhand folgender Erhebungsverfahren und Fragestellungen lassen sich unterschiedliche Aspekte der Belastung im Lehrberuf feststellen: quantitative Erfassung der Arbeitsbelastung durch Befragung, hermeneutische Belastungsaufschlüsselung, Gruppendiskussionen zur Reflexion der Selbsterfahrung und als Grundlage zur Erarbeitung von Präventionsstrategien, Einzelfallberatung; Erfassung der Gründersachen für eine Berufsunfähigkeitsstruktur sowie die Analyse von Berufsbiographien als Einsichtfenster für Belastungsgeschichten.

als zu vernachlässigende Rahmenbedingungen theoretisch-empirisch nicht weiter berücksichtigt. Erste Ansätze, organisationssoziologische Erkenntnisse auf die Lehrerforschung zu übertragen, begrenzen sich hier allerdings auf die Einbindung organisationaler Managementkonzepte wie das des Wissensmanagements und der lernenden Organisation (vgl. Rolff 2002; Carle 1997)

Die deskriptive Erfassung organisationaler Rahmenbedingungen erfüllt hier eine analytische Randfunktion, indem sie das Belastungserleben der/des Einzelnen im Lehrberuf untermauert. An den naturalistischen Belastungskonzepten bleibt zu kritisieren, dass sie als Zusammenspiel von persönlicher Befindlichkeit, Ursachen und deren zugeschriebenen Wirkungen gefasst werden. Damit schafft es die berufsbiographische Belastungsforschung nicht, die organisationalen Rahmenbedingungen und individualisierten Strategien der Arbeitsorganisation in einen ergänzenden analytischen Kontext zu stellen. Zudem wird die Kategorie Zeit als unreflektierter Aspekt von subjektiven Belastungskonzeptionen in der theoretisch-empirischen Auseinandersetzung nicht kritisch hinterfragt.

Ein neutralerer Versuch zur Erfassung der Belastung im Lehrberuf erfolgte über die Einbindung des Konzepts der Arbeitswissenschaftler Walter Rohmert und Joseph Rutenfranz (1975). Sie haben das Belastungs-Beanspruchungskonzept zur Arbeitsbelastung entwickelt basierend auf der Annahme, dass Belastungen als die Summe aller Anforderungen und deren Bedingungen, die sich aus dem Arbeitsauftrag selbst ergeben und die für jeden gleich sind, verstanden werden. Beanspru chung dagegen ist die Summe der physischen und psychischen Reaktionen, die individuell sehr unterschiedlich sind. Belastung ist somit die Ursache, die Beanspruchung als Wirkung hervorbringt (vgl. Rohmert/Rutenfranz 1975).

Rohmert/Rutenfranz (1975) schlagen folgende Unterscheidung vor: Die energetisch motorische Arbeitsleistung, die zwischen leicht und schwer variiert, und die informatorisch mentale Arbeit, für die sie ein Kontinuum von einfach bis schwierig anbieten. Diese beiden Formen sind nicht immer eindeutig zu trennen, allerdings kann bei diesem Modell davon ausgegangen werden, dass es im Lehrberuf eine objektive Seite in der Arbeitsbelastung durch die pädagogische Arbeit geben muss/kann (vgl. Schönwälder 1997). Belastung wird als etwas Objektives, das auf den Menschen von außen wirkt, definiert und das, wie es auf den Menschen wirkt, verstehen sie als Beanspruchung (vgl. Rohmert/Rutenfranz 1975). Damit können in diesem Modell die Bedingungen der Arbeitsorganisation teilweise als eine Belastung definiert werden, da diese durch die Schule(n) konstituiert werden[28] und somit von außen auf die Lehrerinnen und Lehrer wirken. Die Rahmenbedingungen, unter denen die Lehrerinnen und Lehrer selbst zuhause arbeiten und die sie teilweise auch selbst gestalten, können in diesem Konzept als Beanspruchung definiert werden.

[28] Stundenplan, Gremien, Klassengröße, Schulgröße etc.

Dadurch bleiben aber andere Erkenntnispotentiale ungenutzt für die Lehrerforschung: Wieso können Gestaltbarkeiten beruflicher Rahmenbedingungen nicht auch als Vorteil genutzt werden? Die Einbindung der Arbeitsinhalte, deren Arbeitsorganisation und die daraus abzuleitenden Arbeitszeiten in Belastungskonzepte beschränken die Optionen der Arbeitsbedingungen auf die Nachteile, die sich aus einer individualisierten Arbeitsorganisation ergeben können. Vorteile, die gerade auch für Frauen im Lehrberuf mit Blick auf die Vereinbarkeit von Familie und Beruf gesehen werden, können nur in diese Konzepte integriert werden, wenn sie als Belastung und nicht als Flexibilisierungsoptionen gesehen werden.

Unabhängig von der Konzeption der verwendeten Belastungskonzepte[29] setzen sich die Belastungen aus dem Arbeitsauftrag und den Arbeitsbedingungen zusammen. Es ist für den Lehrberuf wichtig, den Arbeitsauftrag zu definieren, damit die Lehrperson einen objektiven Arbeitsauftrag in eine Arbeitsleistung für sich umwandeln kann (vgl. Gerding 1999; Hübner/Werle 1997; Buchen 1997; Schönwälder 1993).

Die individualisierte Arbeitsorganisation führt durch individuelles Engagement in der Folge zu individuellen Belastungen und deren individuellen Beanspruchungen. Wie können nun auf der subjektiven Ebene Belastungspotenziale definiert werden, wenn es keine standardisierten Verfahren zur Erhebung von generalisierbaren Rahmenbedingungen gibt, die für die Belastungs- und Beanspruchungsforschung im Lehrberuf die notwendige Voraussetzung sein müssten? Hans-Georg Schönwälder (1997) schließt, dass nur die Selbstbelastung die reale Arbeitsbelastung abbildet und das eben umso mehr, je größer der Gestaltungsspielraum bei der Ausübung des Berufes ist.

Rudolf Kretschmann (1997) fordert daher eine Berücksichtigung der individuellen Lebensumstände, gesundheitlicher und konstitutioneller Verfassung, die er in das Konzept durch die Einbindung konstruktivistischer Sichtweisen und Erkenntnisse aus der Tätigkeitstheorie berücksichtigen kann (vgl. Kretschmann 1997). Grundlage hierfür ist die Erkenntnisleistung der konstruktivistischen Perspektive, dass sich die Wirklichkeit nicht durch das menschliche Bewusstsein bildet und auch nicht rekonstruiert wird; sondern es geht um die Erkenntnis, dass es Modelle abbildet, mit deren Hilfe der Mensch in seiner Umwelt zurechtkommen kann. Einzige Prämisse muss sein, dass sie viabel sind. Das bedeutet, dass sie annähernd der „Wirklichkeit" entsprechen müssen, damit er sich darin zurechtfinden kann und die von ihm verfolgten Ziele mit möglichst wenig Energieaufwand erreichen kann (vgl. Glaserfeld 1995). Grundsätzlich erfolgen diese Modellbildungen subjektiv, weil sie vor dem Hintergrund der persönlichen Erfahrungen in Modelle umgewandelt werden[30].

---

[29] Vgl. ausführlich zum naturalistischen Belastungskonzept: Rohmert/Rutenfranz 1975; zum integrierten Belastungskonzept: Naschold 1982; Naschold/Tietze 1978.

Die Arbeitsorganisation ist im Lehrberuf weder von ihren spezifischen Rahmenbedingungen, noch von den Arbeitsinhalten zu trennen. Die Zeiten arbeitsinhaltlicher Tätigkeiten sind Ausdruck der Arbeitsorganisation, die individuell sehr verschieden sein kann und sich damit einer organisationalen Standardisierung entzieht. Die Lehrerforschung hat einerseits den Anspruch, entlang der Arbeitsbedingungen, der Arbeitsinhalte und der besonderen Rahmenbedingungen der Arbeitsorganisation, die Arbeitszeit im Lehrberuf zu analysieren, behindert durch die Konzentration auf die Nachteile, in dem sie die besonderen Rahmenbedingungen in verschiedene Belastungskonzepte integriert, die Chance, Gestaltungsoptionen innerhalb der Rahmenbedingungen als auch der Arbeitsorganisation stärker zu fokussieren. Durch die Variationsbreite haben Lehrerinnen und Lehrer die Möglichkeit, die Dauer (Chronologie) und die Lage (Chronometrie) ihrer Arbeitszeiten zu verändern und somit die Handlungs- und Planungsperspektiven der beruflichen und außerberuflichen (familialen, regenerativen) Lebensbereiche zu reduzieren. Es wird deutlich, dass die zeitlichen Synchronisationsprobleme im Alltag von Lehrerinnen und Lehrern einer Logik folgen, die in den unterschiedlichen Strängen der Lehrerforschung nicht aufgegriffen wird. Geschieht dieses mit Erfolg, können eine zeitliche Reduzierung der Arbeit und die damit verbundene Option der Arbeitsorganisation zu einer Entlastung beitragen (vgl. Teriet 1978).

Die Lehrerforschung verhindert, die arbeitsinhaltlichen und nicht-arbeitsinhaltlichen Gestaltbarkeiten in der Arbeitsorganisation positiv zu konnotieren. In Folge dessen ist ein starker Fokus der Lehrerforschung auf die Belastungen und Beanspruchungen gerichtet. Für die weitere Diskussion ist die individualisierte Arbeitsorganisation entscheidend, weil sie alle anderen beruflichen und außerberuflichen Ebenen der Zeitkonstruktion beeinflusst.

1.2.2. *Arbeitszeiten und Flexibilisierungsmodelle im Lehrberuf: Arbeitsinhaltliche Zeiten im Lebensarrangement*

Die Arbeitszeit in modernen Gesellschaften ist seit nunmehr zwei Jahrzehnten als Indikator für gesellschaftliche Veränderungsprozesse und hier im Besonderen der Arbeitsmärkte und Wohlfahrtsstaaten in der Diskussion. Die Auseinandersetzung der Arbeits- und Wirtschaftssoziologie mit ihrer Kernkategorie hat auch nach der These vom „Ende der Arbeitsgesellschaft" (Soziologietag 1982) nicht an Erklärungs- und Bedeutungskraft verloren (vgl. Gottschall/Pfau-Effinger 2002; Schumann 2002). Für diese Untersuchung sind die Diskussionen um den Wandel der

[30] Trotz der Subjektivität innerhalb dieser Modelle gibt es aber auch strukturelle Eingrenzungen: strukturelle Ähnlichkeiten im Denkapparat ziehen ähnliche individuelle Modelle nach sich und über das Medium Sprache entwickelt sich aus der Koontogenese mit anderen gemeinsames Handeln eine wechselseitige Annäherung in den Modellen (vgl. Maturana/Varela 1987).

Erwerbsarbeit insofern interessant, als dass die veränderten Erwerbsbedingungen von Männern und Frauen sich in den (berufs)biographischen Entscheidungen von Beruf und Familie ausdrücken.

Die Arbeitsverhältnisse in europäischen Wohlfahrtsstaaten sind an der männlichen Normalerwerbsbiographie[31] ausgerichtet (vgl. Lewis/Ostner 1994). Im europäischen Vergleich sind insbesondere in Deutschland die kulturellen Leitbilder und Werte der Erwerbsbiographien an die männliche Versorgerehe geknüpft. Hieran sind historisch die mangelnde Professionalisierung in sozialen Berufen sowie die Optionen zur Teilzeitarbeit (in der alten Bundesrepublik) als nicht geschlechtsneutrale Arbeitszeitmodelle geknüpft (vgl. Pfau-Effinger 2000). Verbunden mit der Tatsache, dass sich Frauen zunehmend in den Arbeitsmarkt integrieren, wäre eine Verschiebung im Verhältnis von entlohnter und nicht-entlohnter Arbeit zu erwarten. Der Anteil von nicht-entlohnter, reproduktiver Sorgearbeit in den Familien wird im Wesentlichen von Frauen ausgeführt. Die Beteiligung der Männer in diesem Bereich ist im internationalen Vergleich sehr unterschiedlich, erreicht aber in keinem Land annähernd die Stundenzahl, die Frauen trotz ihrer Erwerbstätigkeit für diesen Bereich verwenden (vgl. Blossfeld/Drobnic 2001; EU-Kommission 1999; Künzler 1995).

Die Lehrerforschung ist für die Analyse zeitlicher Konstruktionsprozesse besonders interessant, weil sie verschiedene Aspekte der Arbeitszeit schon aufgreift und der Bezug zu gesamtgesellschaftlichen Veränderungsbedingungen von Zeitorganisation in anderen Lebensbereichen ermöglicht. Wichtige Fragen an die Lehrerforschung sind in diesem Zusammenhang folgende: Wählen Frauen den Lehrberuf, weil sie um die Verweigerungshaltung der Männer bezogen auf die Übernahme reproduktiver Verpflichtungen wissen? Oder sehen sie sich als die weibliche Ergänzung zur Berufsbiographie ihrer Männer und damit als nicht-männliches Erwerbsmodell? Wie sehen die Selbstverortungen der Lehrerinnen und Lehrer hier aus? Passen sie in diese Muster von männlicher Normalerwerbsbiographie und Versorgerehe? Oder sind hier vielmehr die Chancen für eine Auflösung traditioneller Aufgabenverteilungen in beruflichen und außerberuflichen Lebensbereichen für Frauen und Männer gleichermaßen möglich? Lassen sich die Thesen zur Entwicklung der Erwerbsarbeit und die Beteiligung von Männern an der nicht-entlohnten Familienarbeit auf den Lehrberuf übertragen? Oder lösen neue Formen der Zeitorganisation die Aufteilung von männlicher entlohnter Arbeit und weiblicher nicht-entlohnter/gering-entlohnter Erwerbsarbeit auf und lassen neue Formen der alltäglichen Zeitorganisation unter geschlechtergerechten Aspekten zu?

[31] Darunter wird im Folgenden in Anlehnung an Sigrid Betzelt und Karin Gottschall folgender Arbeitstypus verstanden, der sich durch bestimmte Kriterien auszeichnet: „Abhängig beschäftigt, Bindung an den Betrieb als Arbeitsort, Beruflichkeit beziehungsweise Qualifikationsschutz und arbeits- und sozialrechtliche Sicherungen“ (Betzelt/Gottschall 2005:275).

Die Lehrerforschung stellt die Arbeitszeit sowie die besonderen Rahmenbedingungen der Arbeitsorganisation und Arbeitsinhalte in den Mittelpunkt ihrer Analysen. Die Arbeitszeit und die implizierte besondere Zeitorganisation haben hier eine Schlüsselfunktion. Sie sind ein wichtiges Motiv in der Berufswahl (vgl. Vogel u. a. 1999; Carle 1997; Händle 1997; Terhart 1994; Flaake 1989). Sie sind in der berufsbiographischen Forschung als Gegenstand sui generis ausführlich analysiert (vgl. Carle 1999; Herrmann 1999; Holtappels 1999; Terhart 2001,1994; Schönwälder 1998) und sie werden in der berufsbiographischen Belastungsforschung als Hauptursachen für die arbeitszeitlichen und arbeitsorganisatorischen Belastungen im Lehrberuf herausgestellt (vgl. Schönwälder 1998,1993; Schäfer 1995; Schilling u. a. 1996; Wältz 1986).

Verknüpft man diese Bedeutungsdimension der Arbeitszeit im Lehrberuf mit den Entwicklungsprozessen von beruflicher und außerberuflicher Arbeit in gesamtgesellschaftlichen Kontexten mit den Erkenntnisinteressen zeitsoziologischer Forschung, so ergeben sich aus der Perspektive dieser Arbeit folgende Fragen, die mit Hilfe der Lehrerforschung beantwortet werden könnten: Wie organisieren Lehrerinnen und Lehrer ihre Arbeitszeit? Wann entscheiden sie, wann sie arbeiten und wann sie Freizeit oder Familienzeit haben? Wer wählt aus welchen Motiven welche Modelle der Arbeitszeitflexibilisierung und -reduzierung? Existiert eine vergeschlechtlichte Konnotation von Teilzeitarbeit im Lehrberuf? Lassen sich die Berufswahlmotivationen auf die antizipierte Arbeitszeit neu deuten, wenn es um die Vereinbarkeit von Familie und Beruf geht? Wie sind die Männer in diesen gewünschten Vereinbarkeitsoptionen einzuordnen? Sind sie Gestalter, in dem sie vermehrt Aufgaben im reproduktiven Bereich übernehmen? Oder stabilisieren sie die vergeschlechtlichte Konnotation von Teilzeitmodellen im Lehrberuf, in dem sie nicht reduziert arbeiten? Wie sehen die unterschiedlichen zeitlichen Konstruktionsprozesse innerhalb der Familien aus, wenn die Lehrerinnen ihre zeitlichen Interessen durchsetzen wollen? Ergeben sich belastende Aspekte der Arbeitszeit im Lehrberuf aus dem vermuteten Spannungsfeld von beruflichen und außerberuflichen Lebensbereichen?

Hier sollte die berufsbiographische Forschung Lösungsansatze liefern, denn sie verbindet hiermit die Lösung vieler arbeitsmedizinischer Probleme, die sich aus der Arbeitszeit und ihrer Organisation ergeben (vgl. Jehle 1996; Grunder/Bieri 1995; Scheuch/Vogel/Haufe 1995; Saupe/Möller 1981). Unter welchen organisationalen und individualisierten Rahmenbedingungen bilden die Lehrerinnen und Lehrer bestimmte (Arbeits)Zeitpräferenzen aus? Gibt es hier geschlechtsspezifische Unterschiede? Oder beinhaltet der Lehrberuf organisationale Optionen in der Konstruktion der Arbeitszeit, die vielmehr zu einer Auflösung „traditioneller" Aufgabenverteilung in der nicht-entlohnten Familienarbeit führen können?

In der berufsbiographischen Forschung als einem Strang der Lehrerforschung ist die Arbeitszeit für Frauen und Männer ein wichtiges Berufswahlmotiv. In einer zeitsoziologischen Arbeit zur Zeitorganisation ist an den Ergebnissen der Lehrerforschung interessant, dass sich Lehrerinnen und Lehrer als zeitsensible Individuen auszeichnen, die ihre arbeitsinhaltlichen und nicht-arbeitsinhaltlichen Zeiten in einer besonderen, weil bewussten Art konstruieren (vgl. Gerding 2000, 1999). Die besonderen Rahmenbedingungen, unter denen Arbeitszeiten und andere Zeiten im Lehrberuf konstruiert werden, weil auch hier wie in anderen modernen Wissensorganisationen die Verantwortung über die Zeitorganisation an die Mitglieder der Organisationen delegiert wird und sie sich aus dem eigentlichen Bereich einer Kontrolle durch die Organisationen entzieht. Unabhängig von den Wirkungsweisen und Mechanismen indirekter und direkter „Zeitkontrolleure“ sollen Forschungsergebnisse aus der Lehrerforschung vorgestellt werden, die Arbeitszeiten unter zwei unterschiedlichen Aspekten untersuchen: Erstens muss die Lehrer/innenarbeitszeit aus der Perspektive der Lehrerinnen und Lehrer rekonstruiert worden sein, denn damit lassen sich aus der Logik dieser Untersuchung die Untersuchungsergebnisse anderer Untersuchungen besser übertragen. Gleichzeitig können aus der Perspektive der befragten Lehrerinnen und Lehrer die Grundannahmen, Regelungsmechanismen und Organisationsprinzipien der Arbeitszeiten nachgezeichnet werden.

Zweitens werden stärker Untersuchungen fokussiert, die die Kategorie Geschlecht in ihren Untersuchungen berücksichtigen. Die These des Spannungsfeldes von beruflichen und außerberuflichen Lebensbereichen sowie die Verantwortung der Frauen für den reproduktiven nicht-entlohnten Bereich der Familienarbeit implizieren die indirekte Vergeschlechtlichung von (Arbeits- und Familien)Zeiten bei Lehrerinnen und Lehrer in diesem Spannungsfeld. Es werden Strategien in der Ausbildung von Zeiten wie Arbeitszeit, Familienzeit, Freizeit etc. bei der Konstruktion der Zeiten vermutet, die sich im weitesten Sinne durch die Ergebnisse berufsbiographischer Forschung zum Lehrberuf bestätigen lassen (vgl. Kaiser 1997; Carle 1995; Hänsel 1994, 1992, 1991; Jakobi 1994; Metz-Göckel 1993; Brehmer 1987, 1980; Danz 1992; Sadker/Sadker/Klein 1991; Flaake 1989). Können durch diese Ergebnisse die These der geringeren Bereitschaft von Männern, sich im reproduktiven Bereich trotz der Berufstätigkeit ihrer Frauen zu engagieren, bestätigt werden?

Die Lehrerforschung umfasst neben qualitativen Studien (vgl. Woderich 1997; Hermann/Hertramph 1996; Hoyer 1996; Carle 1995a,1995b,1995c; Carle/Holtappels 1995; Bromme 1992) quantitative Untersuchungen (vgl. Hübner/Werle 1997; Gehrmann/Hübner/Werle 1996), die neben umfassenden Versuchen ebenso detail- und aspektbezogene Schwerpunkte in der Analyse der Arbeitszeit und der Arbeitsinhalte sowie ihrer Organisation nachweisen.

Eine der ersten umfangreicheren qualitativen Analysen zum Lehrberuf in der berufsbiographischen Forschung, die sowohl die Arbeitszeit aus der Perspektive der befragten Lehrerinnen und Lehrer rekonstruiert und die explizit die Geschlechterperspektive berücksichtigt, ist die Studie „ Berufliche Orientierungen von Lehrerinnen und Lehrern – Eine empirische Untersuchung“ von Karin Flaake (1989). Sie legt einen umfassenden Überblick über die Berufswahlmotivationen, die subjektiv als positiv und negativ erlebten „Seiten" des Lehrberufes, die institutionelle Eingebundenheit des Lehrberufes sowie die Arbeit in ihrer Bedeutung im Lebenszusammenhang, vor. Hierbei wird deutlich, dass der Lehrberuf ein vergeschlechtlichtes Berufsbild ist. Ihre Untersuchung bestätigt die These von der „Feminisierung des Lehrberufs", nach der abhängig von strukturellen Faktoren wie Schulform und Fachkombinationen neben intrinsischen Motiven wie „mit Kindern zusammenarbeiten" persönliche Motive wie die Vereinbarkeit von Familie und Beruf wichtige Faktoren sind, nach denen Frauen diesen Beruf ergreifen (wollen) (vgl. Flaake 1989). Diese Ergebnisse werden auch durch spätere Untersuchungen in der Lehrerforschung gestützt (vgl. hierzu ausführlicher Kaiser 1997; Carle 1995; Hänsel 1994, 1992, 1991, Jakobi 1994; Metz-Göckel 1993; Danz 1992; Sadker/Sadker/Klein 1991; Brehmer 1987,1980).

Damit bestätigen die Untersuchungen der berufsbiographischen Forschung, dass auch im Lehrberuf der Wunsch nach einer Vereinbarkeit von Familie und Beruf, ein eher weibliches Anliegen ist. Bedeutet das gleichermaßen, dass die Auflösung „traditioneller" Aufgabenverteilungen im Lehrberuf durch die Rahmenbedingungen der Arbeitsorganisation (Enträumlichung der Arbeit; Flexibilität in der Arbeitsorganisation, individualisierte Arbeitsorganisation) möglich ist, aber durch andere Wirkungszusammenhänge von organisationalen Arbeitszeitmodellen faktisch verunmöglicht wird? Sind vor diesem Hintergrund die Bedingungen der Arbeitszeitmodelle im Lehrberuf als weibliche einzuordnen?

Flaakes Untersuchung verdeutlichte, dass die geschlechtsspezifischen Lebensentwürfe und Sozialisationsprozesse für die Auswertung der lehrerspezifischen Handlungs- und Orientierungsmuster von entscheidender Bedeutung (für die Frauen) waren. Die generationentypischen Bedingungen ihrer Entstehung wurden ebenfalls analysiert, spielen aber für den weiteren Verlauf dieser Untersuchung eine marginale Rolle (vgl. Flaake 1989). Die Autorin selbst verstand ihre Arbeit als Beitrag „ zur Analyse der besonderen Probleme, aber auch befriedigender Momente (...), als Versuch, unterschiedliche Möglichkeiten des Umgangs (...) (damit; Anm. d. A.) und in diesem Rahmen die Bedeutung der geschlechtsspezifischen Aufgabenverteilungen und Sichtweisen deutlich zu machen" (Flaake 1989:12). Für die Fragestellung dieser Arbeit sind die Ergebnisse deshalb wichtig, da die Konstruktionsprozesse der (Arbeits- und Familien)Zeit und ihrer Geschlechterdimension analysiert wurden, indem die Zeit integral als Kategorie mitgedacht wurde. Diese Integration der Zeit ist auch für die spätere Lehrerforschung typisch (vgl. Kaiser 1997; Carle 1995; Hänsel 1994, 1992,1991; Jakobi 1994; Metz-Göckel 1993; Danz 1992; Sadker/Sadker/Klein 1991; Brehmer 1987,1980).

Die Berufswahlmotivation von Lehrerinnen und Lehrern, den Lehrberuf aufgrund der optionalen (Arbeits- und Familien)Zeiten zu wählen, ist entlang der Geschlechtszugehörigkeit bei Flaake in der Verschiedenartigkeit deutlich geworden.

Neben dem familiären und sozialen Umfeld der Befragten wird herausgearbeitet, dass Lehrerinnen in stärkerem Maße als ihre männlichen Kollegen auf den sozialen Hintergrund angewiesen sind (vgl. Flaake 1989). Frauen scheinen sich häufiger an traditionellen Berufsbildern und Karrierewegen abzuarbeiten als ihre männlichen Kollegen. Männer im Lehrberuf gestalten aktiver ihre Berufsbiographie als ihre Kolleginnen. Gleichwohl kann es aber auch aufgrund eines männlichen Selbstverständnisses interpretiert werden, dass Männer aktiver und geradliniger sind als ihre Kolleginnen, weil sie Hürden, Barrieren oder Misserfolge in Interviews nicht zugeben (vgl. Flaake 1989). Frauen wählen diesen Beruf, weil sie darin eine realistische Chance sehen, für sich ihre beruflichen Ambitionen und den Wunsch nach einer eigenen Familie umzusetzen. Damit ist die Organisation von Zeit in unterschiedlichen Lebensphasen und in unterschiedlichen Lebensbereichen auch in den Anfängen der Lehrerforschung integriert.

Männer hingegen wählen den Lehrberuf, weil sie hierin die Chance sehen, ihre inhaltlichen Interessen trotz anderer gescheiterter beruflicher Chancen (Journalismus/ verlegerische Tätigkeiten; vgl. Flaake 1989:53) auf der intellektuell-fachbezogenen Ebene umzusetzen. Daraus leitet sich ab, dass die Berufswahl für Lehrerinnen und Lehrer insofern eine zeitsoziologische Perspektivierung ist, weil dadurch die Bereitschaft, den Beruf und die Familie vereinbarend im Lebensentwurf zu verorten, eine weibliche Option bleibt.

Wenn man die Feminisierung des Lehrberufs berücksichtigt, kann die Vielzahl der möglichen Arbeitszeitmodelle als institutionalisierte Konnotation der weiblichen, weil vereinbarenden Zeitorganisation von Erwerbsarbeit verstanden werden. Daraus ergibt sich die Konsequenz, dass Männer im Lehrberuf ihre Arbeitszeit eher nicht reduzieren, sondern im Lehrberuf Elemente männlicher Normalerwerbsbiographien (vgl. Betzelt/Gottschall 2005; Lewis/Ostner 1994) stabilisieren und hierin keine Chance zu sehen ist, traditionelle Rollenverteilungen entlohnter und nicht-entlohnter Erwerbsarbeit über veränderte Formen der Zeitorganisation aufzulösen. Dies wird über die aktivere Ausgestaltung der möglichen Karriereoptionen innerhalb der Schule und über die stärkere inhaltlich-intellektuelle Ebene der Berufswahl ebenfalls weiter gestützt. Damit muss man sich in der Lehrerforschung davon lösen, dass der Lehrberuf als ein (alters- und) geschlechtsloser Beruf betrachtet werden und diese beiden wichtigen Kategorien vernachlässigt werden (vgl. Terhart 1997, 1994; Flaake 1989).

Durch die Integration der Frauen- und Geschlechterforschung konnten zumindest in der berufsbiographischen Forschung einige Desiderate beseitigt werden, da deutlich wurde, welche Selbstdeutungen, Selbstverpflichtungen und Belastungen geschlechtsspezifisch im Lehrberuf ausgebildet wurden und werden (vgl. Terhart 1997). Aus der Synthese von Erkenntnissen und methodologischen Überlegungen der allgemeinen Entwicklungspsychologie sowie der soziologischen Berufsforschung wurde in der berufsbiographischen Forschung der Beruf nicht länger als eigenständiges Konzept betrachtet, sondern seine Eingebundenheit in den gesamten Lebenszusammenhang und im Wechselspiel von beruflicher und außerberuflicher Lebenswelt analysiert. Damit greift die Lehrerforschung den Wirkungszusammenhang verschiedener Lebensbereiche zwischen Erwerbsarbeit und anderen Bereichen, in denen unterschiedliche Zeiten konstruiert werden müssen, auf. Es wurde durch die Geschlechterperspektive deutlich, dass Männer eine andere Wahrnehmung ihrer eigenen Berufsbiographie haben als ihre Kolleginnen. So rekonstruieren Männer ihr Leben meistens anhand beruflich gemachter Erfahrungen und definieren sich stark über ihre berufliche Lebenswelt. Frauen hingegen rekonstruieren ihre eigene Berufsbiographie mit Hilfe außerberuflich gemachter Erfahrungen und Bedeutungszuschreibungen wie Familie (vgl. Terhart/Czerwenka/Ehrich/Jordan/ Schmidt 1994). Inwieweit lassen sich aus diesen Bedeutungskontexten nun vergeschlechtlichte Dimension der Zeitorganisation ableiten? Bietet die Lehrerforschung hier Erklärungspotential?

Die erziehungswissenschaftliche Forschung allein konnte die Analyse der gesamten beruflichen Lebensphase nicht leisten. Zudem erfordert die Berücksichtigung der Kategorie Geschlecht als Schlüsselkategorie mit Blick auf die Wahl des Berufes generell, sich den geschlechtsspezifischen Wahrnehmungen von Berufsarbeit und den damit verbundenen Karrieren zu beschäftigen.

Für den Lehrberuf ergibt sich eine besondere Dynamik bei den Konstruktionsprozessen der beruflichen und außerberuflichen Zeiten in unterschiedlichen Lebensbereichen. Die Verschmelzung außerberuflicher und beruflicher Lebensbereiche tritt im Lehrberuf auf verschiedenen Ebenen auf, da sich hier die Person und der Beruf stark mischen und eine klare Abgrenzung nur schwer in den arbeitsorganisatorischen und zeitorganisatorischen Strategien der Individuen möglich ist. Damit ist die Arbeitsorganisation im Lehrberuf ebenfalls wie die Wahl der Arbeitszeitmodelle und der Arbeitszeit als das Ergebnis geschlechtsspezifischer und lebenslauforientierter Entscheidungsprozesse zu bewerten. Der Beruf im gesamten Lebenszusammenhang und die subjektiven Wünsche zur Arbeitszeitreduzierung und –flexibilisierung werden mit Hilfe von Analysekategorien wie dem Geschlecht und dem Alter in der Lehrerforschung erfasst (vgl. Terhart 1997,1994; Flaake 1989). Die hieraus abzuleitende Erklärung für teilzeitarbeitende Lehrerinnen und Lehrer ist somit folgende: Sie haben oftmals Belastungen im Beruf – interpersoneller und struktureller Art. Gleichsam ist eine volle Stelle zeitlich zu belastend und zudem wird mit der reduzierten Unterrichtsverpflichtung der Wunsch nach mehr Zeit für die Familie genannt. Diese möglichen Erklärungen der berufsbiographischen Forschung in der Lehrerforschung greifen aus der Perspektive dieser Studie zu kurz, da die subjektiven Motivgeschichten entlang unterschiedlicher Strategien zur Arbeitszeitreduzierung zwar aufgedeckt, aber die berufsbiographische Forschung hier dem selbst gestellten Anspruch entlang der unterschiedlichen Lebens- und Arbeitsphasen kritischer die einzelnen Variationsbreiten der beruflichen und außerberuflichen

Zeitorganisation zu analysieren, nur begrenzt gerecht wird. Die gesetzlichen Möglichkeiten der Arbeitszeitflexibilisierung und der –reduzierung sind insofern interessant, als dass sie den strukturellen Rahmen der Zeitkonstruktionen im Lehrberuf bilden. Nur die gesetzlichen Grundlagen reichen – so eine weitere These- nicht aus, die tatsächlichen Rahmenbedingungen der beruflichen und außerberuflichen Zeitkonstruktionen und ihre Organisationsbedingungen umfassend zu analysieren. Vielmehr wird auf der Ebene der subjektiven Selbstzuschreibungen von Verantwortungen und Selbstdefinitionen der Arbeit im Lehrberuf, welche auf der Grundlage der individualisierten Arbeitsorganisation sehr gut möglich sind, entschieden, wann und wie welche Zeiten konstruiert werden.

Die Lehrerforschung hat die kritische Auseinandersetzung mit der Arbeitsorganisation und der Arbeitszeit vorangetrieben. Sie verbindet die Analyse auf der metatheoretischen Ebene mit den Inhalten und neuen Erkenntnissen aus der Organisationssoziologie und deren Managementkonzepten auf der einen Seite. Empirische Erkenntnisse aus der kritischen Auseinandersetzung der Zeitorganisation mit den daraus resultierenden Erkenntnissen für eine Umorganisation der Arbeitszeit unter Berücksichtigung ihrer spezifischen Bedingungen werden fast immer ausgeklammert. (Arbeits)Zeit und die besonderen subjektiven und organisationalen Rahmenbedingungen werden von verschiedenen Strängen der Lehrerforschung aufgegriffen: Hierzu zählen in erster Linie die berufsbiographische Forschung und die berufsbiographische Belastungsforschung. Aus den Erkenntnissen und Ergebnissen der Lehrerforschung ergibt sich keine Übertragbarkeit für gesamtgesellschaftliche Dynamisierungsprozesse und ihren veränderten Bedingungen der Zeitorganisation. Allerdings konnte auch herausgestellt werden, dass die Zeit als analytische Kategorie in der berufsbiographischen Forschung zum Lehrberuf keine ausgewiesene Bedeutung hat, sondern auch hier vielmehr in die bestehenden Theoriekonzepte „unhinterfragt" integriert wird (vgl. Gerding 2000, 1999).

1.2.3. Schule – Geschlecht – Organisation: Chancen der organisationssoziologischen Frauen- und Geschlechterforschung für die Lehrerforschung

In einer Untersuchung, die Bedingungen der Arbeitsorganisation und Möglichkeiten der Arbeitszeitflexibilisierung in ihren zeitlichen Konsequenzen für berufliche und außerberufliche Lebensbereiche analysiert, müssen ebenfalls die organisationalen Rahmenbedingungen der verschiedenen (zeitlichen) Ebenen der Lehrer/innenarbeitszeit berücksichtigt werden. Diese können in die Analyse eingebunden werden, wenn die Schule als Organisation verstanden wird. Die Frauen- und Geschlechterforschung konnte für die Organisationssoziologie zeigen, wie sich in Organisationen entlang der Kategorie Geschlecht soziale Ungleichheiten stabilisieren (vgl. ausf. Wilz 2002; Müller 1999,1993). Die spannende Frage, die sich für den als feminisiert geltenden Lehrberuf stellt, ist, ob sich diese innerorganisationalen Segregationsprozesse entlang der Kategorie Geschlecht auch auf Organisationen wie allgemeinbildende Schulen übertragen lassen, in denen überwiegend Frauen arbeiten? Oder verändern sich in solchen Organisationen möglicherweise Segregationsprozesse?

Erste Ansätze in der Lehrerforschung, die Schule als eine Organisation definieren und Ansätze aus der Organisationssoziologie auf die Schule zu übertragen, gibt es[32] (vgl. ausf. Koch 1999; Rolff 1998). Die Lehrerforschung konzentriert sich hier immer noch auf die besonderen Rahmenbedingungen der Arbeitsorganisation und der daraus resultierenden Arbeitszeit[33]. Aber damit sind innerorganisationale Prozesse der Segregation in Schulen weiterhin nicht analysiert, sondern fließen in individualisierte Rahmenbedingungen der Arbeitsorganisation ein und lösen sich als Problem individualisiert auf. Das ist aus der Perspektive dieser Untersuchung nicht ausreichend, denn es müssen auch in „feminisierten" Berufsfeldern bestimmte Aufgaben und Funktionen in Schulen übernommen werden. Wer hat Funktionsstellen in den Schulen und wie werden sie mit anderen beruflichen und außerberuflichen Lebensbereichen vereinbart?

Diese Frage ist für diese Untersuchung deshalb interessant, weil die Übernahme bestimmter Aufgaben und Funktionen innerhalb von Schulen mit einer Reduzierung des Lehrdeputats verbunden ist und es damit zu einer veränderten Zeitorganisation der Lehrerinnen und Lehrer in beruflichen und außerberuflichen Lebensbereichen kommen kann. Damit muss es innerhalb der Organisation Regelungsmechanismen geben, denen bestimmte zeitpolitische Entscheidungen zugrunde liegen, die für alle verbindlich sein müssen. Deshalb schlägt diese Untersuchung vor, die Ergebnisse der organisationssoziologischen Frauen- und Geschlechterforschung auf die Schule als Organisation zu übertragen, weil es hier zu einer systematischeren Berücksichtigung von vermuteten Verknüpfungen der Zeit-Geschlecht-Dimensionen kommen kann.

Hierbei sind die horizontale und vertikale Segregation sowie die kulturellen Reproduktionen von Geschlecht(sbildern) in ihrer Wirkmächtigkeit auf die Geschlechtsidentität auch außerhalb von Organisationen von besonderem Interesse

32 In der Lehrerforschung begreift die Organisationsentwicklung die Schule als Organisation. Damit übernimmt sie modifizierte Definitionen aus der Organisationssoziologie. Allerdings gibt es in der Lehrerforschung keine rein soziologische Perspektive auf die Schule als Organisation, die sowohl analytisch, als auch empirisch die Geschlechterperspektiven einbindet. Zu den Definitionen von Schule als Organisationen vgl. ausführlich Lindau-Bank 1998; Rolff u. a. 1998, Becker/Langosch 1995; Trebesch 1980; zur historischen Entwicklung der Organisationsentwicklung und ihren industriesoziologischen und pädagogisch-sozialpsychologischen Hintergründen vgl. ausführlich Rolff u. a. 1998; French/Bell 1994; Rieckmann 1994; zu den Methoden der Organisationsentwicklung vgl. ausführlich Rolff u. a. 1998; French/Bell 1994; zur Geschlechterperspektive in der Organisationsentwicklung in Schulen und Hochschulen vgl. ausführlich Roloff 2003; Kil/Uhtes1998; Neusel 1998.

33 Vgl. Kap. 1.2.1 und 1.2.2 in dieser Arbeit.

(vgl. Acker 1990). Die klassische Organisationsforschung erleichtert keine einfache theoretische und methodologische Einbettung von Geschlecht(erungleichheit).

Schon 1977 versuchte Rosabeth Moss Kanter zu verdeutlichen, welche Auswirkungen das Geschlecht auf die Position von Organisationsmitgliedern hat (vgl. Kanter 1977). Organisationsmitglieder haben nach Kanter drei wesentliche Strukturressourcen: Möglichkeitsstrukturen, Machtverhältnisse und die Zusammensetzung von Gruppen, die innerhalb der Organisation die gleiche hierarchische Position haben. Kanter definiert Organisationen im Weberschen Verständnis als zweckrationalisierte Systeme. Die Marginalität von Frauen in verschiedenen organisationalen Bereichen sind für sie ein vormodernes Phänomen, da auf der informellen Ebene geschlechtsspezifische Rollenstereotypen festgeschrieben werden, die geschlechtsspezifisches Verhalten und Erwartungen innerhalb der Organisation festlegen. Gleichzeitig bilden sich hierüber Zugangsbarrieren für Frauen, da sie diesen Erwartungen nicht gerecht werden können. So existieren neben der rationalen Ebene in Organisationen geschlechtsspezifische Segregationskriterien, die Frauen ausschließen (Netzwerke als Machtressourcen). Frauen haben hierdurch ein Mehrebenenproblem: Sie werden von den anderen Organisationsmitgliedern beobachtet und ihre Verhaltensweisen und Handlungen werden kommentiert. Gleichzeitig müssen sie diese Präsenz eigentlich verhindern, weil sie sonst von Netzwerken und Machtressourcen ausgeschlossen bleiben. Sie gelten damit als Außenseiterinnen und sie werden anders als ihre männlichen Kollegen als Repräsentantinnen ihrer Geschlechtsgruppe bewertet und dadurch wird ihr Verhalten immer durch die Brille der Geschlechterstereotypen bewertet (vgl. Kanter 1977).

Für Kanter sind somit Geschlechterunterschiede das Ergebnis von Machtunterschieden und sie sieht die Erhöhung von Frauen in Führungspositionen als den Weg, Frauen und ihren Exotinnenstatus in homosozialen Organisationskontexten aufzubrechen. Damit kann ihr Status als Fremde aufgehoben werden. Kanters Konzept der token-Position wurde von einigen Forscherinnen mit Blick auf die unterschiedlichen Auswirkungen für Männer und Frauen hin kritisiert. Das männliche Gegenphänomen kann wie o.a. sehr wohl dazu führen, dass Männer ihre Positionen ausbauen und den token-Status als machtstabilisierende und –erweiternde Ressource einsetzen (vgl. Heintz/Nadai 1998).

Janice D. Yoder (1991) hat gezeigt, dass der zahlenmäßige Arbeitskontext nur ein Faktor ist; wichtiger ist hingegen die geschlechtliche Codierung eines Berufes oder Organisationsfeldes. Wenn Frauen in generell als männlich geltenden Berufen arbeiten, werden sie diskriminiert. Wenn man dieser Logik folgt, führt die Erhöhung des Frauenanteils in Führungspositionen nicht automatisch zu einer entdiskriminierenden Organisation (vgl. Yoder 1991). Dies kann aber nur funktionieren, wenn die Zunahme von Frauen in Führungspositionen nicht als Bedrohung betrachtet wird. Während Kanter Geschlechterunterschiede als archaisches Erbe zweckrationaler Organisationen versteht, haben andere feministische Forscherinnen die Geschlechtsunterschiede und –diskriminierungen als immanentes Organisationskriterium behandelt.

Kathy Ferguson (1984) stellt in den Mittelpunkt ihrer kritischen Organisationsanalysen den bureaucratic discourse, der die individuelle/handelnde Ebene mit der entpersönlichten/strukturellen Ebene verknüpft. Der eher differenztheoretische Ansatz geht in seiner Erklärung davon aus, dass Männer die prägenden Kräfte in den Organisationen waren, da dieser öffentliche Raum von ihnen als erstes besetzt wurde und sie die Diskurse (Egoismus, Hierarchie, Rivalität) prägten. Frauen hingegen haben aufgrund ihrer Erfahrungen im reproduktiven Bereich eher demokratische und solidarische Vorstellungen. Diese können aber nach Ferguson nicht über die Erhöhung von Frauen in organisationale Führungspositionen geändert werden, sondern sie fordert eher weibliche Organisationsformen, die den weiblichen Diskursen größere Gestaltungsmacht einräumen (vgl. Ferguson 1984).

Verschiedene Forscherinnen haben diesen Ansatz kritisiert[34] (vgl. Witz/Savage 1992; Acker 1990). Für Acker sind Organisationen generell nicht geschlechtslos (vgl. Acker 1999, 1998, 1992, 1990). Organisationen sind immer vergeschlechtlicht. Die Herstellung von hierarchischen Geschlechtsunterschieden ist ähnlich wie bei Zimmermann/West (1991) ein Prozess, dem geschlechterpolarisierende Intentionen zugrunde liegen. Die Ebenen sind vielfältig: So haben die organisationalen Akteure neben den alltäglichen Routinen sowie den innerhalb der Organisation zu treffenden und getroffenen Entscheidungen Einfluss auf die Aufrechterhaltung von Organisationen und stabilisieren dadurch die Ungleichheitsstrukturen innerhalb der Organisationen. Zudem darf man den gesellschaftlichen Kontext nicht vergessen, in dem alltägliche Handlungen innerhalb von Organisationen eingebettet sind. So bilden diese neben den symbolischen Reproduktionen und den alltäglichen Interaktionsleistungen aller einer Organisation zugehörigen Individuen (Mitarbeiter/in – Kunde/in) die konstituierenden Kontexte, um die Geschlechterunterschiede zu konstruieren und dadurch auch gleichzeitig zu bestätigen (vgl. Acker 1999,1992). Die Individuen selbst orientieren sich an diesen Zuschreibungen von Geschlecht und stabilisieren damit selbst die Muster der Geschlechterdifferenzen.

Die scheinbare Geschlechtsneutralität von Organisation erfolgt über die funktionale Zuweisung von Funktionen und Aufgabenbereichen. Sexualität/ Körperlichkeit sowie Emotionen und Reproduktion werden ausgegrenzt. Acker leitet hieraus ab, dass die vergeschlechtlichte Struktur von Organisationen in den Mittelpunkt des Forschungsinteresses zu stellen ist, um die „Scheinheiligkeit" geschlechtsneutraler Prozesse aufzuspüren. Dabei geht es um die Auflösung des funktionalen, asexuellen, entkörperlichten Arbeitnehmers (vgl. Acker 1992).

---

34 Acker verweist auf die körperlose „disembodied" (Acker 1990:144) Grundannahme in Fergusons Ansatz und kritisiert darüber die verhinderte Möglichkeit, Geschlecht als konstitutives Element in komplexen organisationalen Prozessen einzubinden (vgl. ausführlich Acker 1990).

Neuere Management-Konzepte wie Managing Diversity lösen dieses auf, indem sie die Mitglieder als Subjekte begreifen, die vielfältige biographische Erfahrungen haben, die sie in die Organisation als Ressource einzubringen haben. Wenn Organisationen dieses nicht tun, arbeiten sie suboptimal und entsprechen nicht ihren eigenen zweckrationalen Bestimmungen (Belinszki/Hansen/Müller 2003).

Obwohl Acker 1998 konstatiert, dass Instrumente zur Aufhebung der Geschlechterungleichheiten eingeführt wurden, haben sie kaum Einfluss auf die „organizational substructure". Organisationen müssen im Zusammenspiel mit außerorganisationalen Lebensbereichen betrachtet und auf ihre wechselseitigen Wirkungsprozesse hin untersucht werden. Wenn es von Seiten der Organisation flexible Arbeitszeitmodelle zur Vereinbarkeit von Familie und Beruf gibt, werden sie weiterhin von Frauen in Anspruch genommen. Solche als Geschlechterungleichheiten auflösende oder entstabilisierende gedachte Instrumente berühren aber nicht die grundsätzlichen Aktivitäten von Organisationen und führen letztendlich zu einer Reproduktion der gendered substructure der Organisation (vgl. Acker 1998). Hier stellt sich die Frage, ob die Möglichkeiten zur Arbeitszeitreduzierung und –flexibilisierung im Lehrberuf Instrumente sind, die Prozesse der Vergeschlechtlichung im Lehrberuf verstärken.

Durch ihre Arbeiten hat Ursula Müller hat den Begriff der asymmetrischen Geschlechterkultur eingeführt (vgl. Müller 1998, 1997). Obwohl „ (...) formale Grenzen" (Müller 1998:124) immer weniger werden und die Lebensentwürfe von Frauen optionaler sind als früher, greifen die Akteure auf Differenzstereotypen zurück, um für ihre Handlungen und Interaktionen Leitfäden zu haben. Das Weibliche unterliegt dem Männlichen, da dieses als Maßstab erhoben wird und Frauen sich daraus ableitend in ihrem Handeln und Denken einbezogen werden (vgl. Müller 1997).

Durch den Einbezug des Körpers und der Sexualität, die den auf Funktion reduzierten und körperlosen, entsexualisierten Arbeitnehmer entlarvt, hat die Frauen- und Geschlechterforschung die Organisationssoziologie analytisch erweitert. Gleichzeitig wird deutlich, dass dieser o.a. Arbeitnehmer ein männlicher ist, weil die als männlich konnotierten Eigenschaften als für die Organisation strategisch wichtigen Eigenschaften gelten. Andererseits haben andere Untersuchungen geradezu das weibliche, sexualisierte als integralen Bestandteil organisationaler Arbeitsbereiche herausgestellt[35] (vgl. Hochschild 1990).

Die Diskussion der organisationssoziologischen Frauen- und Geschlechterforschung zeigen, dass unabhängig von der Feminisierung eines Berufsbildes und einer Organisation, vergeschlechtlichte Mechanismen durch die Organisationsmitglieder selbst hergestellt und restabilisiert werden. Wenn die Schule als Organisati-

---

35 In diesem Zusammenhang sei auf die Hochschild-Studie „*Das gekaufte Herz – Zur Kommerzialisierung der Gefühle*" (1990) auf die gerade in modernen Dienstleistungsberufen geforderte Emotionsarbeit bei Frauen verwiesen.

on nun überwiegend von Frauen besetzt ist, wie wirken sich diese Prozesse der Vergeschlechtlichung auf die arbeitsinhaltlichen Bereiche im Lehrberuf aus? Unter welchen Bedingungen entstehen innerhalb der Organisation Segregationsprozesse, die sich auf die Zeitorganisation, die durch zeitpolitische Entscheidungen innerhalb der Organisation beeinflusst werden, auswirken? Lassen sich diese vergeschlechtlichten innerorganisationalen Segregationsprozesse allein durch organisationale Zeitpolitiken erklären? Oder ist vielmehr das Zusammenwirken von beruflichen und außerberuflichen Zeitpraxen entscheidend für diese organisationalen Zuweisungs- und Segregationsprozesse? Werden über außerberufliche flexible Familienarrangements innerorganisationale Segregationsprozesse unterstützt, weil die Entscheidungen, arbeitsinhaltliche Zeitpraxen zu erhöhen, im Kontext der individualisierten Zeitkonzeptionen neu bewertet werden müssen? Diese Fragen müssen überprüft werden, denn die Prozesse der Zeitorganisation und Zeitbewertung durch die Organisation können auch aus der Perspektive der organisationssoziologischen Frauen- und Geschlechterforschung für den Lehrberuf so zunächst nicht beantwortet werden, aber sie erlauben den kritischen Blick auf die Rahmenbedingungen, unter denen die Organisationen bestimmte Zeitpolitiken entwickeln.

1.3. Die alltägliche Lebensführung

„Der Alltag ist der Ort, wo alles zusammenkommt" (Jurczyk/Rerrich 1993:11). Das Konzept der alltäglichen Lebensführung bietet für die Frage nach den neuen Formen der Alltagsorganisation im Kontext der Entgrenzung der Arbeitszeit durch neue flexibilisierte Arbeitszeiten sowie neuen flexiblen Formen der Arbeitsorganisation sehr gute Anknüpfungspunkte, um die grundlegende Bedeutung dieser gesellschaftlichen Wandlungsprozesse aus der Perspektive der Subjekte zu analysieren. Hieran lassen sich einerseits die (zeitlichen) Konsequenzen der verschiedenen Lebensbereiche anhand der subjektiven Bewältigungsstrategien und Handlungskonzepte rekonstruieren. Andererseits bietet das Konzept der alltäglichen Lebensführung[36] die theoretische und methodische Chance, über die Grenzen klar definierter soziologischer Kategorien hinweg gesellschaftliche Wandlungsprozesse zu analysieren[37]. Der Blick auf die veränderten individuellen und strukturellen Veränderungen in der Arbeitszeit wird über eine Mehrdimensionalität der Arbeitszeit bezogen auf verschiedene Lebensbereiche möglich und erlaubt es, diese widersprüchlichen zeitlichen Konsequenzen im Alltagshandeln als den „Übergang von kollektiven Zeitregimen zu individueller Zeitflexibilität [...] als Grundtendenz des Zeitwandels" (Hil-

[36] Aus dem Konzept der alltäglichen Lebensführung hat sich theoretisch-konzeptionell das Konzept der familialen Lebensführung entwickelt (vgl. hierzu ausführlich Jürgens 2001).

[37] Zu den Methoden des Konzepts der alltäglichen Lebensführung vgl. ausführlich Kudera/Voß 2000, Kudera 1995.

debrandt/Reineke/Rinderspacher/Voß 2000: 16) zu fokussieren. Im Folgenden wird der Arbeitsbegriff und der Geschlechterbegriff im Konzept der alltäglichen Lebensführung vorgestellt und diskutiert.

1.3.1. Der Arbeitsbegriff im Konzept der alltäglichen Lebensführung

Nachdem die zeitsoziologische Perspektive mit dem Lehrberuf verknüpft wurde (siehe Kapitel 1.2), ist es erforderlich, einen theoretisch-analytischen Rahmen zu finden, der einerseits die unterschiedlichen Lebensbereiche verbinden und andererseits sowohl die Zeit- als auch die Geschlechterperspektive integrieren kann. Diese Bedingungen erfüllt das Konzept der alltäglichen Lebensführung (vgl. Jurczyk/Rerrich 1993). Unter alltäglicher Lebensführung werden die konkrete tägliche Leistung der Individuen und ihre Methoden, diese Arbeit zu leisten, verstanden. Wie schaffen es die Individuen, die verschiedenen Tätigkeiten in ein kohärentes Ganzes zu bringen?

Das Konzept der alltäglichen Lebensführung[38] analysiert den Alltag; d. h. es fragt einerseits nach den Dingen, die Individuen jeden Tag tun und andererseits danach, wie Individuen ihre alltäglichen Dinge organisieren. Dabei interessieren besonders die sich verändernden Arbeitsteilungen von Personen in verschiedenen Lebensbereichen (vgl. Voß/Weihrich 2001; Voß 2001; Jürgens/Reineke 2000; Jurczyk/Voß 2000; Rerrich 2000, 1993, 1990; Jurczyk 1994; Jurczyk/Rerrich 1993; Dunkel 1993; Jurczyk 1993).

Die Zeitkonstruktionen der Lehrerinnen und Lehrer werden in der vorliegenden Arbeit ähnlich wie die Alltagsorganisation im Konzept der alltäglichen Lebensführung in ihrer Selbstverständlichkeit hinterfragt. In der subjektiven Wahrnehmung besteht der Alltag aus Wiederholungen und Routinen, die ihrerseits Sicherheit und Stabilität für die Individuen schaffen (vgl. Dunkel 1993; Rerrich 1993). Der Alltag war und ist durch die unterschiedlichen Rhythmen und den Wechsel von Arbeit, Freizeit sowie von Werktagen und Wochenenden bestimmt. Diese zeitliche Strukturierung verschiedener Lebensbereiche bildete zugleich die Zeitstruktur der (männlichen) Normalerwerbsbiographie, die seit Anfang der 1980er Jahre erodiert[39]. Aus der Perspektive dieser zeitsoziologischen Untersuchung kann der Wandel der Arbeit und die damit verbundenen Wirkmächtigkeiten der unterschiedli-

[38] Das Konzept der alltäglichen Lebensführung ist in seiner Theorie und Methodologie aus dem Sonderforschungsbereich 333 an der LMU-München hervorgegangen. Das Forschungsprojekt hieß: Flexibilisierte Arbeitsverhältnisse und die Organisation der individuellen Lebensführung (Veränderungen in der Arbeitsteilung von Personen) Teilprojekt A1 Sonderforschungsbereich 333 „Entwicklungsperspektiven von Arbeit" (vgl. hierzu ausführlicher Jurczyk/Rerrich 1993; Jurczyk/Treutner/Voß/Zettel 1985; Kudera/Voß 1988, auch zu Mitarbeiter/innen im SFB 333).

[39] Vgl. ausführlicher Diskussionen zum Wandel und Zukunft der Arbeit Hirsch-Kreinsen 2003; Gottschall/Pfau-Effinger 2002.

chen zeitlichen Rhythmen und Strukturen, die sich auf die Ausgestaltung anderer nicht-arbeitsinhaltlicher Lebensbereiche auswirken, als theoretische Klammer fungieren, die es erlaubt, nach der Zeit- und der ihr zugrundeliegenden Geschlechterdimension in den Rekonstruktionen der Alltagsorganisation beruflicher und außerberuflicher Lebensbereiche bei Lehrerinnen und Lehrern zu fragen.

Innerhalb der Soziologie lässt sich das Konzept der alltäglichen Lebensführung von der Soziologie des Alltags abgrenzen (vgl. ausf. Schütz/Luckmann 1994; Maffesoli 1989; Lefebvre 1987; Alheit 1983; Baethge/Essbach 1983). In der Alltagssoziologie steht die phänomenologische Analyse im Vordergrund, die den sozialen Sinn hinterfragt. Ein anderer Bereich ist die empirisch ausgerichtete Soziologie des Lebensstils (z. B. Konsum- und Wohnstile), in der „Lebensstile eine systematische Konfiguration von Teillagen dar(stellen), in die soziostrukturelle Bedingungen, Problemlagen und subjektive Relevanzsetzungen eingehen" (Hörning u.a 1990:20). Aus der Perspektive der Forscher/innengruppe im Sonderforschungsbereich 333 (LMU München) sind diese Soziologien defizitär, da sie nicht die Prozesse der Alltagsorganisation von Individuen in den Blick nehmen.

Das Konzept stellt den normierten Alltag in Frage und erlaubt, die individuellen und kollektiven Selbstverständlichkeiten des Alltäglichen zu hinterfragen. Das Konzept von Alltag, wie es die Individuen permanent konstruieren, ist aus der Perspektive der Forscher/innen ein theoretisches Vorurteil, da die Normativität von Alltag auch in der Vergangenheit für bestimmte Berufsgruppen[40] aufgrund der dort herrschenden ungewöhnlicheren Lebensrhythmen keine Bedeutung hatte bzw. eine eigene Normativität für die Ausgestaltung von zeitlichen Strukturen und Rhythmen entwickelt wurde.

Ziel ist das Aufdecken genereller grundlegender Veränderungen in der alltäglichen Lebensführung, da so die zentrale These, es „in den letzten Jahrzehnten zu erheblichen Veränderungen in der Art und Weise gekommen [ist], wie das alltägliche Leben gestaltet wird" (vgl. Jurczyk/Rerrich 1993:14). Der Anspruch dieses Konzeptes ist die Herausarbeitung des Neuen und die Konturierung einiger wesentlicher Ursachen für diese Veränderungen. Der konzentrierte Blick auf die alltägliche Lebensführung wird als Teil umfassender Wandlungsprozesse der Gesellschaft begriffen. Diese Wandlungsprozesse werden in der Soziologie auch unter Begriffen wie Modernisierung[41], Rationalisierung und Individualisierung diskutiert (vgl. Bolte 2000; Kudera 1995; Jurczyk/Rerrich 1993; Voß 1993).

40 Hierzu zählen insbesondere Polizist/innen, Straßenbahnfahrer/innen, Krankenpflegepersonal, Angehörige des Gaststättengewerbes, Schichtarbeiter/innen, Schauspieler/innen. In der Untersuchung sind Randgruppen in materiell-prekären Lebenslagen z. B. Sozialhilfeempfänger; Arbeitslosen oder Psychischkranke ebenso nicht berücksichtigt worden wie Stadtstreicher, Prostituierte und Teleheimarbeit (vgl. Jurczyk/Rerrich 1993; zu den letzten beiden vgl. Forschungsarbeiten jüngerer Zeit auch Kleemann/Voß 1999 und Luedtke 2000).

41 Zeitliche Verortung der Modernisierung in Politik, Geschichte und Ökonomie ist jeweils unterschiedlich, so dass eine eindeutige zeitliche Verortung nicht möglich ist.

Der Unterschied zu früheren gesellschaftlichen Epochen besteht in der schwindenden Restriktionskraft gesellschaftlicher Strukturen. Auch die Menschen in früheren Epochen haben danach ihr Leben geführt – allerdings mit wesentlich geringeren Gestaltungsspielräumen. Moderne Gesellschaften fordern geradezu ihre Mitglieder heraus, sich als Teil einer Multioptionsgesellschaft zu begreifen und zu definieren (vgl. Gross 1994). Gesellschaftsstrukturelle Voraussetzungen sind so gestaltet, dass sie einerseits sicherstellen, dass das Individuum existieren kann, ohne ein bestehendes Abhängigkeitsverhältnis zu anderen (Leibeigenschaft im Absolutismus) zu haben. Andererseits müssen ökonomische und normative Optionen überwiegen, um Gestaltungsspielräume und Handlungsoptionen überhaupt erst entstehen zu lassen (vgl. Bolte 2000; Jurczyk/Treutner/Voß/Zettel 2000; Kudera 2000).

Für moderne Gesellschaften sind bestimmte ökonomische, soziale und normative Merkmale typisch. Ökonomisches Kriterium ist die Erwerbsarbeit als gesellschaftlich dominante (männliche) Organisationsform, die der eigenständigen Sicherung der Existenz dient. Abhängigkeiten bestehen abstrakt über den Arbeitsmarkt. Frauen blieben zunächst meist von der eigenständigen Sicherung ausgeschlossen und auf die familiale Sicherung des Lebensunterhalts angewiesen (vgl. Blossfeld/Drobnic 2001; Pfau-Effinger 2000; Lewis/Ostner 1994; Jurczyk/Rerrich 1993). Die entstandene Arbeitsteilung Erwerbsarbeit/männlich und Familienarbeit/weiblich bildete die Grundlage zur Ausbildung weiterer geschlechtsspezifischer Merkmale moderner Gesellschaften. Individualisierung als ein soziales Merkmal löste historisch die Individuen aus kollektiven Zugehörigkeiten (Stand, Klasse, Familie) und wurde zur zentralen Gestaltungsinstanz (vgl. Beck 1986). Als grundlegende, basale Voraussetzungen gelten Autonomie und die Handlungskompetenz der Individuen. Die Individualisierung ermöglicht aber auch zugleich eine Pluralisierung der Lebens- und Arbeitsformen und stellt traditionale Organisationskriterien zunehmend in Frage. Diese Entwicklung führt zu Veränderungen normativer Merkmale von modernen Gesellschaften. Pluralität und Variabilität müssen zunehmend weniger oder gar nicht mehr vor kirchlichen, herrschaftlichen oder anderen Autoritäten legitimiert werden. Das Individuum muss hieraus ableitend aber im Umkehrschluss immer mehr selbst die sonst von außen festgelegten Strukturen herstellen. Minimalkonsens bleiben die rechtlichen Rahmenbedingungen einer Gesellschaft bzw. eines Nationalstaates, so dass die Person selbst zur Entscheidungsinstanz über die von ihr befolgten und zu befolgenden Normen wird (vgl. Beck 1986). Hierzu ist ein Ausgleichs- und Balanceakt notwendig, der die von außen herangetragenen Verpflichtungen und Ansprüche mit denen der eigenen individuellen Präferenzen und Wünsche vereint[42].

[42] Hier setzt ebenfalls die Lebenslaufforschung an. Sie untersucht das ganze Leben, aber im Gegensatz zum Konzept der alltäglichen Lebensführung untersucht sie das Leben in der Länge und nicht in der Breite des Alltags (vgl. Voß 1991).

Das Konzept der alltäglichen Lebensführung kann nicht eindeutig einer Disziplin zugeordnet werden: Viele Bindestrichsoziologien wie die Familiensoziologie, Arbeitssoziologie, Stadt- und Regionalsoziologie und die Freizeitsoziologie können in das Konzept theoretisch und methodisch teilweise integriert werden, allerdings nicht aus der individuellen Bedeutung, die sie für das einzelne Subjekt im Kontext ihrer Lebensführung hat.

Das Konzept trägt dazu bei, die Veränderungsprozesse in gesellschaftlichen Teilsystemen wie Beruf/Arbeit, Familie, Verkehr, Geschlechterverhältnisse etc. auf ihre Wechselwirkungen und Zusammenhänge hin zu untersuchen. Im Mittelpunkt steht „die einzelne Person, die in und mit ihrer Lebensführung sozial nur partiell vermittelte und zum Teil hochgradig konkurrierende Sphären, wie etwa berufliche und familiale Anforderungen, praktisch unter einen Hut bringen muss" (vgl. Voß 1991:86). Somit liegt die Verantwortung einzelne unterschiedliche, teilweise stark konkurrierende Teilsysteme zu vereinbaren bei dem Individuum, aber die Rahmenbedingungen, unter denen verschiedene Lebensbereiche zu (zeitlich, Anm. d. A.) konkurrierenden Teilsystemen werden, können von den Individuen nur bedingt verändert werden. Sie sind Teil gesellschaftlicher Realität und somit der strukturelle Rahmen, unter denen sie ihren Alltag organisieren müssen (vgl. Treutner/Voß 2000; Jurczyk/Rerrich 1993; Voß 1991).

Diese integrative Perspektive von strukturellen Rahmenbedingungen einerseits und den möglichen Handlungsoptionen der Individuen andererseits ermöglicht einen kritischen Blick auf die Gestaltungsoptionen von zeitlichen Konstruktionsprozessen in beruflichen und außerberuflichen Lebensbereichen bei Lehrerinnen und Lehrern, weil in diesem Berufsfeld die Veränderungen in der alltäglichen Lebensführung auf folgenden Ebenen ausgehandelt und organisiert werden müssen:

a) die zeitliche Organisation des Alltags führt dazu, dass die Lehrerinnen und Lehrer mehr koordinieren, synchronisieren und planen müssen;

b) die sachlich-arbeitsteilige Organisation, weil sie ihre Optionen, Ressourcen und Aufgaben stärker aufeinander abstimmen und aushandeln müssen und

c) die soziale Organisation, denn die Lehrerinnen und Lehrer müssen ihre sozialen Beziehungen und Netzwerke stärker abstimmen und koordinieren.

Diese zunehmenden Koordinations-, Synchronisations- und Planungsleistungen entstehen, weil sich die Arbeits- und Lebensbedingungen pluralisieren, eine Ausdifferenzierung gesellschaftlicher Strukturen stattfindet und sich die Werte und Orientierungen der Individuen verschieben (vgl. Bolte 2000; Kudera/Voß 2000; Jurczyk/Rerrich 1993).

Diese veränderten Makro- und Mikrostrukturen erhöhen gleichzeitig den Druck und führen zu einer Vermehrung und Erhöhung disparater Tätigkeiten, indem die Individuen an unterschiedlichen Teilsystemen teilhaben wollen und müssen. Damit erhöhen sich die Optionen und die Anspruchshorizonte erweitern sich. Dieser Zuwachs führt gleichzeitig zu einer stärkeren reflexiven Beschäftigung mit Alternativen, die ebenfalls möglich sein können. Das erhöht wiederum den Druck bei den Individuen; hierbei spielt es nur noch bedingt – wenn man der Logik des Konzeptes folgt – eine Rolle, ob es sich dabei um die Wahrnehmung eines kulturellen Angebotes oder um einen Kinderwunsch handelt (vgl. Jurczyk 1998, 1995a+b; Jurczyk/Rerrich 1993).

Zusammenfassend kann man sagen, dass die Individuen immer mehr Dinge koordinieren müssen und die eigene Biographie immer mehr als subjektives Kontingenzmanagement verstanden werden kann (vgl. Garhammer 2001).

Die Verwendung des Arbeitsbegriffes als eine zentrale Kategorie sozialer Ungleichheit wird im Konzept der alltäglichen Lebensführung zu einer kategorialen Gratwanderung. Die Einbindung wichtiger Ergebnisse der Frauen- und Geschlechterforschung ließ erkennen, dass die Verwendung des Arbeitsbegriffes für den reproduktiven Bereich (Familie, Sozialpflege, Sexualität etc.) für die Enttarnung ungleicher Abhängigkeitsverhältnisse und diskriminierender Beziehungen zwischen den Geschlechtern – organisiert in der Familie, Freizeit etc.- stand. Er drückte die politische Haltung aus, dass alles von Frauen geleistete und zu leistende als Arbeit zu begreifen war (vgl. Ostner/Pieper 1980) und die Integration der Geschlechterdimension methodologisch schwierig wurde. Interpersonelle Emotionsleistungen galten demnach als Arbeit und die Lust bei der Ausübung der Sexualität und der Liebe drangen in den Hintergrund. Sie verschwanden und galten lediglich als ein Organisationsprinzip (vgl. Bock/Duden 1977). Angepasst an das männliche Arbeitsmodell galten Frauen als Arbeitsmonaden (vgl. Eckart 1991). Laut Sichtermann führte diese Begrifflichkeit zu einem Reduktionismus in der Analyse von Lebenszusammenhängen und musste kritisch hinterfragt werden (vgl. Sichtermann 1985).

Trotz dieser konzeptionellen Entwicklungen blieb der Begriff der Arbeit für das Konzept der alltäglichen Lebensführung zentral, da sich in der Empirie beobachten ließ, dass sich die Aufteilung der Arbeit zwischen individueller/privater und gesellschaftlicher Sphäre vergrößert und nicht verringert hatte (vgl. Voß 2000; Jürgens/Reineke 2000; Jurczyk 1995a+b; Jurczyk/Rerrich 1993). Damit sind die gesamtgesellschaftlichen Entwicklungen und ihr Einfluss auf die alltägliche Lebensführung bei den Synchronisationsleistungen (zeitlich; Anm. d. A.) konkurrierender Lebensbereiche oder Sphären für den Lehrberuf in doppelter Hinsicht von Bedeutung: Einerseits entscheiden sich Frauen für den Lehrberuf, um Familie und Beruf zu vereinbaren. Andererseits ist das Spannungsfeld individualisierter und organisationaler Rahmenbedingungen der Arbeitsorganisation und der hieraus entstehenden Arbeitszeiten durch die Enträumlichung der Arbeit selbst für Männer und

Frauen gleichermaßen auszuloten und in Einklang mit anderen Lebensbereichen zu bringen.

Hinzu kommt der in den letzten Jahrzehnten sich vollziehende Wertewandel, in dem sich die Erwerbsarbeit aus der monetären Verwertungslogik der arbeitsinhaltlich verwendeten Zeit löste und sich zunehmend als sinngebende Lebenswelt entwickelte. Gleichzeitig wurde das zielgerichtete, planerische und ergebnisorientierte Handeln – bisher als Bestandteil der ökonomischen Arbeitswelt begriffen – in andere lebensweltliche Bereiche wie Freizeit, familiale Biographie, Ausbildung etc. übertragen. Damit gilt der Arbeitsbegriff auch für die außerberuflichen Lebensbereiche und die gesellschaftliche Diffusion der Arbeit wird so in alle anderen Lebensbereiche hineingetragen, so dass es zu einer Durchdringung und Vermischung von arbeitsinhaltlichen und nicht-arbeitsinhaltlichen Elementen in verschiedenen lebensweltlichen Teilbereichen kommt (vgl. Kudera/Voß 2000; Treutner/ Voß 2000; Voß 2000).

Der hier angedeutete Arbeitsbegriff beinhaltet statt einer substantialistischen eine relationale Definition. Jede Arbeit kann Arbeit sein; die Bedeutung hängt von der Gewichtung durch das Individuum ab. Zudem ist das dichotome Verhältnis von Arbeit und Nicht-Arbeit nicht weiter aufrecht zu halten. Alltagshandlungen sind eher auf einem Kontinuum von mehr oder weniger Durchdrungensein von Arbeit zu verorten. Und der verwendete Arbeitsbegriff ist eher dynamisch als statisch; eine Tätigkeit kann ihren Arbeitscharakter im Verlauf der Zeit verändern (vgl. Kudera/Voß 2000; Jurczyk/Rerrich 1993). Die prägenden Dimensionen dieses Arbeitsbegriffes sind „(...) Anstrengung, Zielgerichtetheit, Ergebnis- oder Produktorientierung und Planung" (Jurczyk/Rerrich 1993:32), die in ihrem je spezifischen Zusammenspiel einer Tätigkeit mehr oder weniger einen Arbeitscharakter geben können (vgl. Voß 1998; Jurczyk/Rerrich 1993).

Das Konzept der alltäglichen Lebensführung integriert unterschiedliche Annahmen, die in ihrer Wirkmächtigkeit ebenso für die zeitlichen Konstruktionsprozesse bei Lehrerinnen und Lehrer gelten könn(t)en:

1. Lebensführung ist zunächst ein Konzept mit integrierendem Charakter. Es umfasst alle Tätigkeiten eines Individuums von der täglichen Körperpflege bis hin zu Planung der Berufsbiographie sowie deren Umsetzung. Entscheidend ist, dass die Lebensführung als der Ort festgelegt wird, an dem alles praktische Alltagshandeln alle im Leben teilweise konkurrierenden Arbeits- und Lebensbereiche aufeinander abstimmt und durch den Versuch geleitet werden, sie in einem befriedigendem Verhältnis zu vereinbaren. Damit ist die Summe, Struktur, Form und Gestalt des Zusammenhangs der vielfältigen alltäglichen Aktivitäten gemeint. Für den Lehrberuf gelten diese notwendige Planung- und Koordinationsleistungen in besonderer Weise, da ein Teil der Arbeitszeit in der Regel zuhause

verbracht wird und es hier zu permanenten Abgrenzungs- und Koordinationsleistungen kommen kann;

2. Die Lebensführung hat einen prozessualen Charakter; die gesellschaftlichen Strukturen werden aktiv durch die Individuen verarbeitet. Ändern sich die Strukturen, verändern die Individuen ihre Anpassungsarbeiten. Das Konzept der Lebensführung ist subjektorientiert, denn es geht davon aus, dass die sozialen Strukturen durch die Individuen in ihrer Reaktion und in ihrem Umgang auf diese Einfluss nehmen und sie verändern können. Das gilt auch für den Lehrberuf, denn hier werden die arbeitsinhaltlichen Zeiten, die zuhause verbracht werden, durch die Lehrerinnen und Lehrer selbst konstruiert. Damit entscheiden sie entlang eigener Anspruchsdefinitionen über die Arbeitszeit;

3. Lebensführung umfasst ebenso die verschiedenen Methoden und Strategien, mit denen die Individuen ihren Alltag bewältigen. Es ist nicht nur wichtig, was die sie tun, sondern auch wie sie es tun. Diese Methoden und Strategien sind vielfältig, wie diejenigen, die sie anwenden, um eine relative Stabilität und Kohärenz zu realisieren (vgl. Voß 1991);

4. Zeitliche Dimension der Lebensführung ist die Synchronie und nicht die Diachronie. Das Leben in seiner Breite steht im Mittelpunkt des Interesses. Lebenslauf und Lebensführung sind zwar wechselseitig aufeinander bezogen, allerdings antizipiert das Konzept der Lebensführung ebenso auch die Zukunft. Damit stehen Lebenslauf und Lebensführung konzeptionell quer zueinander. Die Zeit als Kategorie ist in die Konzeption der alltäglichen Lebensführung integriert und ist obligatorisch für die Analyse zeitlicher Konstruktionsprozesse;

5. Lebensführung ist in der Operationalisierung offen für die Analyse von sozialer Ungleichheit und sozialstruktureller Differenzen. So kann eine analytische Differenzierung zwischen verschiedenen Kategorien realisiert werden; gleichzeitig ist das Konzept aber auch offen für die Erfassung unterschiedlicher kategorialer Differenzen. Damit können die in dieser Untersuchung vermuteten Wirkungen von Zeit und Geschlecht in der Analyse verbunden werden (vgl. Dunkel 1993; Jurczyk/Rerrich 1993; Voß 1993, 1991).

Die Ausbildung bestimmter Anspruchshorizonte ist in modernen Gesellschaften ebenso an Statuslagen und soziale Ungleichheiten gebunden. Gerade in Zeiten sinkender ökonomischer Wachstumsquoten existieren massive gesellschaftliche Einschränkungen. Entscheidend ist, dass alle Entscheidungen treffen müssen, um sich aus den „Optionenautobahnen“ den richtigen Weg zu bahnen. Das Konzept Lebensführung versteht sich als ein vermittelndes wischen den Individuen einerseits und den gesellschaftlichen Strukturen andererseits (vgl. Bolte/Treutner 1983).

Es werden Verschiebungen in der Qualität und Quantität der Erwerbsarbeit nachweisbar. Der Arbeitsbegriff ist in der Anlage ein mehrdimensionaler, da er im Hinblick auf die Zeit alle anderen Lebensbereiche tangiert. Die Frage nach mehr Freizeit oder individueller Zeitsouveränität verdeutlicht den Wandel über die Brüche im kollektiven Zeitregime hin zu individueller Zeitflexibilität, die als Grundtendenz des Zeitwandels bestimmt werden kann (vgl. Hildebrandt/Reineke/Rinderspacher/Voß 2000).

Die wichtigsten Grundannahmen und ihre theoretischen Bezüge für die zeitlichen Konstruktionsprozesse von Lehrerinnen und Lehrern in beruflichen und nicht-beruflichen Lebensbereichen wurden entlang des zentralen Begriffes der Arbeit im Konzept der alltäglichen Lebensführung vorgestellt. Eine weitere wichtige Implikation dieses Konzeptes ist die Frage nach den Geschlechterdimensionen in der alltäglichen Lebensführung, die auch in anderen – nicht nur Dimensionen des Arbeitsbegriffes – auftaucht und diskutiert werden muss.

1.3.2. Die soziale Konstruktion von Geschlecht in der alltäglichen Lebensführung

Warum ist die Frage nach dem Geschlecht im Zusammenhang mit der Analyse der alltäglichen Zeitkonstruktionen in beruflichen und außerberuflichen Lebensbereichen im Lehrberuf wichtig? Gestaltet sich die alltägliche Lebensführung bei Lehrerinnen und Lehrern unterschiedlich? Die soziale Konstruktion von Geschlecht und die Bedeutung der Geschlechtszugehörigkeit sind ein direkter Bestandteil des Konzeptes der Alltäglichen Lebensführung (vgl. Rerrich 2000, 1993; Jurczyk 1998, 1995a+b, 1993; Jurczyk/Rerrich 1993). Deshalb bietet sich dieses Konzept an, die Alltagsorganisation bei Lehrerinnen und Lehrern kritisch in den Blick zu nehmen. Der Lehrberuf ist einerseits feminisiert, unter anderem deshalb, weil viele Frauen eine realistische Vereinbarkeitsoption zwischen Beruf und Familie vermuten. Gleichzeitig ist der Lehrberuf strukturell so gestaltet, dass Lehrer/innen einen erhöhten Konstruktionsbedarf in den zeitlich konkurrierenden Lebensbereichen aufbringen müssen, die durch das Fehlen der räumlichen Trennung unterschiedlicher Lebensbereiche verstärkt wird. Wie werden die Arbeitszeiten in die außerschulischen Lebensbereiche bei Lehrerinnen und Lehrern integriert? Und entlang welcher Entscheidungen werden familiale, regenerative und arbeitsinhaltliche Zeiten konstruiert?

In Familienhaushalten, in denen beide Eltern berufstätig sind, ist die Familie auf die Kooperation mit anderen Personen angewiesen; hierzu gehören insbesondere Familienmitglieder wie Tanten und Mütter, aber auch Tagesmütter und Babysitter/innen sowie ein Netzwerk aus befreundeten Müttern. Dieses Netzwerk kann sehr unterschiedlich ausgestaltet sein, da sich im Falle flexibler Arbeitszeiten die zu erbringenden Betreuungsleistungen um ein vielfaches erhöhen und immer wieder neu ausgehandelt und operativ umgesetzt werden müssen (vgl. Rerrich 2000,1991,1990). Die Betreuungsleistung gerät zum Kontingenzmanagement und führt durch die erforderte Flexibilität zu einer Erhöhung der synchronen Komplexität. Der private Familienrahmen, wie er im Konzept der alltäglichen Lebensführung konzipiert ist, stellt sich somit als ein mindestens teilöffentlicher heraus, da Personen miteingeschlossen sind, die gar nicht mehr mitgedacht werden und trotzdem Teil dieser komplexen Familienarrangements sind, in denen nicht nur die Kinder als Familienangehörige eingebunden sind. Die Kooperation mit anderen Personen entspricht folgender Logik: Sie soll eigentlich den Spielraum zeitlicher Souveränität erhöhen, führt aber letztendlich zu einer Erhöhung der operativen Leistungen und damit wieder zu einer quantitativen Verringerung der Zeit (vgl. Rerrich 2000, 1993, 1991; Jurczyk 1999, 1998, 1993).

Die Formen und Ausgestaltungen von Haushalten unterliegen in den letzten Jahrzehnten enormen Veränderungen (vgl. Groß/Thoben/Bauer 1989). Die Erwerbsbeteiligung der Frauen hat zugenommen; Frauen unterbrechen ihre Berufstätigkeit seltener und dafür kürzer. Dies stellt die familiale Arbeitsteilung vor neue Herausforderungen. Gleichzeitig bedeutet die berufsbezogene Lebensführung von zwei Erwachsenen in einem Haushalt, dass die Lebensführung so organisiert sein muss, dass sie für beide möglich ist (vgl. Jurczyk 1999; Rerrich 1993). Die Familie als Institution verändert sich und damit auch das Erwerbssystem. Individuelle Lebensführungen sind nicht monadologisch, d. h. sie sind nicht zusammengesetzt, sondern bestehen aus sensibel strukturierten Kooperationszusammenhängen. Die alltägliche Konstruktionsleistung bewegt sich in einem Spannungsfeld, denn einerseits haben die Individuen in komplexer und anspruchsvoller Weise ihre Lebensführung zu strukturieren, stabilisieren und aufrechtzuerhalten, um den komplexer werdenden Arbeits- und Lebensbedingungen gerecht zu werden. Andererseits erfährt durch diese außerfamilialen Anforderungen die Institution Familie einen ganz spezifischen Zuschnitt und hat damit Einfluss auf die private/individuelle Lebensführung, weil sie gleichzeitig – wenn beide Partner berufstätig sind – die je spezifische Anforderungsstruktur des anderen miteinbeziehen muss. Da nicht nur die Partner in verschiedenen beruflichen Feldern mit je spezifischen verschiedenen Familien- und Kooperationsmitgliedern sozialer Netzwerke eingebunden sind, wirken Zentrifugalkräfte auf die Lebensführung, die mit dem Anspruch der Balance verbunden, als Störfaktoren erkannt und schließlich als Zentripetalkräfte in Form von Strategien, Handlungsoptionen und Entscheidungen umgewandelt werden müssen (vgl. Jurczyk 1999, 1998, 1993).

Diese komplexen Entscheidungs- und Aushandlungsprozesse sind vergeschlechtlicht. Um die hier zugrunde liegenden Mechanismen und Wirkmächtigkeiten der sozialen Konstruktion von Geschlecht zu verstehen, werden die aus der

Perspektive dieser Untersuchung wichtigen Ansätze vorgestellt, die für die Analyse der Rekonstruktionen der Geschlechterdimensionen in den zeitlichen Konstruktionsprozessen bei Lehrerinnen und Lehrern von Bedeutung sind.

Das Geschlecht galt lange als eine biologische, von Natur aus konstituierte, dichotome Variable, die in den sozialwissenschaftlichen Analysen kaum Beachtung fand (vgl. Gildemeister/Wetterer 1992). Den Untersuchungs- und Analyseergebnissen der Frauen- und Geschlechterforschung ist es zu verdanken, dass die Variable Geschlecht als Strukturkategorie sozialer Ungleichheit in ihrer Bedeutung analysiert wurde. Das Geschlecht ist neben anderen Kategorien wie Ethnie, Körper etc. für die gesellschaftliche Positionierung von Individuen entscheidend. Wenn die zeitlichen Konstruktionsprozesse bei Lehrerinnen und Lehrer in beruflichen und außerberuflichen Lebensbereichen analysiert werden, müssen Ansätze aus der Frauen- und Geschlechterforschung eingebunden werden, die unterschiedliche Formen von beruflicher Arbeitsorganisation und Flexibilisierungsoptionen von Erwerbsarbeit als mögliche Indikatoren für die Analyse der Geschlechterdimension im Kontext anderer außerberuflicher Lebensbereiche verwenden.

Die Geschlechtszugehörigkeit hat entscheidenden Einfluss auf die Positionierungen, die Ressourcen, Verpflichtungen und Verantwortlichkeiten, die ein Individuum in einer Gesellschaft hat und es gestaltet in entscheidender Weise das Verhältnis zu anderen innerhalb einer Gesellschaft. Gleichzeitig können hierdurch andere Optionen verhindert oder erschwert werden. Hierzu zählen gesellschaftliche Teilbereiche wie Bildung, Arbeitsmarkt und die Familie. Das kulturell produzierte Geschlechterverhältnis leitet sich aus gesellschaftlichen Rahmenbedingungen ab. Diese können innerhalb westlich geprägter Gesellschaften sehr unterschiedlich sein; allen ist aber eines gemein: Frauen und Männer sind aufgrund ihrer Zugehörigkeit zu einer dieser beiden Genusgruppen in ihren Lebenserfahrungen unterschiedlich. Dieser Umstand ergibt sich aus der systematischen Hierarchisierung männlicher Lebensentwürfe gegenüber den weiblichen in folgenden Bereichen: emotionale Arbeit, Familienarbeit und Hausarbeit (vgl. Hochschild 1990).

In modernen westlichen Gesellschaften ist das Ansehen einer Person stark mit ihrer Positionierung im Erwerbssystem verknüpft. Die berufliche Stellung und die mit ihr verbundenen Ressourcen (finanziell und materiell) weisen Beschränkungen und Möglichkeiten auf, innerhalb derer Individuen sich entwickeln können. Die Ungleichheitsstrukturen hängen in ihrer Entwicklung mit den Arbeitsmarktstrukturen zusammen (vgl. Gottschall 2000, 1995).

Die Geschlechtszugehörigkeit in ihrer hierarchisierenden und differenzierenden Funktion hat also entscheidenden Einfluss auf die Positionierungen von Frauen in der Gesellschaft. Damit sind zugleich Fragen nach Zeitressourcen verknüpft. Die Zunahme der weiblichen Erwerbsbeteiligung kann als Indikator höherer Ausbildungschancen und größerer lebensweltlicher Gestaltungsoptionen betrachtet werden. Industrielle Gesellschaften bildeten die Familie als Teil gesellschaftlicher

Reproduktion aus. Durch die bürgerliche Ideologie verstärkt, wurde der reproduktive- nicht-monetär entlohnte Bereich den Frauen zugewiesen und die Männer als Ernährer der Familie besetzten die ausserfamiliale-monetär-entlohnte Erwerbstätigkeit. Obwohl diesem Modell nicht alle Bevölkerungsschichten in ihrer inner- und außerfamilialen Arbeitsteilung entsprachen, setzte sich dieses Modell durch. Frauenerwerbsarbeit galt hiernach als untypisch und die eigentliche Berufung der Frau lag in der Familie und dem Ehefrau- und Muttersein (vgl. Hausen 1976).

Diese strikte Trennung von Produktion und Reproduktion vollendete die Ausbildung eines bestimmten Selbst- und Fremdverständnisses von Erwerbsarbeit. Ein berufstätiges Individuum hat in dieser Konzeption keine Familienpflichten zu übernehmen und hat somit Zeit, seine gesamte Arbeitskraft in den Dienst der Erwerbsarbeit zu stellen. Das berufstätige Individuum ist vollständig und kontinuierlich freigestellt. Unterbrechungen im Erwerbsverlauf finden nicht statt und im reproduktiven Bereich werden Ressourcen im umfassend notwendigen Rahmen entwickelt, um die Reproduktion sicherzustellen. Dies ist das Konzept der männlichen Normalerwerbsbiographie, die gerade in den letzten zweieinhalb Jahrzehnten erodiert. Frauen hingegen widersetzen sich mit ihrer zunehmenden Erwerbsbeteiligung diesem Modell. Sie stehen allerdings aufgrund weiterhin bestehender reproduktiver Strukturen nicht kontinuierlich dem Erwerbsmarkt zur Verfügung, noch haben sie vollständig von familialen Verpflichtung befreit permanent und ständig Zeit. Hierdurch sind sie in diesem dichotomen Modell der (Re)Produktivität strukturell benachteiligt.

Das liegt daran, dass in modernen Gesellschaften dem produktiven Bereich ein höherer Wert beigemessen wird als dem reproduktiven und damit ein hierarchisches Verhältnis zwischen diesen beiden Sphären existiert (vgl. Ostner 1979). Zudem gibt es eine weitere Benachteiligung für Frauen innerhalb der Erwerbsarbeit. Die Berufe, die ihren Ursprung im Ehrenamt haben wie Pflege und Erziehung sowie Gastronomie und Reinigung professionalisierten sich nur begrenzt (vgl. Gottschall 1995).

So entstanden „typische" Frauenberufe, deren charakteristischste Eigenschaften geringe Entlohnung, niedriges Prestige, wenig Absicherung und kaum vorhandene Aufstiegschancen waren (vgl. Rabe-Kleberg 1993, 1987).

Es gibt deutliche Einkommensunterschiede zwischen Männern und Frauen. Diese werden nur unzureichend durch die unterschiedlichen Tätigkeitsfelder und den niedrigen Anteil von Frauen in Führungspositionen erklärt. Geschlechterunterschiede existieren nicht nur auf der horizontalen Ebene, sondern auch in der vertikalen. Bestimmte Tätigkeitsfelder gelten als typische Frauen- oder Männerberufe. Wenige Felder sind paritätisch besetzt. Innerhalb einer Profession existieren ebenfalls Unterschiede (vgl. Böge 1995; Lorber 1984).

Frauen- und Männerberufe werden im Alltagsverständnis damit erklärt, dass ihnen sogenannte eher männliche und eher weibliche physische und psychische Eigenschaften abverlangt werden. Die historische Professionalisierungsforschung allerdings zeigt eindrucksvoll auf, inwieweit für Frauen Zugangsbarrieren systematisch entstanden, die über formale Qualifikationsanforderungen und Arbeitsorganisation etc. Mechanismen sozialer Schließung in Gang setzten (vgl. Glazer/Slater 1987; Witz 1992, 1990). Gleichzeitig stellt sie heraus, dass es Berufe gibt, in denen sich ein Geschlechtswechsel vollzogen hat. Beispiele hierfür sind Sekretär/Sekretärin (vgl. Frevert 1979), Informatikerin/Informatiker (vgl. Hoffmann 1987) und die Schriftsetzerin/Schriftsetzer (vgl. Robak 1992, 1988).

Die Ergebnisse dieser Studien ergeben zwei ganz prägnante Ergebnisse: Wenn sich die Geschlechterverhältnisse in einem Beruf ändern, ändert sich parallel dazu die Position des Berufes innerhalb der sozialen Hierarchie. Geschlechtsspezifische Eigenschaften dienen als Argumentation dafür, dass Berufe aufgrund biologisch definierter geschlechtlicher Eigenschaften eine geschlechtsspezifische Segregation von Berufsbildern hervorbringen. Scheinbare Selbstverständlichkeiten werden nicht hinterfragt und dienen durch die Aufrechterhaltung von Stereotypen wiederum dieser Argumentation.

Neben dieser horizontalen Segregation kann eine vertikale Segregation festgestellt werden. Je bedeutsamer eine Position ist, desto eher wird sie von einem Mann besetzt[43]. Reichen unterschiedliche Berufserfahrungen und Qualifikationen aus, um dieses Phänomen zu erklären? Entscheidende Barriere für Frauen ist die sogenannte „gläserne Decke" (Morrison/White/Van Velsor 1992). Trotz hoher Motivation und Engagement sowie vorhandener Qualifikationen und Kompetenzen stoßen Frauen immer wieder auf eine unsichtbare, aber fast nicht zu überwindende Barriere. Die vertikale Segregation ist gleichzeitig mit der Geschlechtersegregation verknüpft. In eher männlichen oder männlich-dominierten Berufen bestehen für Frauen größere Hindernisse, wenn sie eine Leitungsfunktion anstreben als in eher weiblichen oder von Frauen dominierten Berufsfeldern[44].

In Kanters Untersuchung aus dem Jahre 1977 wurde deutlich gezeigt, dass Frauen sich in einer sogenannten token-Situation wiederfinden, wenn sie in einer Führungsposition sind. Sie stehen im Mittelpunkt und ihre Leistungen unterliegen einem permanenten Beurteilungs- und Bewertungsprozess. Sie gelten als die Vertreterinnen aller Frauen; ihre Position hat einen repräsentativen Stellvertreterinnencharakter. Zudem werden sie permanent mit Geschlechterstereotypen konfrontiert und von Kommunikationsnetzwerken ausgeschlossen. Die Paradoxie dieser Frauen liegt darin begründet, dass sie einerseits ihre Weiblichkeit in den Hintergrund stel-

---

43 Zur Marginalität von Frauen in höheren Leitungspositionen vgl ausführlicher Rosenfeld/Van Buren/Kalleberg 1998; Reskin/Padavic 1994; Reskin/Ross 1992.

44 These der `Gläsernen Decke` ausführlich bei Alessio/Andrzejewski 2000; Baxter/Wright 2000; Britton/Williams 2000.

len müssen. Gleichzeitig sind sie aber darauf angewiesen, ihre Weiblichkeit permanent herzustellen, weil sie sonst als Mannweiber betrachtet werden. Für Männer in Frauenberufen hat diese Situation ganz andere Konsequenzen: Sie sind ebenso sichtbar (glas escalator) wie Frauen; allerdings können sie ihre Männlichkeit in den Mittelpunkt stellen, Männernetzwerke knüpfen und so ihre Karriere fördern (vgl. Heintz/Nadai 1998; Heintz/Nadai/Fischer 1997; Kanter 1977).

Trotz dieser Entwicklungen nimmt die Erwerbstätigkeit bei Frauen zu; allerdings wird ihnen immer noch eine ausdrückliche Familienorientierung unterstellt. Frauen arbeiten häufig in Arbeitsverhältnissen, die stark von der männlichen Normalerwerbsbiographie abweichen: Arbeitszeitreduziert und gering-qualifiziert. Hierdurch sind sie strukturell von der Absicherung sozialer Sicherungssysteme ausgeschlossen oder benachteiligt (vgl. Gottschall 2000, 1995).

Der Ökonom Gerry Becker (1981) stellt fest, dass die Lebensbereiche Familie und Beruf anderen Logiken folgen: Auf dem Arbeitsmarkt geht es um die rationale Nutzenmaximierung des Einzelnen. Hier gilt das Objektivitätskriterium. Innerhalb der Familie geht es um den Erhalt des gemeinsamen-kollektiven Wohlstands aller und das beinhaltet, dass Entscheidungen auch gegen den eigenen Willen und Nutzen durchgesetzt werden (vgl. Becker 1981).

Der in den 1970er und 1980er Jahren rezipierte Differenzansatz geht grundsätzlich von einem differenzierendem Verhältnis der Lebensbereiche Arbeit/Beruf und Familie/Reproduktion aus. In diesem Zusammenhang formulierten Elisabeth Beck-Gernsheim und Ilona Ostner die These vom sogenannten ‚weiblichen Arbeitsvermögen' (vgl. Beck-Gernsheim 1980, 1976; Ostner 1992, 1990).

Die Erwerbsarbeit und die Familienarbeit sind voneinander zu trennen, weil sie unterschiedlichen Logiken folgen. Die Erwerbsarbeit erfordert häufig einen formalen (Aus)Bildungsabschluss und ist räumlich/zeitlich von der Familie/Zuhause getrennt. Die Familienarbeit ist nicht abstrahierbar, da sie stark kontextgebunden und somit kontingent ist. Hierdurch hat sie eine andere Zeitstruktur als die Erwerbsarbeit und es ist nicht möglich, eindeutig zwischen regenerativen und familieninhaltlichen Zeitstrukturen zu trennen. Eigene Interessen geraten in den Hintergrund (vgl. Beck-Gernsheim 1976). Man bildet für die Bewältigung dieser verschiedenen Lebensbereiche bestimmte Einstellungen zur Arbeit und auch damit verbundene Strategien aus, die als Arbeitsvermögen verstanden werden. Während im Familienleben die persönlichen Beziehungen im Vordergrund stehen, sind die Beziehungen in der Erwerbsarbeit von konkurrierendem Charakter. Diese spezifischen Beziehungsmerkmale erklären, weshalb bestimmte Berufe eher von Frauen und andere eher von Männern ausgeübt werden. Davon ausgehend können zwei grundlegende gesellschaftliche Probleme diagnostiziert werden: Zum einen die viel zu unflexible Trennung zwischen den Bereichen der Arbeits- und der Familienwelt. Zum anderen das hierarchische Verhältnis dieser beiden Lebenswelten. Die Erwerbsarbeit ist gegenüber den Arbeiten im familialen Bereich höher angesehen und wird gesellschaftlich als die wertvollere Arbeit betrachtet (vgl. Beck-Gernsheim 1980). Gleichzeitig ist Erwerbsarbeit in ihrer gegenwärtigen Form nur möglich, weil die Trennung zwischen beiden Bereichen die grundlegende Voraussetzung ist.

Hintergrund dieses Modells ist die räumliche und zeitliche Trennung der Erwerbsarbeit von der Familienarbeit. Doch erscheint dieses Modell im Zuge der „Entzeitlichung" und Entgrenzung von Erwerbsarbeit in hochqualifizierten Berufen in dieser Form nicht tragbar. Berufsbilder, in denen eine Verknüpfung von beruflichen und familialen Verpflichtungen durch die Enträumlichung beider Lebenswelten nicht mehr aufrechterhalten werden kann, erscheinen im Sinne dieses Modells mit ihren komplexen organisatorischen und strategischen Implikationen nicht erklärbar. Da erscheinen konstruktivistische Ansätze geeigneter, da sie den hier noch bestehenden Dualismus zwischen Erwerbs- und Familienarbeit aufheben.

Innerhalb der Frauen- und Geschlechterforschung wurde dieser auch differenztheoretische Ansatz seit Anfang der 90er Jahre sehr kritisch rezipiert. Gesellschaftliche Hintergründe bleiben unberücksichtigt, ebenso wie historisch gewachsene Zusammenhänge. Geschlechtswechsel einzelner Berufsbilder können ebenso wenig erklärt werden wie kulturspezifische Hintergründe (vgl. Gottschall 1995; Rabe-Kleberg 1993; Willms-Herget 1985). Änderungen in den Erwerbsverläufen von Männern und Frauen und die damit verbundene Auflösung traditioneller innerfamilialer Arbeitsorganisation können durch diesen Ansatz nicht erklärt werden. Die Differenzthese basiert auf geschlechtsspezifischen Stereotypisierungen und ist angelehnt an gesellschaftliche Normen, die eher der Mittelschicht zuzuordnen sind. Des Weiteren lassen sich auch kaum Unterschiede zwischen Männern und Frauen erklären, die die gleichen Qualifikationen und beruflichen Biographien haben.

Das Geschlecht galt von Anfang an in der Frauen- und Geschlechterforschung als eine gesellschaftliche Konstruktion. Die Unterscheidung von *Sex* und *Gender* in der Diskussion verfolgte zunächst die (politisch-motivierte) Intention, den bisherigen biologischen Determinismus zu entlarven und Geschlechterunterschiede jenseits davon zu untersuchen. *Sex* galt als unhinterfragter naturwissenschaftlich begründeter Tatsache und Gender als dem zu erwerbenden Status im dichotomen, hierarchisch strukturierten Geschlechterverhältnis, so steht inzwischen die Unterteilung der *Sex-Gender*-Kategorie im Mittelpunkt der methodologischen und methodischen Kritik in der Frauen- und Geschlechterforschung zu Beginn der Neunziger Jahre. Wegweisend waren hier die Analysen von Regine Gildemeister und Angelika Wetterer. *Sex* selbst, so die Hauptkritik der beiden, ist eine sozial konstruierte Kategorie. Mit der Annahme eines biologisch bestimmbaren Geschlechts befindet man sich auf dem Boden unhinterfragter Alltagstheorien über die Zweigeschlechtlichkeit. Hier soll die Wissenschaft bisherige Annahmen aufdecken und kritisch hinterfragen. Ein wesentlicher methodischer Kritikpunkt an dem *Sex-Gender*-Konzept ergibt sich aus der Beziehung der Begriffe: *Gender* ist ein konturloser Begriff, der sich in vielen Hinsichten aus den biologischen Annahmen über *Sex* ableitet (vgl. Gildemeister/Wetterer 1992).

Zentraler Gegenstand der konstruktivistischen Ansätze in der Frauen- und Geschlechterforschung sind die mentalen und interaktiven Konstruktionsprozesse, ihre Entstehungs- und Kontextbedingungen, ihre Modalitäten in alltäglichen Situationen einerseits mit Blick auf die soziale Relevanz von Geschlecht für die Individuen und andererseits für eine binär zugeschnittene gesellschaftliche Ordnung.

Die Forscherinnen setzen sich für eine Öffnung des Forschungsgegenstandes ein, indem nämlich die Selbstverständlichkeit des Systems der Zweigeschlechtlichkeit zu hinterfragen ist und dies der Weg ist Geschlechterhierarchien abzubauen (vgl. Lorber 1994, 1991; Wetterer 1992).

Nach Peter L. Berger und Thomas Luckmann (2000) ist die soziale Wirklichkeit das Produkt kollektiver Konstruktionsprozesse. Diese sind aber als solche nicht zu erkennen. Sie zeichnen die Prozesse nach, unter denen die soziale Ordnung zu einer faktischen Ordnung wird, die für und von dem Einzelnen einen unabhängigen/nicht-beeinflussbaren Status bekommt. Beziehungen werden in diesem Modell als das Ergebnis eines Situationsarrangements betrachtet. Diese durchlaufen verschiedene Stadien (Habitualisierung, Typisierung, Institutionalisierung, Objektivierung/Legitimierung) und werden so an andere Generationen, die selbst keine direkten Erfahrungen gemacht haben, weitergegeben. Mögliche Beziehungen geraten so zur ´objektiven` Wirklichkeit.

Mit dieser konstruktivistischen Sichtweise ist es einerseits möglich, nach den Beiträgen von Institutionen (Arbeitsmarkt, Organisationen etc.) zur Aufrechterhaltung der Zweigeschlechtlichkeit zu fragen. Gleichzeitig kann die Rolle der Wissenschaft im Zusammenhang von zweigeschlechtlichen Konstruktionsprozessen kritisch hinterfragt werden. Weitere wichtige Impulse zur Analyse gesellschaftlicher zweigeschlechtlicher Ordnung hat die Frauen- und Geschlechterforschung aus der Ethnomethodologie erhalten. Diese geht anders als der von Berger/Luckmann begründete Sozialkonstruktivismus von der generellen Instabilität der sozialen Ordnung aus und richtet ihren Blick auf die alltäglichen Interpretationsleistungen der Individuen in bestimmten Handlungskontexten (vgl. Eikelpasch 1983). Die Frage nach den Bedingungen, unter denen der/die Einzelne ihren/seinen individuellen Beitrag zur Aufrechterhaltung gesellschaftlicher Ordnung leistet und somit die Wirklichkeit in sozialen Interaktionen permanent reproduziert, steht im Mittelpunkt ethnomethodologischer Analysen.

Harold Garfinkel gilt als der Begründer des ethnomethodologischen Ansatzes, der gerade von der mikrosoziologischen Frauen- und Geschlechterforschung vielfach rezipiert wurde (vgl. Goffmann 1994; Kessler/McKenna 1978). Er versteht die Soziologie als eine Soziologie des Alltagslebens, da die Individuen permanent mit der Interpretation, Beschreibung und Deutung von Alltagsphänomenen beschäftigt sind. Garfinkel hat in seinen `Krisenexperimenten` gezeigt, was passiert, wenn der Grundkonsens in Interaktionen fehlt. Indem Erwartungshaltungen in Interaktionen nicht übereinstimmen, wird die soziale Ordnung instabiler. Konstruktionsarbeit und –leistung bezieht sich darauf, dass in den Interaktionen die Bedeutung der Handlungen selbst hergestellt wird. Die Individuen produzieren in den Interaktionen durch gegenseitige Darstellungs- und Zuschreibungen Differenzierungen und Kategorisierungen, die sie aber auch gleichzeitig als Ressource in diese Interaktionen einbringen. Das bedeutet für die (scheinbare) Geschlechtszugehörigkeit oder Ethnie einer Person, dass sie diese nicht einfach hat, sondern diese erst durch die Interaktionsprozesse hergestellt werden. Doing bedeutet in diesem Zusammenhang, dass die soziale Realität einerseits durch die Darstellung und andererseits gleichzeitig durch das Verstehen dieser gemeinsam konstruiert wird (vgl. Garfinkel/Sacks 1976).

Damit ermöglicht nach Birgit Wartenpfuhl (2000) die ethnomethodologische Perspektive, Handlung und Struktur in ein dialektisches Verhältnis zu bringen. Die Sozialstrukturen sind somit die Ergebnisse interaktiver Prozesse. Sie bilden gleichzeitig auch den Rahmen, da sie durch Sedimentierung als festgelegt und unveränderbar gelten. Diese Perspektive ermöglicht eine Analyse der Funktionsweise von gesellschaftlichen Ordnungen, die Stabilität in potentieller Instabilität aufrechterhalten.

Bettina Heintz und Eva Nadai (1998) haben in ihren empirischen Forschungen nachgewiesen, dass es eine Trennung von drei Ebenen bezüglich der Wirkmächtigkeit von Geschlecht als Kategorie sozialer Differenzierung gibt: Als Strukturelement sozialer Gebilde, Deutungskategorie mit komplexitätsreduzierender Wirkung und als kulturelle Praxis der Unterscheidung. Diese drei Ebenen gelten nicht immer und auch nicht immer in gleichberechtigter Weise (vgl. Heintz/Nadai 1998). In ihrer Analyse dreier verschiedener Berufsfelder (Informatik, Krankenpflege, Sachbearbeitung) zeigen sie, dass die Geschlechterdifferenz vordergründig keine Rolle spielt; allerdings wird sie hinter dem Rücken der Beteiligten auf Faktoren wie Familienorientierung etc. wieder hergestellt. Die Differenzkategorie Geschlecht ist manifest, auch wenn sie nicht immer die gleiche Ausprägung hat (vgl. Heintz/Nadai 1998).

Karin Gottschall (2000) stellt den besonderen Verdienst der Heintz-Nadai-Studie heraus, da keine eindeutigen Verallgemeinerungen über strukturelle Kontextbedingungen und symbolische Handlungs- und Deutungsmuster festgestellt werden können. Allerdings werden verschiedene Ebenen der Herstellung von Geschlechterdifferenz analytisch getrennt und auf ihr wechselseitiges Wirken hin systematisch untersucht (vgl. Gottschall 2000).

Die Feminisierung im Lehrberuf einerseits und der erhöhte Konstruktionsbedarf arbeitsinhaltlicher und nicht-arbeitsinhaltlicher Zeitpraxen durch die nicht vorhandene eindeutige Trennung beruflicher und außerberuflicher Lebensbereiche bilden die Rahmenbedingungen dieser Untersuchung und sind deshalb für die Frauen- und Geschlechterforschung interessant. Wie balancieren Lehrerinnen und Lehrer, die in formal geschlechtsneutralen Organisationen arbeiten, in den außerberuflichen Lebensbereichen ihre unterschiedlichen Zeiten aus? Und tun Lehrerinnen dieses anders als Lehrer? Hier wird eine geschlechterspezifische Integrationsleistung vermutet, die entlang verschiedener Ebenen zwischen individualisierter Arbeitsorganisation, organisationalen Zeitpolitiken, den familialen Notwendigkeiten sowie arbeitsinhaltlichen Ansprüchen verläuft. Die Kategorie Geschlecht muss aus der Perspektive dieser Arbeit stärker in der Zeitsoziologie berücksichtigt werden, denn nur hier können die Deutungs- und Entscheidungsmuster der Lehrerinnen und Lehrer rekonstruiert werden. Denn müssten die Feminisierung des Lehrberufes und die zeitkonzeptionellen Überlegungen zur Vereinbarkeit nicht dazu führen, dass sich organisationale Leitbilder und die innerorganisationalen Hierarchien zugunsten von Frauen verändern?

1.4. Theoretische Synthese

Der Forschungsstand zu den zeitlichen Konstruktionsprozessen bei Lehrerinnen und Lehrern in beruflichen und außerberuflichen Lebensbereichen kann dahingehend zusammengefasst werden, dass es bisher wenige direkte anwendbare theoretische Ansätze und empirische Ergebnisse gibt.

Im Lehrberuf spielt die Zeitorganisation eine große Rolle, denn durch das Fehlen einer eindeutigen Arbeitszeit muss sie permanent konstruiert werden; gleichzeitig ist die Arbeitszeit durch das Lehrdeputat teilweise definiert. Zudem ist er „krisensicher" und zeichnet sich durch vielfältige Optionen zur Arbeitszeitreduzierung aus. Diese Kriterien machen den Lehrberuf vor dem Hintergrund der Fragestellung besonders interessant. Der Lehrberuf bietet sich auch an, weil er sich durch einen hohen Grad an individualisierter Arbeitsorganisation und einen unklaren Arbeitsauftrag auszeichnet und somit die Ausgestaltung arbeitsinhaltlicher Zeit eine höhere und komplexere ist als in Berufsfeldern, in denen es eine räumliche Trennung unterschiedlicher (konkurrierender) Lebensbereiche gibt. Zusätzlich hat der Lehrberuf eine unklare Zeitstruktur (vgl. Gerding 2000, 1999).

Zunächst wurden die soziologischen Grundannahmen über die Zeit als soziale Konstruktion vorgestellt (s. a. Kapitel 1.1). Die Zeit ist durch gesellschaftliche Rahmenbedingungen, spezifische Organisationsprinzipien und Ausführungsbestimmungen beeinflusst und veränderbar (vgl. Nünning 2004). Die Zeitsoziologie beschäftigt sich im Kern mit der Ermittlung, Klärung und Durchsetzung von Zeit auf unterschiedlichen Ebenen. So stehen vielfach die Wechselwirkungen von Zeitkonzepten und sozialem/individuellem Handeln im Vordergrund sowie die Analyse der Entstehungs- und Veränderungskontexte von Zeitkonzepten. Die Zeit hat Einfluss auf die Ausgestaltung und die Umsetzbarkeit von Lebensentwürfen und

Lebenskonzepten, denn die Zeit, die ein Individuum hat, entscheidet nicht zuletzt über seine gesellschaftliche Anerkennung und das damit verbundene Prestige und den Status (vgl. Hörning/Gerhardt/Michailow 1991).

Aus Sicht der Lehrerforschung (s. a. Kapitel 1.2) beinhaltet der Lehrberuf ein enormes Belastungspotential und dieses wird auf der arbeitsorganisatorischen und arbeitsinhaltlichen Ebene in dem Fehlen eines operationalisierbaren Arbeitsauftrags und einer stark individualisierten Arbeitsorganisation gesehen. Die Auseinandersetzung mit der Arbeitszeit und den spezifischen Bedingungen der Arbeitsorganisation bestimmen einen großen Teil der wissenschaftlichen Diskussionen in der Lehrerforschung. Sie können aber nicht erklären, wieso es auf der Grundlage ihrer Ergebnisse nicht gelingt, entsprechende zeitstrukturierende Instrumente in den Schulen und für die Schulen zu entwickeln und umzusetzen, um den durch die berufsbiographische Belastungsforschung nachgewiesenen Belastungspotentialen der Arbeitszeit und der Arbeitsorganisation entgegenzuwirken. Deshalb muss man die Frage stellen, wieso es trotz organisationaler Zeitpolitiken nicht gelingt, die Arbeitsorganisation und die Arbeitszeit im Lehrberuf stärker von der individualisierten Ebene zu lösen. Die strukturelle Ebene der Lehrer/innenarbeitszeit kann hierüber kaum Aufschluss geben, da sie den Kontingenz-Status der Arbeitszeit und der Arbeitsorganisation theoretisch nicht löst.

In den neueren Diskussionen um das Konzept der alltäglichen Lebensführung (s. a. Kapitel 1.3) wird die zunehmende Flexibilisierung der Arbeitszeiten als Ursache für den Wirkungszusammenhang von flexibilisierter Arbeitsorganisation und sich anzupassenden außerberuflichen Lebenskontexten betrachtet. Hauptthese ist, dass es durch die als Entgrenzungen bezeichneten Flexibilisierungen von Arbeits- und Beschäftigungsverhältnissen in der Konsequenz auch zu einer tiefgreifenden Entgrenzung des betrieblichen Zugriffs auf Arbeitskraft kommen muss (vgl. Jurczyk/Voß 2000). Damit ist die gleichzeitige Entgrenzung gesellschaftlicher und individueller Zeitstrukturen verbunden. Basal ist die zeitsoziologische Annahme Norbert Elias, dass die Menschen als Subjekte die Zeit herstellen, indem sie die Fähigkeit besitzen, Prozessen von Veränderung und Wiederkehr in ihrem Alltag und in ihrem Lebensverlauf eine Ordnung zu geben. Demnach ist die Zeit das Ergebnis einer Syntheseleistung (vgl. Jurczyk u. a. 1999 zu Elias im Konzept der alltäglichen Lebensführung). So werden Arbeitszeitstrukturen im Konzept der alltäglichen Lebensführung als die Produkte eines sozial verobjektivierten, institutionalisierten Zeithandelns verstanden. Eine andere theoretische Ebene ist die des Subjektes, denn hier ist das Zeithandeln prinzipiell als die Fähigkeit zu verstehen, natürliche, gesellschaftliche und subjektive Zeiten in eine individuelle Ordnung zueinander zu bringen. Vor diesem Hintergrund sind die Überlegungen in diesem Konzept zu betrachten, dass in Folge der zunehmenden Flexibilisierung der Arbeits- und Alltagswelt Individuen ihre Zeit aktiver und reflexiver gestalten und dadurch schließlich auch kontrollieren. Um dieses erfolgreich zu tun, sind sie auf die Herstellung und

Kultivierung einer individuellen Zeitordnung angewiesen, die als Chance, aber auch als Anforderung und Belastung im aktiven Zeithandeln verstanden wird.

Im Konzept der alltäglichen Lebensführung wird aktives Zeithandeln als die Strategie definiert, die wegbrechenden und sich auflösenden Zeitinstitutionen gesellschaftlicher Ordnungen individuell auffangen helfen kann (vgl. Jurczyk/Voss 1999, 1993). Damit wird die Herstellung von Zeitordnungen subjektiviert und von Zeitinstitutionen individualisiert. Allerdings bleibt der Beitrag des Individuums selbst bei der Herstellung gesellschaftlich anerkannter Zeitinstitutionen unklar. Das Individuum wird zum alleinigen Zeitgestalter. Das aktive Zeithandeln impliziert die These, dass die Individuen dieses bewusst tun und es sich um eine kognitive Leistung handelt.

In diese Forschungsarbeit wird hingegen die Perspektive eingebracht, dass es nicht nur kognitive und reflexive Prozesse der Zeitgestaltung sind, die von den Individuen geleistet werden. Vielmehr spielen sich die Prozesse der Zeitkonstruktion oder auch aktivem Zeithandeln auf der bewussten und unbewussten Ebene ab und müssen folglich anders theoretisch-analytisch erfasst werden. Sie sind vielmehr als das Ergebnis des reflexiven Zusammenspiels von verschiedenen Ebenen der Zeit zu verstehen, das in den Sinnproduktionen der Individuen verankert ist und durch ihre Handlungen restabilisiert wird. Damit würden in dieser Arbeit die Eliasschen Annahmen über die Zeit, wie sie im Konzept der alltäglichen Lebensführung fortgeführt werden, nicht prinzipiell in Frage gestellt, sondern vielmehr um eine reflexiven Zusammenhang erweitert werden.

Frauen haben den Lehrberuf mit ihrem hohen Anteil feminisiert und da diese oft vor dem motivationalen Hintergrund einer Vereinbarkeitsoption geschieht, sind sie oftmals für den reproduktiven-familialen Bereich zuständig. Damit sind gerade für Frauen strukturelle Barrieren und Nachteile auszumachen[45]; gleichzeitig werden auf der individuellen Ebene spezifische Ausformungen von zeitlichem Handeln vermutet, die sich im Alltag der Individuen zeitlich ausdrücken. Um nun dieses zeitliche Handeln auch als möglichen Indikator von Prozessen der Vergeschlechtlichung zu erfassen, muss das zeitliche Handeln auf der strukturellen und der individuellen/subjektiven Ebene analysiert werden, weil hier die zeitlichen Strategien entwickelt und angewendet werden müssen. Deshalb bietet sich als Forschungsgegenstand ein Berufsfeld an, in dem die fehlende räumliche und zeitliche Trennung von produktiven/arbeitsinhaltlichen und reproduktiven/familialen Lebensbereichen einen erhöhten Bedarf bei den zeitlichen Konstruktionsprozessen vermuten lässt.

Der Zeitbegriff im Konzept der alltäglichen Lebensführung verlässt sich aus der Perspektive dieser Arbeit zu sehr auf die individualisierte Fähigkeit, dass Subjekte aufgrund sich verändernder gesellschaftlicher Rahmenbedingungen von Arbeitszeit und Alltagsorganisation bewusster mit den ihnen zur Verfügung stehen-

[45] Die Benachteiligung von Frauen im Beruf wird auch hier über „klassische“ Mechanismen definiert: geringere Bezahlung, Benachteiligung bei schulischen Karrieren.

den (zeitlichen) Optionen umgehen. Um diese vermuteten geschlechtsspezifischen Konnotationen im Zeithandeln in die Analyse systematisch einzubinden, werden die wichtigsten Ergebnisse des Konzeptes alltäglicher Lebensführung miteingebunden. Denn hier ist ausführlich analysiert worden, dass geschlechtsspezifische Zeitstrukturen als Ausdruck weiblicher oder männlicher Lebensführung bewertet werden können (vgl. Jurczyk 2000, 1999, 1998, 1993; Jurczyk/Rerrich 1993).

Für den Lehrberuf wird angenommen, dass er aufgrund seiner zeitlichen Flexibilisierung für eine (scheinbar) realistische Vereinbarkeitsoption gehalten wird. Gleichzeitig fördert die strukturelle Ungebundenheit und Entträumlichung der arbeitsinhaltlichen Tätigkeiten diese Option. Die gesellschaftliche Position eines Individuums ist durch die Geschlechtszugehörigkeit entscheidend mitbestimmt und somit wird vermutet, dass die Zeit die Aushandlungsebene zur (Re)Stabilisierung von Geschlechterrollen in beruflichen und außerberuflichen Kontexten darstellt.

Die diskutierten theoretischen Konzepte können nur begrenzt für die Fragestellung nach den zeitlichen Konstruktionsprozessen bei Lehrerinnen und Lehrern in beruflichen und außerberuflichen Lebensbereichen genutzt werden. Sie ermöglichen jeweils die theoretisch-analytische Klärung von Teilaspekten, können aber auch hier Zeithandeln nur als zweidimensionalen Prozess von Zeit und Geschlecht erklären (vgl. Jurczyk 1998). Hierüber bleiben aber gewinnbringende Analysepotenziale unentdeckt, da sich erst aus den Widersprüchen und Brüchen in den Interviewaussagen die alltäglichen Bedeutungszusammenhänge und Handlungsmuster der Lehrerinnen und Lehrer rekonstruieren lassen.

Deshalb wird aus der Synthese der ethnomethodologischen Perspektive mit der Kategorie Zeit versucht, auf der Grundlage eines mehrdimensionalen Zeitkonzeptes die Interviewaussagen der Lehrerinnen und Lehrer im Sinne eines Doing Time[46] zu analysieren. Das Konzept besteht, wenn man die ethnomethodologische Perspektive auf die Zeit überträgt, aus drei verschiedenen Zeitebenen, die im Folgenden erklärt und in einem weiteren Schritt entlang der verwendeten theoretischen Perspektiven abgegrenzt und begründet werden.

Unter dem Begriff *Zeitpraxen* werden in der nachfolgenden Analyse die bewussten und unbewussten Handlungen der Subjekte verstanden, die sie in Analogie zum zeitsoziologischen Verständnis von Norbert Elias in wechselseitige Beziehungen setzen können. Zeithandeln taucht in der zeitsoziologischen Diskussion als Konzept auf (z. B. Geißler 1985), wird aber theoretisch und analytisch nicht veror-

---

[46] Der Begriff des **doing time** taucht in einem Aufsatz von Karin Jurczyk und Günter Voß 1999 (24) zum ersten Mal auf. Er wird dort von den Autoren mit Hilfe des Eliasschen Begriffs des „zeitens" definiert, der aber keine weitere Bedeutung in diesem Kontext hat. Hierbei handelt es sich um eine Rohfassung des später veröffentlichten Beitrages der beiden Autoren im Sammelband „Reflexive Lebensführung: Zu den sozialökonomischen Folgen flexibler Arbeit" (Jurczyk/Voß 2000:153). Die Autoren geben in ihren Artikeln zu verstehen, dass es sich hier eher um ein Wortspiel als um ein theoretisches Konzept handelt, das über den Eliaschen „zeiten"-Begriff hinausgeht (vgl. Jurczyk/Voss 2000).

tet. In den Diskussionen um die alltägliche Lebensführung taucht der Begriff Zeithandeln ebenfalls auf und wird in die methodischen und theoretischen konzeptionellen Überlegungen eingebettet (vgl. Jurczyk/Rerrich 1993; Voß 1993). Demnach ist es subjektorientiert und folgt ebenso dem Eliaschen Verständnis, dass die Zeit als ein „Symbol für eine Beziehung, die eine Menschengruppe, also eine Gruppe von Lebewesen mit der biologisch gegebenen Fähigkeit zur Erinnerung und Synthese, zwischen zwei oder mehreren Geschehensabläufen herstellt, von denen sie einen als Bezugsrahmen oder Maßstab für den oder die anderen standardisiert" (Elias 1988:12 ff.), zu verstehen ist.

Zeitstrukturen sind im Kontext dieser Untersuchung als Zeitregeln zu verstehen, die von anderen in ihren Zeitpraxen anerkannt und durch die Akzeptanz dieser wiederum stabilisiert werden. Zeitstrukturen können sowohl in Organisationen durch die Zeitpraxen der Mitglieder restabilisiert werden; sie sind aber auch in familialen Kontexten durchsetzbar. Der Grad der Zeitstrukturen ist durch Zeitinstitutionen und Zeitpolitiken kontingent; so geht es im zeitpraktischen Handeln immer um die Durchsetzung, Etablierung und Restabilisierung von Zeitstrukturen. Damit ist impliziert, dass Zeitstrukturen auch wandelbar und nicht statisch sind, sondern durch die interaktiven Leistungen der Individuen reproduziert werden können.

Zeitkonzeptionen werden als Plan oder als eine „Ideologie" verstanden. Das bedeutet, dass Zeit wandelbar ist und gestaltet werden kann. Damit wird deutlich, was die Soziologie an der Zeit interessieren muss; nämlich die Frage nach den Gestaltungskriterien von Zeitkonzeptionen. Wer ist in welchem Umfang an der Entwicklung von Zeitkonzeptionen beteiligt? Wie funktionieren diese Beteiligungen? Wie kann der Wandel von Zeitkonzeptionen mit Hilfe anderer Analysekategorien erklärt werden? Diese Ebene muss bei der Entstehung und dem Wandel von Zeitkonzeptionen berücksichtigt werden. Zeitkonzeptionen können einerseits als Zeitorganigramm alltäglicher Zeitpraxen verstanden werden, aber sie beeinflussen – und das unterscheidet sie von Begriffen wie Zeitkonzepten und Zeitordnungen – unbewusst und bewusst die alltäglichen Zeitpraxen der Individuen. Im Kontext dieser Arbeit werden Zeitkonzeptionen als individualisierte „zeitliche Metapläne" verstanden, die verhandelbar sein können. Sie sind nicht statisch und werden in und durch die jeweiligen Kontexte der Individuen modifiziert, angepasst und auch verteidigt. Sie ermöglichen eine Herstellung in der Bewertung und Transparenz von Zeitpraxen dort, wo der Geltungsgrad von Zeitstrukturen abnimmt.

Wenn man nach geschlechtsspezifischen Zeitkonzeptionen und der geschlechtlichen Konnotation von Zeitpraxen fragt, kann die Zweigeschlechtlichkeit selbst rekonstruiert und wichtige, weil andere Zeitpraxen im Kontext von Zeitkonzeptionen vernachlässigt werden. Wenn man nun andererseits die Zweigeschlechtlichkeit als Grundlage für die Ausbildung geschlechtsspezifischer Zeitpraxen nimmt, verhindert man den Blick auf die Entstehung und Ausbildung von Zeitstrukturen und ihre Einbindung in Zeitkonzeptionen. Vielmehr geht es um die Frage nach den eigenen Zeitpraxen der Lehrerinnen und Lehrer selbst und um organisationale Rahmenbedingungen wie Zeitstrukturen, die wiederum durch geltende Zeitinstitutionen und Zeitpolitiken legitimiert werden, die das System der Ausbildung spezifischer Zeitkonzeptionen bilden.

Zunächst erscheint die Analyse der Berufswahlmotive darauf zu schließen, dass es eine weibliche und eine männliche Seite gibt. Frauen wählen den Beruf, um Beruf und Familie zu realisieren. Männer wählen den Beruf, um mehr Freizeit für sich und ihre Hobbies zu haben. Wenn man der Logik dieser Analysen folgt, kann eine zeitliche Arbeitsstundenreduzierung als der Ausdruck geschlechtspezifischer Zeitkonzeptionen verstanden werden, die sich in den arbeitsinhaltlichen Zeitpraxen der Lehrerinnen und Lehrer ausdrücken. Aber wie lassen sich dann schließlich Zeitstrukturen erklären, die formal die gleichen Vor- und Nachteile für beide Geschlechter haben, und sich aber in der Alltagspraxis anders darstellen? Wieso haben Männer häufiger als Frauen trotz einer Reduzierung ihres Lehrdeputats eine Funktionsstelle? Wieso lehnen Frauen diese ab, auch wenn sie in keiner Weise weniger qualifiziert sind als ihre männlichen Kollegen? Wieso kümmern sich Lehrerinnen, die durch Reduzierung ihres Lehrdeputats nicht nur zeitliche Vorteile erfahren, in den meisten Fällen um die außerberuflichen und familialen Lebensbereiche, obwohl sie beruflich wie ihre eigenen Partner und auch männlichen Kollegen eingebunden sind?

Möglicherweise werden hier zeitstrukturell bei den männlichen Lehrkräften genau die gleichen Nachteile erwartet wie bei den Kolleginnen; allerdings muss analysiert werden, ob und wie sie diese für sich verhindern. Es muss rekonstruiert werden, ob ihnen dieses durch ein komplexes Geflecht von Abgrenzungsstrategien, Durchsetzungsmustern und einer gelungenen Alltagsrhetorik zugunsten ihrer Zeitkonzeptionen gelingen kann.

Konstruieren Lehrer ihre Zeiten, indem sie zur Erhaltung dieser soziale zeitliche Praxen zu stabilen Zeitstrukturen generieren und darüber eine Option zur Entfaltung von Zeitkonzeptionen erhalten? Gibt es diese Wechselwirkungen der unterschiedlichen Konstruktionsebenen der Zeit? Eine entsprechende Analyse kann zur Klärung folgender Fragen einen Beitrag leisten:

Wieso ist die Reduzierung von Arbeitszeiten noch vorwiegend eine eher weibliche Entscheidung? Wieso ist die Arbeitszeitreduzierung der Weg zu einer scheinbaren Vereinbarkeitslösung? Wie sehen da familiale Arrangements aus? Wie werden reproduktive Aufgaben verteilt? Oder ist die Übernahme reproduktiver Verpflichtungen neben dem Beruf immer noch eine eher weibliche Aufgabe? Wie sehen die Arrangements im Zusammenwirken mit organisationalen Zeitstrukturen in den Paarbeziehungen und familialen Arrangements aus? Unter welchen Bedingungen kommt es zu Brüchen? Durch welche Mechanismen werden Arrangements aufrechterhalten, umgangen oder verändert? Welche subjektiven Deutungsmuster liegen den Zeitkonzeptionen zugrunde und wie wirken sich diese wiederum auf die Zeitpraxen der Lehrer/innen aus?

Konzentriert man die Analyse auf sogenannte männliche und weibliche Zeiten, werden intergeschlechtliche, d. h. nicht nur auf dem Konstruktionsarrangement der Zweigeschlechtlichkeit beruhende, andere Arrangements übersehen. Zudem würde man die soziale Praxis der Zweigeschlechtlichkeit nicht in Frage stellen und sie in ihrer permanenten Stabilisierung unterstützen. Überträgt man nun die ethnomethodologischen Analysen (Doing Gender) auf die Zeitkonzeptionen, Zeitstrukturen und Zeitpraxen der Lehrerinnen und Lehrer kann erklärbar werden, wie sich institutionalisierte Formen von Teilzeitarbeit und Arbeitszeitflexibilisierung ergeben und durch die sozialen Praxen der Individuen aufrechterhalten werden. So kann die Ausbildung von Zeitkonzeptionen als das Ergebnis der Wechselwirkungen von organisationalen Zeitstrukturen und Zeitpraxen der Subjekte selbst als permanent zu leistende Konstruktionsarbeit von Zeit vermutlich verstanden werden. Das könnte ebenso für organisationale Zeitstrukturen und Zeitpraxen gelten, wenn sie lediglich als kollektive Sinnproduktionen und Handlungs- und Interaktionsergebnisse der Individuen begriffen werden.

Um diese reflexiven Prozesse der Zeit zu untersuchen, bietet sich ein Forschungsfeld an, in dem es zu sehr differenzierten und konkurrierenden Zeitstrukturen in den Lebensbereichen kommen kann, wenn unterschiedliche Zeitkonzeptionen in Paarbeziehungen zusammengeführt werden müssen. Dieses gilt grundsätzlich für (fast) alle Berufsfelder, da die Erwerbsarbeit ihrer eigenen ökonomischen und arbeitsteiligen Entstehungslogik folgt (vgl. Jurczyk/ Rerrich 1993, Rinderspacher 2002b, 2000, 1985).

Bisherige Studien zur Analyse von Zeit vernachlässigen eine integrierende Perspektive auf die vermuteten Zusammenhänge und Wechselwirkungen unterschiedlicher Ebenen von Zeit als sozialer Konstruktion. So bleiben unabhängig von ihrem oft erfrischenden Charakter die Analysen deskriptiv (vgl. Hochschild 2002) oder sie konzentrieren sich auf nur eine der vorgestellten Ebenen des Zeithandelns, der Zeitstrukturen oder der Zeitkonzeptionen. Die Zeit wird indirekt als integrierende und analysierende Kategorie in der Lehrerforschung verwendet (vgl. Schönwälder 1998; Flaake 1989; Rinderspacher 1985), aber das Verhältnis von Zeitstrukturen und Zeitpraxen wird nicht zusammengeführt. Die Lehrerinnen und Lehrer haben damit indirekt einen passiven Status gegenüber ihren Arbeitszeiten und anderen Zeiten. Doch sind sie nicht selbst integraler Bestandteil dieser Umstände von Arbeitszeit, indem sie durch ihre kollektiven Sinnproduktionen an der Aufrechterhaltung und immer wiederkehrenden Restabilisierung aktiv beteiligt sind?

Somit geht es neben einer kritischen Auseinandersetzung mit der Lehrerforschung auch um die Auflösung zeitlicher Selbstverständlichkeiten, die sich aus unterschiedlichen Interessen und Bedürfnissen gesellschaftlicher Teilsysteme und den verschiedenen zeitlich konkurrierenden Bereichen der Lebensführung ergeben. Vermutet werden eine starke Kontextgebundenheit und damit eine Möglichkeit zur Veränderung impliziert. Wenn Schule als eine Organisation wie in dieser Arbeit verstanden wird, ist sie nicht vor Machtinteressen und Machtkoalitionen geschützt. Die Lehrkräfte in dieser Organisation sind Mitglieder, die zur Durchsetzung ihrer Interessen und Stabilisierung ihrer eigenen Positionen Strategien entwickeln (müssen), mit deren Hilfe ihnen eben dieses gelingt.

Hierbei können die Interessen sehr unterschiedlich sein; der Unterricht und die darüber geleistete definitorische Arbeitszeit sind zunächst bei allen formal gleich und hier unterscheiden sie sich alle nur in der Höhe der wöchentlichen Unterrichtsverpflichtung. Aber es existieren noch andere zeitpraktische Differenzen in ihrer zeitstrukturellen Ausgestaltung zwischen den Lehrkräften. Dabei kann es sich nicht immer nur um Vereinbarkeitswünsche handeln, sondern es wird vermutet, dass es vielmehr um die Aufrechterhaltung der organisationalen Handlungslogik geht. Ihre Kultur, die Funktionen und Normen, die in ihr wirken, sind das Feld, in dem die Reflexivität von unterschiedlichen Zeitpraxen, die Ausgestaltung und Integration organisationaler Zeitstrukturen sowie die Einbettung in die individualisieren Zeitkonzeptionen durch die Konstruktionen der Lehrerinnen und Lehrer in ihrer Entstehung überprüft werden müssen. Der Lehrberuf gilt zwar als feminisiert, doch scheinen in den Schulen unabhängig von der Fächerkombination hierarchische Unterschiede zwischen dem Lehrpersonal zu existieren.

Formal stellt die Organisation zeitstrukturelle Optionen zur Verfügung, die Vereinbarkeit von Familie und Beruf realistisch umsetzen sollen und deshalb wird – wie zahlreiche Studien zum Lehrberuf belegen – auch aus diesem Grund gerade von Frauen vielfach dieser Beruf gewählt. Es wird vermutet, dass diese Erklärungen zu kurz greifen. Es werden männliche Zeitkulturen in den Organisationen vermutet, die von einem uneingeschränkt zeitlich-verfügbaren Arbeitnehmertypus ausgehen. Existiert somit eine vorhandene Männlichkeitskultur und drückt sich diese in organisationalen Zeitinstitutionen und Zeitpolitiken aus? Kommt es zur Genese dieser Männlichkeitskultur über die organisationalen Zeitstrukturen oder gibt es hier Auflösungserscheinungen, die durch die Zeitpraxen der Lehrer/innen hervorgebracht werden? Stabilisieren die Lehrer/innen die Kultur oder wird durch die organisationalen Zeitpolitiken und -institutionen eine Vergeschlechtlichung des Berufsfeldes fortgeführt?

Es werden verschiedene Strategien vermutet, die Zeitstrukturen (einer formalen-nicht-männlichen Organisation) in Frage stellen und damit eine (männliche) Organisation restabilisieren. Wenn dieser Zusammenhang sich bestätigen ließe, würde das für organisationale Zeitstrukturen sowie die ihnen zugrundeliegenden Zeitpolitiken und –institutionen ebenso gelten? Wenn sie nicht in Frage gestellt werden und Umgehungsstrategien entlang dieser entwickelt werden müssen, ändern sie sich nicht. Aber entstehen dann andere?

Diese Arbeit versucht eine systematische Analyse von Zeit zu leisten. Hierbei wird entlang des Mehrebenenkonzeptes von individualisierten Zeitpraxen, organisationalen Zeitstrukturen und individuellen Zeitkonzeptionen die Analyse eines reflexiven Verhältnisses dieser drei Ebenen am Beispiel der Arbeitsorganisation und der Arbeitszeiten von Lehrerinnen und Lehrer in beruflichen und außerberuflichen Lebensbereichen vorgenommen und empirisch geprüft.

Die vielfach als Vorteil bezeichnete Optionenvielfalt bei der Gestaltung und Festlegung der Arbeitszeit kann je nach Kontext als Vor- und/oder Nachteil empfunden werden. In den Untersuchungen zur Arbeitszeit und den Motiven zur Arbeitszeitreduzierung ist oftmals belegt worden, dass trotz umfangreicher familienfreundlicher Arbeitszeitoptionen es in der Regel immer noch Frauen sind, die sich für eine Reduzierung der Arbeitszeit mit den ebenfalls damit verbundenen Karrierehindernissen entscheiden, wohingegen Männer in seltenen Ausnahmefällen sich für eine solche familienfördernde Option der Arbeitszeit entscheiden (vgl. Hochschild 2002, 1993)[47]. Neben den vermuteten beruflichen vergeschlechtlichten Zeitstrukturen bei der Ausgestaltung der Arbeitszeit werden ebenso außerberufliche vergeschlechtlichte Zeitpraxen vermutet, durch die die Lehrerinnen trotz ihrer Berufstätigkeit für die Familienarbeit weiterhin zuständig bleiben.

Der konzeptionelle Rahmen dieser Arbeit sollte verdeutlichen, dass die Zeit als soziale Konstruktion verstanden wird, die veränderbar ist. Die Kontextbedingungen beeinflussen die Ausbildung und die Organisation von Zeitkonzeptionen sowie Zeitstrukturen und beeinflussen wiederum das zeitpraktische Handeln der Lehrerinnen und Lehrer. Und diese wiederum beeinflussen die Zeitstrukturen, in dem sie durch das zeitpraktische Handeln aufrechterhalten werden. Die Zeit ist in modernen Gesellschaften in den meisten Fällen ein knappes Gut, dem ein ökonomischer Verwendungsimperativ[48] (vgl. Rinderspacher 1985) aufgrund der historischen Entwicklung von vorindustriellen zu akkumulierenden Gesellschaften zugrunde liegt. Aber wieso ist die Zeit dann gerade in den familialen Arrangements von den Lehrerinnen und Lehrern unterschiedlich besetzt? Warum gelingt es den einen besser und den anderen schlechter, ihre Zeitinteressen durchzusetzen? Welche Motive liegen ihnen zugrunde und mit welchen Strategien setzen sie diese durch? Wessen Zeit wird damit wertvoller?

Die möglichen Antworten auf diese Fragen können Aufschluss darüber geben, warum gleichberechtigt ausgerichtete Familienarrangements für die Lebensführungen aller Beteiligten trotzdem unterschiedliche zeitpraktische Auswirkungen haben.

---

47 Zu den neueren Diskussionen zum Thema Karrierehemmnisse von Frauen in Wissensorganisationen und Familie vgl. ausführlich Lind 2004; Reichert 2003; Keller 2002; Raml 1993.

48 Die Ökonomisierung der Zeit wird über Lebensratgeber oder populärwissenschaftliche Sachbücher (Seiwert 2001, Przyklenk/Geißler 2001) geradezu als das Bedürfnis des modernen Menschen herausgestellt und es wird die Verwendung der eigenen Zeit als handlungstheoretisches Konzept unabhängig von strukturellen und sozialen Rahmenbedingungen verabsolutiert, als wenn es sich auf der Ebene der Zeitkonzeption allein lösen ließe.

Wieso sollten Lehrerinnen ihre Freizeit als Familienzeit beschreiben? Wieso darf eine Frau nicht sagen, obwohl sie ihre Arbeitszeit wegen der familialen Pflichten reduziert hat, dass sie sich um ein krankes Kind kümmern muss und stattdessen eine eigene Krankheit als Entschuldigung für ihr Fehlen vorbringt, statt ihre regulären Kinderpflegetage in Anspruch zu nehmen?

Diese Fragen können kaum durch sogenannte weibliche und männliche Lebensführungen und geschlechtsspezifischen Motive der Arbeitszeitreduzierung beantwortet werden. Wichtig für die Analyse sind die Sinn- und Bedeutungsproduktionen der Lehrerinnen und Lehrer, die sich durch ihre Zeitpraxen, Zeitstrukturen und Zeitkonzeptionen rekonstruieren lassen können. Diese drei Ebenen müssen konzeptionell reflexiv aufeinander bezogen werden, denn nur so lassen sich die alltäglichen Selbstverständlichkeiten in ihren Bedeutungen und Wirkmächtigkeiten für die Prozesse einer möglichen Vergeschlechtlichung aufbrechen.

Mit dieser explorativen Studie soll ein systematischer Beitrag geleistet werden, der gesellschaftliche Entwicklungen an der Schnittstelle von Individuum und Arbeit analysiert und die Zeit als Kategorie zur Erklärung gesellschaftlicher Entwicklungen sowie als Indikator sozialer Ungleichheit stärken möchte. Hierdurch kann es möglich sein, eine rekonstruktive Analyse alltäglicher Zeitpraxen zu leisten, wie sie innerhalb der zeitsoziologischen Untersuchungen bisher nicht stattgefunden hat. Mit der integrierenden Einbindung der verschiedenen Konstruktionsebenen der Zeit können unterschiedliche Lebensbereiche in der alltäglichen Lebensführung aus der Perspektive der Lehrerinnen und Lehrer analytisch zusammengeführt werden, die sich im Spannungsfeld von Familie, beruflicher und schulischer Arbeitsorganisation, Ehrenamt, Freizeitaktivitäten usw. abspielen.

Vor dem Hintergrund von Giddens Ansatz der Dualität von Handlung und Struktur (vgl. Giddens 1997) bietet die Schule den Rahmen für die zeitliche Handlungspraxis der Lehrerinnen und Lehrer, die durch den analytischen Einbezug der außerschulischen, aber ebenso wichtigen Arbeitsorganisation durch diese wiederum reproduziert werden. Gleichzeitig liegt hier die Chance zur Modifikation, weil bei den Lehrerinnen und Lehrern an der Schnittstelle die Struktur- und Handlungsebene zusammenfließen. Darüber hinaus werden die strukturellen Rahmenbedingungen der Lehrerarbeitszeit durch einige wenige Eckpunkte festgelegt; der überwiegende Teil der Arbeitsinhalte und damit die Konstruktionen arbeitsinhaltlicher (und nicht-arbeitsinhaltlicher) Zeitpraxen sind individualisiert. Das bedeutet wiederum, dass sich die erfolgreiche Umsetzung und Durchsetzung von Zeitkonzeptionen mit Hilfe eines komplexen Geflechts von individuellen Zeitpraxen und Zeitstrukturen bei der Konstruktion von Arbeits- und Familienzeit erklären lassen könnte. Die Analyse der Arbeitszeit bei Lehrerinnen und Lehrern könnte einen Beitrag zum reflexiven Verhältnis von individualisierten Zeitpraxen im Spannungsfeld von subjektiven Zeitkonzeptionen und „objektivierbaren" Zeitstrukturen leisten.

2. Das Forschungsdesign

2.1. Vorbemerkungen

Um die Zeit im Alltaghandeln und ihren Bedeutungszusammenhang bei den Lehrerinnen und Lehrern zu rekonstruieren, wurden Erhebungs- und Auswertungsmethoden gewählt, die als Ziel die Rekonstruktion von Ordnung und Wirklichkeit sowie der Techniken der zugrundliegenden Sinnproduktionen und –interpretationen aus der Perspektive der Subjekte ermöglichen (vgl. Lamnek 1993a)[49]. Der Fokus dieser Untersuchung ist auf das WIE der Herstellung von Zeit und ihrer vermuteten vergeschlechtlichten Konnotation gerichtet und nicht auf die Unterschiede bei den Subjekten.

Um eine Vergleichbarkeit der ausgewählten Fälle zu erreichen, wurden Lehrerinnen und Lehrer an zwei verschiedenen Ganztagsschulen befragt. Damit sollte der Einfluss der organisationalen Rahmenbedingungen vergleichbar und seine mögliche Bedeutung in dem mehrdimensionalen Konzept des Doing-Time berücksichtigt werden. Da die Darstellung von organisationalen Besonderheiten aber nicht das vorrangige Ziel dieser Untersuchung ist, erschien eine unspezifischere Auswahl bei den Schulen passender, da die Auswahl von „normalen“ Ganztagsschulen[50] im Sinne der Forschungsfrage als ergiebiger eingeschätzt wurde. Schließlich geht es primär darum, ein heterogeneres Bild herzustellen, so dass die beiden Fälle als eine Grundgesamtheit behandelt werden. Die Konstruktion von individu-

---

49 Werden Methoden qualitativer Sozialforschung im Forschungsprozess eingesetzt, so werden auch durch die kritische Auseinandersetzung mit der quantitativen Forschung entwickelte verschiedene Prinzipien angewendet. Diese lauten Zuverlässigkeit, Objektivität und Allgemeingültigkeit und es gilt „grundsätzlich [gilt], dass die Einschätzung der Eignung bestimmter qualitativer Vorgehensweisen wesentlich vom Forschungsgegenstand und vom Untersuchungsziel abhängt“ (Kiefl/Lamnek 1984: 476). Die Frage nach der Reliabilität wird in der Methodendiskussion der qualitativen Sozialforschung eher negativ konnotiert; die qualitative Sozialforschung wehrt sich nicht prinzipiell dagegen, das Gütekriterium der Zuverlässigkeit für die eigenen Zwecke hinreichend zu spezifizieren. Allerdings haben sich aus diesen Diskursen alternative Gütekriterien entwickelt, die im Folgenden vorgestellt werden: a) Stimmigkeit statt Reliabilität (Vereinbarkeit von Zielen und Methoden der Forschungsarbeit statt Aufstülpung methodologischer Modelle); b) Offenheit statt Variablenkontrolle (Angemessenheit gegenüber der Komplexität der sozialen Forschungssituation statt Verbieten möglicher alternativer Handlungsverläufe) und c) Diskurs statt Intersubjektivität (Forscher/in und Feldsubjekte interpretieren ihre Daten gemeinsam und hinterfragen Geltung, Hintergrund und Konsequenzen ihrer Ergebnisse statt Vertrauen in die Fiktion der Scientific Community zu haben (vgl. Bogumil/Immerfall 1985). Das letztgenannte Gütekriterium geht aber aus der Perspektive dieser Untersuchung zu weit und ist über die Prämisse, die gemeinsame Sprache als Verständigungssystem über den Teil der sozialen Wirklichkeit, über die geforscht wird zu definieren, gewährleistet.

50 Normal bedeutet in diesem Zusammenhang die Größe des Schulsystems (Schüler/innenanzahl, Kollegiumsgröße etc.) sowie die Organisationsstruktur entlang von Funktionsstellen sowie Hinweisen zum Schulprogramm (vgl. ausführlich Verzeichnis der Gesamtschulen in NRW 2001/2002).

ellen arbeitsinhaltlichen und nicht-arbeitsinhaltlichen „Zeiten" und ihr Ausdruck in der Realisierung subjektiver Arbeitszeitpräferenzen in organisationalen Zusammenhängen erhält in seiner gesamtgesellschaftlichen Perspektive eine größere Übertragbarkeit, je unspezifischer die Berücksichtigung der organisationalen Rahmenbedingungen ist.

2.1.1. Die Schulen

In Nordrhein-Westfalen existierten zur Zeit der Erhebung im Sommer 2001 220 Gesamtschulen[51], zu denen nur die staatlichen, nicht die konfessionellen Gesamtschulen gehören. Davon gehören dreißig zur ersten Generation der Gesamtschulen mit Gründungsjahren in den 1970er Jahren (vgl. Verzeichnis der Gesamtschulen in NRW 2001/2002).

Es sollte sich bei den zu untersuchenden Schulen um etwa gleichgroße Schulen handeln. Das bedeutet, dass sie eine etwa gleichgroße Zahl an Schülerinnen und Schülern (gleiche Anzahl an Klassen pro Jahrgang), dass sie ähnlich große Gebäude, dass sie ungefähr die gleiche Anzahl an schulischem Personal haben (Lehrerinnen und Lehrer, Verwaltungspersonal etc.) sowie im selben Regierungsbezirk liegen. Falls es einen Einfluss zeitinstitutioneller Anweisungen aus übergeordneten Behörden auf die Ausbildung von organisationalen Zeitpolitiken in den Schulsystemen selbst geben kann, wäre dieser in der Analyse zu berücksichtigen. Für die Auswahl der beiden Schulen, an denen die Lehrerinnen und Lehrer interviewt werden sollten, wurden verschiedene Kriterien festgelegt:

1) Die Gesamtschulen müssen einen kompletten Sekundarstufen-2-Bereich (Jahrgangstufe 11-13 = SEK-2) zum Zeitpunkt der Befragung haben. Damit sind höhere Arbeitszeiten durch Zeugniskonferenzen, Laufbahnberatung, Klausurkorrekturen etc. an der Schule notwendig und diese können in ihrer Bedeutung aus der Perspektive der Befragten berücksichtigt werden.

2.) Die Anzahl der SEK-2-Züge an den Schulen muss gleich sein, damit eine Vergleichbarkeit bei dem zeitlichen Mehraufwand in den (Arbeits)-zeiten möglich ist.

3.) Die ausgewählten Schulen müssen eine repräsentative Anzahl von SEK-2-Zügen haben. Gesamtschulen mit dreizügigen SEK-2-Anteilen kamen

[51] Gemeinnützige Gesellschaft Gesamtschule e.V. hat ein Verzeichnis aller Gesamtschulen des Landes NRW herausgegeben, in dem die Schulsysteme differenziert nach bestimmten Kriterien aufgeführt werden (Schulträger, Schulaufsicht, Jahrgang/Klassenzahl, Schulleiter/in, Ständige/r Vertreter/in, Organisationsleitung, Didaktische Leitung, Abteilungsleiter/innen, Koordinator(inn)en, Beratungslehrer/innen, Sozialpsycholog/innen, Hinweise zum Schulprogramm, Sonstiges) 2001/2002.

auf einen prozentualen Anteil von 39,2 % bei den insgesamt 220 Gesamtschulen des Landes (181 Gesamtschulen ohne Konfession und mit komplettem dreizügigem SEK-2-Bereich). Diese Kriterien ermöglichen eine Vergleichbarkeit der Fälle und erlauben wiederum Rückschlüsse auf den Einfluss der organisationalen Zeitstrukturen in den Rekonstruktionen der Lehrerinnen und Lehrer.

An den Schulen müssen verschiedene Arbeitszeitmodelle existieren und gleichzeitig eine hohe Präsenz[52] in der Schule erforderlich sein. Hierbei sind folgende Gründe inhaltlich relevant:

1.) Es handelt sich um Ganztagsschulen; d. h. es ist eine zeitlich erhöhte Anwesenheit der Lehrkräfte strukturell durch die Organisation des Unterrichts vorgesehen. Das gilt für andere Schulformen wie der Haupt- und Realschule sowie für die meisten Gymnasien nicht.

2.) Es handelt sich um eine hochpolitisierte Schulform, da sie als das politische Rezept zur Überwindung milieu- oder klassenspezifischer Bildungshemmnisse gesehen wurde und wird. In der Geschichte der Gesamtschulen können besondere selbstdefinierte Ansprüche an die eigene Arbeit als Lehrerin oder Lehrer möglich sein, die sich aufgrund der individualisierten Arbeitsorganisation als eine verdeckte Ebene der individualisierten Zeitorganisation durch ein höheres Sureplus an Eigenengagement möglicherweise rekonstruieren lassen.

3.) Viele Gesamtschulen haben ein ganzheitliches Konzept; das heißt, dass sie sich über die eigene Schule hinaus beispielsweise in den Stadtteil hin öffnen oder auch innerschulisch/außerschulische Angebote installieren. Hieraus ergeben sich besondere organisatorische und somit zeitliche Aufgaben, die sich in den zeitlichen Konstruktionsprozessen der Lehrerinnen und Lehrer möglicherweise wieder finden.

4.) Der besondere pädagogische Anspruch findet sich in der kollegialen Arbeitsorganisation wieder. Somit sind die Präsenzen an den Schulen und um die Schulen herum an Ganztagsschulen oftmals höher als an anderen Schulen.

5.) Die Arbeitsorganisation von Lehrkräften an Ganztagsschulen unterscheidet sich zunächst kaum von den organisationalen Rahmenbedingungen anderer Schulformen. Allerdings werden durch die besondere

52 Vormittag, Mittags- und Nachmittagsanwesenheiten an mehreren Wochentagen durch die Lehrerinnen und Lehrer.

Schüler/innenstruktur und die stark differenzierte Kursleistungsstruktur von den Lehrkräften andere arbeitsinhaltliche Aufgaben erwartet[53].

Bei der Berücksichtung dieser Kriterien bleibt von der ursprünglichen Grundgesamtheit von 220 Ganztagsschulen in Nordrhein-Westfalen eine Liste von zehn in Frage kommenden Schulen übrig. Es wurden die Schulen ausgewählt, die nach einem Ankündigungsschreiben und später stattfindendem Telefonat ihre Zustimmung gaben, eine teilnehmende Beobachtung durchzuführen und die Interviewbereitschaft ihrer Kolleginnen und Kollegen an den Schulen als hoch einschätzten.

2.1.2. Die Lehrerinnen und Lehrer

Die Kollegien an beiden Gesamtschulen bestanden aus ca. hundert Lehrerinnen und Lehrern zum Zeitpunkt der Befragung. Die Lehrerinnen und Lehrer müssen folgende Kriterien erfüllen:

1.) Sie müssen mindestens in einem Zweipersonenhaushalt (mit Kindern im Betreuungsalter oder pflegenden Familienangehörigen, die auch außerhalb des Haushaltes leben können) leben, denn hier werden spezielle zeitliche Abgrenzungs- und Vermittlungsstrategien in den unterschiedlichen Lebensbereichen vermutet.

2.) Die Arbeitszeit wurde/wird teilreduziert und war/ist wieder erhöht oder umgekehrt. Damit sollte die Möglichkeit geschaffen werden, unterschiedliche Motivationen in unterschiedlichen Lebensphasen aufzuspüren und eine subjektive Vergleichbarkeit in der individuellen Arbeitsorganisation möglich werden zu lassen.

Es wurden insgesamt an beiden Schulen 22 Interviews geführt; diese fanden an der ersten Ganztagsschule im Juni/Juli 2002 sowie an der zweiten Schule im Oktober/November 2002 statt. An der ersten Schule wurden sechs Frauen und zwei Männer wurden befragt. Sieben der befragten Personen hatten ihre Arbeitszeit zum Zeitpunkt der Befragung reduziert; eine Lehrerin hatte ein volles Stundendeputat[54]. Vor dem Hintergrund der genannten Kriterien konnten hier acht Lehrkräfte für ein Interview gewonnen werden. Von den acht durchgeführten Interviews wurden sechs in der Analyse berücksichtigt, da sich im Laufe der Interviews herausstellte, dass es

[53] Zu den besonderen Problemlagen an Schulen aus biographischer Perspektive ausführlich Woderich 1997; Reh/Tillmann 1994; Händle 1993. Forschungen zu den sich verschlechternden Rahmenbedingungen an Schulen vgl. ausführlich Buchen 1997; Hübner/Werle 1997; Scheuch/Knothe 1997.

[54] 25,5 Unterrichtsstunden in der Woche entsprechen einem vollen Lehrdeputat. Diese Zahl kommt durch die so genannte Vorgriffsstunde zustande: Hierbei arbeiten die Lehrerinnen und Lehrer eine Stunde in der Woche mehr, die ihnen auf einem Lebensarbeitszeitkonto gutgeschrieben wird. Hierdurch sollen die arbeitsinhaltlichen Belastungen der Lehrerinnen und Lehrer mit zunehmendem Alter verringert werden.

sich bei den zwei anderen um „reine“ Erwachsenenhaushalte handelte, die nur teilweise oder gar nicht (mehr) die Kriterien erfüllten.

An der zweiten Schule wurden vierzehn Lehrkräfte befragt. Die Interviews wurden mit elf Frauen und drei Männern geführt, von denen allerdings nur elf in der Analyse berücksichtigt wurden: Ein Lehrer war alleinstehend, eine Lehrerin hatte keine Kinder und ein Interview konnte aufgrund schlechter Tonqualität nicht berücksichtigt werden.

Der sozialstatistische Fragebogen[55] wurde im Anschluss an die Interviews erhoben. Die Entwicklung und empirische Überprüfbarkeit des konzeptionellen Rahmens wurde zum Zeitpunkt der durchgeführten Interviews variabler gehandhabt. Allerdings zeigte sich im Laufe der Kategorisierung des Interviewmaterials, dass in Haushalten mit Kindern eine konturiertere Überprüfung des Doing-Time-Konzeptes zu realisieren sei. Alleinstehende Personen müssen mit einem geringeren Organisationsaufwand als Personen aus einem Mehrpersonenhaushalt auf zeitliche Bedürfnisse anderer eingehen, so dass wegen der geringeren Erklärungskraft auf mögliche zeitliche Abgrenzungs- und Durchsetzungsstrategien vor allen Dingen in den außerberuflichen Lebensbereichen diese Interviews in der Analyse nicht weiter berücksichtigt wurden.

2.2. Die Methoden

Die Auswahl der Befragten erfolgte nicht unter dem Gesichtspunkt statistischer Repräsentanz; die Untersuchungsgesamtheit und die Untersuchungsmethoden setzen sich aus einer theoriegeleiteten Auswahl von Personen, die nach bestimmten Kriterien ausgewählt wurden, zusammen. Ein Kriterium war die Frage nach den Auswirkungen flexibilisierter und reduzierter Arbeitszeitstrukturen auf die alltägliche Lebensführung in beruflichen und außerberuflichen Lebensbereichen.

Aufgrund der bisher durchgeführten Analysen zur Arbeitszeit von Lehrerinnen und Lehrern, die quantitativ und mit großer Stichprobe die Arbeitszeit analysieren (vgl. Mummert&Partner 1999), erschien für die rekonstruierende Analyse der zeitlichen Konstruktionsprozesse ein qualitatives Vorgehen ertragreicher. Qualitatives Vorgehen beherbergt die Möglichkeit, Informationen unverzerrt und authentisch zu gewinnen (vgl. Lamnek 1993a). Zudem konnten die Lehrerinnen und Lehrer als Expertinnen und Experten ihrer eigenen Lebenswelt befragt werden (vgl. Lamnek 1993a).

[55] Hier wurden das Alter, Geschlecht, Beruf der/des Partner/in, Anzahl und Alter der Kinder, zu unterrichtende Fächer, Anzahl der Klassen und die aktuelle Höhe des Lehrdeputats abgefragt. Die organisationalen Rahmenbedingungen der individualisierten Arbeitsorganisation sollten auf der deskriptiven Ebene die empirischen Ausführungen gegebenenfalls ergänzen.

Als Schulsystem[56] wurden Ganztagsschulen für die Analyse gewählt. Als ein Ergebnis der im Auftrag der Landesregierung 1999 durchgeführten quantitativen Studie „zur Ermittlung, Bewertung und Bemessung der Arbeitszeit der Lehrerinnen und Lehrer im Land Nordrhein-Westfalen“[57] gehören die Lehrerinnen und Lehrer an Ganztags- bzw. Gesamtschulen zu denjenigen, die im Landesvergleich die höchste Anzahl an Wochenarbeitsstunden leisten. Das war zunächst ein wichtiger Punkt, da hier eine größere Notwendigkeit bei der Konstruktion von arbeitsinhaltlichen und nicht-arbeitsinhaltlichen „Zeiten“ vermutet wurde und die Entgrenzung von Arbeit und Leben kontinuierlicher erschien als bei anderen Schultypen.

2.2.1. Die teilnehmende Beobachtung

Die teilnehmende Beobachtung wurde in die methodische Konzeption aus folgenden Gründen integriert: Zunächst ging es darum, einen Blick „hinter die Kulissen“ zu werfen. Die Arbeitszeit und die Arbeitsorganisation von Lehrerinnen und Lehrern sollte neben den 45-minütigen Unterrichtsstunden systematischer erfasst werden, in dem die außerhalb des Unterrichts zu leistende Arbeit in ihren Inhalten innerhalb der Organisation beobachtet wurde. Innerhalb schulischer Organisation besteht die Arbeitszeit neben dem Lehrdeputat aus einer Anzahl anderer Tätigkeiten, die sich teilweise aus der eigenen Arbeitsorganisation ableiten lassen, aber auch durch andere schulische Kontexte beeinflusst wird (vgl. Mummert&Partner 1999). Um hier einen systematischeren Zugang zu gewährleisten, wurde mit der teilnehmenden Beobachtung das Ziel verbunden, Unklarheiten und Unwissenheiten über die Arbeitsinhaltliche und ihrer Organisation von Lehrerinnen und Lehrern zu verringern. So sollte im Vorfeld der Befragung eine „gewöhnliche“ Arbeitswoche beobachtet werden, um einen Einblick darüber zu bekommen, was sie innerhalb der schulischen Organisation und neben der Unterrichtsverpflichtung tun und wie sie es tun. Aufgrund des explorativen Charakters der vorliegenden Untersuchung und dem Prinzip der Offenheit qualitativer Sozialforschung war das Erkenntnisinteresse im Rahmen der teilnehmenden Beobachtung durch folgende „große Fragen“ geleitet: Was machen Lehrerinnen und Lehrer, wenn sie nicht unterrichten? Wie verbringen sie ihre Zeit im Lehrerzimmer und in der Schule? Wie funktionieren Ab-

---

56 Der Begriff des Systems wird hier nicht in der Denktradition systemtheoretischer Überlegungen verwendet, sondern hat einen Kategoriencharakter. Gesamtschulen unterscheiden sich in ihrem Selbstverständnis und ihren organisationalen Rahmenbedingungen nicht nur von anderen Schulformen, sondern auch untereinander. So gibt es konfessionelle Systeme und ehemalige andere Schultypen (Gymnasien, Realschulen), die in Gesamtschulen umgewandelt wurden, neben den neu gegründeten Gesamtschulen.

57 Zur Methoden- und Auswertungskritik der Untersuchung von Mummert&Partner vgl. ausführlich Schmitter 1997; Schönwälder 1998.

sprachen? Wer spricht überhaupt mit wem? Was wird abgesprochen? Was organisieren sie? Welche Prioritäten werden gesetzt? Was vernachlässigen sie?

Deshalb wurden im Beobachtungsfeld folgende Merkmale berücksichtigt (vgl. Friedrichs/Lüdtke 1971): Räumliche Ausdehnung, Zahl der beteiligten Personen, Grad der Organisiertheit sowie die Wiederkehr von Situationen, in denen Personen im Feld agieren. Diese Systematisierung kann erklären helfen, wie die Lehrerinnen und Lehrer ihre Arbeitszeit verwenden, um aus der beobachtenden Perspektive Arbeitskontexte in ihren Bedeutungs- und Sinnzusammenhängen zu rekonstruieren. Ergänzt wurden diese Beobachtungsmerkmale durch Handlungen und Interaktionen. Diese Möglichkeit, nach dem WAS und WIE der Arbeitsorganisation kritisch zu sehen, ermöglichte teilweise eine Transparenz in die bestehenden (Un)Klarheiten über die Arbeitsinhalte des Lehrberufs. Im Anschluss an die teilnehmenden Beobachtungen wurden die Feldnotizensystematisch in Beobachtungsprotokolle überführt.

Die beschriebenen Erlebnisse und Eindrücke sowie die daran beteiligten Personen wurden anonymisiert, so dass keinerlei Rückschlüsse auf entsprechende Personen möglich sind. Die Beobachtungsergebnisse werden im empirischen Auswertungsteil dieser Untersuchung miteinbezogen, wenn sie die Analyse des Interviewmaterials unterstützen.

2.2.2. Die Interviews

Die Gespräche mit den Lehrerinnen und Lehrern wurden durch einen vorformulierten Leitfaden strukturiert. Dieser umfasste Themenschwerpunkte, zu denen die Lehrerinnen und Lehrer in Anlehnung an die Idee das qualitativ-fokussierten und problemzentrierten Interviews selbst antworten und eigene Schwerpunkte bei der Beantwortung der Interviewfragen setzen sollten. Somit sollte die Idee einer theorieunbelasteten Befragung realisiert werden und gleichzeitig theoretisch-konzeptionelle „Überraschungen" möglich bleiben (vgl. Lamnek 1993b). Entscheidend war, bisher noch nicht thematische Kontexte, die mit dem Lehrberuf zusammenhängen, zu erfassen und so die Bandbreite der Deutungsmuster zu erweitern. Der Interviewleitfaden umfasste sechs verschiedene Themenschwerpunkte: Motivation zum Beruf, Beschreibung der Schule/Organisation, Subjektive Beschreibung und Bewertung der eigenen Arbeitszeit und Arbeitsorganisation, Perspektive auf Schule, Alltägliche Organisation des beruflichen und nicht-beruflichen Lebensbereichs sowie die Positionierung zur eigenen (Berufs)Biographie. Die Deutungs- und Handlungsmuster der Lehrerinnen und Lehrer können durch diese Schwerpunkte im Spannungsfeld organisationaler Rahmenbedingungen erfasst und die Interviewpartner/innen immer wieder zum kritischen Nachdenken angeregt werden. Die Themen, die durch die Fragen angesprochen werden sollten, bezogen sich auf die

Struktur der schulischen Organisation und die eigene Positionierung in dieser Organisation sowie dem beruflichen und nicht-beruflichen Alltag innerhalb und außerhalb der Schule.

Im Interview wurden keine Fragen gestellt, die das Thema Zeit und Geschlecht direkt ansprechen. Hierdurch sollte im Antwortverhalten den Lehrerinnen und Lehrern überlassen werden, inwieweit sie selbst ihre Geschlechtszugehörigkeit im beruflichen und nicht-beruflichen Alltag kritisch reflektieren bezogen auf die von ihnen erbrachten alltagsorganisatorischen Leistungen. Das Thema Zeit wurde allerdings sehr offen von den Interviewten angesprochen; hier schienen sie sich als Expert/innen zu betrachten. Im Anschluss an jedes Interview wurde ein sozialstatistischer Fragebogen erhoben, der für die Forschungsfrage wichtige Aspekte des beruflichen und nicht-beruflichen Alltags beinhaltete. Im Anschluss an die Interviews und die Erhebung des sozialstatistsichen Fragebogens wurden Interviewprotokolle angefertigt; inhaltlich wurden hier eher atmosphärische Eindrücke festgehalten, die den Kontext der Interviews, die Gesprächssituation und besondere beschreibende Eindrücke des Gesagten festhielten. Diese wurden bei der Analyse des Interviewmaterials entsprechend miteinbezogen.

Im Vorlauf der Interviews wurde allen Interviewpartner/innen absolute Anonymität ihrer Aussagen, ihrer Person und auch der Schule zugesichert. Dies erschien sehr wichtig, da schon in der Phase der teilnehmenden Beobachtung deutlich wurde, dass es ein Misstrauen gegenüber der sozialwissenschaftlichen Forschung gibt, die sich zentral mit der Arbeitsorganisation und der Arbeitszeit von Lehrerinnen und Lehrern beschäftigt[58]. In den meisten Fällen konnte allerdings ausgesprochen schnell ein gutes bis sehr gutes Vertrauensverhältnis hergestellt werden, denn zwei Lehrerinnen wiesen eindringlich während der Gesprächssituation darauf hin, dass das nun Gesagte nicht verwendet werden darf. Allerdings stellte sich im Verlauf der Materialanalyse heraus, dass diese erzählten „Geheimnisse" für die weitere Analyse von Bedeutung waren. Diese Passagen wurden entkontextualisiert, so dass eine Verwendung unter Gewahrung der Anonymität weiterhin gesichert ist.

Die Fälle und Interviews wurden mit Nummern versehen. Direkt zitierte Interviewpassagen werden mit der Fall- und Interviewnummer sowie den entsprechenden Zeilennummern der Interviews versehen.

Durch den Interviewleitfaden wurden die inhaltlichen Schwerpunkte, die sich aus vorläufigen konzeptionellen Rahmen und der Fragestellung ableiten ließen, mit bestimmt. Dies war erwünscht, denn bei der Analyse geht es sowohl um die inhalt-

---

[58] Ein Lehrer (Mitglied in der Gewerkschaft und im Lehrerrat, wie sich später herausstellte) fragte während der teilnehmenden Beobachtung an der ersten Schule, wer der Auftraggeber dieser Studie sei. Eine Lehrerin kommentierte eine Frage während des Interviews an der ersten Schule folgendermaßen: Ich weiß genau, was Sie vorhaben! Keinerlei Anmerkungen, Nachfragen, kritische Äußerungen sowohl während der teilnehmenden Beobachtung noch der Interviews an der zweiten Schule.

lich-thematische Schwerpunktsetzung durch die Forscherin selbst – denn Defizite bisheriger Forschungsarbeiten sollten durch die Vorgabe der Schwerpunkte aufgehoben werden –, als auch um die individuellen beruflichen und nicht-beruflichen zeitlichen Konstruktionsprozesse der Lehrerinnen und Lehrer als dem Schwerpunkt dieser Arbeit. Jedes einzelne Interview wurde im Sinne einer qualitativen Inhaltsanalyse als personenspezifisches Material hinsichtlich der (Be)Deutungen, Themen und Bewertungen betrachtet (vgl. Mayring 1997). Es ist für die Analyse entscheidend, dass nicht nur das Spezifische jedes einzelnen Interviews zu berücksichtigen ist, sondern im Sinne einer (möglichen) Verallgemeinerung das Wiederkehrende. Da es sich bei dieser Arbeit um eine explorative Studie handelt, erschien dieses Vorgehen bei der Kategorienbildung am sinnvollsten.

Theoretische Konzepte und Hypothesen werden nicht aufgrund von wissenschaftlichem und alltagsweltlichen Vorwissen formuliert, sondern durch kontrolliertes Fremdverstehen der von den Untersuchten verwendeten Alltagskonzepte generiert. Der deklarierte Anspruch der qualitativen Inhaltsanalyse, das Material nicht mit den vorgefassten theoretischen Implikationen zu „traktieren" (Lamnek 1993b: 199), wurde für eine in erster Linie theoriegenerierende Arbeit als sinnvollstes Vorgehen bewertet. „Erst der wissenschaftlich kontrollierte Nachvollzug alltagsweltlicher Konzepte durch ein Verfahren der qualitativen Inhaltsanalyse bringt ein empirisch relevantes wissenschaftliches Konzept, eine Theorie über die soziale Wirklichkeit, hervor" und „den Inhalt selbst sprechen zu lassen und aus ihm heraus die Analyse entfalten" (Lamnek 1993b:200). Hierbei werden verschiedene Kriterien[59] in der Analyse angewendet: Kommunikativität, Naturalistizität und Interpretativität.

Ziel der qualitativen Inhaltsanalyse ist entweder der wissenschaftlich kontrollierte Nachvollzug der alltagsweltlichen Handlungsfiguren und die Systematisierung eines Musters aus diesen Figuren, oder aber die Analyse latenter Sinnstrukturen, deren Manifestationen alltagsweltliche Handlungsfiguren sind. Hier ist die objektive Hermeneutik nach Ulrich Oevermann (1983) zu nennen.

Dieses beschriebene Vorgehen ermöglicht, über die einzelnen Teile der Beschreibungen ein zusammengesetztes Bild über die organisationalen Zeitpolitiken im Sinne von Zeitinstitutionen zu rekonstruieren. Diese haben Einfluss auf die arbeitsinhaltlichen und nicht-arbeitsinhaltlichen Zeitpraxen der Lehrerinnen und Lehrer. Die Kategorien wurden entlang des Interviewmaterials entwickelt, so dass

59 *Kommunikativität* gilt als kommunikative Verständigung. Durch das Interview werden nur kommunikative Akte, nicht aber die zugrunde liegenden Handlungsverläufe erfasst. Dieses Problem löst die qualitative Methodologie, indem sie voraussetzt, dass die Bedeutungszuschreibungen in einem die Handlungen begleitenden kommunikativen Akt die gleichen sind, wie die, die der Akteur den Handlungen beimisst; das funktioniert auch fiktiv oder retrospektiv (vgl. Lamnek 1993b). *Naturalistizität* meint einen einheitlichen Sprachcode und natürliche Situationen in der Interviewsituation und schließt damit automatisch eine Reaktivität mit ein. *Interpretativität* meint, dass die soziale Realität als gesellschaftlich, ihr Sinn also durch Interpretation und Bedeutungszuweisung, konstruiert und nicht objektiv vorgegeben aufgefasst, wird" (Lamnek 1988:41).

die Analyse unter Berücksichtigung intersubjektiver Kriterien nachvollzogen werden kann. Folgende Kategorien/Dimensionen ergaben sich für die Analyse des Interviewmaterials: Deutungen/Interpretationen der beruflichen und außerberuflichen Zeiten, Subjektive Positionierungen gegenüber Handlungen und Personen in den beruflichen und außerberuflichen Kontexten (Zustimmung bis Ablehnung), Rekonstruierte berufliche und außerberufliche Kontexte der Befragten und die Fokussierung von Strategien und Motivationen, Unterschiede und Gemeinsamkeiten in den Rekonstruktionsleistungen und Interpretationen bei Lehrerinnen und Lehrern, Explizite und implizite Kontextualisierungen von Zeit bezogen auf die Geschlechter.

Im konzeptionellen Rahmen der Analyse wurde die Geschlechterperspektive auch als Kategorie dieser Arbeit bereits vorgestellt. Aus erkenntnistheoretischem Interesse wurde allerdings in diesem ersten Schritt auf eine systematische Analyse hinsichtlich der Geschlechterkategorie verzichtet, da diese über die Konnotationen der Zeit, den unterschiedlichen Strategien und Deutungsmustern bei den Lehrerinnen und Lehrer rekonstruiert werden sollte. Wurde im Interview explizit aus der Perspektive der Befragten das Geschlecht thematisiert, wurde dieses im ersten Teil der Analyse berücksichtigt.

Vor dem Hintergrund des eingangs ausgemachten Untersuchungsinteresses ist es wichtig, sich auf die Dualität des Gesagten zu beziehen. Hiermit sind zum einen die von den Interviewten beschriebenen Strukturen in ihrem Berufs- und Lebensalltag gemeint. Zum anderen geht es darum, alltägliche Strategien vor dem Hintergrund der zeitlichen Perspektive zu analysieren.

3. Doing-Time: Zeitpraxen, Zeitstrukturen und Zeitkonzeptionen im beruflichen Alltag

3.1. Gute Zeiten – Schlechte Zeiten: Subjektive Zeitpraxen und organisationale Zeitstrukturen

In diesem Kapitel werden aus der Perspektive der Lehrerinnen und Lehrer die durch die Organisation festgelegten Arbeitszeiten entlang der konstituierenden Elemente wie Lehrdeputat, Stundenplan, Gremien, organisationalen Zeitpolitiken sowie Teamstrukturen und ihre Einflüsse auf die zeitlichen Konstruktionsprozesse im beruflichen Lebensbereich als destillierte zentrale Kategorien der Arbeitszeit analysiert.

Organisationale Zeitstrukturen ergeben sich nur teilweise aus der Unterrichtsverpflichtung, die Vielschichtigkeit und ihr Einfluss auf die Arbeitsorganisation der Lehrerinnen und Lehrer wurden aus dem Interviewmaterial herausgearbeitet. Das zeitliche Spannungsfeld im Lehrberuf entsteht einerseits durch die restriktive Arbeitszeit über die Festlegung der Unterrichtsstunden und der andererseits gleichzeitig erwarteten Anpassungsleistung individueller Arbeitsorganisation um diese festgelegte Zeit(strukturen) herum. An Schulen existieren andere nicht in der Arbeitszeit festgeschriebene institutionalisierte Arbeitskontexte, die auf verschiedenen Ebenen in der Schule, aber auch durch die Lehrerinnen und Lehrer selbst stabilisiert werden. Allerdings gibt es hier auf unterschiedlichen Handlungsebenen Gestaltungsoptionen und Möglichkeiten der Einflussnahme, die nicht immer als kongruent erlebten organisationalen Zeitstrukturen mit den individuellen Zeitpraxen in ein subjektivdefiniertes balanciertes Verhältnis zu bringen und somit einen Beitrag zum Abbau zeitlich erlebter Synchronität zu leisten. Aus der Perspektive der Lehrerinnen und Lehrer werden die Einflüsse, Verweigerungen und Akzeptanzen bezogen auf die organisationalen Zeitstrukturen rekonstruiert.

3.1.1. Das Lehrdeputat: Die zeitstrukturelle Eindeutigkeit der arbeitsinhaltlichen Zeitpraxen von Lehrerinnen und Lehrern

Das Lehrdeputat ist der Teil der Arbeitszeit im Lehrberuf, der einer zeitökonomischen Rationalität folgt, indem die Lehrerinnen und Lehrer hierfür monetär entlohnt werden (vgl. Rosa 2005; Maurer 1992; Schöps 1980; Thompson 1980). Das Lehrdeputat ist somit als Ausgangspunkt einer zeitsoziologischen Perspektive auf die zeitlichen Konstruktionsprozesse im Lehrberuf besonders geeignet, weil sich hieran individualisierte und organisationale Rahmenbedingungen für die Zeitorganisationen der Lehrerinnen und Lehrer im beruflichen Alltag nachzeichnen lassen.

Die Entscheidung, das Lehrdeputat zu verändern, kann unterschiedlich motiviert sein.

> Dadurch, dass ich mehr Klassen habe, muss ich wenn man Musik hat, zum Beispiel, mit zwei Stunden pro Woche – jede zwei Stunden, die ich mehr mache, habe ich unter Umständen eine Musikklasse mehr. Ich bin also nicht dann zwei Stunden mehr in meiner Klasse, die ich sowieso schon habe, sondern ich bekomme dann wieder eine neue Klasse. Dann muss ich zu einer neuen Zeugniskonferenz. Alles was damit mit einer neuen Klasse verbunden ist, ist anstrengender. Also ich habe zurzeit 270 Schüler pro Woche, die ich unterrichte. Ich habe viele Gruppen. F2, I8, 751-761

Diese Lehrerin stellt fest, dass sich eine Erhöhung ihres Lehrdeputats nicht nur auf die zu unterrichtenden Stunden in der Woche auswirkt und dieses zu einer eindeutigen zeitökonomischen Rationalität in der Arbeitszeitstruktur führt, sondern dass sie aufgrund ihres Unterrichtsfaches Musik auch noch eine neue Klasse mit Schülerinnen und Schülern bekommt, die sie bisher noch nicht unterrichtet. Damit erhöht sich für diese Lehrerin der zusätzliche Arbeitsaufwand, der die arbeitsinhaltlichen inner- und außerschulisch verwendeten Zeitpraxen betrifft.

Viele Lehrerinnen und Lehrern berichten in den Interviews, dass es bei einer Lehrdeputatserhöhung nicht nur zu einer Erhöhung der zu unterrichtenden Stunden kommt und zu einer zeitlich-strukturell verdichteten Arbeitszeit im Stundenplan. Gleichzeitig ergeben sich aus der Erhöhung auch andere zeitstrukturelle Verpflichtungen, die durch die Erhöhung der arbeitsinhaltlichen Zeitstrukturen beeinflusst sind. Diese entstehen durch zeitstrukturelle Koppelungen, die sich aus den organisationalen Zeitpolitiken einerseits und ihrer Konstituierung in arbeitsorganisatorische Strukturen andererseits ergeben.

Diese zeitstrukturellen Koppelungen fallen zeitpraktisch geringer bei Lehrerinnen und Lehrern aus, die eine Erhöhung ihres Lehrdeputats vornehmen und in Klassen mehr unterrichten müssen, die sie schon unterrichten. Das gilt meistens für Erhöhungen des Lehrdeputats in den Hauptfächern Mathematik, Deutsch und Englisch.

Die subjektiv erlebte Zunahme in der Arbeitsverdichtung kann als diffus wahrgenommen und beschrieben werden. Eine Lehrerin äußert sich wie folgt:

> Gut vierzehn Stunden nächstes Jahr, wollen wir sehen, wie sich so das auswirkt. Man vertut sich ja da auch. Diese Teilzeit bedeutet ja trotzdem komplett Konferenzen alle, das bedeutet komplett immer wieder Springstunden, viel Zeitverlust leider. Teilzeit an der Gesamtschule ist kein gutes Ding. Das muss man ganz klar sehen. Aber, wie gesagt, die Belastung durch Unterricht ist ja, wenn Sie erhöhen, kommt die dazu. Es ist ja nicht nur die Zeitbelastung, es ist die Belastung generell. F1, I6, 323-330

Diese Lehrerin stellt fest, dass eine Reduzierung der Arbeitszeit durch eine Verringerung des Lehrdeputats nicht gleichermaßen bedeutet, dass es einen freien Tag mehr in der Woche gibt oder es eine `normalere`, sprich regelmäßigere Verteilung der Arbeitszeit in der zeitlichen Strukturierung einer über die Woche regelmäßig gleich verteilten Arbeitszeit gibt. Der Wunsch, mit einer Reduzierung eine gleichmäßige rhythmische Verteilung der Arbeitszeit zu erreichen, ist nicht immer laut Aussage dieser Lehrerin sogar eher selten realisierbar. Grund hierfür sind die festgeschriebenen Gremientage, die für die Lehrerinnen und Lehrer einer Schule in begrenztem Umfang gelten, da besondere zeitstrukturelle Ausnahmen aufgrund der organisationalen Zeitpolitiken[60] existieren.

Die organisationalen Zeitpolitiken berücksichtigen nicht immer die Interessen der/des Einzelnen und dadurch kann es zu einer individuell erlebten ungünstigeren Verteilung von Unterrichtsverpflichtungen und damit verbundenen anderen zeitlich-strukturellen Anpassungsschwierigkeiten kommen.

> Die Reduzierung betrifft nicht so sehr den Ablauf, da an der Ganztagsschule Reduzierung ja nicht unbedingt heißt, dass der Nachmittag freier wird. F2, I3, 590-593

Diese Lehrerin beschreibt neben der zeitlichen Belastung durch eine Erhöhung oder auch Verringerung des Lehrdeputats den Umstand, dass eine Veränderung des Lehrdeputats auch zu einer unangenehmen Zunahme zeitlich kontingenter Strukturen im Stundenplan führen kann. Hier sind Springstunden, Freistunden, Konferenzteilnahmen usw. gemeint, die zunächst intransparent in den arbeitsinhaltlichen Zeitstrukturen bleiben und sich erst im Verlauf eines Schuljahres in die Zeitstrukturen anderer (konkurrierender) Lebensbereiche einordnen lassen. Mit einer Verringerung verbundene zeitstrukturelle Einsparungen können nicht in allen Fällen umgesetzt werden, da sie immer im Zusammenwirken mit anderen arbeitsinhaltlichen Zeitstrukturen zu bewältigen sind.

Grund hierfür ist die zeitliche Gesamtstruktur des Ganztagsbetriebes an den untersuchten Schulen. Die Konferenzen sowie die am Nachmittag zu leistenden Unterrichtsstunden entstehen aus curricularen Notwendigkeiten und sind strukturell als das Ergebnis der Lehrorganisation nicht nur von Lehrerinnen und Lehrern zu leisten, die ein volles Lehrdeputat unterrichten. Somit sind auch reduziert arbeitende Lehrerinnen und Lehrer zeitstrukturelle Personalressourcen. Die Erhöhung oder Verringerung des Lehrdeputats kann aber auch im Sinne der organisationalen Notwendigkeiten erfolgen wie im Falle dieser Lehrerin:

> Ich wurde irgendwann mal gefragt: hör mal, kannst Du mal ein Stündchen. Ich mache auch im Moment eine Stunde mehr, als ich offiziell habe, also ich gebe hier sechzehn Stunden und offiziell habe ich fünfzehn, werde auch nur für fünfzehn bezahlt, aber dann weiß ich im nächsten

[60] Vgl. ausführlich Kapitel 3.1.3.

> Jahr kriege ich fünfzehn bezahlt, also das wird hier von beiden Seiten denke ich sehr flexibel gehandhabt. F2, I5, 738-746

Diese Lehrerin erklärt, dass bei der zeitlichen Umsetzung organisationaler Interessen, nämlich die Sicherstellung gewisser Unterrichtsleistungen durch die Lehrerinnen und Lehrer, individuell eine Erhöhung oder Verringerung des Lehrdeputats möglich ist. Hierzu werden informelle Regelungen als für die Organisation notwendige Alternative zu organisationalen Zeitpolitiken[61] getroffen. Daran wird deutlich, dass die organisationalen Besonderheiten durchaus intern legitimiert sind und sich durch eine gegenseitige Anerkennungspraxis im Alltag bewährt haben. Transparent und ohne großen administrativen Aufwand ist aus der Perspektive der Lehrerin das gleichbleibende Gehalt von entscheidender Bedeutung und damit für sie eine zeitökonomische Rationalität gewährleistet.

Eine Flexibilisierung der Arbeitszeit durch die Erhöhung oder Verringerung des Lehrdeputats muss auf der administrativen Ebene verwaltet werden. Durch die informelle Alltagspraxis wird aber der administrative Aufwand für alle Beteiligten so gering wie möglich gehalten und führt zu einer Verringerung der arbeitsinhaltlichen Zeitpraxen innerhalb der Schule, die wiederum für andere Arbeitsbereiche optional verwendet werden können. Zudem lässt sich aus den Äußerungen der Lehrerin ableiten, dass es sich hierbei nicht nur um eine Umsetzung der organisationalen Zeitinteressen handelt, sondern dass individuell auch der Einfluss auf die Gestaltungsoptionen der eigenen Arbeitszeit erhöht wird.

Mit dieser gegenseitigen Praxis der vertrauten informellen Zeitpolitik erhöhen sich für die Lehrerinnen und Lehrer die mikropolitischen Einflusschancen bei der Ausgestaltung der eigenen Arbeitszeiten. So kann eine Erhöhung dazu führen, dass es zu einer individuell als negativ empfundenen Verteilung der Arbeitszeit kommt,

> Ich habe Kinder und von daher weiß ich einfach, jede Stundenanzahl, die ich aufstocke, macht unter Umständen einen Nachmittag mehr platt. F2, I9, 684-686

aber die mikropolitischen Ressourcen gegenüber der Organisationsleitung erhöhen sich auf Seiten der Lehrerinnen und Lehrer. Der Einsatz dieser mikropolitischen Ressourcen kann ganz unterschiedlich sein:

> Ja, also, ich habe, Gott sei Dank, sage ich mal schwierige Gruppen abgeben können. F2, I12, 798-799

Diese Lehrerin benennt als Motiv für ihre Reduzierung des Lehrdeputats die Abgabe schwieriger Kurse an andere Kolleginnen und Kollegen. Dadurch können stark arbeitsinhaltliche Motive für eine Reduzierung gleichermaßen ausschlaggebend sein wie die notwendig zu erbringenden zeitlichen Anpassungsleistungen an andere zeit-

[61] Vgl. ausführlich Kapitel 3.1.3.

liche mit denen der beruflichen Lebensbereiche konkurrierende. Entscheidend bei dieser Motivation sind die Berechenbarkeit von zeitstrukturellen Motiven und ihre Koppelung an individuelle Prozesse zur Erhöhung der arbeitsintrinsischen Motivation. Eine andere Lehrerin macht dieses sehr bewusst und verhält sich hier im Sinne ihrer Zeitökonomie rational:

> Ich habe dann Mal zu Mal überlegt, welche Klassen führst du fort. Wie viel Korrekturen hast du, kann man dir jetzt noch eine Deutschklasse geben oder noch eine Englischklasse und damit das nicht passieren konnte, habe ich dann entweder aufgestockt oder abgestuft, weil die Korrekturen mir immer ein richtig anstrengendes Arbeiten gewesen sind und immer noch sind. F1, I5, 548-554

Diese Lehrerin unterrichtet in zwei Hauptfächern und hat mit einer Veränderung ihres Lehrdeputats außerunterrichtliche Aufgaben wie Korrekturen, die Erstellung von Klausuren und einer strikten Einhaltung curricularer Reihenfolgen, zeitpraktisch reduziert. Die Motivation hängt in diesem Fall eindeutig nicht von den organisationalen Handlungsbedürfnissen ab, wie sie allgemein durch einen hohen Unterrichtsausfall vor allem in den Hauptfächern immer wieder kritisiert werden, sondern von individuellen zeitlichen Ansprüchen. Zu erbringende Korrekturleistungen in zwei Fächern werden nicht nur aus psychologischen Aspekten als sehr belastend empfunden: Lehrerinnen und Lehrer klagen oft über das erwartete formalisierte Urteilsvermögen, sondern die zeitlichen Beanspruchungen werden gerade bei Fächern mit nicht eindeutig überprüfbaren Leistungsparametern enorm hoch. Hierzu gehören insbesondere Sprachen, die in ihrem Curriculum durch die Einbindung aktueller gesellschaftlicher Prozesse permanent kritisch überprüft werden müssen und dadurch die arbeitsinhaltlichen Zeitpraxen erhöhen. Mathematisch-naturwissenschaftliche Fächer sind hier einfacher zu überprüfen und damit in den arbeitsinhaltlichen Zeitpraxen kalkulierbarer, weil weniger zeitintensiv. Hier handelt es sich um die Abfrage und Kontrolle eines bestimmten Wissenskanons.

Es konnte gezeigt werden, dass sich aus der Höhe des Lehrdeputats nicht eine zeitliche Transparenz in der arbeitsinhaltlichen Zeitstruktur des Lehrberufes ableiten lässt. Die einzige Transparenz, die sich durch das Lehrdeputat ergibt, ist die monetäre Anerkennung für jede einzelne Unterrichtsstunde, die von den Lehrerinnen und Lehrern geleistet wird. Das Lehrdeputat beinhaltet in seiner praktischen Umsetzung eine Vielzahl anderer innerschulischer und außerschulischer zeitlicher Verpflichtungen, die sich aus den organisationalen Handlungslogiken einer Schule und die damit verbundene ausgebildete zeitliche Struktur der Arbeitsorganisation ergeben.

Somit bleibt fragwürdig, ob das Lehrdeputat wirklich dazu dient, eine zeitliche Transparenz in der zu leistenden Arbeitszeit herzustellen, da sich durch praktische Umsetzungsprobleme in der organisationalen Zeitstruktur eines Ganztagsbetriebes nicht immer individuelle Zeitinteressen nach Gleichmäßigkeit und Rhythmik verknüpfen lassen. Des Weiteren konnte aufgezeigt werden, dass es durchaus mikropolitische Alltagspraxen gibt, die sowohl auf der Seite der Organisation als auch auf der Seite der Lehrerinnen und Lehrer für die Umsetzung individueller zeitlicher Interessen genutzt werden.

Das Lehrdeputat ist als mögliches Instrumentarium zur Erhöhung der zeitpraktischen und zeitstrukturellen Transparenz im Lehrberuf nicht geeignet, da die individuellen und organisationalen zeitlichen Anpassungsleistungen nicht in ihrer gesamten Tragweite von Anfang an einzuordnen sind und sich schließlich somit als ein Teil der lehrerischen Zeitpraxen als nicht kalkulierbar in einer klareren und eindeutigeren Arbeitszeitstrukturierung umsetzen lassen und nur begrenzt durch die zeitökonomische Rationalität legitimiert werden können.

Das Lehrdeputat selbst erfüllt mehrere zeitorganisatorische Funktionen: es legt die Arbeitszeit fest. Es beeinflusst als organisatorische zeitstrukturelle Größe die beruflichen und (nicht-beruflichen) Zeitpraxen. Die organisationale Ebene der zeitlichen Strukturierung der Arbeitszeit ist der Stundenplan[62]; das Lehrdeputat bildet die individuell festgelegte Höhe der Arbeitszeit ab, die sich zeitstrukturell begrenzt fassen lässt, weil die Höhe des Lehrdeputats nicht nur von individualisierten (außerschulischen) Rahmenbedingungen abhängig ist, sondern auch von anderen arbeitsinhaltlichen Organisationsbedingungen, die sich durch zusätzliche zeitliche Festlegungen in der Arbeitszeit ausdrücken. Hierzu gehören folgende Motive wie die z. B. Absenkung des Lehrdeputats, um Korrekturen zu verringern, Konferenzteilnahmen zu verringern etc. sowie eine allgemein akzeptierte informelle Regelung zur Erhöhung und Verringerung von Lehrdeputaten.

3.1.2. *Alle Jahre wieder: Der Stundenplan als organisationale Zeitstruktur arbeitsinhaltlicher Zeitpraxen*

Der Stundenplan ist als Bindeglied von individuellen Arbeitszeitwünschen und organisationalen Zeitstrukturen dazu geeignet, die spezifischen Entstehungsbedingungen von arbeitsinhaltlichen Zeitpraxen und ihre Einbettung in organisationale Zeitstrukturen über die subjektive Bewertung durch die Lehrerinnen und Lehrer selbst zu analysieren. Gleichzeitig muss eine der Kernfragen in der Argumentation der Lehrerforschung, warum die individualisierte Arbeitsorganisation und ihre Umsetzung in arbeitsinhaltliche Zeitpraxen als Belastung von den Lehrer/innen empfunden werden, überprüft werden. Kann nicht der hohe Grad der Autonomie in der Ausgestaltung arbeitsinhaltlicher Zeitpraxen als struktureller Arbeitszeit-Vorteil betrachtet werden? Wieso sprechen sich die Lehrkräfte in vielen Fällen dafür aus, sich einen Beruf mit klareren arbeitsinhaltlichen Zeitstrukturen zu wünschen? Wie werden Stundenpläne gestaltet und wie werden sie schließlich von den Lehrerinnen

62 Vgl. ausführlich Kapitel 3.1.2.

und Lehrern wahrgenommen? Welche Funktion übernimmt der Stundenplan in der Zeitorganisation der Lehrerinnen und Lehrer? Und wie kann er im Doing-Time-Konzept interpretiert werden? Diese Fragen sollen aus der Perspektive der Lehrerinnen und Lehrer rekonstruiert werden, weil sich hierdurch die Relevanz organisationaler Zeitstrukturen in den Sinn- und Bedeutungszusammenhängen der Lehrerinnen und Lehrer bei der Konstruktion ihrer arbeitsinhaltlichen Zeitpraxen veranschaulichen lassen.

Für die weitere Analyse wird der Stundenplan als die organisationale Zeitstruktur der Arbeitszeit von Lehrer/innen betrachtet. Abhängig von verschiedenen Fächerkombinationen, Niveau der zu unterrichtenden Kurse, gewähltem Arbeitszeitmodell und den Umsetzungen der organisationalen Zeitpolitiken werden Stundenpläne zu Beginn des Schulhalbjahres für alle Lehrerinnen und Lehrer festgelegt. Stundenpläne zu Beginn eines neuen Schulhalbjahres erfüllen eine doppelte Funktion: Einerseits bilden sie eingeschränkt die arbeitsinhaltliche Zeitstruktur auf den Raum Schule jeder einzelnen Lehrperson ab. Das wird durch die Ergebnisse der Lehrerforschung in anderer Terminologie, aber inhaltlich auch so gesehen (vgl. Gerding 1999; Mummert&Partner 1999; Hermann 1998; Schönwälder 1997). Andererseits sind sie die Grundlage für die Ausgestaltung der außerschulischen beruflichen und nicht-beruflichen Zeitpraxen der Lehrenden. Auch das wird durch die Ergebnisse der Lehrerforschung bestätigt (vgl. Schönwälder 1998; Kaiser 1997; Kroetz 1996; Sadker/Sadker/Klein 1991). Die Synthese aus diesen beiden Ebenen der Arbeitsorganisation im Lehrberuf entfällt. Verbindend kann hier das Interesse zeitsoziologischer Forschung integriert werden. Die Zeitsoziologie stellt heraus, dass bei der Analyse von Zeitplänen Belastungen durch Zeit entstehen, wenn eine dysfunktionale Anpassung von Zeitstrukturen differenzierter Teilsysteme existiert (vgl. Rinderspacher 2002a+b; Garhammer 1999; Teriet 1978; Luhmann 1971). Das bedeutet, dass unterschiedliche konkurrierende Lebensbereiche wie Erwerbsarbeit und Familie zeitlich nur begrenzt synchronisiert werden können, weil es bei der Synchronisationsleistung zu erheblichen zeitlichen Anpassungs- und Balancierungsproblemen kommen kann (vgl. auch Garhammer 1999; Jurczyk/Rerrich 1993; Maurer 1992; Teriet 1978). Deshalb verstärkt sich das zeitkonstruierende Problem der Lehrerinnen und Lehrer, weil sie neben dem Unterricht andere arbeitsinhaltliche Aufgaben in und außerhalb der Schule organisieren müssen. Unter welchen Bedingungen sie dieses tun können, hängt vom Stundenplan und damit von den organisationalen Zeitstrukturen ab.

Der Organisation von Stundenplänen liegen im Wesentlichen drei Kriterien zugrunde, die die Struktur beeinflussen:

- die Unterscheidung in Hauptfächer- und Nebenfächer,
- die differenzierte Struktur des Kurs- und Lehrangebotes und

- der Ganztagsbetrieb an Gesamtschulen, bei dem auch am Nachmittag entgegen anderer Schulsysteme unterrichtet wird (vgl. ausf. Mummert&Partner 1999).

Diese drei Merkmale der Ganztagsschulen sind mit einer besonderen spezifischen organisationalen Zeitstruktur verbunden. Diese Rahmenbedingungen, die durch curriculare Verpflichtungen und pädagogische Aufträge entstehen, beeinflussen die Ausgestaltung organisationaler Zeitstrukturen, denn hierdurch entstehen Unterrichtsverpflichtungen, die in Form von Stundenplänen für jede einzelne Lehrkraft unterschiedlich sein können. Neben diesen organisationalen Rahmenbedingungen sind auch die subjektiven Lehrdeputate sowie die funktionale Einbindung der Lehrpersonen in die schulische Organisation ausschlaggebend, da über sogenannte Entlastungsschlüssel die Höhe des wöchentlichen Lehrdeputats verringert werden kann, wenn besondere Funktionen von den Lehrerinnen und Lehrern übernommen werden[63] (vgl. Terhart 1994; Flaake 1989).

Der Stundenplan kann als die „zeitliche Achillesverse" im Lehrberuf bezeichnet werden. Er legt die Anwesenheit der einzelnen Lehrperson für ein Schulhalbjahr fest und bestimmt damit, wann arbeitsinhaltliche organisationale Zeitstrukturen gelten. Die Festlegung der Unterrichtszeit als entscheidende Arbeitszeitstruktur dient aber indirekt nicht nur dem Aufrechterhalten einer stark individualisierten Arbeitsorganisation, sondern stabilisiert zudem einen diffusen unklaren Arbeitsauftrag, der sich in der Arbeitsorganisation und damit in den arbeitsinhaltlichen Zeitpraxen der Lehrerinnen und Lehrer ausdrückt (vgl. Gerding 1999).

Andere subjektive Einflussfaktoren, die für Stundenpläne unabhängig von Einflussfaktoren wie Kursstruktur, Ganztagsbetrieb, Übernahme von innerschulischen Funktionen etc. als organisationale Zeitstrukturen gelten, müssen relevant sein, weil sie sich in den arbeitsinhaltlichen Zeitpraxen abbilden. Wenn man auf die Rekonstruktionen dieser subjektiven zeitlichen Einflussfaktoren unter der Berücksichtigung der organisationalen Zeitstrukturen fokussiert, kann eher eine Aussage über die Gültigkeit des Doing-Time-Konzeptes in Abgrenzung zu anderen Ansätzen diskutiert werden.

Für alle Lehrenden gilt, dass sie einen innerschulischen Fünf-Tagerhythmus haben und der Nachmittagsunterricht Bestandteil der organisationalen Zeitstrukturen ist. Diese werden von den Lehrerinnen und Lehrern sehr unterschiedlich wahrgenommen und bewertet.

> Und die (Schüler/innen; Anm. d. A.) haben ja auch nur eine Mittagsstunde Pause, das ist ja – wirklich – wie jemand, wie ein Erwachsener, der so seine acht Stunden, oder siebeneinhalb Stunden arbeitet. Das ist wirklich ein ganzer Arbeitstag. F2, I4, 1344-1374

---

[63] Die Schulen verabschieden über die Lehrerkonferenz einen Entlastungsschlüssel, nach dem die Funktionen über eine Verringerung des Lehrdeputats zeitlich ausgeglichen werden. Dieser Entlastungsschlüssel ist transparent.

Aus der umgekehrten Perspektive dieser Lehrerin wird der Ganztagsbetrieb als Belastung für die Schülerinnen und Schüler beschrieben, weil eine zeitstrukturelle Analogie zur Arbeitswelt hergestellt wird. Die Abbildung des Ganztagsbetriebes im Stundenplan erfährt hierdurch keine Legitimation durch die Lehrerin. Über die Arbeitsinhalte werden arbeitsinhaltliche organisationale Zeitstrukturen hinterfragt und über die Umkehrung der Perspektive begründet[64].

Aus der Perspektive einer zeitsoziologischen Arbeit ist der Stundenplan in mehrfacher Hinsicht interessant: Einerseits lassen sich die subjektiven Definitionen von Normalität der Lehrerinnen und Lehrer rekonstruieren und andererseits können zeitstrukturelle Problemlagen mit Hilfe der subjektiven Bewertungskriterien herausgearbeitet werden. Die Chronometrie und Chronologie zeitstruktureller Aspekte in der Stundenplangestaltung sind entscheidend, wenn sie durch die Lehrerinnen und Lehrer legitimiert werden sollen.

Der Wunsch nach einem rhythmischen Stundenplan ist das Kriterium bei der Bewertung eines gelungenen Stundenplanes aus der Perspektive der Lehrer/innen.

> Ein ganz normaler Tag ist für mich ein normales Stundenpensum von fünf Stunden herum im Schnitt. F1, I8, 109-110[65]

Wie kann Normalität von fünf Stunden gedeutet werden? Mit einem arbeitsinhaltlichen Rhythmus in der Ausgestaltung des Stundenplanes wird der Wunsch nach Normalität deutlich. Normalität bedeutet hier, dass es sich in der zeitlichen Strukturierung des Arbeitstages auf der Grundlage der wöchentlich zu unterrichteten Zeit handelt und sich diese damit an der zeitlichen Struktur anderer Berufe orientiert, weil sie einen eindeutigen zeitstrukturellen Arbeitsbeginn und ein zeitstrukturelles Ende der Arbeitsinhalte haben.

Impliziert ist hierbei zugleich die Unklarheit über die weitere zu leistende Arbeit, die sich aus einem diffusen unklaren Arbeitsauftrag ergibt und den Grad der individuellen arbeitsinhaltlichen Zeitpraxen außerhalb der Schulen ansteigen lässt. Was sich hinter dem Wunsch nach Normalität verbirgt, ist die Normativität der (männlichen) Normalerwerbsbiographie, die das Kriterium klarer eindeutiger, weil

[64] Schulen als Institutionen haben einen zeitsoziologisch interessanten Teilauftrag: die Vermittlung eines universellen Bezugssystems der Zeit. Die Einhaltung von Pünktlichkeitsregeln, die Beschäftigung mit einer Arbeit, die Ausdauer, die der Erfolg einer Arbeit benötigt und die Regelmäßigkeit des Arbeitens sind in kaum einem anderen gesellschaftlichen Subsystem so offensichtlich. Das bildet die strukturelle Voraussetzung für die Durchsetzung des Leistungsprinzips. Das Leistungsprinzip beinhaltet zeitlich-abstrakte Implikationen, da es auf ein Vorher und ein Nachher unterschiedlicher Leistungsabläufe bezieht. Hierbei geht es nicht um ein Richtiges oder ein Falsches als Konsequenz aus der Leistungsbeurteilung, „ (...) sondern die abstrakte Reihenfolge zeitlich unterschiedlich schneller Stufen der Leistungshierarchie (vgl. Andrioli-Gebauer 1981). Comenius forderte schon, dass es die Wissensvermittlung „ (...) (als) die Kunst des Lehrens also lediglich eine kunstgerechte Verfügung über die Zeit, den Stoff und die Methode (erfordert)“ (Comenius 1904:89 bei Andrioli-Gebauer).

[65] Vgl. auch: F2, I4, 158-172.

rhythmischer Zeitstrukturierung von Arbeitsinhalten erfüllt. Damit kann die These, dass das kulturelle Paradigma der Arbeitsgesellschaft sich in der Formulierung von Normalität, die sich in einem Acht-Stunden-Arbeitstag ausdrückt, über die normativen Definitionen von Arbeitszeitstrukturen manifestiert wird. Hintergrund dieser Aussage ist die wöchentlich zu leistende Unterrichtsverpflichtung von 25 Stunden. Verteilt auf fünf Wochentage ergibt sich der Durchschnitt von fünf Unterrichtsstunden pro Arbeitstag.

> Der Arbeitstag ist unregelmäßig strukturiert, die ganze Arbeitswoche ist ein bisschen ungleichmäßig verteilt, von der Arbeitsbelastung her; die Schule ist NICHT so, wie sich das Leute vorstellen aufgrund ihrer eigenen Schulzeit, die jetzt am Gymnasium waren, an der Hauptschule waren, oder an der Realschule waren, weil das eine Ganztagsschule ist, weil man an der Gesamtschule Springstunden hat, weil man Nachmittagsunterricht hat, weil man keinen gleichmäßigen Arbeitstag hat, wie z. B. ein Lehrer an der Realschule, an der Halbtagsschule, der fängt morgens um acht Uhr an, und hat irgendwie um halb zwei Schluss. F2, I8, 19-32[66]

Die Gleichmäßigkeit wird in unterschiedlicher Prägnanz von den Befragten als ein zeitlicher Belastungsaspekt genannt. Allerdings benennen die Lehrerinnen und Lehrer keine genauen Ursachen für diese zeitstrukturellen Unzufriedenheiten bei der Unregelmäßigkeit der Stundenpläne, außer dieser selbst. Wenn es um die Ausgestaltung der arbeitsinhaltlichen Zeitpraxen geht, können unklare und zerrissene, d. h. unterbrochene Arbeitszeitstrukturen dazu führen, dass die Lehrerinnen und Lehrer ihre arbeitsinhaltlichen Zeitpraxen nicht denen der organisationalen Zeitstrukturen anpassen können. Entweder sind die Zeiten zu kurz, dass es sich nicht lohnt, arbeitsinhaltliche Dinge auszuführen. Wenn die Zeitstrukturen innerhalb der Organisation größer sind, können sie arbeitsinhaltliche Zeitpraxen besser integrieren.

> Bei zwei Stunden kann man sagen, klar, da kopierst du und machst irgendwelche Dinge, die du wirklich gut machen kannst, aber bei sechs Stunden das ist schon sinnlos. F2, I12, 203-208

Wenn die organisationalen Zeitstrukturen aber wiederum so groß sind, dass sie gar nicht oder aus der Perspektive der Lehrerinnen und Lehrer nur unzureichend arbeitsinhaltlich durch Zeitpraxen der Lehrer/innen besetzt werden können, kann es ihnen vor dem Hintergrund ihrer eigenen Ansprüche nicht effizient[67] genug erscheinen und hierdurch können diese Zeitstrukturen wiederum als belastend empfunden werden.

Entlang der von Rainer Paris (2001) analysierten Kriterien einer zeitphänomenologischen Analyse des Wartens[68] können diese Kriterien auf die individuellen ar-

66 Vgl. auch: F2,I8, 142-148 und F1, I7, 75-81.

67 Im Sinne des ökonomischen Verwendungsimperativs der Zeit (vgl. ausführlich Rinderspacher 1985).

68 Rainer Paris entwickelt eine Struktur des Wartens, die fünf zentrale Kriterien erfüllt: Zentralität der Zeit, Zielgerichtetheit und Ereignisorientierung, Erzwungene Passivität, Isolation und Selbstbezo-

beitsinhaltlichen Zeitstrukturen innerhalb der Organisationen unterschiedlich wahrgenommenen werden. Damit können indirekt Koordinations- und Abgrenzungsschwierigkeiten gegenüber anderen Lebensbereichen und die damit verbundenen zeitpraktischen Anpassungsleistungen aus der Perspektive der Lehrer/innen entstehen und diese müssen ausgeglichen werden (vgl. hierzu mehr in Kapitel 4.2.2).

Die unterschiedlichen Rhythmen der Tage werden in den überwiegenden Fällen als zeitliche Belastung benannt, denn der klare arbeitszeitstrukturelle Rhythmus wird als individualisierter Leistungsindikator bei der Ausgestaltung der individualisierten arbeitsinhaltlichen Zeitpraxen gesehen, die nicht innerhalb der Schule hergestellt werden. Exemplarisch kann hier die Aussage einer Lehrerin bewertet werden, die den „zerrissenen Schichten" auch durchaus etwas Positives abgewinnen kann:

> Da hatte ich einen wirklich guten (Stundeplan; Anm. d. A.). Einen Nachmittag gut, dann auch neun Stunden, aber das – nimmt man ganz gerne hin, wenn man an einem anderen Tag nur die ersten drei Stunden Unterricht hat. F2, I5, 155-158

Diese Lehrerin empfindet die Tatsache einer ungleichmäßig verteilten zeitlichen Strukturierung ihres Arbeitsalltags an der Schule nicht als zeitstrukturelles oder sogar zeitpraktisches Problem. Allerdings koppelt sie die Akzeptanz der arbeitsinhaltlichen organisationalen Zeitstrukturen an die Bedingung, dass es eine `geschlossene` zeitliche Phase gibt, die sie an der Schule mit ihrer eigentlichen Tätigkeit, nämlich dem Unterrichten, verbringen kann (vgl. Carle 1997). Hier macht sie deutlich, dass die Eindeutigkeit organisationaler Zeitstrukturen für sie zu ebenfalls klaren arbeitsinhaltlichen Zeitpraxen führt, die sie außerhalb der Schule verbringt.

Kurzen intensiven Arbeitsphasen werden von allen Lehrerinnen und Lehrern zeitpraktische entspannende Funktionen attestiert. Die zeitliche Strukturierung der Arbeitsinhalte, die innerhalb der Schule verbracht werden, ist in ihrer zeitlichen Strukturierung eindeutig und erfordert damit das Kriterium der Transparenz bei der Konstruktion der eigenen arbeitsinhaltlichen Zeitpraxen. Sie erfordern zunächst keine interpersonelle oder individuelle Anerkennung und Bewertung, da sie von Seiten der Organisation vorgeben sind und somit einen Teil der arbeitsinhaltlichen Zeitpraxen in Form der organisationalen Zeitstrukturen legitimieren.

Diese Leistung müssen die Lehrer/innen selbst erbringen, wenn sie ihre außerschulischen oder innerschulischen arbeitsinhaltlichen Zeitpraxen ausgestalten, denn hier fehlt formal die Legitimation durch die Organisation und damit muss die

genheit sowie Abhängigkeit und Kontingenz. Mit einer zunehmenden gesellschaftlichen Funktionsteilung erhöht sich der Koordinierungsbedarf von Austausch und Verkehr und damit die Bedeutung der „künstlich" standardisierten Zeit als soziales und psychisches Orientierungsmittel. Warten als Musszeit verringert somit die Kannzeit und wird durch das Fehlen einer inhaltlichen Kohärenz als unfreie Zeit empfunden (vgl. Paris 2001).

Transparenz durch die Lehrer/innen selbst hergestellt werden. Andere arbeitsinhaltliche Aufgaben, die mit dem Unterricht an sich unmittelbar zusammenhängen wie Unterrichtsvor- und -nachbereitung, müssen in die Zeitstrukturen eingeordnet werden und sind arbeitsinhaltliche Zeitpraxen der Lehrer/innen. Diese wiederum müssen in die organisationalen Zeitstrukturen eingebunden werden und können helfen, zeitstrukturelle „Reste" innerhalb der Organisation arbeitsinhaltlich zu nutzen.

Eine zeitsoziologische Perspektive muss auf die Unregelmäßigkeit in der Verteilung von Zeit bei Lehrerinnen und Lehrern mit Blick auf die zu leistenden Unterrichtsstunden und anderer innerschulischer Verpflichtungen gerichtet werden. Diese bilden sich auch im Stundenplan ab und werden als alltagsbestimmende Zeitstruktur von den Lehrerinnen und Lehrern wahrgenommen. Hieraus ergeben sich Wünsche nach Rhythmus und Gleichmäßigkeit in der Zeitstruktur der Arbeitszeit und damit kann auch der Wunsch nach eindeutigen Zeitstrukturen im nichtschulischen Alltag verbunden sein. Hierzu ein Lehrer:

> Jeden Tag aufstehen, jeden Tag zur ersten Stunde hingehen, sechs Stunden Unterricht. Ich könnte auch dreißig Stunden pro Woche unterrichten: Von Montag bis Freitag jeden Tag sechs Stunden. Wäre okay. Schlimm ist dieses montags mit Springstunden, sag ich mal, ist man irgendwie den ganzen Tag an der Schule. Dienstags ist man nur zwei Stunden da. Mittwochs ist man wieder den ganzen Tag da, und so, also so ein hin und her ist schlecht, ist ungünstig. F2, I8, 159-166[69]

Dieser Lehrer beschreibt den Wunsch nach einer zeitlich-klareren Arbeitsstruktur. Aus seinen Äußerungen lässt sich schließen, dass die Höhe des Lehrdeputats an sich nicht der entscheidende Faktor der Be- bzw. Entlastung ist, sondern die Verteilung der schulisch-verbrachten Zeitstrukturen. Aus zeitsoziologischer Perspektive ist der am meisten beneidetste Umstand einer sehr flexiblen Arbeitszeitstruktur, um die herum berufliche und beruflich-außerschulische Zeitpraxen konstruiert werden muss, als sehr große Belastung, weil die Zeitorganisation in die Verantwortlichkeit der Lehrerinnen und Lehrer gelegt wird. Eine andere Lehrerin verbindet den Wunsch nach Rhythmus und Gleichmäßigkeit in der zu leistenden Arbeitszeit mit dem Aspekt der Freizeit.

> Manchmal hätte ich lieber, ich würde morgens pünktlich aus dem Haus gehen und wäre mittags hier und hätte dann frei. Dann wäre die Qualität der Freizeit eine andere. Mein Stundenplan ist ja auch so ganz unregelmäßig. So kann ich nie mal planen, wir fahren dann und dann das Wochenende weg, weil ich ja nicht weiß, wann habe ich freitags frei, habe ich freitags einen freien Tag oder den Montag. Also ich finde die Stunden und dann habe ich ja den Stundenplan auch mit diesen vielen Springstunden, da habe ich die erste, die dritte, die fünfte und noch mal die achte Stunde, das ist auch ganz, ganz ungünstig. F1, I2, 785-794

[69] Vgl. auch: F2, I8, 317-323; F2, I7, 327-330 sowie F2, I12, 189-198.

Eine klarere, weil rhythmischere Arbeitszeitstruktur in Form des Stundenplanes gilt somit als ein qualitätssicherndes zeitpraktisches Konstruktionsmerkmal, weil es hierüber gelingen kann, durch die arbeitsinhaltliche organisationale Zeitstruktur transparentere arbeitsinhaltliche und nicht-arbeitsinhaltliche Zeitpraxen herzustellen. Allerdings wird auf das besondere Spannungsfeld von arbeitsinhaltlichen und nicht-arbeitsinhaltlichen Zeitpraxen in familialen Kontexten an einer anderen Stelle näher eingegangen[70]. Aus der Perspektive der befragten Lehrerinnen und Lehrer ist entscheidend, wie sich der Rhythmus in den organisationalen Zeitstrukturen trotz struktureller Schwächen wie Freistunden etc. herstellen lassen kann und mit welchen Strategien sie versuchen, den normativen Ansprüchen bei der Ausgestaltung ihrer eigenen arbeitsinhaltlichen Zeitpraxen gerecht zu werden. Ziel dieser eigenen arbeitsinhaltlichen zeitpraktischen Normativität ist Transparenz in den eigenen arbeitsinhaltlichen Zeitpraxen, die sich entlang der organisationalen Zeitstrukturen ergeben können. Organisationale Zeitstrukturen selbst können aber auch dazu beitragen, dass sie entgegen ihrer eigentlichen Funktion, nämlich eine Transparenz in der Ausgestaltung der arbeitsinhaltlichen Zeitstrukturen herzustellen, klare transparente arbeitsinhaltliche Zeitpraxen verhindern. Hier entwickeln Lehrerinnen und Lehrer unterschiedliche Strategien, diesen zeitsoziologischen Widerspruch aufzulösen:

> Also ich finde Tage, an denen ich nicht bis zur neunten Stunde unterrichte oder bis zur achten schon durchaus angenehm. Ich habe aufgrund meiner Fächer häufig Tage in denen ich so ein über die andere Stunde unterrichte, also eine Stunde Pause habe oder zwei Stunden Pause habe. Und dadurch zieht sich das, glaube ich, unglaublich in die Länge. Das ist sehr oft der Fall. Das liegt aber an meinen Fächern. F1, I8, 61-67[71]

Eine mögliche Strategie kann eine Art zeitpraktischer „Fatalismus" sein, den die Lehrer/innen entwickeln, wenn sie für sich aus den organisationalen Zeitstrukturen strukturelle Rahmenbedingungen der Stundenplangestaltung ableiten, die sie durch ihre arbeitsinhaltlichen Zeitpraxen nicht beeinflussen können. Hier entwickeln Lehrer/innen unterschiedliche Strategien, diesen Widerspruch aufzulösen, indem sie diese in ihre arbeitsinhaltlichen Zeitpraxen integrieren.

Eine andere Strategie kann durchaus sein, dass sie den zeitpraktischen „Fatalismus" auch auf ihre arbeitsinhaltlichen Zeitpraxen der außerschulisch verwendeten Zeitpraxen übertragen und hierüber wieder eine Transparenz schaffen, in dem sie für sich definieren, was im Rahmen ihrer organisationalen Zeitstrukturen zeitpraktisch an arbeitsinhaltlichen Optionen noch möglich ist.

> Ich habe im Moment zweimal die achte Stunde, zwischendurch Freistunden, oder heute habe ich später angefangen, aber das schlaucht. F2, I5, 130-134[72]

70 Vgl. auch die Kapitel 4.2.2 und 4.2.3.

71 Vgl. auch: F1, I6, 424-427 und F2, I8, 201-211.

72 Vgl. auch: F2, I8, 169-178.

Die Belastung in den unregelmäßigen organisationalen Zeitstrukturen hat Einfluss auf die außerschulischen arbeitsinhaltlichen und nicht-arbeitsinhaltlichen Lebensbereiche, weil hierüber die Notwendigkeit besteht, den Alltag mit „Flexibilitätspuffern“ zu organisieren, die eine zeitpraktische Anpassung sowohl an arbeitsinhaltliche als auch nicht-arbeitsinhaltliche Zeiterfordernisse ermöglichen. Deshalb erfährt der Wunsch nach einem normal verteilten Arbeitstag im Zuge der Hyperflexibilisierung der Alltagswelt eine Renaissance. Aber diese von den Lehrerinnen und Lehrern gewünschte Normalität kann sich aus den Interviews nur aus den organisational verwendeten Zeitpraxen und den organisationalen Zeitstrukturen ableiten lassen. Gleichzeitig vernachlässigen die Lehrer/innen selbst den Blick auf andere arbeitsinhaltliche Zeitpraxen, die sie selbst konstruieren müssen.

> Bis jetzt war es immer so, dass ich relativ viele Freistunden hatte und ich habe früher immer darüber geklagt, und habe gedacht, hach Gott, dann hängt man von der ersten bis zur letzten Stunde in dem Bau rum und hat dann drei Freistunden oder vier sogar und hat dann von seinem Stundenkontingent manchmal nur vier oder fünf Stunden abgearbeitet an einem Tag, war aber neun Stunden hier. F2, I7, 89-101

Dieses Zitat verdeutlicht sehr gut das Dilemma der organisationalen Zeitstrukturen und dem eigentlichen Wunsch, eine je nach individueller Konstitution beschaffenen wöchentlich-festgelegten Unterrichtsverpflichtung inklusive Freistunden herzustellen, die Lehrerinnen und Lehrer als den idealen organisationalen zeitstrukturellen Zustand bezeichnen können. Die Konzentration auf die räumlich festgelegte, schulische Zeitstruktur vernachlässigt andere Zeitstrukturen, die sich aus Freistunden und anderen organisationalen Zeitstrukturen ergeben.

Die Unklarheit über die individualisierten arbeitsinhaltlichen Zeitstrukturen resultiert aus der nicht weiter quantifizierbaren anderen sowohl schulisch- als auch nicht-schulisch verwendeten arbeitsinhaltlichen Zeitstrukturierung durch die Zeitpraxen der Lehrerinnen und Lehrer selbst. Strukturell ist diese Unklarheit im Lehrberuf vorhanden und muss durch die Zeitpraxen der Lehrer/innen kompensiert werden. Normalität bzw. die Orientierung, was als normal gilt, ist die Zeitstrategie gegen mangelnde Erfolgs- und Leistungskontrollen im Lehrberuf und den daraus resultierenden zeitlichen Beanspruchungen und Belastungen bei der Ausgestaltung der arbeitsinhaltlichen Zeitpraxen in diesem Beruf.

> Ich glaube, dass es eine unterschätzte Belastung ist, wenn man nur zerrissene Schichten hat. Das ist manchmal sehr anstrengend, sich im Halbstundentakt auf andere Dinge wieder zu konzentrieren, die sehr unterschiedlich sind. Dann träumt man von einem Bürojob, wo man dann zwei Stunden sich mit einer Aufgabe beschäftigen kann. Das ist das, was ich an meinen unterrichtsfreien Vormittagen liebe, dass ich mal zwei Stunden durcharbeiten kann, eine Sache fertig machen kann, ich klappe es zu, lege es weg und kann es vergessen. F1, I7, 370-378[73]

[73] Vgl. auch: F2, I8, 151-155.

Diese Lehrerin beschreibt den geforderten Anspruch, sich in einer diskontinuierlichen Weise mit arbeitsinhaltlichen Dingen zu beschäftigen, als Anstrengung. Diese ergibt sich aus dem Umstand, dass viele Arbeitsaufgaben alltäglich auf sie einströmen, auf die sie in adäquater Weise reagieren muss. Gleichzeitig sind damit die diskontinuierlichen Zeitpraxen der Individuen auch beeinflusst. Denn diese Unwissenheit überträgt sich auf die Zeitpraxen anderer Lebensbereiche.

Die mangelnde Leistungs- und Erfolgskontrolle hat entscheidenden Einfluss auf die individuellen arbeitsinhaltlichen Zeitpraxen der Lehrerinnen und Lehrer. So können Zeitpraxen in Selbstausbeutung münden oder aber auch vor dem motivationalen Hintergrund entstehen, erst gar keine zeitliche Selbstausbeutung zuzulassen, so wenig wie möglich außerhalb schulischer Zeitstrukturen zu tun. Allerdings wirkt hier in unterschiedlicher Weise die Einbettung der jeweiligen Zeitpraxen vor dem Hintergrund der Zeitkonzeptionen.

Die Arbeitstruktur ist unklar und die Konstruktion arbeitsinhaltlicher Zeitpraxen ist eine permanente Gradwanderung, weil die Anpassungsleistung der Zeitpraxen an die vorhandenen Zeitstrukturen permanent hergestellt und gewährleistet werden muss. Dies gilt sowohl für die beruflichen und außerberuflichen Lebensbereiche der Lehrerinnen und Lehrer.

Die für den Lehrberuf spezifische Ausformung der beruflichen Zeitstrukturen und die daraus resultierenden Zeitpraxen haben durch ihre Lage und ihre Dauer spezifische Belastungs- und Beanspruchungsprofile, die durch die nicht vorhandene räumliche Trennung (in den meisten Fällen) von arbeitsinhaltlichen und außerberuflichen Zeitstrukturen permanent aufrecht erhalten werden und damit diese stabilisieren.

Ein wichtiger zeitsoziologischer Aspekt der Stundenplangestaltung sind Freistunden[74]. Freistunden werden in ihrer Qualität und Quantität sehr unterschiedlich durch die einzelnen Interviewpartner/innen bewertet:

> Ich habe mit halber Stelle drei Freistunden, ich habe jetzt vier Freistunden, also da ist eine schon nicht zulässig und ich habe einen ganz verrückten Montag: Ich mache die ersten beiden Stunden und komme dann zur achten Stunde wieder zurück. Wobei ich jetzt gerade im Moment kämpfe: Das ist Freizeit für mich zwischendurch. Ich werde jetzt aber die letzten Male montags in der dritten Stunde als Vertretungsstunde eingesetzt. Und das heißt – die nutzen meine Freizeit. Ist für mich – eine Stunde nach meinem Unterricht oder vor meinem Unterricht. Und das ist eigentlich auch nicht zulässig, das ist also von der Lehrerkonferenz auch beschlossen worden, dass also solche Stunden nicht als Vertretungsstunden genommen werden sollen und da setzen die mich im Moment ein. F2, I13, 277-310

[74] Im Verlauf der Interviews wurde dieser Begriff von den Lehrerinnen und Lehrern so verwendet, dass sich dahinter innerhalb und außerhalb der Schule verbrachte 45-minütige Zeitintervalle verbergen, in denen kein Unterricht stattfindet.

Integraler Bestandteil der organisationalen Zeitpolitik ist die Festlegung der Anzahl an Freistunden, die einer Lehrperson ab einer gewissen Reduzierung ihres Lehrdeputats zusteht und die durch die Organisationsleitung umgesetzt wird[75]. Freistunden sind aber nicht nur „freie“ Zeitstrukturen, in denen die Lehrerinnen und Lehrer selbst festlegen können, wie sie ihre Zeitpraxen ausgestalten, sondern sie können je nach Lage und Dauer durch die Schulleitung umdefiniert werden, die auf das Lehrdeputat nicht mehr angerechnet werden kann. Hierzu sagt eine Lehrerin:

> Ich meine vier plus zwei Mittagspausen, also das ist ja jetzt eine Mittagspause, die für mich im Prinzip ja eine Freistunde ist, die zählt nur nicht offiziell. F2, I5, 214-219

Die Chronometrie einer Freistunde entscheidet demnach aus der Perspektive der Organisation und in der Interpretation der Lehrerinnen und Lehrer über die Bedeutung und somit über die zeitliche Anerkennung im Sinne der vereinbarten organisationalen Zeitpolitiken. Hier können Freistunden im Sinne organisationaler Handlungslogiken umdefiniert werden und somit subjektiv als eine zeitstrukturelle Diskriminierung durch die Lehrerinnen und Lehrer beurteilt werden. Demnach entscheidet die schulische Organisationsleitung, wie Freistunden im Sinne organisationaler Zeitinteressen umdefiniert und als Top-Down-Strategie der organisationalen Zeitpolitik durchgesetzt werden. Das wird als zeitstrukturelle Benachteiligung erlebt, erklärt sich aber dadurch, dass sich die Lehrerinnen und Lehrer bei der Gestaltung der Stundenpläne und der Lage ihrer Unterrichtsstunden auf die Allgemeingültigkeit organisationaler Zeitpolitiken verlassen können. Aber es gibt Möglichkeiten mikropolitischer Einflussnahme, die wiederum von einigen Faktoren abhängt. Entscheidend ist vielmehr, dass aus der Perspektive der Lehrerinnen und Lehrer diese Umdefinition letztendlich zu einer Erhöhung der Arbeitszeit insgesamt führen kann, welche in die Planbarkeiten und Unplanbarkeiten schulischer und außerschulischer Arbeitsorganisation individuell berücksichtigt werden müssen.

Neben der Ausblendung der innersystemischen Funktion von Lehrerinnen und Lehrern wird aber der Ganztagsbetrieb auch aus sehr subjektiven Gründen abgelehnt. Nämlich dann, wenn die Unterrichtsvorbereitung, die im Lehrberuf einer indirekten Transparenz bei der Gestaltung von arbeitsinhaltlichen Zeitstrukturen dient, scheitert[76].

[75] Innerhalb der Schulen existieren verschiedene Zeitpolitiken, die sich auf die Stundenpläne auswirken. Für diesen Interviewausschnitt ist entscheidend, dass teilzeitarbeitende Lehrkräfte max. 3 Freistunden in der Unterrichtswoche haben dürfen. Zu weiteren Zeitpolitiken innerhalb der Schulen vgl. ausführlich Kapitel 3.1.3.

[76] Dieser Umstand ist umso wichtiger, als wie im Kapitel 3.2.3 gezeigt wird, dass aufgrund der zeitlichen Intransparenz die interpersoneller Leistungsbewertung als Maßstab für die Beurteilung, Bewertung, Einschätzung und Ausgestaltung von arbeitsinhaltlichen Zeitstrukturen gelten.

> Nachmittags. Was ich für weniger sinnvoll halte, ist diesen Ganztagsbetrieb, dass nachmittags Unterricht stattfindet. Weil ich diese Stunden also wirklich katastrophal finde. Am Nachmittag noch in der achten, neunten Stunde vernünftigen Unterricht zu machen, halte ich also für teilweise für Blödsinn. F2, I14, 1241-1247

Der Ganztagsbetrieb wird durch diese Lehrerin als sehr nachteilig beschrieben. Die erfolgreiche Umsetzung von Unterrichtseinheiten scheint im Nachmittagsbereich nicht gut möglich zu sein. Dies liegt nicht nur an der individuellen Einschätzung der eigenen Leistungsfähigkeit, sondern auch an der der Schülerinnen und Schüler. Wenn der Nachmittagsunterricht als tragfähiges Konzept über die Leistungsfähigkeit von Schülerinnen und Schülern sowie Lehrerinnen und Lehrern konzipiert wird, kann hierüber die individuelle Leistungsfähigkeit mit Blick auf die zeitliche Ausgestaltung des Berufs- und Arbeitslebens insgesamt betrachtet werden. Die individuelle Motivation, sich auf diese Nachmittagsstunden vorzubereiten, werden aufgrund der Ermangelung interpersoneller Leistungsbewertung[77] an der Umsetzung von Unterrichtsvorbereitung sowie gelungenem Erfolg bei den Schüler/innen bewertet. Die in die Unterrichtsvorbereitung investierte Zeit, die sich bei den Lehrerinnen und Lehrern in den individuellen Zeitpraxen ausdrücken, werden bei nicht-erfolgreicher Umsetzung von Unterrichtsvorbereitung als wertlos bzw. im Sinne eines ökonomischen Verwendungsimperatives (vgl. Rinderspacher 1985) als ineffizient bewertet und stellen somit wiederum den Wert der geleisteten Arbeit und der von ihnen erwarteten Arbeit in Frage.

Die Diskrepanz zwischen der festgelegten schulischen Zeitstruktur und der tatsächlich an der Schule verbrachten Zeit ist hoch. Damit können die Ergebnisse der Lehrerforschung erst einmal bestätigt werden, denn die in der berufsbiographischen Belastungsforschung herausgearbeiteten Unzufriedenheit wird durch die Aussagen bestätigt, allerdings auf die reflexiven Ebenen der Zeitpraxen und der Zeitstrukturen anders interpretiert. Diese Studien können nur begrenzt die zeitsoziologischen Aspekte der Fragestellung beantworten. Die Lehrerforschung analysiert die spezifischen arbeitsorganisatorischen Rahmenbedingungen auf der deskriptiven Ebene. Die Analyse von Konstruktionsprozessen und spezifischen zeitlichen Anforderungsstrukturen im Lehrberuf, die in den Zeitpraxen der Lehrerinnen und Lehrer im Zusammenwirken mit den organisationalen Zeitstrukturen möglich sind, werden marginalisiert.

Gleichzeitig konnte gezeigt werden, dass sich bei unklaren arbeitsinhaltlichen Zeitpraxen die Lehrerinnen und Lehrer an dem kulturellen Paradigma der Arbeitsgesellschaft orientieren, um für sich eine Normalität durch die Übertragung normativer Arbeitszeitstrukturen herzustellen.

77 Vgl. ausführlich Kapitel 3.2.3.

Aus der zeitsoziologischen Perspektive beinhaltet die Diskrepanz von organisationalen Zeitstrukturen und subjektiven arbeitsinhaltlichen Zeitpraxen individuelles und kollektives Belastungspotenzial, dass die Thesen der berufsbiographischen Belastungsforschung in der Lehrerforschung prinzipiell unterstützen. Aber die Interpretation der arbeitsinhaltlichen Zeitstrukturen am Beispiel des Stundenplans hat gezeigt, dass das reflexive Verhältnis von Zeitpraxen, Zeitstrukturen und Zeitkonzeptionen auf die Zeitorganisation der Lehrerinnen und Lehrer angewendet werden kann.

In arbeitsökonomischen Kontexten wird der Mangel an Zeit durch eine Ökonomisierung der Zeit hergestellt. Allerdings führt das dazu, dass die Verwendungslogik von Zeit auch für andere außerberufliche Lebensbereiche gilt.

Die arbeitsinhaltliche Zeitstruktur wird durch die Lage und Dauer bei den Lehrerinnen und Lehrern als arbeitszeitbedingte Belastung empfunden. Im Laufe der ökonomischen Entwicklung sind die Dispositionsmöglichkeiten der Arbeitnehmer/innen paradoxerweise eingeschränkt, aber auch vergrößert worden[78], weil die Arbeitszeit an betriebliche Notwendigkeiten angepasst worden ist bzw. durch die Einführung neuer flexibilisierter Arbeitszeitmodelle zunehmend vergrößert wird. Die Arbeitnehmer/innen nehmen diese direkten und indirekten Anpassungen ihrer Zeit als Hektik und Zeitdruck wahr. Erst über die Einführung neuerer Arbeitszeitpolitiken werden andere arbeitsinhaltliche Zeitstrukturen möglich. Flexible Arbeitszeiten, Gleitarbeitszeit oder die gerade im Dienstleistungssektor eingeführte Vertrauensarbeitzeit haben zwar vordergründig die Optionen bei der Ausgestaltung, Festlegung und Anpassungsleistung an andere nicht-berufliche Lebenswelten erhöht, sind aber gleichzeitig wiederum mit je spezifischen Zeitproblemen verhaftet.

3.1.3. Organisationale Zeitpolitiken

Unter organisationale Zeitpolitiken werden im Folgenden schulische zeitorganisationale Instrumente verstanden, die bei ihrer Anwendung unter anderem arbeitsinhaltliche und nicht-arbeitsinhaltliche Zeitstrukturen ausbilden und damit den Spielraum für die Konstruktionsprozesse von arbeitsinhaltlichen und nicht-arbeitsinhaltlichen Zeitpraxen beeinflussen. Sie werden durch die Organisationsleitung festgelegt und werden über den Grad ihrer Verlässlichkeit für die Ausbildung von Zeitpraxen und –strukturen durch die Lehrerinnen und Lehrer einer Schule legitimiert. Sie werden somit als eine Art „Zeitregeln" verstanden, die auf unterschiedlichen Ebenen der Zeitorganisation im Lehrberuf wirken. Organisationale Zeitpolitiken können die Funktion erfüllen, über eine zeitstrukturelle Verlässlichkeit einen orga-

[78] In diesem Zusammenhang sind die Einführungen von so genannten arbeitsorganisatorischen Konzepten wie der Vertrauensarbeitszeit zu nennen (vgl. ausführlich hierzu Böhm/Herrmann/Trinczek 2004; Lorenz/Schneider 2004; Wingen/Hohmann/Bensch/Plum 2004).

nisationalen Zeitmanagementplan zu legitimieren und damit der Konstruktion arbeitsinhaltlicher Zeitpraxen in der Arbeitorganisation unter besonderen Bedingungen entgegenzuwirken.

Das zeitsoziologische Interesse für organisationale Zeitpolitiken begründet sich durch die vermuteten zeitstrukturellen Auswirkungen und die damit verbundenen zeitpraktischen Optionen, die durch ihre Legitimation entstehen. Es muss überprüft werden, ob Lehrerinnen und Lehrer zeitstrukturelle und zeitpraktische Verlässlichkeiten mit organisationalen Zeitpolitiken verbinden, die sich nicht nur in der Struktur der Stundenpläne über die Höhe des Lehrdeputats abbilden lassen, sondern auch für die Konstruktion arbeitsinhaltlicher Zeitpraxen außerhalb der Schule von Bedeutung sein können. Sie sind von zeitsoziologischem Interesse, weil ihnen auf der Ebene der Zeitkonzeptionen aus der Perspektive der Lehrerinnen und Lehrer ein zeitstruktureller Einfluss zugesprochen wird und dieser einen zeitorganisatorischen Handlungsrahmen darstellen kann.

Die Akzeptanz von organisationalen Zeitpolitiken scheint von der organisationalen Durchsetzungskraft dieser abzuhängen. Hierzu eine Lehrerin:

> Ich habe mal eine Situation erlebt, da habe ich mich an den Lehrerrat gewandt. Und zwar haben wir eine Regelung gehabt, dass Kolleginnen und Kollegen mit reduzierter Stundenzahl nicht an einer dritten Fachkonferenz teilnehmen müssen. Ich habe mir dann die zwei Fachkonferenzen ausgesucht, die ich besuche und welche dritte ich nicht besuche. Und der Fachkonferenzvorsitzende von dieser dritten Konferenz hat es mir gegenüber immer so dargestellt, als täte ich nur die halbe Arbeit und hat mich wirklich sehr angegangen deswegen. [...] Das ist ein Problem. Aber man ist ja trotzdem nicht bereit dazu, wenn man es nicht bezahlt kriegt. F1, I7, 406-428

Diese Lehrerin beschreibt ein aus ihrer Perspektive ungerechtes Verhalten, das ihr aufgrund der Umsetzbarkeit und (begrenzten) Gültigkeit einer organisationalen Zeitpolitik[79] wiederfahren ist. Sie muss aufgrund ihrer Fächeranzahl an drei Fachkonferenzen teilnehmen. Diese Fachkonferenzen finden in der Regel nachmittags statt und sind neben dem Lehrdeputat verpflichtend. Die Bedeutung und die damit verbundene zeitstrukturelle Legitimation dieser Fachkonferenzen wurden im Verlauf des Interviews von niemandem angezweifelt. Das heißt, dass die zeitstrukturellen Konsequenzen für diese Gremien akzeptiert werden. Die Akzeptanz der angewendeten organisationalen Zeitpolitiken und ihre Konsequenzen für die Ausbildung arbeitsinhaltlicher Zeitstrukturen könnte hieraus abgeleitet werden. Es wird vermutet, dass die Akzeptanz der zeitstrukturellen Konsequenzen der organisatio-

[79] Lehrerinnen und Lehrer, die ein um die Hälfte reduziertes Lehrdeputat haben, können auf der organisationalen Grundlage eines Lehrerratsbeschlusses die Teilnahme an den Fachkonferenzen reduzieren, wenn die Anzahl der zu unterrichtenden Fächer höher als zwei ist: Z. B. kann eine Lehrkraft drei verschiedene Fächer (Englisch, Deutsch und Kunst) unterrichten und nimmt aber nur an den Fachkonferenzen der Fächer Englisch und Deutsch teil. Die Fachkonferenz für das Fach Kunst kann sie aufgrund des Lehrerratsbeschlusses ausfallen lassen. Das wird formal durch die jeweilige Lehrperson selbst entschieden.

nalen Zeitpolitiken der Aufrechterhaltung einer asymmetrischen Geschlechterkultur in der Organisation entgegenwirken könnte, wenn sie das innerorganisationale Leitbild des flexiblen Mitglieds anzweifelt.

Die Akzeptanz von Lehrkräften an Schulen, die ihr wöchentliches Lehrdeputat reduziert haben, ist für die organisationale Handlungslogik bedeutend, denn sie schützt den interpersonellen Arbeitskontext und hält die Unzufriedenheiten als kollektive Erfahrung aufrecht. Damit werden Unzufriedenheiten gebündelt und im Sinne einer „strukturierten Gleichschaltung" trotz individualisierter Arbeitsorganisationen bei der Ausgestaltung interpersoneller Unzufriedenheiten gering gehalten. Alle sind gleich und alle haben unter den gleichen Arbeitsbedingungen ihre arbeitsinhaltlichen und nicht-arbeitsinhaltlichen Zeiten zu konstruieren. Gleichzeitig dienen diese Mechanismen der Aufrechterhaltung und Restabilisierung des innerorganisationalen Leitbildes eines flexiblen männlichen Arbeitnehmers, der permanent für die Organisation einsetzbar ist (vgl. Müller 1998,1997).

In diesem Fall wird deutlich, dass die Ungerechtigkeit durch andere Kolleginnen und Kollegen als kollektiv erlebte Unzufriedenheit umdefiniert wird. Die Akzeptanz organisationaler Zeitpolitiken ist nur vordergründig auf den Versuch begrenzt, eine höhere Transparenz in der Arbeitszeit von Lehrerinnen und Lehrern zu realisieren. Auf den zweiten Blick dienen diese Ungerechtigkeiten auch der Aufrechterhaltung organisationaler Zeitkulturen, die sich wiederum zugunsten des Leitbildes manifestieren. In den Hintergrund geraten hierbei die monetären Anerkennungsparameter der Arbeitszeit von Lehrerinnen und Lehrern, die von der Interviewpartnerin transparent gemacht werden mussten, um auf der subjektiven und interpersonellen-kollektiven Ebene die tatsächliche Umsetzung von organisationalen Zeitpolitiken zu legitimieren.

Der Charakter der Gremien in der Schule ist zeitstrukturell und damit verpflichtend in der Konstruktion arbeitsinhaltlicher Zeitpraxen. Mit der Umsetzung organisationaler Zeitpolitiken müssen aus der Perspektive dieser Lehrerin Konsequenzen mit den individuellen arbeitsinhaltlichen Zeitstrukturen verbunden sein. Damit fordert die Lehrerin einerseits eine größere Transparenz in der von ihr zu leistenden Arbeitszeit insgesamt ein; andererseits stabilisiert sich das organisationale Leitbild einer superflexiblen und permanent einsetzbaren Lehrperson, das die Lehrerin nicht aufrechterhalten kann und durch die organisationale Zeitpolitik legitimieren will. Damit kann die These der asymmetrischen Geschlechterkultur in Organisationen bestätigt werden (vgl. Müller 1998, 1997). Hier werden auf der Ebene der organisationalen Zeitpolitiken Geschlechterkulturen festgeschrieben, die in einem feminisierten Berufsbild wie dem Lehrberuf die Wirkmächtigkeit der vergeschlechtlichten Konnotation organisationaler Zeitpolitiken erhöhen.

Durch organisationale Zeitpolitiken kann es gelingen, die Bedeutung der interpersonellen Leistungsbewertung durch die anderen Kolleginnen und Kollegen zu reduzieren. Die eindeutigere Arbeitszeitstruktur außerhalb des Lehrdeputats wird von den Lehrerinnen und Lehrern als sehr positiv bewertet, so dass sogar der Vergleich Urlaub gewählt wird. Hierzu eine Lehrerin:

> Da ist es da ist es jetzt auch neuerdings so, dass ich mich von einigen Konferenzen beurlauben lassen kann. Aufgrund meiner Teilzeit. F2, I13, 725-727

Obwohl die organisationale Zeitpolitik sich in einer eindeutigeren Konstruktionsleistung bezogen auf die arbeitsinhaltlichen Zeitstrukturen umsetzen lassen, besteht ein Bedarf bei dieser Lehrerin sich zu legitimieren. Der Legitimationsbedarf hält sich trotz einer offiziellen Zeitpolitik durch die Organisation selbst aufrecht. Doch werden die An- und Abwesenheiten der einzelnen durch die Wahl der Arbeitszeit begründet. Organisationale Zeitpolitiken dienen damit weniger einer legitimierten Zeitpolitik durch die Organisation in dem Sinne, einen höheren Grad der Transparenz in den Konstruktionsleitungen der arbeitsinhaltlichen Zeitpraxen zu gewährleisten. Vielmehr scheinen sie auf der Folie des kulturellen Paradigmas der Arbeitsgesellschaft (vgl. Hörning/Ahrens/Gerhard 1997; Hörning/Gerhardt/Michailow 1991) die Aufrechterhaltung eines (männlichen) flexiblen Organisationsmitglied als organisationalem Leitbild zu stabilisieren, indem die organisationalen Zeitpolitiken als arbeitsverhindernde Abstinenzen (vorzugsweise von Frauen) umdefiniert werden. Die Eindeutigkeit bei der Umsetzung dieser Zeitpraxen wird von allen Lehrerinnen und Lehrern durch die Lehrerkonferenz legitimiert.

> Wobei unsere Schulleitung sich da in dem Punkt sehr kooperativ zeigt. Man muss also als Teilzeitkraft nicht zu allen Konferenzen und allen Dienstbesprechungen, sondern je nach Anteil der Stunden, praktisch macht man dann eben ein Drittel oder die Hälfte. F2, I2, 65-69

Die Lehrerinnen und Lehrer beurteilen die Umsetzung dieser organisationalen Zeitpolitiken sehr unterschiedlich. Hierzu eine Lehrerin:

> Und diese Teilkonferenzen sind jetzt insofern häufiger auch, weil es eben oft Klassenkonferenzen gibt, und da müssen wir auch einige Beschlüsse dann abgesegnet werden durch die Lehrerkonferenz. Aber da sind wir jetzt schon dazu übergegangen, Teilkonferenzen zu erstellen, so dass das ganze Lehrerkollegium nicht betroffen ist, auch nicht erscheinen muss. F2, I13, 709-717

Aus der Perspektive dieser Lehrerin erscheint sinnvoll, dass nicht immer das gesamte Kollegium zu allen Konferenzen erscheinen muss. Wie leiten sich nun die Akzeptanz bei der Umsetzung der einzelnen Gremien und die angewendeten organisationalen Zeitpolitiken sowie deren alltagspraktische Umsetzung in Form der einzelnen Zeitpraxen der betroffenen Lehrerinnen und Lehrer ab? Eine mögliche Erklärung könnte die praktische Relevanz für die als subjektiv bewertete Arbeitsentlastung in der eigenen Arbeit mit Schüler/innen, anderen Kolleg/innen und der Schulleitung sein. Wenn die Teilnahme bzw. Nicht-Teilnahme als eine subjektive

Arbeitsentlastung wahrgenommen wird, muss darüber nachgedacht werden, was aus der Perspektive einer zeitsoziologischen Untersuchung als Entlastung gilt.

Wenn sich aus der Logik des Handelns klar ergibt, dass es sich um ein wichtiges Entscheidungsgremien handelt und subjektiv das arbeitintrinsische Gefühl „etwas getan und entschieden zu haben" abgeleitet werden kann, werden die Zeitstrukturen von organisationalen Zeitpolitiken nicht in Frage gestellt.

> Gut finde ich, dass die äh Disziplinarkonferenzen im Moment im kleinen Rahmen stattfinden, in jedem Jahr macht das nur ein Drittel der Kollegen. Das wiederum finde ich effektiv, weil man im kleineren Rahmen besser diskutieren und entscheiden kann. F2, I3, 316-323

Hier wird die Transparenz in den eigenen arbeitsinhaltlichen Zeitpraxen über den verbundenen zeitlichen Mehraufwand der Lehrerinnen und Lehrer in ihrer Arbeitszeit höher.

Für die Ausgestaltung der arbeitsinhaltlichen Zeitpraxen der Lehrerinnen und Lehrer bedeutet das, dass sie diesen Metaplan für die eigene Arbeitsorganisation benutzen müssen. Das ermöglicht eine Verlässlichkeit in der gemeinsamen pädagogischen und fachlich-inhaltlichen Arbeit der Lehrer/innen, wie diese Lehrerin behauptet:

> Wir bekommen im Schulhalbjahr einen Stundenplan, da steht genau drin, wann die Klassenarbeiten geschrieben werden sollen und da halte ich mich auch immer nach. Also den kann ich auch wirklich immer benutzen, da weiß ich also, dass auch jeder Schüler nur zwei Arbeiten in der Woche schreiben soll und die sind ja so differenziert, wenn ein Lehrer sich da rausnimmt, durch Krankheit kommt das ja immer mal vor, dann kommt alles durcheinander und dann muss man sich wieder abstimmen und das ist dann nicht mehr effektiv genug. Und wenn man sich daran hält, da steht auch drin, wann man einen AG-Tag und wann man Wandertag machen kann und wann nicht und das finde ich schon effektiv auch alles organisiert. Wenn man sich daran hält, dann kann man auch das, was man machen will, machen. F1, I2, 400-412

Innerhalb der Schule sind die arbeitsinhaltlichen Zeitstrukturen nur begrenzt koordiniert. Dies geschieht durch die Erstellung eines zeitlichen Metaplans, der von der Schulleitung erstellt wird und somit einen höheren Grad an Verbindlichkeit für alle Lehrerinnen und Lehrer der jeweiligen Schulen erreichen soll. Dieser zeitliche Metaplan gibt vor, wie im Verlauf eines Schulhalbjahres Klausuren, Ausflüge, Aufführungen und andere schulische außerhalb des Unterrichts stattfindenden Veranstaltungen von den einzelnen Lehrerinnen und Lehrern zu legen sind. Diesem Metaplan liegen verschiedene Kriterien zugrunde, die sich sowohl aus dem pädagogischen Auftrag als auch den Erkenntnissen des organisationalen Wissensmanagements ergeben[80]. Gleichzeitig erfüllt er die Funktionen, die Lehrerinnen und Lehrer

80 In der teilnehmenden Beobachtung wurde an beiden Schulen im Lehrertrakt (Lehrerzimmer, Sekretariat, Schulleitungsbüro) an einer öffentlich prominenten Stelle dieser zeitliche Metaplan gesichtet. In den Vorgesprächen mit der Schulleitung wurde die zeitorganisatorische Funktion dieses Planes bestätigt.

in der Konstruktion ihrer eigenen arbeitsinhaltlichen Zeitstrukturen auf der Ebene der Zeitpraxen zu steuern, in dem über die Festlegung von Klausurterminen die inhaltlich-fachliche Arbeit curricular gestaltet und damit die Inhalte in ihrer Chronologie zu kontrollieren (vgl. ausf. Andrioli-Gebauer 1981).

Wenn sich alle an den Metaplan halten, könnte er ein funktionierendes Element bei der Erhöhung der arbeitsinhaltlichen und arbeitsorganisatorischen Transparenz sein. Doch unterliegt auch dieser Metaplan Störungen, die durch Krankmeldungen einzelner in seiner Funktion angezweifelt werden kann. Hierdurch können individuelle zeitpraktische Dominoeffekte entstehen, die durch die einzelnen Lehrerinnen und Lehrer wieder in ihrer eigenen Arbeitsorganisation kompensiert und ausgeglichen werden müssen.

Der Metaplan hat für die Konstruktionsprozesse der Lehrerinnen und Lehrer zeitpraktische und -strukturelle Vor- und Nachteile. Auf der Ebene der Zeitpraxen müssen sich die Lehrerinnen und Lehrer gegenüber der Schulleitung legitimieren, wenn sie die zeitstrukturellen Vorgaben der Schulleitung (Klausurtermine etc.) nicht erfüllen können. Damit ist der Grad ihrer individualisierten Arbeitsorganisation eingeschränkt, weil die Schulleitung hierüber die Vorgaben übergeordneter Behörden (Bezirksregierung und Schulministerium) auf die arbeitsinhaltlichen Zeitpraxen der Lehrerinnen und Lehrer überträgt. Hier erfüllt der Metaplan eine Steuerungsfunktion, die von den Lehrerinnen und Lehrern unter Umständen auch als zeitstruktureller Nachteil betrachtet werden kann. Das geschieht, wenn sich einzelne Personen des Lehrkörpers in ihren arbeitsinhaltlichen Zeitpraxen diesen organisationalen Zeitstrukturen entziehen und damit auf der Ebene der Organisation die Verantwortlichkeit für die Aufrechterhaltung der organisationalen Handlungslogik auf die einzelnen Lehrpersonen verlagern. In diesem Zusammenhang werden Krankmeldungen einzelner Kolleginnen und Kollegen genannt.

Aus der Perspektive der Lehrerinnen und Lehrer können die organisationalen Zeitpolitiken und ihr Einfluss auf die arbeitsinhaltlichen Zeitstrukturen einen wichtigen Beitrag für die individuellen Motivgeschichten bei der Höhe des Lehrdeputats leisten. Werden Lehrdeputate aus unterschiedlichen Gründen wie im unteren Fall erhöht, ist damit direkt die Konsequenz für die eigene Ausgestaltung arbeitsinhaltlicher Zeitstrukturen verbunden, die wiederum bedeutend für die Zeitpraxen sind:

> Also mit halber Stundenzahl sollte es möglich sein, einen freien Tag zu haben, das ist eine Vereinbarung mit der Schulleitung. Im nächsten Jahr werde ich mehr Stunden machen, so dass ich gar keinen Anspruch mehr auf einen freien Unterrichtstag habe. F1, I7, 570-573

Diese Lehrerin antizipiert die zeitstrukturellen Konsequenzen der organisationalen Zeitpolitiken für sich, da sie ihre Arbeitszeit erhöhen wird und für sie diese dann nicht mehr oder anders gelten. Damit legitimiert sie die Zeitpolitiken wiederum, weil sie nicht die Auswirkungen auf ihre arbeitsinhaltlichen und nicht-arbeitsinhaltlichen Zeitpraxen anzweifelt.

Unabhängig von der interpersonellen Akzeptanz bei der Einführung, Umsetzung und praktischen Alltagsrelevanz organisationaler Zeitpolitiken spielt die subjektive Bewertungsebene eine entscheidende Rolle, wenn es um die positive oder negative Einschätzung und die alltagspraktische Bedeutung dieser selbst geht. Einen Vergleich, der sich allerdings nur begrenzt auf die Einschätzung der allgemein geforderten Transparenz und Eindeutigkeit der arbeitsinhaltlichen, schulischen und außerschulisch besetzten Zeitstrukturen bezieht, gibt diese Lehrerin vor dem Hintergrund, dass sie ihr Lehrdeputat mal reduziert hatte und nun ein volles Lehrdeputat unterrichtet.

> Ja, also insofern besser geworden, wie soll ich sagen, weil ich habe zwar jetzt erheblich mehr Stunden, aber man hat so das Gefühl, alles das wie Lehrerkonferenzen, Elternsprechtage oder so, das – muss ich jetzt mit meiner vollen Stelle genauso machen – wie mit der halben Stelle. Das ist zwar inzwischen hier geändert worden, aber früher war es so, als ich anfing, da musste ich jede Lehrerkonferenz besuchen, – ob ich nun eine halbe Stelle hatte oder eine volle Stelle. Das heißt, dieser ganze zusätzliche Zeitaufwand, war genau so für die Halbzeitkräfte wie für die Ganzzeitkräfte da. [...] Jetzt sage ich mir einfach, jetzt hast du eine volle Stelle, jetzt gehört es auch irgendwie 100 %ig dazu. F2, I7, 742-762

Die monetäre Anerkennung für die geleisteten arbeitsinhaltlichen Zeitpraxen im Lehrberuf scheinen ein Transparenzkriterium zu sein, obwohl genau hier die Grenzen der zeitökonomischen Rationalität liegen. Die eindeutige Zuweisung von Gehalt zu aufgewendeter Arbeitszeit funktioniert im Lehrberuf aufgrund der individualisierten Arbeitsorganisation nicht. Das, was ein/e Lehrer/in zu leisten hat, kann bisher nur über die Höhe des wöchentlich zu leistenden Lehrdeputats angerechnet und somit entlohnt werden. Hier ist die zeitliche arbeitsinhaltliche Transparenz umso bedeutender, als das mit der Zunahme neuer Aufgaben von öffentlichen Bildungsinstitutionen die konzeptionelle Arbeit in den Gremien oder anderen organisationalen Kontexten durch das System Schule bewältigt werden muss. Allerdings sind die notwendigen zeitlichen Mehraufwendungen der Lehrerinnen und Lehrer unklar und können somit auch zunächst nicht mittel- oder langfristig in die individuellen Zeitkonzeptionen der sowohl schulisch als auch außerschulisch verwendeten Zeitpraxen berücksichtigt werden. Die Konsequenzen sind enorme Anpassungsprobleme sowohl schulischer als auch außerschulischer Lebensbereiche, deren unterschiedliche zeitliche Ansprüche konkurrieren und zu zeitlichen Engpässen im Alltag führen (können) (vgl. ausf. Hirsch-Kreinsen 2003; Jurczyk/Rerrich 1993; Maurer 1992).

Umso wichtiger wird die monetäre Anerkennung, die neben der interpersonellen Leistungsbewertung durch die anderen Kolleginnen und Kollegen eine scheinbare Transparenz in die zu leistende Arbeit und die damit verbundenen Zeitpraxen der einzelnen bringen. Dadurch können organisationale Zeitpolitiken, die im Einzelfall nicht berücksichtigt werden, durch die Lehrerinnen und Lehrer selbst auf der individuellen Ebene legitimiert werden, weil sie durch andere Verwertungslogiken[81] erklärt werden.

Organisationale Zeitpolitiken erfüllen auf der Ebene der Zeitpraxen und der Zeitstrukturen bestimmte Funktionen, die für die Zeitorganisation der Lehrerinnen und Lehrer von Bedeutung sind. Die individualisierte Arbeitsorganisation wird auf der Ebene der Zeitpraxen und –strukturen durch die organisationalen Zeitpolitiken (Metaplan) gesteuert, bietet zugleich aber auch zeitorganisatorische Verlässlichkeiten, die die Grundlage ihrer Legitimationen bilden. Es konnte herausgearbeitet werden, dass die Zeitpolitiken indirekt das Leitbild einer flexiblen (männlichen) Lehrpersonen restabilisieren, weil es auf der Ebene der Zeitorganisation zu einer Wirkmächtigkeit der Geschlechtszugehörigkeit kommt und somit die Zeit konnotiert wird.

---

81 So wird vermutet, dass Geld ähnlich der Zeit als knappes Gut betrachtet wird, dass in den Verteilungs- und Verfügungsmustern als machtpolitische Ressource bei der Ausgestaltung arbeitsinhaltlicher, familialer und regenerativer Zeitpraxen eingesetzt werden kann. Gerhard Bosch (2002) entwickelt aufgrund dieser machtpolitischen Bedeutung des Geldes die politische Forderung, sich zunehmend mit den Gestaltungsprinzipien geschlechtsspezifischer Arbeitsteilung innerhalb und außerhalb flexibler Familienarrangements zu beschäftigen. Er konstatiert zunächst einen entscheidenden Einfluss neuer Managementsysteme auf traditionelle Grenzen von Erwerbsarbeit und anderen Lebensbereichen und manifestiert diese an der Bildung neuer Grenzen durch neue Erwerbsarbeitsmuster und Arbeitsmarktinstitutionen. Durch die hier optional geltenden Deregulierungsfunktionen können innerfamiliale Arbeitsteilungen aufgehoben und die alltäglichen Geschlechterarrangements aufgelöst werden. Entlang des zeitlich-analytischen Modells entwickelt Bosch folgende Überlegung: Die Zeit und die damit verbundenen Tätigkeiten lassen sich in drei Bereiche gliedern (vgl. Goldschmidt/Clermont/Pagnossin-Aligisakis 1995). Es gibt die persönliche Tätigkeit, die nicht monetär entlohnt wird und auch nicht entlohnt werden kann. Hierzu gehören z. B. Hobbies oder regenerative an die sie ausübende Person gebundene Tätigkeiten. Dann gibt es die Erwerbsarbeit. Sie ist entweder fremdbestimmt oder als eigenständige autarke Wirtschaftsperson zunächst nicht nur fremdbestimmt. Sie wird grundsätzlich als monetär entlohnte Tätigkeit definiert. Die letzte Ebene ist die Eigenarbeit. Sie bezieht sich auf den nicht-monetisierten Bereich und umfasst reproduktive Tätigkeiten sowie Kinderbetreuung, Haushaltsführung etc. Diese Aufgaben sind nicht an die sie ausführende Person gebunden und können somit delegiert werden. Bosch schlussfolgert, dass die Arbeitsinstitutionen sperriger und strukturkonservativer sind als die Anpassungsleistungen der Individuen. Hierdurch kommt es zu einer Vielzahl unterschiedlichster Formen der Arbeitsorganisation. An dieser Stelle moniert er die Defizite der Industriesoziologie, indem er die Fragestellungen und den Forschungsgegenstand als zu eng beschreibt.

3.1.4. Gremien als organisationale Zeitstrukturen und ihre Bedeutung für arbeitsinhaltliche Zeitpraxen

In den Aussagen der Lehrerinnen und Lehrern wurden Gremien unterschiedlicher Art bezogen auf die Chronologie und Chronometrie[82] unterschiedlich bewertet. Es stehen aber nicht primär die subjektiven Bewertungen der Lehrerinnen und Lehrer über den Sinn- und Bedeutungszusammenhang von Gremien im Vordergrund, sondern die für die zeitlichen Konstruktionsprozesse entscheidenden Beurteilungen und Bewertungen durch die Lehrerinnen und Lehrer. Das Lehrdeputat, der Stundenplan und die organisationalen Zeitpolitiken wurden in ihrer für die arbeitsinhaltlichen Zeitpraxen- und –strukturen konstituierenden Bedeutung analysiert. Ebenso konnte gezeigt werden, dass sich die Lehrerinnen und Lehrer bei der Herstellung ihrer arbeitsinhaltlichen Zeitpraxen um Transparenz bemühen, in dem sie diese im Sinne einer zeitökonomischen Rationalität bewerten. Diese Bewertung erfolgt in Ergänzung zu der über das Lehrdeputat festgeschriebenen wöchentlichen Unterrichtsverpflichtung und auf das Vertrauen, dass organisationale Zeitpolitiken in der Stundenplangestaltung und in den anderen neben dem Unterricht existierenden Arbeitszeitpraxen angewendet werden.

Der ökonomische Verwendungsimperativ der Zeit (vgl. Rinderspacher 1985) spiegelt sich auch bei der subjektiven Bewertung der organisationalen Zeitstrukturen wieder, in dem die zeitökonomische Rationalität auf die arbeitsinhaltlichen Zeitpraxen angewendet wird. Hierzu ein Lehrer:

> Es sind viele Dinge in den Gremien, die nichts mit diesen 45 Minuten Unterricht zu tun haben, die ich an sich machen muss und für die ich auch bezahlt werde in erster Linie. Und da gibt es leider viele Sachen, wo man sitzt und redet und sitzt und genau weiß, ich mache hier etwas, das hat mit meinem Job, mit den 45 Minuten, mit den Kindern, hat das gar nichts zu tun. F2, I8, 426-433[83]

Die Akzeptanz der Gremien und ihrer zeitlichen Struktur wird in ihrer Bedeutung für den eigentlichen Unterricht abgeleitet und folgt hier der an der ökonomischen Verwendungslogik orientierten Zeit-Geld-Äquivalenz entlang der wöchentlichen Unterrichtsverpflichtung. Daran wird deutlich, dass in der Selbstzuschreibung als Lehrer/in die Unterrichtsverpflichtung in Höhe des Lehrdeputats der entscheidende Maßstab für die Bewertung der geleisteten, relevanten arbeitsinhaltlichen Arbeitszeitpraxen und –strukturen darstellt. Die Legitimation durch die Lehrerinnen

82 Aus den Interviews lassen sich folgende Gremienzusammenhänge ableiten, die für alle verbindlich sind, weil sie die Handlungslogik der Organisation aufrecht erhalten: Lehrerkonferenz Dienstbesprechungen, Schulkonferenzen, Klassen- und Jahrgangspflegschaftskonferenzen, Klassenkonferenzen, Fachkonferenzen, Abteilungskonferenzen. Darüber hinaus existieren gremienähnliche Arbeitszusammenhänge, die sich über den Inhalt ergeben und weniger über ihre organisationale Bedeutung konstituieren.

83 Vgl. auch: F2, I13, 691-694 und F2, I5, 565-579.

und Lehrer erfahren organisational notwendige, individuell und/oder kollektiv nicht „sinnvoll" bewertete Zeitstrukturen nur begrenzt. Die Intransparenz über die organisationale Notwendigkeit arbeitsinhaltlicher Zeitstrukturen ist nicht nur entscheidend für die zeitkonstruierenden Bedeutungszusammenhänge der Lehrerinnen und Lehrer.

Neben inhaltlich abzuleitenden Bedeutungen organisationaler Zeitstrukturen und den damit verbundenen arbeitsinhaltlichen Zeitpraxen ist ein weiteres wichtiges Kriterium der Legitimation die Chronometrie und Chronologie von Gremien und damit von arbeitsinhaltlichen Zeitstrukturen, die nicht entlohnt werden. An beiden Schulen ist der Dienstagnachmittag als Termin für die Gremien vorgesehen. Diese Struktur wird in den Stundenplänen der Lehrer/innen und Schüler/innen berücksichtigt und ist gleichermaßen für alle verbindlich einzuhalten.

Vereinzelnd kann es aber auch passieren, dass die organisationalen Zeitstrukturen mit den organisationalen Zeitpolitiken korrelieren und es zu einer subjektiv ungünstig erlebten Arbeitszeitstrukturierung kommt. Hierzu ein Lehrer:

> Dienstags ist der Konferenztag, da ist also auch im Prinzip, bestimmt alle zwei Wochen ist man von Konferenzen betroffen. Dienstag habe ich meinen freien Tag, wenn keine Konferenz ist; das heißt also, alle zwei Wochen ist eine Konferenz da. F2, I4, 492-497

Dieser Lehrer verdeutlicht, dass sich die organisationalen Zeitpolitiken[84] in Einzelfällen auch nachteilig auf die nicht-arbeitsinhaltlichen Zeitstrukturen einzelner Lehrer/innen auswirken können. In seinem Fall korreliert die Regelung, dass Lehrkräfte, die ihre Arbeitszeit reduziert haben, einen freien Tag in der Woche haben, mit dem für alle geltenden und freizuhaltenden Dienstagnachmittag als organisationale Zeitstruktur. Damit wird der subjektiv zugesprochene Anspruch in Frage gestellt und die sensibel hergestellte Akzeptanz organisationaler Zeitstrukturen belastet.

Neben den subjektiv an bestimmte arbeitszeitliche Regelungen gebundenen organisationale Zeitpolitiken gibt es für die Handlungslogik der Organisation und die gelungene Umsetzung ihrer rechtlichen Aufgaben als Institution des öffentlichen Rechts Gremientätigkeiten. Hierzu sagt eine Lehrerin:

> Schulkonferenz, da hab ich also auch jahrelang drin gesessen, wobei das ja keine Funktion ist, die man freiwillig übernimmt, sondern da wird man gewählt, und das kann man auch nicht ablehnen, das gehört zu den normalen Dienstpflichten eines Lehrers und einer Lehrerin für ein Schuljahr. F2, I2, 636-646

Die arbeitsinhaltlich verbrachte Arbeitszeit der Lehrerinnen und Lehrer, die an diesen Gremien teilnehmen (müssen), ist zeitlich begrenzt für die Dauer von einem Jahr. Für dieses Gremium gibt es Wahllisten, in denen man für das Amt kandidiert

84 Vgl. auch Kapitel 3.1.3.

bzw. sich zur Verfügung stellen muss. Wenn man früh genug interveniert[85], kann man sich der Dienstpflicht entziehen und damit den arbeitsinhaltlichen Zeitstrukturen verringern.

Eine der untersuchten Schulen hat für sich in Kooperation mit den Schüler/innen und Eltern das Leitbild *Schule ohne Gewalt* entwickelt. Ziel dieses Leitbildes ist es, sich einerseits gegenüber anderen Schulen durch eine klare Profilschärfung abzugrenzen und andererseits dieses Leitbild in der alltäglichen Arbeit mit den Schüler/innen umzusetzen. In seiner konkreten Ausgestaltung führt dieses wie in diesem Fall zu einem erhöhten Anteil arbeitsinhaltlicher Zeitstrukturen bei den Lehrerinnen und Lehrer. Hierzu eine Lehrerin:

> Gut finde ich, dass die Disziplinarkonferenzen im Moment im kleinen Rahmen stattfinden, in jedem Jahr macht das nur ein Drittel der Kollegen. F2, I3, 316-319

Die organisationalen Zeitstrukturen, die sich aus der alltäglichen Umsetzungspraxis des schulischen Leitbildes ergeben, sind für die Lehrerinnen und Lehrer entscheidend bei der Umsetzungspraxis. Keine der Lehrpersonen erwähnt den pädagogischen Nutzen dieser Disziplinarkonferenzen, sondern nur die Auswirkungen auf die sich vergrößernden arbeitsinhaltlichen Zeitstrukturen und die mehr verbrachte Arbeitszeit in der Schule. Es wird vermutet, dass sich die Schulleitung in der Umsetzung des Leitbildes auf die arbeitsinhaltlichen Zeitstrukturen bewusst geworden und sah den pädagogischen Nutzen vielleicht gefährdet. Deshalb wurden die Disziplinarkonferenzen, an denen früher alle Lehrerinnen und Lehrer teilnehmen mussten, als kleinere Gremien konzipiert und umgesetzt, so dass sie in ihrer Konsequenz für die Zunahme der arbeitsinhaltlichen Zeitstrukturen begrenzt blieben und dadurch eine höhere Akzeptanz erfuhren.

Bei der praktischen Umsetzung der Disziplinarkonferenzen wird über die Inhalte die Ausbildung arbeitsinhaltlicher Zeitstrukturen beeinflusst. Hierzu sagt eine Lehrerin:

> Gewalt ist einfach, wenn sie einen hinschmeißen und die treten drauf, oder so was und da gehen wir ganz hart gegen vor. Aber das geht natürlich auch wieder auf Kosten der Lehrer, extra noch Klassenkonferenzen hatten, denn das war ja auch noch, wenn man vielleicht nur bis elf Schule hat und geht um vier, darfst dann wieder kommen und ich weiß von Kollegen, ich bin ja jetzt schon so lange da aber von Kollegen, die von anderen Schulen gekommen sind, dass das überhaupt nicht üblich ist so in dem Ausmaße, wie wir das machen. F2, I10, 77-89

Die Definition von Gewalt, die jede/r Lehrer/in im Schulalltag praktisch erkennen und als solche definieren muss, hat somit entscheidenden Einfluss auf die Ausgestaltung der innerschulisch verbrachten Arbeitszeit der Lehrerinnen und Lehrer.

[85] Es wird von den Lehrerinnen und Lehrern zwar gesagt, dass man hier intervenieren kann, allerdings wird von keiner befragten Person genau beschrieben, wie diese mikropolitischen Interventionsmechanismen funktionieren.

Die Festlegung dessen, was als Gewalt definiert wird, muss in die Disziplinarkonferenzen delegiert werden, weil dort die Sanktionen festgelegt werden.

Neben der inhaltlichen Begründung bei der Akzeptanz organisationaler Zeitstrukturen geht es bei den Gremien auch immer um den Aspekt der zeitlichen Verlässlichkeit. Hierzu eine Lehrerin:

> Und dann ist dienstags unser Konferenznachmittag, haben Sie sicher schon durch die Gespräche mit den anderen Kollegen gehört. Wenn man eben halt dann Konferenz hat, dann geht es halt bis vier, halb fünf, manchmal nur bis halb vier, viertel nach drei, je nachdem. F2, I7, 247-253[86]

Die Planbarkeit von Gremien ergibt sich aus dem Umstand, dass andere Lebensbereiche mit denen der Schule zeitlich konkurrieren. Deshalb werden aber die Bedeutungszusammenhänge von Gremien nicht in Frage gestellt werden. Die Möglichkeit, Entscheidungen zu steuern, hat Einfluss auf den schulischen Alltag und somit auf die eigene alltägliche Situation. Hierzu sagt eine Lehrerin:

> Zu großen Teilen find ich die Arbeit nicht effektiv, weil man das nicht Arbeit nennen kann sondern nur Weitergabe von Informationen, die meiner Meinung nach auch schriftlich geschehen könnte und irgendwo liegen, damit mir die Zeit erspart werden könnte. F2, I3, 309-313

Die Effizienz und die implizierte Anwendung der zeitökonomischen Rationalität werden an der Gestaltbarkeit und Einflussnahme von Entscheidungsprozessen festgemacht. Hat man keinen Einfluss oder wird dieser subjektiv als zu gering erlebt, werden Gremien in Frage gestellt und ihre Konsequenzen für die arbeitsinhaltlichen Zeitpraxen als belastend empfunden. Weil die Prozesse, die für die Entscheidungsfindung im Schulalltag wichtig sind, als kontingent wahrgenommen und für die Planung der eigenen arbeitsinhaltlichen Zeitpraxen eher als belastend empfunden werden, werden die Gremien in ihrer Legitimation bestärkt, denn…

> …die Arbeit der Gremien ist für die Schule überlebenswichtig. Auch wenn es manchmal so ist, dass die Arbeit durch organisatorische Dinge sehr erschwert wird. Also unser Terminkalender ist sehr, sehr komplex und man kann sich vorstellen, dass eine Entscheidung, die in der Schulkonferenz getroffen wird und in den anderen Gremien vorbereitet werden muss, dass dieser Terminkalender stimmen muss. Sonst kommen keine Entscheidungen zustande. F1, I7, 220-227

Die Grundsätzlichkeit von Gremien als integraler Bestandteil der organisationalen Handlungslogik wird über die Notwendigkeit und die Identifizierung der einzelnen Lehrpersonen mit den Logiken dieser organisationalen Zeitstrukturen restabilisiert. So kann die Organisation einerseits die für sie wichtigen arbeitsinhaltlichen Zeitpraxen der Lehrer/innen für sich nutzen und gleichermaßen fördert sie über die Identifizierung der einzelnen Lehrer/innen die Bereitschaft, die je individualisierten

86 Vgl. auch: F2, I10, 660-679.

Arbeitszeitpraxen in den höheren arbeitsinhaltlichen Zeitstrukturen zu akzeptieren. Das erklärt den Widerspruch: Einerseits werden die subjektiv erlebten arbeitsinhaltlichen Zeitstrukturen als belastend und unter Umständen sinnlos beschrieben, andererseits werden durch die Identifizierung mit diesen organisationalen Zeitstrukturen, die sich aus der Handlungslogik der Organisation/Schule heraus ergeben, zunehmende arbeitsinhaltliche Zeitpraxen durch die Lehrerinnen und Lehrer selbst legitimiert.

3.1.5. Teamstrukturen in der Arbeitzeit: Zeitgewinn oder Zeitverlust?

Teamstrukturen wurden von den Lehrerinnen und Lehrern in unterschiedlichen Konstellationen und Arbeitszusammenhängen immer wieder thematisiert. Sie werden hier als ein Schwerpunktthema als Teil des Spannungsfeldes organisationaler Zeitstrukturen und individualisierter arbeitsinhaltlicher Zeitpraxen behandelt, da die Lehrerinnen und Lehrer nur eingeschränkt diese Teamstrukturen umgehen können und wollen.

Im Folgenden werden sie als arbeitsinhaltliche Zeitpraxen der Lehrerinnen und Lehrer verstanden, denen sie aufgrund eigener Entscheidungen oder bedingt durch arbeitsinhaltliche Kontexte angehören. Eine weitere Differenzierung wird entlang folgender Fragen vorgenommen, da sie für den Grad der Akzeptanz, der Inhalte und des Umfangs immer einen entscheidenden Einfluss auf die zeitlichen Konstruktionsprozesse der Lehrerinnen und Lehrer haben: Was sind die konstituierenden Kriterien von Teamstrukturen im Lehrberuf? Gilt die individualisierte Arbeitsorganisation nur noch in begrenztem Umfang? In welchem Umfang bestimmen Teamstrukturen die organisationalen Zeitstrukturen und beeinflussen die arbeitsinhaltlichen Zeitpraxen der einzelnen Lehrperson? Wie werden sie durch die einzelnen Lehrpersonen bewertet?

Teamstrukturen existieren neben den arbeitsinhaltlichen Zeitpraxen der einzelnen Lehrperson. Diese haben in unterschiedlichen inner- und außerschulischen Kontexten eine eigene zeitliche Struktur: Meistens dann, wenn sie innerhalb der Organisation entstehen und in die existierenden Arbeitszusammenhänge innerhalb der Schulen und damit in die arbeitsinhaltlichen Zeitpraxen und -strukturen der einzelnen Lehrperson integriert werden müssen. Damit haben sie Einfluss auf die Zeitpraxen der einzelnen Lehrerinnen und Lehrer und deren individualisierten Arbeitsorganisation.

Ausgehend von den jeweiligen subjektiven zeitlichen Interessen und den eigenen arbeitsinhaltlichen Zeitpraxen können die Bereitschaften, in kooperativen Kontexten mitzuarbeiten, stark variieren.

> Ich kann also jetzt nicht sagen, ich bin lange verschont geblieben, aber in diesem Jahr habe ich drei Vergleichsarbeiten[87] in der Sieben, eine und zwei in der Zehn und Abitur. Das heißt also, ich bin wirklich geschlagen, kann man sagen, mit Aufgaben und Korrekturen und da noch mal was und da noch mal was. F2, I5, 530-535

Die strukturellen Aufgaben im Lehrberuf wie Korrekturen, Vergleichsarbeiten etc. und die hieraus resultierenden individualisierten Arbeitszeitpraxen beeinflussen die Bereitschaft, in Teamstrukturen zu arbeiten und sich neben den selbstdefinierten „Zusatzaufgaben" anderen zusätzlichen Arbeitsinhalten zu widmen. Sie können in der Wahrnehmung der Lehrerinnen und Lehrer in ihrem Einfluss auf die eigenen arbeitsinhaltlichen und nicht-arbeitsinhaltlichen Zeitpraxen als negative zeitpraktische Erfahrungen von den Lehrer/innen wahrgenommen werden. Dieses ist der Fall, wenn durch die einzelne Lehrperson erhoffte „Zeiteinspareffekte" ausbleiben; d. h., wenn sich die arbeitsinhaltlichen Zeitstrukturen anders als erwartet erhöhen und damit die nicht-arbeitsinhaltlichen und arbeitsinhaltlichen Zeitpraxen beeinflussen.

Kooperationen im Lehrberuf haben einen projektförmigen Charakter und können als Arbeitskontexte beschrieben werden, in denen es aufgrund arbeitsinhaltlicher kurzfristiger Ziele zur Ausbildung von organisationalen Teams kommt, die sich der Lösung, Bewältigung und Präsentationen der Projekte widmen. Aus zeitsoziologischer Perspektive bedeutet das, dass diese organisationalen Notwendigkeiten nicht in die Zeitstrukturen der einzelnen Lehrerinnen und Lehrer langfristig oder mittelfristig eingebunden bzw. eingeplant werden können, sondern dass es sich hier um kurzfristige Zeitstrukturen handelt, die in die arbeitsinhaltlichen Zeitpraxen integriert werden müssen und Einfluss auf die Ausgestaltung arbeitsinhaltlicher anderer oder nicht-arbeitsinhaltlicher Zeitpraxen haben. Hierzu eine Lehrerin:

> Zum Teil die Fachkonferenzen; es ist immer schwierig, da einen Zeitrahmen zu finden, weil es in allen Fachkonferenzen, auch in der Lehrerkonferenz Kollegen gibt, die sich selber gerne reden hören und die mit vielen Worten wenig oder nichts sagen und das empfinde ich zum Teil als sehr nervig. F2, I2, 541-549

Zusätzlich werden die je individuellen zeitstrukturellen Anpassungsleistungen der individualisierten Arbeitszeitpraxen dadurch belastet, dass die Lehrer/innen ihre je eigenen individuellen Zeitpraxen ausbilden und diese als eigene ausgebildete arbeitsinhaltliche Zeitstrukturen in diesen wiederum berücksichtigt, durchgesetzt oder angepasst werden müssen. Allerdings können sie im Kontext der Anti- und Sympathien arbeitsinhaltlich umdefiniert werden.

---

[87] Vergleichsarbeiten sind in verschiedenen Jahrgangsstufen durchgeführte Klausuren in den gleichen Fächern, die denen der gleiche Inhalt bei den Schülerinnen und Schülern abgeprüft wird. Hier sollen Leistungsabfragen über Bundesländer- und Schultypgrenzen hinweg allgemein überprüft werden. Sie wurden durch die Kultusministerkonferenz 2003 eingeführt.

> Wo ich andererseits einen guten Draht zu den Kollegen habe, d. h. ich habe Zeit auch mal im Lehrerzimmer zu sitzen und mit denen zu sprechen. F1, I6, 51-53

Neben diesen zeitlichen Aspekten spielen auch interpersonelle Sympathien und Antipathien bei der Bildung von Teams eine entscheidende Rolle. Hat man in der Vergangenheit mit einzelnen Kolleginnen und Kollegen gut bis sehr gut zusammengearbeitet, werden Teamstrukturen als arbeitszeitpraktische Entlastung wahrgenommen. Hierbei ist für die Kriterien einer guten oder schlechten Zusammenarbeit immer entscheidend, ob die investierte Zeit in eine zeitökonomische Verwertungslogik im Sinne der einzelnen Person gewendet werden kann oder nicht. Diese zeitökonomischen Kriterien sind bei der Zusammensetzung von Teams und ihrer Leistungsfähigkeit aus der zeitkonzeptionellen Perspektive ihrer Mitglieder entscheidend, denn die Lehrerin führt weiter aus:

> Auch unser Schulleiter hat über die Jahre an dem Punkt eine Menge gelernt, [...] aber zu Beginn meiner Schulzeit an der Schule wurde die Einheit, die Zeit und Lehrerkonferenzen in xy[88]-Einheit gemessen, und eine xy-Einheit war eine Viertelstunde. Also ich denke sowieso, der Faktor Mensch ist eigentlich in diesen Gremien auch ein ganz wichtiger, dass man also wirklich versucht, da offen und kritikfähig miteinander umzugehen. Ich glaube, dazu sind wir auch alle Menschen, dass es eben nicht gelingt, und man kann eigentlich nur immer wieder versuchen, darauf hinzuweisen und daran zu arbeiten. F2, I2, 555-579

Damit sind die arbeitsorganisatorischen Arbeitszusammenhänge nicht nur kontingent, sondern ihnen liegen ökonomische Zeitkonzeptionen der einzelnen Lehrer/innen zugrunde, die wiederum Einfluss auf die Ausgestaltung und Leistungsfähigkeit von Teamstrukturen haben. Damit können die arbeitsinhaltlichen zeitpraktischen Erfahrungen der einzelnen Lehrer/innen auf teamstrukturierte Arbeitskontexte haben und den eher kontingenten Charakter teilweise aufheben. Hierzu eine Lehrerin:

> Da hat man natürlich dann auch immer seinen Verein und es trifft sich dann wieder, wenn dann so Unter-Grüppchen der einzelnen Fachkonferenzen das ist auch sehr hilfreich oft, aber sehr, sehr zeitintensiv. F2, I5, 514-518

Das Verhältnis zu einzelnen Kollegen kann nicht nur über Anti- und Sympathien geprägt sein, sondern auch durch die selbstzuschreibende hierarchische interpersonelle Struktur. Neben dem Lehrdeputat[89] und den organisationalen Zeitpolitiken[90] entscheiden auch die arbeitsinhaltlichen Bedürfnisse der einzelnen Lehrpersonen über die Ausbildung teamstrukturierter Arbeitskontexte. Hierzu eine Lehrerin:

---

88 Nachname des Schuldirektors an dieser Schule.

89 Vgl. auch ausführlich Kapitel 3.1.1.

90 Vgl. auch ausführlich Kapitel 3.1.3.

> Das ist halt, was ich mit Konferenzarbeit meinte bzw. auch mit den Zwischendurchabsprachen, die auch im Lehrerzimmer zwischendurch mal stattfinden. Die halte ich für sehr wichtig und da ist oft zu wenig Zeit. Vieles geht an mir vorbei, weil ich zum Beispiel nicht im Lehrerzimmer sitze in der Zeit, sondern hier bin, abräume, aufräume. Das ist eine sehr wichtige Sache. F1, I6, 204-210

Diese Lehrerin, die ebenfalls ihr Lehrdeputat verringert hat, bedauert ganz eindeutig den Umstand, dass sie aus eher informellen zeitinkontingenten Informations- und Austauschkontexten ausscheidet. Der Umstand, dass sie sich durch ihre Fächer in den „Pausen“ nicht in der Lage sieht, sich im „mikropolitischen Epizentrum“ der Organisation, dem Lehrerzimmer, zu begeben und dort aus ihrer Perspektive sehr wichtigen interpersonellen Auflösungsstrategien zeitpraktisch umzusetzen, sondern aus anderen arbeitsinhaltlichen organisationalen Zeitpraxen (Unterrichtsverpflichtung, Arbeitsorganisation) und einer zu großen räumlichen Entfernung, aus diesen interpersonellen Kommunikationszusammenhängen nicht teilnehmen kann und damit ihre individuellen Einflussmöglichkeiten verringert sieht. Sie selbst muss bei der Umsetzung dieser spezifischen arbeitsinhaltlichen Zeitpraxen ihrerseits immer wieder an die organisationale Zeitstruktur anpassen und somit wird die innerorganisationale Zeitstruktur der Schule in zu bewirtschaftende Zeiteinheiten aufgeteilt und in ihrem individuellen arbeitsorganisatorischen Nutzen aufgerechnet (determiniert über die 45-minütige Unterrichtstaktung und die dazwischen vorgesehenen Pausen). Eingebettet in diese individualisierte Zeitkonzeption entscheidet sie sich dagegen, denn ihre individuelle Entscheidung, zeitinkontingente arbeitsinhaltliche Kontexte zu suchen, liegt in ihrer Motivation begründet, einen guten Unterricht in ihrem Fachbereich zu leisten und weniger an den mikropolitischen Entscheidungswegen zu partizipieren.

Diese Umdefinition von Beweggründen, die die Ebene der organisationalen Zeitpolitiken durch eine außerberufliche familiale Zeitkonzeption zu ersetzen versuchen, leisten ihrerseits einen Beitrag dazu, dass teilzeitreduzierte (meistens) Lehrerinnen dem normativen Bild des allseits zur Verfügung stehenden (männlichen) Organisationsmitgliedes nicht entsprechen. Damit entwerten sie einerseits die Legitimationskraft organisationaler Zeitpolitiken und ihrer zeitstrukturellen Institutionen; andererseits wird durch diese interpersonelle Ebene, die für die Leistungsbewertung im Lehrberuf ein entscheidendes evaluierendes Instrument ist[91] der innerorganisationale Druck auf die einzelnen Lehrer/innen erhöht, diesem Leitbild zu entsprechen. Die einzelnen Lehrpersonen können dieses Problem individuell zeitpraktisch auflösen, indem die Interessen und Bedürfnisse einzelner Lehrer/innen davon abhängen, sich im informellen Rahmen und damit verbundenen zeitlichen Inkontingenzen auszutauschen.

91 Vgl. ausführlich Kapitel 3.2.3.

Gespräche mit Kolleginnen und Kollegen, die man aus den Aussagen rekonstruierend nicht zeitstrukturell institutionalisieren kann, gehören auch zu den Teamstrukturen. Hierzu meint eine Lehrerin folgendes:

> Ich muss das Gebäude wechseln und Gespräche mit Kollegen über irgendwelche Schüler, aber eigentlich hat man schon wieder die Tasche unterm Arm und muss schon wieder ins andere Gebäude. F1, I8, 112-114

Diese Lehrerin empfindet den Umstand, dass sie zwischen den Gebäuden ihrer Schule pendeln muss, als Einschränkung, wenn Gespräche mit Kolleginnen und Kollegen sich durch eine Adhoc-Situation ergeben und sie diese nicht zu ihren arbeitsinhaltlichen Zeitpraxen im Rahmen der organisationalen Zeitstrukturen umsetzen kann, die aus ihrer Perspektive für die arbeitsinhaltlichen Zeitpraxen innerhalb der Organisation/Schule insgesamt sehr wichtig sind. Die 45-minütige Taktung der Unterrichtsverpflichtung lässt einen pünktlichen Beginn des Unterrichts fragwürdig werden, wenn die Gebäude zu wechseln sind. Gleichzeitig sind aber diese kontingenten arbeitsinhaltlichen Zeitpraxen innerhalb der organisationalen Zeitstrukturen wichtig zur Klärung arbeitsinhaltlicher Aspekte, dass die Lehrerinnen und Lehrer auch mal zu spät kommen können. So führt die Lehrerin weiter aus:

> Ich komme zu spät. Kann ich ja nicht, ich kann ja nicht fliegen. Ich muss, ich bin ja gut zu Fuß normalerweise, bekannt dafür einen schnellen Schritt zu haben. Aber fünf Minuten sind mir zu knapp, da brauche ich schon acht bis zehn Minuten zu Fuß. F1, I8, 133-136

Neben der individualisierten Ausbildung unterschiedlicher arbeitsinhaltlicher organisationaler Zeitpraxen und Zeitstrukturen spielt die allgemeine Anerkennung organisationaler Zeitinstitutionen und Zeitpolitiken eine entscheidende Rolle bei der Ausgestaltung von Teamstrukturen, denn hier geht es um die Möglichkeit, aufgrund der verstärkten zeitkonstruierenden Rahmenbedingungen des Berufsbildes an sich, diese in die je sehr spezifischen Zeitkonzeptionen einzubetten und hierüber eine zeitpraktische und zeitstrukturelle Anpassung an diffuse und unklare Arbeitsaufträge entlang von Teamstrukturen herzustellen. Dadurch kann es innerhalb der Schule gelingen, Zeitstrukturen herzustellen und durch das zeitpraktische Handeln der Lehrerinnen und Lehrer zu stabilisieren.

Durch die individualisierte Arbeitsorganisation im Lehrberuf, die dazu führt, dass die arbeitsinhaltlichen Zeitpraxen sehr unterschiedlich ausgestaltet werden, geht es um die Ausbildung von Teamstrukturen und den zeitkonstruierenden Aspekten dieser Arbeitszusammenhänge. Es geht nicht um die Ableitung einer besseren, weil effizienteren Arbeitsorganisation oder um die Erstellung eines Zeitmanagements, um „Zeitfresser" zu entdecken und im Sinne einer ökonomischeren Verwendung der Zeit zusammenzuführen. Die verschiedenen Aspekte, die sich mit Blick auf die Ausbildung, (Un)Notwendigkeit und Umsetzung von Teamstrukturen an Schulen analysieren lassen, verdeutlichen den hohen Grad der kontingenten Anteile arbeitsinhaltlicher Zeitpraxen von Lehrer/innen.

Die notwendigen und wichtigen Gespräche und Absprachen zwischen Kolleg/innen sind als integraler Bestandteil der Arbeitsorganisation in den Interviews genannt worden. Hier werden wichtige Aspekte und Details in der alltäglichen Arbeit geklärt. Diese Notwendigkeiten lassen sich aber nicht immer in den alltäglichen Ablauf, d. h. in die arbeitsinhaltlichen Zeitpraxen innerhalb der organisationalen Zeitstrukturen, integrieren, weil die Kolleg/innen diese alltäglichen Unvorhersehbarkeiten in ihren individuellen Zeitpraxen einordnen müssen. Der Lehrberuf erfordert hier ein hohes Maß an Flexibilität, da alle unter dem Einfluss ähnlicher zeitlicher Unberechenbarkeiten ihre arbeitsinhaltlichen Zeitpraxen konstruieren müssen und gleichzeitig diese in den individualisierten Zeitpraxen und organisationalen Zeitstrukturen eingebunden werden. Kontingente Arbeitszeitpraxen werden sehr unterschiedlich bewertet. Gelten sie einerseits für alle, werden sie aus der Notwenigkeit situationsspezifischer Kontexte heraus auch als sehr störend empfunden. Hierzu sagt eine Lehrerin:

> Ich mache eigentlich sehr viel zu Hause, weil ich in der Schule eigentlich keinen Arbeitsplatz habe, wo ich in Ruhe arbeiten kann. Was ich als sehr problematisch empfinde. Also ich kann zum Beispiel Klassenarbeiten in den Freistunden in der Schule kaum korrigieren, weil im Lehrerzimmer eigentlich immer Remmidemmi ist, da sind immer Leute, die quatschen, da kommt dann einer, der was will, und dann sind immer irgendwelche Dinge zu tun, die zwar auch mit Schule irgendwas zu tun haben, aber die eben dazu führen, dass ich mich nicht in Ruhe zum Beispiel auf eine Klassenarbeit konzentrieren kann F2, I2, 378-388[92]

Die kontingenten Teamstrukturen können vor den jeweiligen individuellen zeitpraktischen Bedürfnissen als störend empfunden werden. Wünsche nach ruhigeren Arbeitsplätzen sind ein Indikator für folgendes zeitsoziologisches interessantes Problem: Die innerhalb der Schule umzusetzende individuelle Arbeitsorganisation ist durch verschiedene Rahmenbedingungen beeinflusst. Die zeitpraktischen Anpassungsleistungen alltäglicher Unvorhersehbarkeiten in den Kontext der organisationalen Zeitstrukturen können nur begrenzt berücksichtigt werden, da sie vorher aufgrund zeitpraktischer Erfahrungen innerhalb dieser organisationalen arbeitsinhaltlichen Kontexte nur eingeschätzt werden können. Pausen, die sich in der individuellen Arbeitsorganisation ergeben, können nicht immer durch arbeitsinhaltliche Zeitpraxen zu arbeitsinhaltlichen Zeitstrukturen verdichtet werden, da sich diese erst durch die gleichzeitig anerkannte und umgesetzte Notwendigkeit durch die arbeitsinhaltlichen Zeitpraxen anderer Lehrer/innen ergeben.

92 Vgl. auch: F2, I13, 547-550.

Die Notwendigkeit von allgemein organisationalen Zeitpolitiken und den daraus resultierenden Zeitinstitutionen ist für die Schule entscheidend[93], denn sie legitimieren im Lehrberuf die Notwendigkeit, neben der eigentlichen Arbeitszeit des Lehrdeputats und dem hohen Grad der individualisierten Arbeitsorganisation über die selbstdefinierte Zuschreibung von arbeitsinhaltlichen Zeitpraxen die Aufrechterhaltung der organisationalen Handlungslogik. Allerdings können diese durch die Zeitpraxen der Lehrer/innen selbst in Frage gestellt werden.

> Wir besprechen ganz genau, wie wir es bearbeiten, was wir bearbeiten, was wir bislang machen wollen und ich denke, das ist sehr effektiv, aber eben nicht mit allen Kollegen eben. Es machen eben nicht alle. Sollte ja so sein, das wird ja auch von oben immer so sagen wir mal, vorgegeben. Aber vielleicht haben Sie dieses Gefühl, sie werden kontrolliert dadurch oder so, ich habe keine Ahnung, F2, I10, 630-642

Innerhalb der organisationalen Handlungslogik können Instrumente, die zu einer erhöhten Transparenz in den arbeitsinhaltlichen Zeitpraxen der Lehrer/innen führen sollen, durch die organisationalen Zeitstrukturen institutionalisiert werden und dadurch einen hohen verbindlichen Grad herstellen. Die arbeitsinhaltlichen Zeitpraxen beinhalten aber auch mikropolitische Potenziale, die in den arbeitsinhaltlich-verweigernden Zeitpraxen der Lehrer/innen umgesetzt werden können. Innerhalb organisationaler Zeitstrukturen können dadurch auch organisationale Handlungslogiken aufrecht erhalten werden, aber die Schule muss auf die arbeitsinhaltlichen Zeitpraxen der Lehrer/innen vertrauen, dass sie innerhalb der organisationalen Zeitstrukturen die zeitpraktischen Konsequenzen durch die Teamstrukturen von Lehrer/innen selbst anerkannt werden. Das hängt davon ab, inwieweit die zeitpraktischen Bedürfnisse der Lehrerinnen und Lehrer es zulassen, eine Transparenz in ihren arbeitsinhaltlichen Zeitpraxen gegenüber denen der anderen Kolleg/innen herzustellen[94]. Hier entscheidet die eigene Arbeitsorganisation, ob die organisationalen Zeitstrukturen im Team korrelieren.

Teamstrukturen werden aber auch zeitpraktischer Vorteil und als Zeitgewinn wahrgenommen. Hierzu äußert sich eine Lehrerin folgendermaßen:

> Der erste Schritt ist, wenn jemand ganz fachfremd Unterricht macht, dann kommt der halt auf mich zu, weil ich dann Arbeitsmaterial anbiete. Das hat den Vorteil, dass der Kollege sicherlich mit unserem Konzept arbeitet und für den Kollegen ist vorteilhaft, dass er sich nicht viel den Kopf zerbrechen muss, sondern er spart Zeit. Also ich habe jetzt mit einer Kollegin zusammen meine Mappe abgegeben und das liegt auf Ihrem Tisch. Wir unterrichten beide im gleichen Jahrgang, haben das gleiche Thema, machen es parallel und sie nimmt genau meine Folien. Meine Arbeitsblätter und ich habe mir also mal die Mühe gemacht und alle Unterrichtsschritte aufgeschrieben, also so, dass sie es auch lesen kann und dann denke ich, ist es für sie ganz hilfreich. F2, I9, 504-520

---

[93] Vgl. ausführlich Kapitel 3.1.3.

[94] Vergleichsarbeiten stellen ein solches Instrument dar, da durch sie die arbeitsinhaltlichen Zeitpraxen der Lehrerinnen und Lehrer außerhalb und innerhalb der Schulen kontrolliert werden.

Diese Lehrerin stellt ihre Arbeitsmaterialien einer Kollegin zur Verfügung, die fachfremden Unterricht durchführen muss. Hier ist sie nicht um die Transparenz in ihren eigenen arbeitsinhaltlichen Zeitpraxen besorgt und stellt gleichzeitig sicher, dass die fachfremde Kollegin ihre für das Fach geltende und selbsterstellte Unterrichtskonzeption nicht in Frage stellt. Die Transparenz in der eigenen Unterrichtsvorbereitung erfüllt aus der Perspektive der Lehrerin, die ihre Materialien zur Verfügung stellt, folgende Funktion: Sie kann ihre arbeitsinhaltlichen Zeitpraxen und ihre organisational verwendeten Zeitstrukturen zugleich anerkennen und legitimieren lassen, indem sie indirekt auf das Instrument der interpersonellen Leistungsbewertung[95] zurückgreift. Damit evaluiert sie ihre eigenen arbeitsinhaltlichen Zeitpraxen und kann für sich das befriedigende Gefühl eines klar und eindeutig erfüllten Arbeitsauftrages ableiten.

Für die Kollegin, die als Fachfremde hinzukommt, kommt es durch die Möglichkeit, auf die Unterrichtsmaterialien und die vorbereiteten Unterrichtsschritte, die wiederum arbeitsinhaltliche Zeitpraxen protokollieren, zu dem zeitpraktischen Vorteil, dass sie diese arbeitsinhaltlichen Zeitpraxen zwar immer noch selbst herstellen muss, allerdings dieses aufgrund des „Protokolls" mit einem geringeren Aufwand tun kann.

Wenn fachfremder Unterricht von einzelnen Lehrer/innen geleistet werden muss, kommt es zu zeitpraktischen und zeitstrukturellen Auswirkungen in der Arbeitszeit. Auf der Ebene der organisationalen Zeitstrukturen gehören weitere Konferenzen dazu wie Klassenkonferenz, Fachkonferenz, Zeugniskonferenz etc. dazu; auf der Ebene der arbeitsinhaltlichen Zeitpraxen gehören die Einarbeitung in ein neues Fach wie Wissenserwerb, didaktische Methoden, Unterrichtskonzeptionen, Gespräche mit Kindern, Eltern, anderen Kolleg/innen etc. dazu. Fachfremder Unterricht enorme Auswirkungen auf die individualisierten Zeitpraxen und Zeitstrukturen eine/r Lehrer/in hat. Diese müssen in die beruflichen und außerberuflichen Lebensbereiche integriert werden, so dass die Bereitstellung von Unterrichtsmaterialien und zeitpraktischen Protokollen die arbeitsinhaltlichen Zeitpraxen verringern helfen können.

Teamstrukturen können sowohl als Zeitgewinn als auch als Zeitverlust von den Lehrer/innen wahrgenommen werden. Entscheidend sind für die individualisierte Bewertung die Rahmenbedingungen wie Inhalte, Sinn und Einbindung in bestehende arbeitsinhaltliche Zeitstrukturen, die diese Arbeitszusammenhänge auf die individualisierten Arbeitszeitpraxen und –strukturen beeinflussen. Damit lösen sich die Teamstrukturen nicht in der individualisierten Arbeitsorganisation auf, sondern werden umgekehrt weiterhin durch diese bestimmt. Auf der Ebene der organisationalen Zeitstrukturen entscheidet der Grad der Einbindung anderer Arbeitszeitpraxen in die bestehenden eigenen über die Akzeptanz und die damit verbundene

95 Vgl. ausführlich Kapitel 3.2.3.

Fortschreibung in den arbeitsinhaltlichen Zeitpraxen der Lehrerinnen und Lehrer. Der Schule muss es gelingen, die mikropolitischen Potenziale in den arbeitsinhaltlichen Zeitpraxen der Lehrer/innen zu verringern, damit auch negativ wahrgenommene organisationale Zeitstrukturen durch die Zeitpraxen der Lehrer/innen weiterhin aufrecht erhalten und stabilisiert werden.

Die interpersonelle Leistungsbewertung und die Einbettung von arbeitsinhaltlichen Zeitpraxen können nicht durch individualisiere Zeitkonzeptionen legitimiert werden, sondern werden durch organisationale Zeitpolitiken und –institutionen legitimiert.

3.2. Arbeitszeiten als Multioption

Im ersten Kapitel wurden die zeitlichen Konstruktionsprozesse im Lehrberuf entlang der organisationalen Zeitstrukturen analysiert, die durch die Schule vorgegeben und über verschiedene Regulierungs- und Legitimationsmechanismen von den Lehrerinnen und Lehrern akzeptiert und umgesetzt werden. Ergänzend hierzu werden nun die arbeitsinhaltlichen schulischen und außerschulischen Zeitpraxen analysiert, die durch die Lehrerinnen und Lehrer konstruiert werden müssen. Die Formen und Variationen der Arbeitsorganisation werden zusammengeführt und aus zeitsoziologischer Perspektive entlang der verschiedenen Ebenen von Zeitpraxen, Zeitstrukturen und Zeitkonzeptionen beantwortet.

Das Spannungsfeld von organisationalen Zeitstrukturen und individualisierten arbeitsinhaltlichen Zeitpraxen innerhalb und außerhalb der Organisation wird rekonstruiert und es werden die Strategien die Lehrerinnen und Lehrer, die dieses Spannungsfeld ausbalancieren und/oder aufheben sollen, rekonstruiert. Entlang folgender Schwerpunkte werden die Rahmenbedingungen der arbeitsinhaltlichen schulischen und außerschulischen Zeitpraxen dargestellt: Individualisierte Arbeitsorganisationen und das Dilemma eigener Zeitstrukturen, Operationalisierbarkeit der eigenen Arbeit – Zeitpraktische Strategien zur arbeitsinhaltlichen Zeitstrukturierung, interpersonelle Leistungsbewertung – (In)Transparenzstrategien beruflicher Zeitpraxen und –strukturen und Kontingenzmanagement – Leitprinzip des Alltags.

3.2.1. „...Jeder macht eigentlich, was er will..“ – Individualisierte Zeitpraxen in inner- und außerorganisationalen Arbeitskontexten

Im Lehrberuf gibt es keinen klar operationalisierbaren Arbeitsauftrag, der sich in einer eindeutigen Arbeitszeitstruktur ausdrückt (vgl. Gerding 2000, 1999). Lehrerinnen und Lehrer können nur begrenzt auf externe, d. h. durch die Organisation vorgegebene, arbeitsinhaltliche Zeitstrukturen zurückgreifen. Für die Schule ist es aber notwendige Voraussetzung zur Aufrechterhaltung ihrer eigenen Handlungslogik, dass sich ihre Mitglieder mit der Organisation identifizieren (vgl. Kühl 2003; Ortmann/Sydow/Türk 2000) und sie durch ihre arbeitsinhaltlichen Zeitpraxen restabilisieren[96]. Das geschieht über festgelegte arbeitsinhaltliche Zeitstrukturen (Stundenplan, Lehrdeputat, Gremien), organisationale Zeitpolitiken und daraus abzuleitende Zeitinstitutionen.

Allerdings ist die Schule darüber hinaus darauf angewiesen, den unklaren Arbeitsauftrag (vgl. Gerding 2000,1999) und die damit verbundene Intransparenz in der Ausgestaltung arbeitsinhaltlicher Zeitpraxen innerhalb und außerhalb der Schule zu kompensieren[97]. In den letzten Jahren wurden verstärkt an allgemeinbildenden Schulen zunehmend Instrumente eingeführt, die den Grad der individualisierten Arbeitsorganisation verringern und eine zunehmende Kontrolle und Standardisierung in die arbeitsinhaltlichen Zeitpraxen der Lehrer/innen implementieren soll(t)en. Die Intransparenz in der Arbeitsorganisation der Lehrerinnen und Lehrer ist aus organisationssoziologischer Perspektive das größte Kontingenzproblem der Schule.

Die schulische Organisationsleitung muss dafür sorgen, dass bei unklaren Arbeitsaufträgen, einer nicht eindeutig festzulegenden Arbeitszeit und individualisierter Arbeitsorganisation die Lehrer/innen Entscheidungen der Schulen mittragen und dadurch die Handlungslogik dieser aufrechterhalten. So sind hier die anderen außerschulischen Bereiche der zeitlichen Konstruktionsleistung der Lehrer/innenarbeitszeit mindestens genauso entscheidend, vielleicht sogar wichtiger als organisationale Zeitstrukturen. Ergänzend muss danach gefragt werden, durch welche Strategien und unter welchen Rahmenbedingungen Lehrerinnen und Lehrer ihre arbeitsinhaltlichen Zeitpraxen konstruieren, denn dieser Teil der zeitlichen Konstruktionsleistung ist der individualisierte Teil der Arbeitsorganisation und entscheidet über den Umfang der konstruierten arbeitsinhaltlichen schulischen und außerschulischen Zeitpraxen. Die Lehrerforschung stellt heraus, dass sich hieraus die größte Unzufriedenheit im Lehrberuf ergibt (vgl. ausf. Schönwälder 1998,1997, 1993; Schäfer 1995; Schilling u. a. 1996).

Gleichzeitig wird die Frage beantwortet, wie Lehrer/innen ihre arbeitsinhaltlichen Zeitpraxen an organisationale Zeitstrukturen anpassen und inwieweit es zu einer erfolgreichen Umsetzungspraxis organisationaler und damit auch arbeitsinhaltlicher Zeitpolitiken und –institutionen kommt. Die organisationalen Zeitstrukturen stellen den transparenteren Teil der arbeitsinhaltlichen Zeitpraxen der Lehrer/innen dar, aber darüber hinaus müssen die Lehrerinnen und Lehrer den anderen intransparenten Teil ihrer Arbeitszeitpraxen konstruieren. Wie organisieren

96 Vgl. auch Kapitel 3.1.3.

97 Mit welchen Strategien das der Organisation gelingt, wurde im ersten Teil des dritten Kapitels aus der Perspektive der Lehrer/innen rekonstruiert.

sie sich? Wie grenzen sie sich gegenüber organisationalen Zeitstrukturen ab? Mit Hilfe welcher zeitpraktischen Strategien entwickeln die Lehrer/innen ihre arbeitsinhaltlichen Zeitpraxen außerhalb und innerhalb der Schulen?

Ein zentrales Ergebnis der Lehrerforschung ist, dass die individualisierte Arbeitsorganisation als eine Art Flexibilitätspuffer[98] bei der Anpassung an die schulischen und außerschulischen Lebensbereiche gesehen wird[99]. Eine These dieser Arbeit ist, dass diese strukturelle Flexibilität ein konstruktives Potential impliziert, bei dem die Lehrer/innen zunehmend den Umstand dieser strukturellen Flexibilität als Belastung empfinden und nach individualisierten und kollektiven Bewältigungsstrategien streben, die ihnen helfen können, den individuellen Anteil bei der Konstruktion der individualisierten Zeitpraxen zu verringern und eine Strukturierung ihrer außerorganisationalen arbeitsinhaltlichen Zeitpraxen herzustellen. Hier ergeben sich drei große zeitsoziologisch interessante Konfliktfelder: Die individualisierten Zeitpraxen in innerorganisationalen Arbeitszusammenhängen, die individualisierten Zeitpraxen in außerorganisationalen Kontexten sowie die Auswirkungen organisationaler Zeitstrukturen auf die individualisierten Zeitpraxen inner- und außerhalb der Schule.

Unabhängig von der Ausgestaltung der arbeitsinhaltlichen Zeitpraxen innerhalb und außerhalb der Schule wird die Eindeutigkeit von arbeitsinhaltlichen Zeitstrukturen in fast allen Fällen zunächst entlang des Stundenplanes und der Haupttätigkeit im Lehrberuf – dem Unterrichten –konstruiert. Ein Lehrer bringt das sehr präzise auf den Punkt:

> Na in erster Linie die 45 Minuten Unterricht. In einer Klasse. Dann bin ich drin und kann auch nicht raus. Ich kann da nicht rausgehen, weggehen oder sagen nee, jetzt nicht, oder ich muss jetzt eine Pause machen, mal eben zu Hause anrufen, die Beine hochlegen; ich muss 45 Minuten mit über 30 Kindern in einem Raum verbringen. Das ist die Haupttätigkeit. Alles andere ist nebensächlich, denn das kann ich ja mir einteilen, wie ich will. F2, I8, 216-223

Der Unterricht wird als die Haupttätigkeit in den arbeitsinhaltlichen Zeitpraxen innerhalb der Schule gesehen. Die arbeitsinhaltlichen organisationalen Zeitstrukturen erfüllen damit die Funktion, eine eindeutige Arbeitszeitstruktur herzustellen und gleichermaßen einen unklaren Arbeitsauftrag deutlicher zu machen. Aufgrund dieser arbeitsinhaltlichen Selbstzuschreibung kann die Handlungslogik der Organisation aufrechterhalten und stabilisiert werden.

Neben dem Unterricht selbst lassen sich verschiedene andere Kategorisierungen der arbeitsinhaltlichen Zeitpraxen ausdifferenzieren, die im Folgenden vorgestellt werden.

---

98 Der Begriff Flexibilitätspuffer ist ein Neugewonnener aus der Empirie in der Anwendung des Doing-Time-Konzeptes.

99 Vgl. ausführlich Kapitel 1.2.

Individualisierte Arbeitszeitpraxen werden in fast allen Interviews als große Belastung wahrgenommen, obwohl organisationale Zeitstrukturen klarere Arbeitszeitbedingungen schaffen. Diese Belastungsmomente kristallisieren sich in verschiedenen Arbeitskontexten heraus. Kollegiale Arbeitszusammenhänge oder auch Teamstrukturen können einer sein:

> Kann man mal ein bisschen drüber reden, aber man muss sich nicht immer treffen, um das alles zu bereden. Darum kann man sich einiges schenken. Aber manchmal ist es auch ganz nett, so mit den Leuten zu sitzen und irgendwas zu bereden und zu planen. Und manchmal muss man andere Dinge machen, und guckt auf die Uhr und denkt: meine Güte, was für ein Mist, jetzt sitzt du hier wieder rum, und laberst so doof. F2, I8, 457-464[100]

Kollegiale Arbeitszusammenhänge sind aus der Perspektive der Organisation ein Instrument, Transparenz in die unklaren und individualisierten Arbeitszeitpraxen von Lehrer/innen zu bringen, da hier die soziale Kontrolle wirkt. Kollegiale Kontexte können aus der Perspektive von Lehrer/innen zweifach erlebt und interpretiert werden unabhängig von ihrer organisationssoziologischen Funktion. Sie können als integrale Bestandteile der arbeitsinhaltlichen Zeitpraxen akzeptiert werden und stellen damit nicht ihre Funktion als arbeitszeitstrukturierendes Instrument in Frage. Sie können auch als integraler Bestandteil des kollektiven Arbeitsauftrages gesehen werden,

> Mit der halben Stelle ist man einfach weniger präsent an der Schule und man bekommt nichts mit oder weniger, viel weniger, weil man einfach nicht da ist oder eben nur verkürzt da ist. Man hat nicht soviel Kontakte zu Kollegen, man bekommt nicht mit, was sich so tut, was so zwischen den Zeilen läuft. Man kommt halt, macht seinen Unterricht und ist dann manchmal auch wieder verschwunden. Manche Kollegen haben auch freie Tage, hatte ich auch mal, glaube ich, weiß ich schon gar nicht mehr. Einen freien Tag und das ist dann, da hat man nicht mehr soviel Kontakt, das ist einfach so. F1, I8, 731-739[101]

und damit in ihrer Funktion als temporale Effizienzstrategie[102] aus der Perspektive der Organisation durch die arbeitsinhaltlichen Zeitpraxen der Lehrer/innen umgesetzt werden. Diese Funktion wird nur so lange aufrechterhalten, wie sie andere individualisierte Zeitpraxen unabhängig von arbeitsinhaltlichen Kontexten nicht in Frage stellen. Dann würden sie als „verschwendete Zeit" interpretiert, weil die Lehrer/innen andere zeitpraktische Optionen haben könnten. Das ist für die Legitimation und Wirkmächtigkeit organisationaler Instrumente, die arbeitsinhaltliche Zeitpraxen durch arbeitsinhaltliche Zeitstrukturen transparenter und effizienter gestalten (sollen), entscheidend, ob sie sich gegenüber anderen zeitpraktischen Optionen

---

100 Vgl. auch: F2, I12, 162-177.

101 Vgl. auch: F2, I2, 217-229 und F2, I5, 230-231.

102 Der Begriff der *Temporalen Effizienzstrategie* ist ein Neugewonnener aus der Empirie in der Anwendung des Doing-Time-Konzeptes.

durchsetzen. Das geschieht, wenn Lehrer/innen durch ihre eigenen arbeitsinhaltlichen Zeitpraxen diese zeitstrukturellen Kontexte herstellen.

Dieses Zusammenwirken von Struktur und Handlung verdeutlicht die mikropolitischen Anfälligkeiten der Schule. Umso wichtiger ist es für die Schule, die Potentiale individualisierter Mikropolitik zu verringern. Institutionalisierte Instrumente, die zur Standardisierung arbeitsinhaltlicher außerschulischer und schulischer Zeitpraxen beitragen sollen, sind Vergleichsarbeiten, Teamstrukturen in der Klassenleitung, Einführung von Vergleichstests in den einzelnen Jahrgangsstufen, Vergleichbarkeit der Leistungen auf Schüler/innenseite, Ablaufpläne über Klausurentermine etc., die für die Frage nach den zeitlichen Konstruktionsprozessen im Lehrberuf interessant sind, weil sie auf der Ebene der Zeitstrukturen eine klarere Arbeitszeit herstellen können[103].

Das Verhältnis der Lehrerinnen und Lehrer zu ihren eigenen Arbeitszeiten und ihrer Arbeitsorganisationen ist ambivalent. Eine Lehrerin äußert sich hierzu folgendermaßen:

> Dieser ganze zusätzliche Zeitaufwand war genau so für die Halbzeitkräfte wie für die Ganzzeitkräfte da. Da hat man sich dann geärgert. Oder ich hatte einen freien Tag und an dem Tag war Lehrerausflug oder so. Oder irgendwelche Dinge, oder eine Konferenz, Zeugniskonferenz. Das hieß, ich musste trotzdem kommen. Von (Stadt in NRW) kommen und jetzt sage ich mir einfach, jetzt hast du eine volle Stelle, jetzt gehört es auch irgendwie hundertprozentig dazu. F2, I7, 752-762[104]

Sie konstruieren selbst eine individuelle Zufriedenheit, die sich weniger auf die zeitstrukturelle Ausgestaltung ihrer Arbeitszeit bezieht, sondern unter Umständen eher auf die Logik der monetären Anerkennung organisationaler Zeitstrukturen und – institutionen. Damit verwerten sie ihre Arbeitszeit im Sinne einer zeitökonomischen Rationalität (vgl. Maurer 1994). Diese Logik, die den ökonomischen Verwendungsimperativ verstärkt (vgl. Rinderspacher 1985), fördert die Ausbildung arbeitsinhaltlicher Zeitpraxen und die Legitimation organisationaler Zeitstrukturen. Arbeitsinhaltliche Zeitpraxen aber sind nicht nur durch die Integration und Umsetzung von organisationalen Zeitstrukturen, -politiken und –institutionen gekennzeichnet, denn die Entscheidung darüber, wie die arbeitsinhaltlichen Zeitpraxen ausgestaltet werden und wie sie sich in organisationalen Zeitstrukturen ausdrücken, werden auch durch die individualisierte Zeitkonzeption der jeweiligen Lehrperson beeinflusst. Hierzu äußert sich eine Lehrerin wie folgt:

> Und daraufhin habe ich gedacht, ich gebe in diesem Jahr aber nur drei Stunden mehr, Gesellschaftslehre, damit ich alle Schüler sehe. Man hat ja auch Klassenangelegenheiten zu klären.

[103] Die Standardisierung der arbeitsinhaltlichen Zeitpraxen wird von den Lehrer/innen in den Interviews nicht genannt; vielmehr definieren sie diese Aufgaben als Teil ihrer Arbeitsorganisation und integrieren sie in ihre arbeitsinhaltlichen Zeitpraxen.

[104] Vgl. auch: F2, I14, 1087-1092.

> Also es geht nicht. Ich kann keine Klassenleitung machen und sehe die Schüler nicht. Daraufhin habe ich also um zwei Stunden erhöht. Also von dreizehn auf fünfzehn Stunden. F1, I2, 145-150

Diese Lehrerin hat in ihrer Klasse die Leitung übernommen. Aufgrund einer ungünstigen Fächerkombination, die nicht in jeder Jahrgangsstufe unterrichtet wird, hat sie in dem Schuljahr der Befragung das Problem, dass sie bei der Höhe ihres Lehrdeputats nicht in ihrer Klasse eingesetzt werden kann, wenn alle Schülerinnen und Schüler zur gleichen Zeit in einem Kurs sind. Das empfindet sie als sehr nachteilig, weil sie selbst glaubt, dass sie so in ihrer Funktion als Klassenleitung nicht richtig die Interessen ihrer Klasse wahrnehmen und vertreten kann. Obwohl sie sich eindeutig in ihrem Beruf dazu entschlossen hat[105], ihre Arbeitszeit zu reduzieren, um eine gelungene Vereinbarkeit für Familie und Beruf zu realisieren, entscheidet sie sich in ihrer Funktion als Klassenlehrerin, ihr wöchentliches Lehrdeputat zu erhöhen, damit sie in ihrer Klasse eingesetzt werden kann.

In der Logik des Konzeptes erklärt sich zunächst ihre Motivation zur Reduzierung aus der zeitsoziologischen Notwendigkeit, die synchrone Komplexität in den beruflichen und außerberuflichen Lebensbereichen zu reduzieren. Die Schule folgt einer anderen Logik, die mit den zeitpraktischen Anpassungsleistungen anderer Lebensbereiche korreliert. Damit kann die Handlungslogik der Schule über die erfolgreiche Selbstdefinition ihrer Mitglieder, die sich bereit erklären, bestimmte Funktionen, die sich aus ihrer individualisierten Zeitkonzeption heraus ableiten und damit ihre arbeitsinhaltlichen Zeitpraxen und -strukturen erhöhen, erfolgreich aufrecht erhalten werden. Die individualisierten Zeitpraxen der Lehrer/innen schaffen somit für die Schule zeitstrukturelle „Puffer", die aus den „individuellen" Entscheidungen heraus für die Schule zur Verfügung stehen. Diese zeitstrukturellen Entscheidungen werden als individualisierte Entscheidungsmuster definiert und vermitteln den Lehrer/innen gleichermaßen das Gefühl, sich als engagierte Lehrer/innen zu definieren, ihre arbeitsinhaltlichen Zeitpraxen an die schulischen zeitstrukturellen Erfordernisse anzupassen.

Damit kann als ein wichtiges Konstruktionsmerkmal bei der Ausgestaltung der Arbeitszeit die zeitstrukturellen Inkompatibilitäten der schulischen Organisation mit den individualisierten arbeitsinhaltlichen Zeitpraxen der Lehrerinnen und Lehrer festgestellt werden.

Entgegen der individuellen Zeitentscheidungen in der Wahl der Arbeitszeit, die immer eine Abwägung der Vor- und Nachteile der individuellen arbeitsinhaltlichen Zeitpraxen impliziert, können individuelle Entscheidungen bei der Wahl der Arbeitszeit und erhoffte zeitstrukturelle Vorteile arbeitsinhaltlicher und nicht-arbeitsinhaltlicher Art verhindert werden. Eine Erfahrung teilt diese Lehrerin mit:

---

[105] Diese Lehrerin hat in einem früheren Teil des Interviews diese Aussage gemacht (vgl. ausführlich F1, I2, 24ff.).

> Ich bin aber obwohl ich Wünsche geäußert habe, nie so eingesetzt worden, sondern immer dahin gesteckt worden, wo es heißt: fehlt; d. h., meine persönliche Planung war völlig hinfällig. F1, I6, 424-427

Auf Seiten der Lehrer/innen existieren spezifische Zeitwünsche, wenn die arbeitsinhaltlichen Zeitstrukturen innerhalb und außerhalb der Schule gestaltet werden und damit die ihre arbeitsinhaltlichen Zeitpraxen beeinflussen. Vor dem Hintergrund, dass sie sich hier als zeitrationale Akteure zeigen, werden ihre individuellen zeitstrukturellen Erwartungen nicht erfüllt. Allerdings wird durch die Äußerungen dieser Lehrerin nicht deutlich, ob sie die organisationalen Zeitstrukturen als persönliche Planung bezeichnet oder ob es sich hier um individualisierte zeitpraktische Anpassungsleistungen an außerberufliche Lebensbereiche handelt. Hier ist entscheidend, wie die Lehrerin ihre individualisierte Zeitkonzeption definiert.

Die arbeitsinhaltlichen Zeitpraxen können aber auch durch andere Motive wie antizipierte oder erlebte Zunahme arbeitsinhaltlicher Zeitpraxen in Frage gestellt werden. Hierzu eine andere Lehrerin:

> Weil ich überbelastet war, viel zu viel Korrekturen, ich hatte fünf Deutsch-Klassenarbeiten zu korrigieren an der Realschule damals und dann war ich Berufsanfängerin und dann hat mir das irgendwann so gereicht, weil ich nur noch für meine Hefte gelebt habe und da habe ich gesagt, das kann ja nicht das Leben sein. Und dann habe ich auf das Geld verzichtet und habe gesagt, jetzt ist Schluss. F1, I8, 719-725

Diese Lehrerin beklagt die zeitpraktischen Konsequenzen ihres Faches und der zeitstrukturellen Ausgestaltung ihres Lehrdeputates. Sie selbst hat ihre arbeitsinhaltlichen Zeitpraxen nicht mehr als im Einklang mit ihrer Lebensführung erlebt, wobei sie keine differenzierte Erklärung für diese nicht hergestellte Balance gibt. Vielmehr beschränkt sie sich unabhängig von ihrem Familienstand und den anderen Rahmenbedingungen ihres außerberuflichen Lebensbereichs auf die strukturellen Implikationen von Fächerkombinationen und Klassen-/Kursanzahl, die sich in ihren arbeitsinhaltlichen Zeitpraxen niederschlagen.

Neben der Erhöhung oder die Verringerung arbeitsinhaltlicher Zeitpraxen gibt es auch andere individualisierte Kriterien. Hierzu eine andere Lehrerin:

> Das mache ich jetzt schon jetzt im zehnten Jahr an der Schule, und das habe ich die ganzen Jahre über, weil ich habe mich da mal irgendwie zu verpflichtet gefühlt am Anfang, weil ich eben halt Kunst habe, und ich denke gerade in dem Bereich da muss man irgend etwas anbieten, weil die Kreativität der Schüler, wenn sie motiviert sind, die soll soweit wie möglich gefördert werden. Ich denke, gerade im Fachbereich Kunst dann fühle ich mich einfach auch verpflichtet. F2, I14, 489-497[106]

Diese Lehrerin begründet die Erhöhung ihrer arbeitsinhaltlichen Zeitpraxen aus intrinsischen Motiven heraus. In ihrem Fachbereich fühlt sie sich dafür verantwort-

[106] Vgl. auch: F2, I3, 240-246.

lich, dass den Schülerinnen und Schüler die bestmöglichste Ausbildung angeboten wird. Neben dieser persönlichen Einschätzung der Ausbildungs- und Förderungspotentiale wird hier indirekt ein innerorganisationaler Wettbewerb angedeutet. Innerhalb der Schulen existieren unterschiedliche Gewichtungen von Haupt- und Nebenfächern. Kunst ist ein Nebenfach[107]. Hauptfächer finden in allen Jahrgängen statt, werden von ihrem Anteil her öfter, d. h. in kürzeren Intervallen, in den Klassen unterrichtet und es werden mehr Klausuren geschrieben. Dadurch haben Lehrer/innen mit einem oder mehreren zu unterrichtenden Hauptfächern strukturell bedingte Auswirkungen auf ihre arbeitsinhaltlichen und damit auch auf ihre nichtarbeitsinhaltlichen Zeitpraxen zu erwarten[108]. Eine Lehrerin positioniert sich so:

> Also das, das ist wirklich so der, der ganz große Punkt, das ist für mich auch der Grund, warum ich hauptsächlich reduziert habe. Ich hätte mir also sonst grundsätzlich schon vorstellen können, auch auf eine halbe Stelle zu gehen, jetzt schon, aber wenn ich dann also mir vorstelle, ich hätte zwei oder vielleicht sogar drei Englischklassen und hätte dann eben zwei oder drei Korrekturen statt einer, das, glaube ich, wäre für mich der Horror schlechthin. F2, I2, 852-861

Diese Lehrerin hat den zu erwartenden Einsatz im Fach Englisch[109], einem Hauptfach, als eine Zunahme neben den arbeitsinhaltlichen Zeitstrukturen auch in den arbeitsinhaltlichen Zeitpraxen antizipiert, die sich aufgrund der strukturellen Eingebundenheit der Lehrperson in die Schule ergeben. Daraufhin verzichtet sie auf die Erhöhung ihres Lehrdeputats. Die Schule hat über diese Individualisierung der Kriterien, die Arbeitszeit zu erhöhen oder zu verringern, das Problem, dass sie eine zeitpraktische und zeitstrukturelle Attraktivität herstellen und gewährleisten muss[110]. Die arbeitsinhaltlichen Auswirkungen von Fächerstrukturen werden über die Diskussionen auf der Ebene der arbeitsinhaltlichen Zeitpraxen als kollektives Gut verhandelt, indem für bestimmte Fächerstrukturen Entlastungsstunden eingeführt werden sollen. Hier werden über die Transparenz in den arbeitsinhaltlichen Zeitstrukturen (Lehrdeputat, Stundenplan) gegenüber intransparenten außerorganisationalen arbeitsinhaltlichen Zeitpraxen der Lehrer/innen gegenüber gestellt und

---

107 Wie schon in Kapitel 3.1.1 analysiert, haben das Unterrichten von Neben- und/oder Hauptfächern unterschiedliche zeitstrukturelle und zeitpraktische Auswirkungen auf die inner- und außerorganisational verwendeten Arbeitszeiten.

108 Innerhalb der Schulen gibt es Diskussionen über Zeitstrukturen, die eine Entlastungsstunde für Lehrer/innen in Hauptfächern fordern, weil die Korrekturen vergleichsweise zeitpraktisch aufwendiger sind als bei Kolleg/innen ohne oder mit nur einem Hauptfach (vgl. ausführlich F2, I5, 915-925).

109 Das andere Unterrichtsfach ist evangelische Religion (vgl. auch F2, I2, 14).

110 Im Zusammenhang mit diesem Problem sei darauf verwiesen, dass es im finanziellen Interesse des Arbeitsgebers (Land NRW) sein muss, die zur Verfügung stehenden und schon im laufenden Schulbetrieb eingebundenen Lehrkräfte zu einer Erhöhung ihres Lehrdeputats zu animieren, weil sich hierdurch die finanziellen Belastungen für den Arbeitgeber als geringer darstellen als bei Neueinstellungen, die aufgrund von Unterrichtsausfall in den Hauptfächern notwendig wären.

eine Legitimation dieser Forderungen aus der organisationalen Handlungslogik heraus gefordert. Damit wirkt diese Forderung indirekt gegen das organisationale Leitbild eines (männlichen) flexiblen Organisationsmitgliedes und kann deshalb nicht durchgesetzt werden. Über diese innerorganisationalen Anerkennungskonflikte der Wertigkeit und Qualität von arbeitsinhaltlichen Zeitpraxen werden die Selbstverständnisse von Lehrer/innen geprägt. Deshalb kann die Lehrerin, die in einem Nebenfach unterrichtet, für sich die eigene Zeitkonzeption heranziehen, um arbeitsinhaltliche Zeitpraxen zu legitimieren. Dieses gilt sowohl für berufliche als auch außerberufliche Lebensbereiche.

Die intrinsische Motivation kann auch durch andere Faktoren außerhalb der Schulen beeinflusst werden und sich als ein Kriterium in anderen spezifischen Zeitpraxen ausdrücken. Hierzu eine Lehrerin:

> Es wäre bestimmt besser, ich käme nach Hause, ich würde sofort meine Vorbereitungen machen, nicht abends mich hinsetzen. So hat man immer noch im Kopf, du hast jetzt zwar Freizeit, aber die Qualität der Freizeit ist nicht so gut, weil ich ja immer weiß, ich muss noch was machen. Ich muss noch was machen, ich habe nie richtig Zeit mich hinzusetzen, ein Buch zu lesen oder irgendwas zu machen, ich weiß dann eben, du musst das und das noch machen. Und dann kann ich mich nicht gut konzentrieren auf so ganz private Dinge, das ist das schlechte Gewissen, ja, weil man eigentlich noch was machen muss. Aber ich kann nicht, wenn ich nach Hause komme, mich sofort hin setzen und für die Schule Sachen machen, kann ich nicht. Auch wenn ich kann, da kann ich den Schreibtisch nicht sehen, da komme ich nicht dran. F1, I2, 523-538

Diese Lehrerin beschreibt ihre arbeitsinhaltlichen Zeitpraxen zuhause, indem sie entlang ihres eigenen Freizeitbegriffes die arbeitsinhaltlichen und nicht-arbeitsinhaltlichen Zeitpraxen definiert. Sie selbst würde ihre eigenen arbeitsinhaltlichen Zeitpraxen, die sie außerhalb der Schule verbringt, gerne anders strukturieren, damit sie eindeutiger und klarer werden. Darüber könnte sie selbst eine höhere Qualität an Freizeit erreichen, da sie selbst aus intrinsischen Gründen nicht in der Lage ist, eine klare Strukturierung ausserorganisationaler arbeitsinhaltlicher und nicht-arbeitsinhaltlicher Zeitpraxen zu realisieren, ist sie bereit, eine weniger eindeutige Strukturierung ihrer Zeitpraxen zu akzeptieren und stattdessen einen permanenten Konstruktionsprozess zu akzeptieren, der aber auch einen höhere Multioptionalität[111] ihrer Zeitpraxen zulässt. Hierüber ist sie eher in der Lage, ihre Zeitpraxen den Zeitpraxen der anderen Familienmitglieder anzupassen und die Vereinbarkeit von Familie und Beruf zu realisieren.

---

111 Der von Peter Gross geprägte Begriff der Multioptionsgesellschaft (1994) wird in dieser Arbeit auf das zeitsoziologische Erkenntnisinteresse dieser Arbeit übertragen. Unter dem Begriff der Multioptionalität wird im Folgenden das Spektrum der möglichen Aktivitäten in den Zeitpraxen der Lehrerinnen und Lehrer verstanden, die sie in bestimmten Zeitstrukturen und unter spezifischen Rahmenbedingungen umsetzen können. Sie impliziert als ein zeitpraktisches Anpassungsinstrument eine Handlungsstrategie in den zeitlichen Konstruktionsprozessen, weil die Lehrerinnen und Lehrer selbst entscheiden, was sie tun.

Obwohl die Zeitpraxen außerhalb der Schulen sehr ähnlich ausgestaltet werden, werden sie unter Umständen aus ganz unterschiedlichen Zeitkonzeptionen heraus erklärt. Hierzu eine andere Lehrerin:

> Die kommen und dann sind sie da, und dann müssen sie irgendwie gemacht werden. Das ist so eine Sache, die schwierig ist bei mir, und mit meiner häuslichen Organisation, ich habe keine festen Arbeitszeiten, so außer diesen Zeiten, wo ich unterrichten muss, ansonsten, laufen die Dinge halt, wenn die Gelegenheit ist und dann muss es halt auch manchmal nachts sein oder so. Aber dann so in der Art. F2, I12, 347-354

Diese Lehrerin erklärt deutlich, dass sie keine eindeutige Strukturierung ihrer arbeitsinhaltlichen Zeitpraxen vornimmt, da sie diese nicht aus den familialen Zeiterfordernissen zeitstrukturell ableiten kann. Damit konstruiert sie selbst ihre arbeitsinhaltlichen Zeitpraxen entlang der organisationalen Arbeitszeitstruktur (Stundenplan, Gremien etc.) und die außerorganisationalen arbeitsinhaltlichen Zeitpraxen bleiben kontingent, weil sie den familialen Zeitpraxen angepasst und damit untergeordnet werden.

Individualisierte Arbeitszeitpraxen werden neben den organisationalen Zeitstrukturen auch durch individualisierte Arbeitszeitkonzeptionen stark in ihrer Ausgestaltung beeinflusst und entlang individualisierter Zeitkonzeptionen definiert. Damit verstärken sie den kontingenten Charakter und erhöhen gleichermaßen die Multioptionalität von arbeitsinhaltlichen und nicht-arbeitsinhaltlichen Zeitpraxen im Lehrberuf. Neben diesen Wirkmächtigkeiten beeinflussen andere nicht zeitstrukturelle Faktoren die inner- und außerorganisationalen Zeitpraxen, die wiederum dem hohen Grad der Kontingenz und Multioptionalität von (nicht)arbeitsinhaltlichen Zeitpraxen widersprechen.

Arbeitsinhaltliche Zeitpraxen sind nicht nur von individualisierten Zeitkonzeptionen und innerorganisationalen Arbeitskontexten geprägt, sondern sie werden von strukturellen Faktoren, die sich aus der Fächerkombination, Funktionsrollenübernahme, Gebäudestruktur etc., beeinflusst und bestimmt. Diese leiten sich aus der organisationalen Handlungslogik ab. Diese strukturellen Faktoren können sich auf die arbeitsinhaltlichen Zeitpraxen und Zeitstrukturen in außer- und innerorganisationalen Kontexten auswirken. Hierzu eine Lehrerin:

> Dadurch, dass ich mehr Klassen habe, muss ich dann, wenn man Musik hat zum Beispiel mit zwei Stunden pro Woche, jede zwei Stunden, die ich mehr mache, habe ich unter Umständen eine Musikklasse mehr. Ich bin also nicht dann mehr zwei Stunden mehr in meiner Klasse, die ich sowieso schon habe, sondern ich bekomme dann wieder eine neue Klasse. Dann muss ich zu einer neuen Zeugniskonferenz. Alles was mit einer neuen Klasse verbunden ist, ist anstrengender. Also ich habe zurzeit 270 Schüler pro Woche, die ich unterrichte. Ich habe viele Gruppen. F2, I8, 751-761[112]

[112] Vgl. auch: F1, I8, 752-755; F2, I4, 1317-1324; F1, I6, 323-330 und F1, I6, 599-602.

Diese Lehrerin begründet die Reduzierung ihrer Arbeitszeit mit den zeitstrukturellen Konsequenzen, die eine höhere Deputatsverpflichtung bedeutet. Die arbeitsinhaltlichen Zeitpraxen werden durch die arbeitsinhaltlichen Zeitstrukturen verstärkt und der Wunsch, eine klarere und eindeutigere Arbeitszeitstruktur zu haben, wird durch die Erhöhung von arbeitsinhaltlichen Zeitstrukturen (Stundenplan) und die damit verbundenen Auswirkungen auf die arbeitsinhaltlichen Zeitpraxen zurückgedrängt. Andere strukturelle Rahmenbedingungen für die arbeitsinhaltlichen Zeitpraxen und Zeitstrukturen von Lehrer/innen können fachfremder Unterricht sein[113], der die arbeitsinhaltlichen Zeitpraxen inner- und außerhalb der Schule beeinflusst. Hier äußert sich ein Lehrer:

> Nun hatte ich in den letzten zwei, drei Jahren auch ein Fach, das ich eigentlich direkt fachfremd kann man nicht sagen, aber ich denke ein, zwei Pflichtfach Naturwissenschaften. Da sind viele Bereiche, die jetzt auch aus Chemie und Biologie noch reinfließen, die für einen selbst, wenn man das jetzt dann erste Mal unterrichtet, und das war bei mir so der Fall, auch eine ganze Menge Neues bringen, aber man muss sich dann wirklich sehr intensiv einarbeiten. F2, I4, 815-823

Obwohl dieser Lehrer in den Fächern Mathematik und Physik unterrichtet, muss er nun das Fach Naturwissenschaften fachfremd unterrichten. Die Gründe führt er nicht weiter aus, sondern er erwähnt nur die Auswirkungen auf seine arbeitsinhaltlichen Zeitpraxen, die sich daraus ergeben. Damit haben strukturelle organisationale Gründe wie der Verzicht auf die Neueinstellung qualifizierter Lehrer/innen aus den Fächern, in denen Personal fehlt, einen erheblichen Einfluss auf die arbeitsinhaltlichen Zeitpraxen von Lehrer/innen, da sie hier eine kompensatorische Funktion übernehmen. Aber der Begründungszusammenhang ist nicht nur aus der organisationalen Handlungslogik der Schule und ihrem gesetzlichen Auftrag heraus zu erklären, sondern kann durch individuelle Motive begründet werden.

Wenn Lehrer/innen in ihren Fächern keinen oder nur eingeschränkten Bedarf an ihrer Schule sehen, haben sie drei verschiedene Optionen, wie sie ihre arbeitsinhaltlichen Zeitpraxen und Zeitstrukturen anpassen können[114]:

a) Sie können ihr Lehrdeputat reduzieren und damit zeitstrukturell auf die organisationalen Ansprüche reagieren.

b) Sie können ein fachfremdes Fach übernehmen und unterrichten. Hier müssen sie i.d.R. zeitpraktische Konsequenzen erwarten, da sie sich in die Inhalte des neuen Faches sowie seiner didaktischen Methoden einar-

113 Fachfremder Unterricht kann sich aus einem Mangel an Lehrkräften an einer Schule ergeben. Er muss aber auch von Lehrer/innen unterrichtet werden, die Leerstunden haben, weil ihr Fach nicht mehr oder nur eingeschränkt unterricht wird.

114 Die unter A, B und C angegebenen Optionen der Anpassung sind Ergebnis der Interviewauswertungen und hier synthetisiert.

beiten müssen. Neben diesen individuellen arbeitsinhaltlichen Zeitpraxen ergeben sich strukturell noch weitere Konsequenzen für arbeitsinhaltliche Zeitpraxen und Zeitstrukturen, dadurch, dass die Lehrerinnen und Lehrer an verschiedenen Konferenzen wie Zeugnis-, Fach- und Klassenkonferenzen teilnehmen müssen.

c) Lehrer/innen können oder müssen sich an andere Schulen versetzen lassen, weil ihre Fächer dort unterrichtet werden. Hier könnten sie auf eine Reduzierung des Lehrdeputats eventuell verzichten, allerdings müssen die arbeitsinhaltlichen Zeitpraxen unter neuen interpersonellen und organisationalen Rahmenbedingungen neu ausgestaltet werden. Gleichermaßen können hiermit Anpassungsleistungen an die außerberuflichen familialen Familienarrangements verbunden sein.

Lehrerinnen und Lehrer können selbst entscheiden, wie sie ihre arbeitsinhaltlichen Zeitpraxen an die organisationalen und außerorganisationalen familialen Anforderungen anpassen. Allerdings kann festgehalten werden, dass die Gründe für eine Anpassung an organisationale zeitstrukturelle Bedürfnisse aus einem komplizierten und sensiblen Geflecht von individualisierten Zeitpraxen, organisationalen und außerorganisationalen Zeitstrukturen sowie individualisierten Zeitkonzeptionen zu finden sind, die den außerberuflichen Lebensbereich implizieren.

Die arbeitsinhaltlichen Zeitpraxen werden individualisiert ausgebildet und vor dem Hintergrund innerschulischer und außerschulischer Handlungslogiken im Kontext der je spezifischen Zeitkonzeption legitimiert. Dieser Umstand in der Arbeitsorganisation von Lehrer/innen wird prognostizierend nicht dazu führen, dass vergleichende und transparenzfördernde Formen der Arbeitsorganisation erfolgreich umgesetzt werden, um eine Standardisierung arbeitsinhaltlicher Zeitpraxen herbeiführen. Zumindest solange nicht, wie es die räumliche Trennung von innerschulischer und außerschulischer Arbeitzeit aufrechterhalten wird. Das ist insofern interessant, weil Lehrerinnen und Lehrer in den Interviews eine klarere Arbeitszeitstruktur fordern und dieses durch die Ergebnisse der berufsbiographischen Belastungsforschung eingefordert wird.[115]

Der Verbindlichkeitsgrad von Zeitstrukturen entscheidet über den Einfluss von Zeitkonzeptionen auf die Zeitpraxen. Ist er hoch, sind die Zeitstrukturen allgemein anerkannt und legitimiert. Sind die Zeitstrukturen ausreichend als verlässliches Bezugs- und Ordnungssystem, werden Zeitkonzeptionen weniger bedeutend, weil sie den Handlungsspielraum der Lehrerinnen und Lehrer nur begrenzt erweitern. Existieren kaum verlässliche Zeitstrukturen oder ist der Verbindlichkeitsgrad

[115] Vgl. hierzu ausführlich Kapitel 1.2.

dieser gering, werden Zeitkonzeptionen zur Bewertung von Zeitpraxen wichtiger, da sie das zeitliche Bezugssystem ergänzen.

3.2.2. Operationalisierbarkeit der eigenen Arbeit – Zeitpraktische Strategien zur arbeitsinhaltlichen Zeitstrukturierung

Die Intransparenz des eigenen Arbeitsauftrages wird durch die Lehrerforschung weitestgehend bestätigt (vgl. Schönwälder 1993; Hübner/Werle 1997, Gerding 1999, 2000) und mit den einschränkenden Forderungen auf die eigentliche Tätigkeit des Lehrens als berufsidentitätsstiftendes Element verknüpft (vgl. Carle 1997).

Für eine zeitsoziologische Arbeit sind diese unklaren Rahmenbedingungen der Arbeitsorganisation und den hieraus entstehenden arbeitsinhaltlichen und nicht-arbeitsinhaltlichen Zeitkonstruktionen von besonderem Interesse, weil sich über die Operationalisierungsstrategien der Lehrerinnen und Lehrer zeitliche Konstruktionsmuster ableiten lassen, die wiederum erklären können, warum sich arbeitsinhaltliche Zeitpraxen im Lehrberuf so unterschiedlich in ihrer zeitlichen Ausgestaltung abbilden lassen. Hierdurch wird möglicherweise erklärbar, wieso Instrumente, die zu einer Standardisierung in der Arbeitszeit von Lehrerinnen und Lehrern führen können, bisher erfolglos waren.

Es wird vermutet, dass es die Chancen zeitlicher Selbstausbeutung einerseits, aber auch die Realisierung von Zeitautonomien andererseits sind, die durch einen nicht operationalisierbaren Arbeitsauftrag und den damit verbundenen unklaren Arbeitszeitstrukturen den Rahmen bilden, in dem sich die Operationalisierungsstrategien herausbilden. Woran orientieren sich Lehrerinnen und Lehrer? Sind es die organisationalen Zeitstrukturen oder vielmehr ihre individuellen Zeitkonzeptionen, an denen sie sich bei der Umsetzung von Operationalisierungsstrategien orientieren? Orientieren sie sich auch hier an zeitökonomischen Rationalitäten? Können Arbeitsinhalte zu zeitlichen Regulativen werden und damit die arbeitsinhaltlichen und nicht-arbeitsinhaltlichen Zeitpraxen der Lehrerinnen und Lehrer legitimieren?

Die Arbeitszeitpraxen, die neben den organisationalen Zeitstrukturen von den Lehrerinnen und Lehrern konstruiert werden, stabilisieren den unklaren – nicht eindeutig operationalisierbaren – Arbeitsauftrag. Die individuellen Strategien können sehr unterschiedlich ausgebildet und umgesetzt werden; sie dienen aber alle dem Ziel, eine individualisierte Transparenz in der eigenen Arbeitsleistung herzustellen. Die eigenen Zeitpraxen der Lehrerinnen und Lehrer werden als Regulativ eingesetzt, indem sie sichtbar gemacht werden. Das bedeutet, dass die Lehrerinnen und Lehrer ihre eigenen beruflichen Handlungen und Aktivitäten reflexiv erarbeiten, indem sie die Dinge, die sie tun, verdeutlichen wollen und in einen zeitlichen Bezugsrahmen setzen.

Die Herstellung einer zeitpraktischen Transparenz, d. h. dass die Lehrerinnen und Lehrer sich bemühen, ihr Handeln bezogen auf die arbeitsinhaltlichen Zeitkonzeptionen in einen zeitlichen Bezugsrahmen zu bringen, als eine mögliche Operationalisierungsstrategie stößt auf individuelle Rahmenbedingungen und Strategien in der Konstruktion; dadurch sind zeitpraktische Transparenzen eher unterschiedlich zu bewerten und können nur begrenzt herangezogen werden, um die arbeitsinhaltlichen Zeitpraxen der Lehrerinnen und Lehrer insgesamt zu vergleichen.

In den Interviews erwähnen alle Befragten Probleme bei der Herstellung regenerativer und arbeitsinhaltlicher Zeiten, wenn es sich um die Zeitpraxen außerhalb der Schulen handelt; meistens im Zusammenhang mit subjektiven Belastungen im Berufsalltag. Durch das Fehlen eines eindeutigen „objektiv" festgeschriebenen Arbeitsauftrages durch den Arbeitgeber stehen Lehrerinnen und Lehrer aus zeitsoziologischer Perspektive vor dem Problem, entlang eigener arbeitsinhaltlicher Präferenzen und organisationaler Notwendigkeiten ihre Zeiten zu konstruieren. Diese Konstruktionsleitungen werden durch verschiedene individualisierte Arbeitszeitkonzeptionen und individuelle Operationalisierungsstrategien beeinflusst. Individualisierte Zeitkonzeptionen bewegen sich zwischen durch das Fach definierten arbeitsinhaltlichen Ansprüchen

> Was ich auch viel nebenher mache, das mache ich einfach auch gern, deswegen realisiere ich es vielleicht gar nicht so, ist immer informiert zu sein über Zeitgeschehen und dann mache ich auch viele Dinge, die so aktuell sind, manches Geschichtliches auch, also ich lese Zeitung und schneide mir immer Artikel aus dazu und wenn ich irgendwo Material sehe, das ich gut finde, das ich gebrauchen kann, dann besorge ich mir das und organisiere mir das. Das gehört auch dazu. F2, I12, 292-302

und selbstdefiniertem Engagement im Beruf:

> Ich gehe auch gerne mal, aber das ist dann auch schon wieder so in Richtung,, kann ich das für die Schule gebrauchen, dass ich in ganz bestimmte Theaterstücke gehe oder mir Puppenspiele im Theater angucke so im Hinblick darauf, kann ich da irgendwie Anregungen kriegen, für den Job dann wieder. Dass ich dann auch abends auch mal alleine ins Theater gehe, wenn das so Sachen sind, die meine Familie nicht interessiert. F2, I14, 1156-116

Wie in dieser Interviewpassage deutlich wird, dienen selbstdefinierte arbeitsinhaltliche Ansprüche dazu, arbeitsinhaltliche Zeitpraxen zu definieren und damit das eigene Tun im Sinne einer arbeitsinhaltlichen Zeitkonzeption zu legitimieren. Die zeitlichen Bedürfnisse dieser Lehrerin, die ihre Arbeitszeit auch in Theatern verbringt, um dort Anregungen und Ideen für ihre berufliche Tätigkeit abzuleiten, werden auch entlang zeitlicher Bedürfnisse ihrer eigenen Familie konstruiert und legitimiert. Wenn die Familie Interesse hat, mit ins Theater zu kommen, dann ist die verwendete Zeit im Theater Familienzeit und somit außerberufliche Zeit. Hat die Familie kein Interesse ins Theater zu gehen, wird diese Zeitpraxis der Lehrerin als arbeitsinhaltliche Arbeitszeit definiert. Zeitpraktisch unternimmt diese Lehrerin dasselbe, je nach Kontext definiert sie es zu einer familialen oder einer beruflichen Zeitpraxis. Damit bildet sie die Operationalisierungsstrategien arbeitsinhaltlicher Zeitpraxen aus, indem sie diese in ihre individualisierten Zeitkonzeptionen integriert und ihre Zeitpraxen besetzt.

Die beschriebene Intransparenz in den arbeitsinhaltlichen Zeitpraxen der Lehrerinnen und Lehrer spiegelt sich im Antwortverhalten der Befragten; kaum eine Lehrerin oder ein Lehrer geben konkret an, was sie eigentlich wann wie machen. Sie sind in der Beschreibung der Tätigkeiten diffus; sie versuchen allerdings, eine zeitliche Zuordnung als Operationalisierungsstrategie zu leisten:

> Das sind so Kleinigkeiten, wo man sagt, das dauert alles keine Zeit, das geht alles so im Vorbeigehen. F2, I4, 679-681

Andererseits können aber auch Intransparenzen in den eigenen arbeitsinhaltlichen Zeitpraxen hergestellt werden, indem die Lehrerinnen und Lehrer entlang ihrer eigenen Tätigkeiten eine zeitliche Zuordnung ableiten:

> Das mache ich irgendwie. Ich weiß am nächsten Morgen, was ich mache, und dann läuft das. Das ist aber nicht so, dass ich das messen könnte. Geht gar nicht. F2, I8, 647-651

Die Rekonstruktion der eigenen Arbeitsinhalte findet bei der Anwendung beider Strategien nur begrenzt statt; die eigene zeitkonzeptionelle Zuordnung arbeitsinhaltlicher Zeitpraxen dienen beide dem Ziel, die eigene Arbeitszeit zu operationalisieren. Entweder geschieht das über eine individualisierte Reflexivität der eigenen arbeitsinhaltlichen Zeitpraxen oder über die individuelle Reflexivität der eigenen Zeitkonzeptionen. Im Berufsalltag können diese Strategien sehr unterschiedliche zeitpraktische Auswirkungen haben:

> Und dann mache ich das, aber das ist natürlich hart, dann gehe ich noch mal so um fünf schlafen für nur noch eine Stunde, aber man ist trotzdem fertig am nächsten Tag. Also die letzten fünf Jahre habe ich das sehr, sehr oft gemacht, bestimmt zweimal die Woche, aber so im letzten Jahr habe ich versucht, das ziemlich abzustellen. Wenn Du schon Teilzeit hast, musst du irgendwie auch in der Hinsicht mal ein bisschen was davon haben. F2, I12, 680-688

Unklare arbeitsinhaltliche Zeitstrukturen können wie im Fall dieser Lehrerin dazu führen, dass die arbeitsinhaltlichen Zeitpraxen in der Nacht konstruiert werden. Auf der Ebene der arbeitsinhaltlichen Zeitpraxen erklärt sie ihr Handeln dahingehend, dass für sich auf der Ebene der Zeitstrukturen – nämlich am nächsten Tag – arbeitsinhaltliche und nicht-arbeitsinhaltliche Zeitstrukturen eindeutig hergestellt hat, denn sie kann für sich die zeitpraktische Entscheidung treffen, am nächsten Tag mit ihrer Arbeit fertig zu sein. Ihre Zeitpraxen orientieren sich an den eigenen Zeitkonzeptionen, die ihre Arbeitszeitreduzierung berücksichtigen. Dabei setzt sie für sich eine zeitökonomische Rationalität um. Diese Strategie wählen auch andere Lehrerinnen und Lehrer, wie die Aussage dieses Lehrers zeigt:

> Also ich glaube nicht, dass ich jetzt mehr arbeite von der Stundenzahl her als jemand anderes im öffentlichen Dienst mit der Teilzeitreduzierung wie ich. Ich glaube allerdings auf der anderen Seite auch nicht, dass ich weniger an Stunden arbeite. Kann natürlich sein, dass die Ferien sämtliche Ferien bis auf die Sommerferien, da habe ich mich also auch mit Arbeit immer eingedeckt, weil ich vieles, was manche Kollegen auch in der Schulzeit schaffen und machen, das schaffe ich dann nicht. F2, I4, 1245-1254

Arbeitszeitreduzierung im Lehrberuf beinhaltet zeitpraktische und zeitstrukturelle Unklarheiten, da die Arbeitszeitreduzierung nur die Anzahl der zu unterrichtenden Stunden in der Schule und die sich aus der Umsetzung organisationaler Zeitpolitiken wie verringerte Teilnahme an Konferenzen etc. ergebene organisationale Zeitstrukturen umfasst.

Auf der Ebene der Arbeitszufriedenheit und der eigenen arbeitsinhaltlichen Ansprüche in diesem Beruf lassen sich entlang verschiedener Zeitebenen zeitstrategische Überlegungen ableiten, die sich in den zeitlichen Konstruktionsprozessen der Lehrerinnen und Lehrer ausdrücken. Hierzu sagt eine Lehrerin:

> Ich muss unbedingt mal wieder in die Oberstufe, ich verblöde komplett. Jetzt hat man zwar die Herausforderung, das ist also wirklich angenehm und wunderschön in der Oberstufe, aber ich hab mehr oder weniger kein Wochenende mehr, weil Oberstufenarbeit zu korrigieren, ist also wirklich sehr aufwändig und ich merke, dass ich viel, viel, viel weniger Zeit habe und dass ich jetzt sage, okay, nach den drei Jahren ein Durchgang Oberstufe muss ich sowieso wieder eine Fünf übernehmen und dann mache ich mir wieder zwei schöne Jahre. F2, I5, 411-420

Sie entwickelt ihre Operationalisierungsstrategie, in dem sie zwei Ebenen verbindet: Die eine Ebene stellt sie über den Vergleich der arbeitsinhaltlichen Zeitpraxen und ihr abgeleiteter Zeitumfang bezogen auf die für sie verbleibende Restzeit her, die sie nicht-arbeitsinhaltlich nutzen konnte. Die andere Ebene folgt einer zeitökonomischen Rationalität, in dem sie für sich entlang der Zeitstruktur einer Normal-Erwerbsbiographie eindeutige Zeitstrukturen wie das Wochenende ableitet. Hierdurch versucht sie für sich eine arbeitsinhaltliche und nicht-arbeitsinhaltliche Transparenz herzustellen und damit ihre Zeitpraxen zu operationalisieren. Sie selbst muss das gelungene Verhältnis arbeitsinhaltlicher Zeitpraxen gegenüber organisationalen Zeitstrukturen im Sinne ihrer eigenen Zeitkonzeptionen herstellen.

Die Verantwortung über die Ausgestaltung und Umsetzung von Operationalisierungsstrategien liegt nicht nur bei den Lehrerinnen und Lehrern, sondern sie werden auch im Zusammenspiel mit den Zeitpraxen anderer Personen entwickelt.

> Wenn ich an die vielen Stunden denke, die ich allein schon seit den Sommerferien vertelefoniert habe mit Eltern, die auch nicht darauf achten, ob Sonntag ist, die auch Sonntag morgens um neun Uhr hier anrufen und irgend wann abends um acht oder um neun, oder um zehn sich hier melden, da ist es völlig egal, die rufen also an, wann sie wollen. F2, I14, 584-590

Diese Lehrerin beschreibt, dass die Eltern ihrer Schülerinnen und Schülern keine Rücksicht darauf nimmt, an welchem Wochentag oder um welche Uhrzeit sie sich bei ihr melden. Damit kann sie die Verantwortung über das Versagen außerschulischer arbeitsinhaltlicher Zeitstrukturen mit anderen Personen teilen, denn hier entscheidet nicht nur sie, sondern sie ist selbst integraler Bestandteil der Operationalisierungsstrategie anderer. Dass andere Personen die für sie im Sinne der Zeitkonzeption der Lehrerin geltenden Zeitstrukturen wie ein freies Wochenende etc. nicht akzeptieren, ist aber wiederum durch das Handeln der Lehrerin selbst zu erklären, denn sie führt zu einem anderen Zeitpunkt im Interview weiter aus:

> Ganz viel Telefonate mit Eltern, auch an den Wochenenden, wenn Eltern Probleme haben. Die wissen auch, dass sie mich jederzeit anrufen können. F2, I14, 256-259

Die individuelle Selbstzuschreibung und die damit verbundene Zeitkonzeption der Lehrerin verdeutlichen die Konsequenzen für sie und die Optionen in den Zeitpraxen der Eltern, die ihre Zeitpraxen an ihre eigenen zeitpraktischen Bedürfnisse anpassen können. Da bei den Eltern der Schülerinnen und Schüler die zeitstrukturellen Anpassungsleistungen genauso gelten wie für diese Lehrerin, wird sie selbst ihre nicht-arbeitsinhaltlichen Zeitstrukturen gegenüber anderen nur durchsetzen können, wenn sie diese nicht durch ihre eigenen Zeitpraxen wiederum in Frage stellt. Die Ambivalenz von arbeitsinhaltlichen Zeitpraxen und individualisierten Zeitkonzeptionen, die sich in den eigenen beruflichen Ansprüchen abbilden, müssen in die Operationalisierungsstrategien der Lehrerin eingebunden sein, damit sie als Teil dieser Strategien im Sinne dieser Strategien genutzt werden können. Sonst würde diese Lehrerin danach fragen, wieso sie es nicht schafft, ihre eigenen Zeitstrukturen durchzusetzen und erkennen, dass sie einerseits durch ihre eigenen Zeitpraxen dazu beiträgt.

Die gewünschte Transparenz in der eigenen arbeitsinhaltlichen Zeitstruktur wird aber nicht nur durch die Zeitpraxen anderer Personen permanent in Frage gestellt, sondern auch durch die räumlichen Arbeitsbedingungen der Lehrerinnen und Lehrer und ihren Einfluss auf die Umsetzungsstrategien dieser:

> In der Schule kann man im Grunde nicht arbeiten, da haben wir keinen Arbeitsplatz. Wir sind ja auch ungefähr hundert Kollegen, ich weiß jetzt nicht, ein paar achtundneunzig, oder hunderteins, das wechselt ja immer ein bisschen und die sind in zwei Lehrerzimmern und die sind auch noch verbunden, da ist doch ganz klar, wie sollen sie da arbeiten. Wenn ich wirklich mal versuche, irgendeinen Test nachzugucken, oder so, das wird ein Desaster. Und früher war es so, wir hatten eine Bibliothek und die war früher wirklich eine Bibliothek, und während des Unterrichts kam da keiner rein oder mal eine Gruppe, die da arbeiten wollte. Kam aber selten vor. Und jetzt ist das mittlerweile also ein Videoraum, gerade jetzt ist es furchtbar, hast zwei Freistunden, ich habe mich gerade ausgebreitet und angefangen, kam eine Klasse rein, wollte Video gucken. Da packe ich wieder alles ein, gehe runter in das Lehrerzimmer und vertue Zeit. F2, I10, 358-391

Die arbeitsinhaltlichen Zeitpraxen der Lehrerinnen und Lehrer in der Schule werden im beruflichen Alltag durch die organisationalen Zeitinstitutionen und –strukturen bestimmt und bestimmen wiederum diese. Dieser Wirkungszusammenhang wird durch fehlende ruhige Arbeitsräume eingeschränkt, denn die arbeitsinhaltlichen Zeitpraxen können nur begrenzt konstruiert werden und damit werden Operationalisierungsstrategien verhindert. Allerdings kann die Anwendung dieser Strategien auch realisiert werden, wenn die Konstruktion von arbeitsinhaltlichen Zeitpraxen verhindert werden. Über die räumliche Zuordnung der Zeitpraxen können unabhängig von ihren im Sinne einer arbeitsinhaltlichen Zeitkonzeption geleistete Inhalte hergestellt werden. Damit sind die Operationalisierungsstrategien optional. Dadurch können aber weiterhin die individualisierten arbeitsinhaltlichen Zeitpraxen im Sinne der eigenen Zeitkonzeptionen umgesetzt werden.

> Man unterhält sich mit Kollegen, aber man kann sie eben nicht nutzen. Die ersten Gesamtschulen, wir haben ja auch Kollegen gewarnt in der Schule, dann ist es auch was anderes, dann kann man wirklich die Freistunden nutzen. Dann hätte ich dagegen gar nichts, dann fände ich das sogar gut, dann hätte man immer so ein bisschen Erholungspausen, würde an den Schreibtisch gehen und dann wäre man ja auch zu Hause fertig. Also mir wäre zum Beispiel Schule viel lieber gewesen, immer von acht bis vier oder so und danach hat man auch nicht viel zu tun. F2, I10, 358-391

Die arbeitsinhaltlichen Zeitpraxen der anderen Kolleginnen und Kollegen verhindern bei dieser Lehrerin, dass sie ihre arbeitsinhaltlichen Zeitpraxen und damit eine für sie sinnvolle Verwendung der arbeitsinhaltlichen Zeitstrukturen, die sie an der Schule verbringt, umsetzen kann. Die Kolleginnen und Kollegen sind für das Scheitern der eigenen arbeitsinhaltlichen Zeitpraxen in diesem Fall verantwortlich, weil sie wiederum durch ihre eigenen arbeitsinhaltlichen Zeitpraxen in entscheidender Weise daran beteiligt sind, dass die arbeitsinhaltlichen Zeitpraxen anderer Lehrerinnen und Lehrer im Sinne ihrer Zeitkonzeptionen nicht umgesetzt werden können. Damit wird das Scheitern von Operationalisierungsstrategien und die Zunahme arbeitsinhaltlicher Intransparenzen kollektiv hergestellt. Unklare arbeitsinhaltliche Zeitpraxen werden damit indirekt in den außerschulischen und damit in den individualisierten Bereich der Arbeitsorganisation verlagert und in die Verantwortung der Lehrerinnen und Lehrer selbst gelegt.

Arbeitsinhaltliche Intransparenzen können über Operationalisierungsstrategien aufgelöst werden. Diese werden über die Einbindung in die individualisierten Zeitkonzeptionen entlang zeitökonomischer Rationalitäten integriert, die sich an Normalerwerbsbiographien orientieren. Hierbei werden sie entsprechend ihrer Kontextbedingungen im Sinne der gerade geltenden Operationalisierungsstrategie umdefiniert.

Diese sind aber so angelegt, dass sie den Lehrerinnen und Lehrer, dass sie immer arbeitsinhaltliche Zeitpraxen herstellen und das eigene Handeln legitimieren könn(t)en.. Innerschulisch sind organisationale Rahmenbedingungen wie Arbeitsplätze, Ruheräume etc. entscheidend, ob sich im Zusammenspiel der arbeitsinhaltlichen Zeitpraxen anderer Kolleginnen und Kollegen individualisierte Arbeitszeitkonzeptionen erfolgreich umsetzen lassen. Inwieweit die arbeitsinhaltlichen Zeitpraxen der anderen Lehrerinnen und Lehrer innerhalb einer Schule die konkrete Ausgestaltung der individualisierten Arbeitszeitpraxen beeinflussen, wird im nächsten Kapitel analysiert.

3.2.3. Interpersonelle Leistungsbewertung: (In)Transparenzstrategien arbeitsinhaltlicher Zeitpraxen und -strukturen

Die Strategie der interpersonellen Leistungsbewertung wird in der Lehrerforschung als Regulativ der Arbeitsorganisation und der Operationalisierung von Arbeitsaufträgen und Zielformulierungen genannt (vgl. Rolff 1995; Hübner/Werle 1997). Hierunter wird der Austausch über Arbeitsinhalte und Arbeitsorganisation der einzelnen Lehrerinnen und Lehrer mit ihren Kolleg/innen verstanden. Bisher ist diese Strategie nicht institutionalisiert; das hängt von der einzelnen Lehrperson ab. Lehrpersonen sind in besonderer Weise ‚Einzelarbeiter'. Hans Günther Rolff (1995) stellt fest, dass es diese Art der Einzelarbeit in kaum einem anderen akademischen Bereich gibt[116]. Wenn man die Arbeitsorganisation und die Arbeitszeit im Lehrberuf untersucht, wird deutlich, dass sich Lehrerinnen und Lehrer um die Entwicklung von Strategien und ihrer Umsetzung bemühen, die eine arbeitsinhaltliche Transparenz in ihren arbeitsinhaltlichen (und nicht-arbeitsinhaltlichen) Zeitpraxen und möglicherweise Zeitstrukturen verdeutlichen. Diese wurden in allen Interviews in unterschiedlichen Fragekontexten genannt. Ziel dieses Kapitels ist es, die Arbeitsorganisation und ihre Ausgestaltung arbeitsinhaltlicher Zeitpraxen und -strukturen entlang interpersoneller Leistungsbewertungsstrategien zu analysieren. Aus der Lehrerforschung ist bekannt, dass das Kollegium hier eine besondere Rolle spielt und zur Ausgestaltung eigener arbeitsinhaltlicher Zeitstrukturen als Regulativ in Form der interpersonellen Leistungsbewertung herangezogen wird. Eine Lehrerin sagt:

[116] Die Lehrperson steht zumeist allein vor den Schüler/innen. Das Gefüge von Lehr- und Stundenplan bestimmt die Arbeitsteilung und hat Einfluss auf die möglichen Kooperationszusammenhänge. Es legt nicht nur die Trennung von Lehrtätigkeit und Leitungsfunktion (vertikale Kooperation) fest, sondern definiert auch die Zuteilung der Lehrstoffe nach der Reihenfolge der Inhalte, nach Fächern und Jahrgang sowie die Zuordnung der Fachlehrer/innen (horizontale Kooperation) (vgl. Rolff 1995).

> Aber man hat danach den Eindruck, okay, das was du gemacht hast ist, ist doch nicht so völlig verkehrt. Die anderen machen es genauso oder ähnlich oder an der Stelle besser, dann übernimmt man, oder man kriegt auch mal ein Lob, hör mal, da auf die Idee bin ich noch nicht gekommen. F2, I5, 520- 526.

Generell wird dem Kollegium eine besondere Rolle im beruflichen Alltag von Lehrerinnen und Lehrern zugewiesen. Alle Befragten äußerten sich an mehreren Stellen in den Interviews über die Beziehungen zu anderen Kolleginnen und Kollegen im Zusammenhang mit der beruflichen Zufriedenheit und subjektiven Einschätzung der schulischen Arbeitszusammenhänge. Hierzu eine Lehrerin:

> Also das Klima im Kollegium das ist also auch für mich einer der wichtigen Faktoren, warum ich also nach wie vor eigentlich relativ gerne an der Gesamtschule bin. Es ist wirklich das Klima im Kollegium und die Hilfsbereitschaft untereinander, die also wirklich gut ist. F2I2, 27-31[117]

Das Kollegium wird nicht nur auf der psychosozialen Ebene von den befragten Lehrerinnen und Lehrern in seiner regulativen Funktion geschätzt, sondern darüber hinaus übernimmt es zeitpraktische Regulierungsfunktionen, die helfen, unklare arbeitsinhaltliche Zeitpraxen transparenter zu machen und darüber die eigenen individualisierten arbeitsinhaltlichen Zeitpraxen und –strukturen zu legitimieren. Diese zeitpraktische Regulierungsfunktion kann auch entlang schulischer Zeitstrukturen wie dem Lehrdeputat und den zu leistenden Unterrichtsstunden als Abgrenzungsstrategie gegenüber den arbeitsinhaltlichen Zeitpraxen anderer Kolleginnen und Kollegen herangezogen werden. Hierzu äußert sich eine Lehrerin wie folgt:

> Mir passiert es oft, dass ich mich ärgere, dass die Kollegen, die, ich weiß nicht wie sie ihren Unterricht machen, vielleicht sind sie auch perfekt, aber die nebenbei noch sehr, sehr viel machen und sehr viel Zeit investieren oder Zeit haben, sich da zu profilieren, was meiner Einschätzung nach, was ich so mitkriege, oft zu Ungunsten des Unterrichts ist und das ist ein Ungleichgewicht. F1, I6, 586-591

Die interpersonelle Regulierungsfunktion ist paradox, denn obwohl der unklare Arbeitsauftrag und damit die Intransparenzen in den eigenen arbeitsinhaltlichen Zeitpraxen als belastend empfunden werden und die eigenen entlang der arbeitsinhaltlichen Zeitpraxen der Kolleg/innen bewertet werden, werden doch in der Beurteilung und Bewertung der anderen arbeitsinhaltlichen Zeitpraxen die eigenen als Regulierungs- und Bewertungsinstanz herangezogen.

Individualisierte Intransparenzen der arbeitsinhaltlichen Zeitpraxen legitimieren sich über ihren kollektiven Charakter. Allerdings führen interpersonelle Leistungsbewertungen nicht nur zu einer Transparenz in den arbeitsinhaltlichen Zeitpraxen und fördern hier die Operationalisierung eines nicht eindeutig festgelegten

117 Vgl. auch: F2, I2, 820-831.

Arbeitsauftrag, sondern sie können zu einer Verdichtung arbeitsinhaltlicher Zeitpraxen führen, indem sie über das Instrument der sozialen Kontrolle arbeitsinhaltliche Zeitpraxen der anderen in Frage stellen. Hierdurch können in dem reflexiven Verhältnis von individuellen Zeitkonzeptionen und individualisierten Zeitpraxen Entscheidungen über die Reduzierung des Lehrdeputats in ihrer Grundsätzlichkeit angezweifelt werden. Diese Ambivalenz des Verhältnisses von Kolleginnen und Kollegen untereinander beschreibt eine Lehrerin so:

> Also ich für meine Begriffe habe immer so das Gefühl, als Teilzeit irgendwo nur so Zweitlehrer zu sein. Also nicht mehr so als volle Kraft angesehen zu werden. Ich mache meine Arbeit, voll und ganz, ich habe bewusst auf die Reduzierung meines Gehaltes verzichtet, habe ich akzeptiert und ich mache meine Arbeit. Ganz normal. Ich mache meine Stunden, vielleicht manchmal besser als manch anderer Lehrer, weil ich vielleicht einfach auch an die Sache rangehe mit ein bisschen mehr Nerven, denn wenn ich sehe, mit voller Stelle, was das heutzutage für eine nervliche Belastung ist, halte ich das also für nicht fair so abgewertet zu werden. Du mit deiner Teilzeit. F2, I13, 939-954[118]

Ein reduziertes Lehrdeputat und die damit verbundenen Auswirkungen auf die arbeitsinhaltlichen Zeitpraxen und –strukturen in der Arbeitszeit von Lehrerinnen und Lehrern bleiben unklar und sind nicht eindeutig. Auf der interpersonellen Ebene werden die Auswirkungen eines reduzierten Lehrdeputats nicht akzeptiert, denn darüber wird eine Zusammenhang von arbeitsinhaltlichen Zeitstrukturen auf arbeitsinhaltliche Zeitpraxen festgeschrieben, der dazu führen kann, dass arbeitsinhaltliche Zeitpraxen auf der Grundlage organisationaler Zeitstrukturen transparenter werden. Dieser Zusammenhang schränkt die „Freiheiten" in der Ausgestaltung und in den Anpassungsoptionen an eigene arbeitsinhaltliche und nicht-arbeitsinhaltliche Zeitpraxen ein, dass die interpersonelle Leistungsbewertung als Regulativ individualisierter arbeitsinhaltlicher Zeitpraxen in der Ausgestaltung keine Wirksamkeit entfalten kann, weil diese immer im Wechselverhältnis von individualisierten Zeitpraxen und –strukturen sowie den je spezifischen individualisierten Zeitkonzeptionen herausgebildet wird. Auf der Ebene der Zeitkonzeptionen kann diese Form der Regulation integriert werden, aber selbst hier entscheiden die Lehrer/innen im Kontext der jeweiligen Situation, wie diese angewendet werden.

Diese kollegialen Kontexte reproduzieren das organisationale Leitbild und die hiermit verbundenen zeitlichen Ansprüche an die Lehrerinnen und Lehrer. Dieses geschieht auf der Ebene der Interaktionen, hierdurch reproduziert und in seiner normativen Kraft restabilisiert.

> Ich denke einfach so im Kollegenkreis gibt es sicherlich eine ganze Menge Kollegen, die sagen, ihr mit eurer halben Stelle, ihr habt es gut. Ich hätte auch gerne eine halbe Stelle und brauchte dann nicht so viel zu tun. Diese Haltung, man ist nicht voll da, wenn man eine halbe Stelle hat;

118 Vgl. auch: F1, I7, 407-428.

> man ist zwar beschäftigt, aber eigentlich nicht so, mit vollem Einsatz wie es halt bei einer vollen Stelle ist. F2, I14, 938-945

Gleichzeitig ist das Kollegium in seiner restabilisierenden Funktion interessant, als es die arbeitsinhaltlichen Zeitpraxen und –strukturen der einzelnen Lehrerinnen und Lehrer in Konkurrenz zueinander setzt. Damit wird die interpersonelle Leistungsbewertung durch das Kollegium selbst wiederum in seiner Funktion restabilisiert, weil es somit die intransparenten arbeitsinhaltlichen Zeitpraxen in Frage stellt. Hierzu äußert sich eine Lehrerin wie folgt:

> Ja, man ist immer ja nur die Teilzeitkraft, das ist immer wieder zu sehen. Du machst ja keine Vollzeit, du hältst das gar nicht durch. So in dem Stil. F1, I6, 392-394

Den Kolleginnen und Kollegen, die mit einem teilreduzierten Lehrdeputat an den Schulen unterrichten, werden von den anderen Lehrerinnen und Lehrern nur bezogen auf ihre arbeitsinhaltlichen Zeitstrukturen bewertet. Die arbeitsinhaltlichen Zeitpraxen spielen aber auf der Bewertungsebene dessen, was als arbeitsinhaltlich definiert wird, eine untergeordnete Rolle. Das ergibt sich aus dem Zusammenwirken von Intransparenzen in den arbeitsinhaltlichen Zeitpraxen und der zeitpraktischen Unwirksamkeit aufgrund der Logik interpersoneller Leistungsbewertung durch die Kolleginnen und Kollegen selbst.

Somit werden die Konkurrenzen auf der Ebene der arbeitsinhaltlichen Zeitstrukturen konstruiert, denn hier sind die Arbeitsinhalte transparent.

> Was ich dringend für notwendig halte, ist, dass zum Beispiel Korrekturfächer stärker bewertet werden, also von der Stundenentlastung her. Das ist die Diskussion. Hatten wir gerade auch noch im Lehrerzimmer, weil wir wirklich viel mehr zu tun haben als so ein Sport-Erdkundelehrer. F2, I5, 916-925

Es ist aber nicht nur die Höhe des Lehrdeputats entscheidend, sondern ebenso die zu unterrichtenden Fächer. Diese werden als Leistungsgarant und damit zur individualisierten Leistungsbewertung herangezogen. Denn je Fach ist der verbundene Arbeitsaufwand, der sich in den außer- und innerschulischen arbeitsinhaltlichen Zeitpraxen ausdrückt, ganz unterschiedlich: Abhängig von der Häufigkeit der zu schreibenden Klausuren und Korrekturarbeiten, dem Prozesscharakter des Faches/ Sprachen vs. Naturwissenschaften oder Mathematik, Haupt- und/oder Nebenfach etc., kommt es zu einer schulischen und außerschulischen arbeitsinhaltlichen Zunahme in den Zeitpraxen der einzelnen Lehrerinnen und Lehrer. Das führt zu unterschiedlichen Wertigkeiten von Aufgaben und Zuständigkeiten, die dem Umstand, dass es innerhalb der Kollegien zu einer scheinbaren Regulation von unterschiedlichen Zeitpraxen und ihrer Verfestigung in arbeitsinhaltliche Zeitstrukturen kommt, Rechnung tragen.

Damit muss in der Lehrerforschung vielleicht die These der interpersonellen Leistungsbewertung in ihrer Funktion, die Arbeitsorganisation im Lehrberuf zu operationalisieren und hierdurch zu einer eindeutigeren Struktur der Arbeitszeiten zu führen und der damit verbundenen arbeitszeitpraktischen Regulierungsfunktion teilweise verworfen werden, denn die Logik der interpersonellen Leistungsbewertung würde eine Transparenz sowohl in den innerschulischen und außerschulischen arbeitsinhaltlichen Zeitpraxen und –strukturen in der Arbeitszeit von Lehrerinnen und Lehrern voraussetzen. Diese existiert aufgrund des besonderen Charakters der Arbeitsorganisation und ihrer besonderen Rahmenbedingungen nicht, da sich aus den arbeitsinhaltlichen Zeitpraxen im Kontext ihrer je spezifischen Zeitkonzeption keine Transparenzen in Form eindeutigerer Arbeitszeitstrukturen neben denen der organisationalen Zeitstrukturen ableiten lassen.

3.2.4. Kontingenzmanagement: Das Leitprinzip des Alltags

Wie in den Analysen der bisherigen Kapitel zur Arbeitszeit und die Rahmenbedingungen ihrer Konstruktionen gezeigt werden konnte, ist es schwierig, eine Standardisierung und Transparenz in die arbeitsinhaltlichen Zeitpraxen nicht nur innerhalb, sondern auch außerhalb der Schule für die Lehrerinnen und Lehrer herzustellen. Das liegt einerseits an den organisationalen Zeitstrukturen und den hier abgebildeten organisationalen Zeitpolitiken, sondern auch durch an den arbeitsinhaltlichen Zeitpraxen der Lehrerinnen und Lehrer selbst. Es stellt sich nun die Frage, wie es trotz individualisierter Zeitpraxen und organisationaler Zeitstrukturen einen hohen Grad an zeitlichen Kontingenzen gibt, obwohl es auf der einen Seite Strategien von den Lehrerinnen und Lehrern selbst gibt, die einerseits zu einer Transparenz in der Arbeitsorganisation und in den arbeitsinhaltlichen Zeitpraxen, andererseits aber auch durch organisationale Strategien, die zu einer Standardisierung der Arbeitszeit führen können und sollen, aufrecht erhalten bleiben, obwohl sie von den Lehrerinnen und Lehrern als belastend beschrieben werden. Hier schließt diese Arbeit an die Ergebnisse der berufsbiographischen Belastungsforschung in der Lehrerforschung an (vgl. Schönwälder 1998, 1997, 1993), das nämlich genau diese arbeitsinhaltlichen Unklarheiten zu einer besonderen Belastung im Lehrberuf führen (können). Für die Frage nach den Konstruktionsprozessen von Zeit im Lehrberuf ist es daher besonders interessant, aus der Perspektive der Lehrerinnen und Lehrer danach zu fragen, wie sie selbst ihre Zeitpraxen beschreiben und damit die Strategien zu rekonstruieren, weil hierdurch das WIE der Intransparenz beantwortet werden könnte.

In den Interviews der befragten Lehrerinnen und Lehrer wird im Kontext von Arbeitsorganisation und beruflichem Alltag der Begriff der Zufälligkeiten und Unterschiedlichkeiten sehr häufig verwendet. Ein Lehrer beschreibt die Arbeitsorganisation folgendermaßen:

> Das sind ja viele Dinge, die sich so auch aus den Situationen ergeben. F2, I4, 476-477

Trotz der individualisierten und organisationalen Bemühungen, arbeitsinhaltliche Zeitstrukturen festzulegen, ist genügend „Spielraum" für arbeitsinhaltliche (und nicht-arbeitsinhaltliche) Zeitpraxen, die bestehenden Zeitstrukturen und eigene Zeitpraxen in Frage zu stellen. In allen Interviews wurde die Frage gestellt, was ihre Tätigkeiten seien und die Antworten differenzierten vor dem Hintergrund der aktuellen Geschehnisse im Alltag. Es fiel ihnen offensichtlich schwer. Im beruflichen Alltag von Lehrerinnen und Lehrern geschehen immer wieder unvorhersehbare Ereignisse und diese lassen sich im beruflichen Alltag und damit in den arbeitsinhaltlichen Zeitpraxen nur begrenzt berücksichtigen.

Es werden von den Lehrerinnen und Lehrern unterschiedliche Strategien herausgebildet, die diese zeitlichen Unvorhersehbarkeiten integrieren sollen, indem sie in den individualisierten Zeitpraxen berücksichtigt werden. Das erscheint unlogisch. Denn in den Interviews stießen Fragen nach den Arbeitsinhalten und ihrer Arbeitsorganisation in einigen Fällen auf Skepsis. Darüber, dass arbeitsinhaltliche Zeitpraxen im Lehrberuf stark individualisiert sind, können sie sehr unterschiedlich gestaltet sein. Strategien, die diese Unklarheiten in den arbeitsinhaltlichen (und nicht-arbeitsinhaltlichen) Zeitpraxen beseitigen, wurden in den vorherigen Kapiteln aus der Perspektive der Befragten rekonstruiert und analysiert. Obwohl es organisationale und individualisierte sowie kollektive Strategien aus den Interviews herausgearbeitet wurden, gibt es zeitpraktische `Varianzen`, die noch möglich sind und sich in besonderen zeitpraktischen Strategien ausdrücken.

Im Verlauf der Interviews wurden die Lehrerinnen und Lehrern um Einschätzungen und Beschreibungen ihrer eigenen beruflichen Tätigkeiten gebeten. Diese fielen bezogen auf die Zeiten, die sie mit verschiedenen Tätigkeiten verbringen, intransparent aus.

> Stress mit den Schülern, Gespräche mit Schülern. Erzieherische Arbeit, Gespräche mit Eltern. Gespräche mit Kollegen, weil die Schüler in der Klasse von dem und dem Klassenlehrer sind. Auseinandersetzungen mit all diesen betreffenden Mitschülern, Telefonate mit den Eltern, Elternsprechtage, dann diese ganze Unterrichtsvorbereitung, Material suchen, aber: wichtig sind dann wieder diese 45 Minuten. Das ist die Hauptsache. Alles andere ist drumrum und ist Beiwerk. F2, I8, 235-244

Intransparenz bedeutet hier, dass sie keine zeitliche Zuordnung über die „Zeiten", die sie mit verschiedenen arbeitsinhaltlichen Aufgaben verbringen, leisten. Dieser Lehrer verwendet als Transparenzstrategie gegenüber seinen arbeitsinhaltlichen

Zeitpraxen seine organisationalen Zeitstrukturen. Für ihn sind der Unterricht und die dort zu verbringenden 45 Minuten das entscheidende zeitpraktische Regulativ, mit dem er seine eigenen arbeitsinhaltlichen Zeitpraxen herstellt und legitimiert. Damit setzt dieser Lehrer eindeutige Prioritäten bei der Gestaltung seiner Arbeitszeit. Hierüber gelingt es ihm, arbeitsinhaltliche zeitpraktische Defizite zu kompensieren. Denn, so führt er es weiter aus:

> Das kann ich ja mir einteilen, wie ich will. Ich kann mir nachts Gedanken machen, was mache ich, am nächsten Tag. Ich kann mir nachmittags Zeit nehme, mich vorzubereiten, oder in Büchern stöbere, oder gar nichts machen, wie ich auch lustig bin. F2, I8, 223-227

Dass seine arbeitsinhaltlichen Zeitpraxen intransparent bleiben, lässt die Interpretation zu, dass es sich hier um eine verdeckte Legitimationsstrategie nicht-arbeitsinhaltlicher gegenüber arbeitsinhaltlichen Zeitpraxen handelt. Mangelnde Transparenz oder auch bewusste Intransparenz bei der Ausgestaltung arbeitsinhaltlicher Zeitpraxen können die tatsächliche Arbeitszeit unklar lassen, nicht nur für die betroffene Person selbst, sondern auch gegenüber Kolleginnen und Kollegen sowie Familienmitgliedern. Dabei hilft die eindeutige Festlegung auf den Unterricht und die damit verbundene eindeutige organisationale arbeitsinhaltliche Zeitstruktur in Form des Lehrdeputats. Die Intransparenz in den arbeitsinhaltlichen Zeitpraxen kann je nach Beschreibung somit auch als vorteilhaft für die Legitimation des eigenen Handels und den individualisierten Arbeitszeitpraxen sein. Im Umgang mit arbeitsinhaltlichen Kontingenzen und ihre zeitpraktische Umsetzung im beruflichen Alltag von Lehrerinnen und Lehrern existieren aber auch andere Strategien.

Diese können so gestaltet sein, dass man sich mit seinen eigenen arbeitsinhaltlichen Zeitpraxen von den Zeitpraxen anderer abgrenzt, indem man die der anderen für das Scheitern der eigenen arbeitsinhaltlichen Zeitpraxen verantwortlich macht. Das können Schülerinnen und Schüler sein:

> Die sind wirklich schlecht drauf, die sind mit Grund aggressiv, schlimm aggressiv, dann klappt das nicht, was ich mir gedacht habe. Dann muss ich aber trotzdem die 45 Minuten da drin sein, in der Klasse. Da muss ich mir was einfallen lassen. F2, I8, 361-365

oder, wenn die Gestaltungsmacht unterschiedlich perspektivisch eingebunden wird:

> Zeit nehmen für die Schüler, wenn die ein Problem haben, zum Beispiel in der Mittagspause, das passiert also oft, dass einer kommt und möchte dann irgendwas noch klären. Ich denke einfach, der, der zur Gesamtschule geht, weiß auch, dass er mehr Zeit investieren muss. F2, I10, 27-32

Der Unterschied in der perspektivischen Einbindung der Gestaltungsmacht liegt in den individualisierten Zeitkonzeptionen, die für die Lehrerinnen und Lehrer in ihrem beruflichen Alltag die Zufriedenheit oder Unzufriedenheit mit kontingenten Zeitpraxen entscheidend mitgestalten. So können die individualisierten Zeitpraxen vor dem Hintergrund der eigenen Zeitkonzeptionen entweder zugunsten eines arbeitsinhaltlichen Engagements definiert werden oder sie dienen als Erklärung und Abgrenzung gegenüber eigenen und anderen Zeitpraxen, die das Entstehen individualisierter Zeitstrukturen scheitern lassen und somit die Intransparenz der arbeitsinhaltlichen Zeitstrukturen wiederum stabilisieren und unterstützen. Bei der Ausgestaltung von Bewältigungsstrategien, die dem kontingenten Charakter arbeitsinhaltlicher Zeitpraxen entgegen wirken sollen, können auch integrierende Strategien entwickelt werden. Integrierend sind diese Strategien, wenn sie subjektiv in alltagsweltliche, nicht nur arbeitsinhaltliche Kontexte eingebunden werden. Dadurch können die Zeitkonzeptionen von den Lehrerinnen und Lehrern in arbeitsinhaltliche umdefiniert werden und die zunächst nicht-arbeitsinhaltlichen Zeitpraxen erfahren eine arbeitsinhaltliche Umdefinition. Hierzu sagt ein Lehrer:

> Das macht man dann im Auto, weiß ich nicht, beim Fernsehgucken, beim Rasenmähen, beim Spazieren gehen, beim Spülen, beim Aufräumen, irgendwo denkt man, so, das machst du so und so und so. Klappt. Also das ist jetzt nicht so, dass man jetzt immer sich hinsetzt und sagt: so, ich konzentrier mich jetzt und mache jetzt die Vorbereitung. Man ist gerade so ein bisschen dabei. F2, I8, 281-289

Die Konstruktion und Aufrechterhaltung arbeitsinhaltlicher Zeitstrukturen durch den Lehrer wird nicht immer zugunsten einer klareren Arbeitsorganisation geleistet. Wird durch die Analysen und Ergebnisse der berufbiographischen Belastungsforschung der Ruf nach eindeutigeren Arbeitszeitstrukturen in aller Konsequenz gefordert, widersprechen die Zeitpraxen eher dieser Forderung. Der Umstand, dass sie den Grad ihrer individualisierten Arbeitsorganisation nicht immer verringern wollen und zugunsten eindeutigerer Arbeitszeitstrukturen aufgeben wollen, liegt in der Umdefinitionsoption von Zeitpraxen zugunsten arbeitsinhaltlicher Zeitkonzeptionen. Diese können sich aus dem Zusammenspiel beruflicher und außerberuflicher Lebensbereiche ergeben. Entweder über den Kontakt zu den eigenen Kindern,

> Also meine Kinder sind ja gerade in dem Alter vierzehn und abwärts, was ich auch unterrichte, wenn ich höre, was die sich so erzählen, wenn deren Freunde hier aufkreuzen, das ist für mich Unterrichtsvorbereitung. Oder irgendwie alles, was damit zusammenhängt. Was reden die, worüber reden die, was hören die für Musik, das kriege ich alles mit, ich kann aber auch mitreden mit den Schülern. Wenn ich sage, ich frage die mal was das ist, Spiderman schon gesehen und dann hat man also einen ganz anderen Draht. Das ist sicherlich eine entscheidende Sache, die dann nachher wieder wegfällt. Die war vorher nicht, als ich noch keine Kinder hatte, da musste ich mir noch krampfhaft vorstellen bzw. gucken, dass man Kontakt zu Kindern im privaten Bereich hat, weiß ich Geschwister mit Kindern oder so, aber selber hat man das nicht so hautnah. Und das ist eine Sache, die auch die Arbeit erleichtert. F1, I8, 779-795

Denn hier besteht die Möglichkeit, die reproduktiven Aufgaben, die diese Lehrerin leistet, zugunsten von sozialen und kommunikativen Softskills, die sie in ihrem eigenen Unterricht und in ihrer Arbeit als Lehrerin wiederum nutzen kann, in Zeitpraxen zugunsten arbeitsinhaltlich ausgerichteter Zeitkonzeptionen umzudefinieren.

Oder es sind Tätigkeiten, die zunächst nicht als arbeitsinhaltliche definiert werden und in ihrem prozessualen Charakter zu arbeitsinhaltlichen Zeitpraxen umdefiniert werden können.

> Also bei mir ist das so, wenn ich nach Hause komme und muss für den nächsten Tag meinen Unterricht vorbereiten, manches passiert schon beim Bügeln im Kopf, das ich mir so was vorstelle. Was ist morgen? Welche Schüler hast du morgen und was hast du da gestern oder vorgestern gemacht und was schließt sich jetzt an? Und dann gucke ich noch mal in bestimmte Bücher, mache mir gegebenenfalls ein Arbeitsblatt, aber das habe ich neben meiner Arbeit hier vielleicht schon erledigt, so meditativ. Oder ich lese in der Zeitung irgendwas und denke, Mensch das ist es. Den Text, den kannst du morgen nehmen, der ist gut. Also so Abfallprodukte oftmals auch dann. Also das ist nicht so gebunden daran immer am Schreibtisch zu sitzen. Früher habe ich das eher so gedacht, dass ich das so machen muss, aber das ist nicht so. Also für mich ist das auch kein Qualitätsmerkmal. F1, I8, 761-774

Diese Lehrerin erklärt für sich, dass die Arbeit auch im Zusammenhang mit der Konstruktion anderer nicht-arbeitsinhaltlicher Zeitpraxen stattfinden kann. In ihrem Fall findet es in der Familien- bzw. reproduktiven Zeit statt. Sie macht deutlich, dass die Ausbildung arbeitsinhaltlicher Zeitpraxen nicht mit der Konstruktion eindeutiger Arbeitszeitstrukturen stattfinden kann.

Ein weitere wichtige Strategie im Umgang mit den arbeitsinhaltlichen Kontingenzen in den Zeitpraxen der Lehrerinnen und Lehrer können Arbeitskontexte sein, die aufgrund ihrer intersubjektiven Bedeutung berücksichtigt werden, in dem sie als zeitliche „Pufferzonen“ in den Alltag integriert werden. Hierzu äußert sich eine Lehrerin folgendermaßen:

> Die Absprachen zwischen Tür und Angel, sehr wichtig sogar. F1, I6, 94-95

Diese Lehrerin bewertet die interpersonelle Kommunikationen in den arbeitsinhaltlichen Zeitpraxen als kontingent und dadurch für die Transparenz in der eigenen Arbeit und die der anderen als nachteilig, wenn man nicht in diesen Kommunikationszusammenhängen integriert ist. Umgekehrt bedeutet das für die Bewertung dieser kontingenten Kommunikationszusammenhänge, dass der Ausschluss sich zwar positiv auf die arbeitsinhaltlichen Zeitpraxen auswirken kann, weil man mehr Zeit für andere Dinge hätte. Gleichzeitig bedeutet die Nichteinbindung in diese kontingenten Kommunikationssituationen, dass die mikropolitische Einflussnahme auf die eigenen und anderen arbeitsinhaltlichen Zeitpraxen gering ist. Eine eindeutige Festlegung und somit Institutionalisierung eindeutiger transparenter Kommunikationszusammenhänge in arbeitsinhaltliche organisationale Zeitstrukturen, die für alle

Lehrerinnen und Lehrer an den Schulen gleichermaßen verbindlich sind, werden durch diese Kommunikationspolitik behindert und verhindert. Das bedeutet, dass das zeitliche Kontingenzmanagement und die mikropolitische Bewertung durch die Lehrerinnen und Lehrer selbst dazu beitragen, dass eindeutige arbeitsinhaltliche Zeitstrukturen, die transparentere Zeitpraxen fördern könnten, nicht zustande kommen.

Die kontingenten Kommunikationszusammenhänge und ihre Bedeutung für die Aufrechterhaltung intransparenter arbeitsinhaltlicher Zeitstrukturen werden durch andere organisationale „Unvorhersehbarkeiten" ergänzt, die sich sowohl aus den interpersonellen Arbeitszusammenhängen als auch aus den organisationalen Zeitpolitiken in der Stundenplangestaltung ableiten lassen. Hierzu sagt eine Lehrerin:

> Ich bin ja als Fachlehrer sehr viel in Kursen eingeteilt und dann kommt es vor, durch irgendwelche Ursachen, sei es, dass zu viele Kollegen fehlen, sei es, dass zu viele Veranstaltungen nebenbei sind und umgeplant werden muss. Der Stundenplan wird jeden Morgen neu durchgecheckt und auch schon mal umgestellt. Und was ich am meisten liebe, sind wirklich die Tage, man kommt hier her, hat seinen Unterricht vorbereitet und möchte das einigermaßen so machen und dann steht unten, nein, der Kursunterricht fällt weg, jetzt haben wir Klassenunterricht. Sie kommen dann in eine Klasse, von denen Sie vielleicht, wenn Sie Glück haben, ein Drittel kennen aus dem Kurs, den Rest nicht. Und dann sollen Sie zwei Stunden etwas Vernünftiges auf die Beine stellen. Das ist meistens sehr schwer. Sehr schwer. Und das sind Kampfstunden, die ich also häufig frustrierend für beide Seiten empfinde. F1, I6, 172-186

Diese Lehrerin beklagt, dass eine verlässliche Aufrechterhaltung der arbeitsinhaltlichen organisationalen Zeitstrukturen im Stundenplan nicht gewährleistet werden kann. Hierdurch wird die Unterrichtsvorbereitung, die als integraler Bestandteil der individualisierten Arbeitsorganisation und als Teil der organisationalen Zeitstruktur analysiert werden konnte und somit die Transparenz der eigenen arbeitsinhaltlichen Zeitpraxen fördert, durch die organisationalen Kontingenzen angezweifelt. Im Lehrberuf ist die intrinsische Motivation für die individualisierte Arbeitsorganisation umso wichtiger, je geringer der Grad der Operationalisierbarkeit des Arbeitsauftrages ist. Die Verlässlichkeit der organisationalen Zeitstrukturen ist entscheidend für die individualisierten arbeitsinhaltlichen Zeitpraxen. Werden diese wie in diesem Fall in Frage gestellt, können die selbst hergestellten „sensiblen" Zeitstrukturen, die die eigenen Zeitpraxen arbeitsinhaltlicher und nicht-arbeitsinhaltlicher Art legitimieren und hierüber einen entscheidenden Beitrag zur Handlungsfähigkeit der Lehrerinnen und Lehrer haben, die intrinsische Motivation verringern.

Ein Lehrer beschreibt die alltäglichen Strategien, die dazu beitragen können, die arbeitsinhaltlichen Kontingenzen in die Zeitpraxen zu integrieren, folgendermaßen:

> Es gibt keine Strategien, weil die Dinge immer plötzlich passieren und dann auch spontan und schnell behandelt werden müssen. Man muss also relativ schnell reagieren. F2, I3, 167-170

Die Frage nach den Strategien, die die eigene Arbeitsorganisation transparenter und die interpersonellen kontingenten Arbeitszusammenhänge eindeutiger werden lassen, kann auch zu einem „Strategiefatalismus“ führen. Allerdings erfüllt diese Strategie den zeitsoziologisch interessanten Zweck, die unklaren arbeitsinhaltlichen Zeitpraxen zu legitimieren und damit die Entstehung klarerer arbeitsinhaltlicher Zeitstrukturen als unbedeutend einzuschätzen. Abhängig davon, wie sie diese in ihre eigenen Zeitkonzeptionen bewerten, erscheint der Grad der arbeitsinhaltlichen Transparenz variabler. Dadurch können verschiedene Zeitpraxen zugunsten einer arbeitsinhaltlichen Legitimation hergestellt werden. Aber diese Prozesse können die hohe Flexibilität im Lehrberuf verstärken, denn sie verhindern über die mikropolitische Bewertung kontingenter Prozesse die Möglichkeit ihrer Institutionalisierung.

Sowohl die integrierenden als auch die abgrenzenden Strategien haben gemeinsam, dass sie die Ausbildung arbeitsinhaltlicher Zeitstrukturen in ihrer Eindeutigkeit verhindern und darüber die Bewertung über die Zeitkonzeptionen variabler werden lassen. Auch hier gilt wieder, dass mit einem geringeren Grad an Zeitstrukturen die Ausbildung von Zeitpraxen durch die individualisierten Zeitkonzeptionen stärker beeinflusst wird.

4. Doing Time im Alltag: Die Asymmetrie von Zeitpraxen, Zeitstrukturen und Zeitkonzeptionen in außerschulischen Lebensbereichenime im außerschulischen Alltag

4.1. (Dys)Funktionalitäten zwischen beruflichen und außerberuflichen Lebensbereichen

Zeit im Alltag von Lehrerinnen und Lehrern ist als Bezugssystem zur Herstellung von Handlungssicherheiten im Kontext der alltäglichen Rahmenbedingungen der Arbeitsorganisation, den organisationalen Zeitpolitiken und den individualisierten Formen der Arbeitszeiten besonders wichtig. Zeit als Ordnungssystem kann eine Sicherheit in den alltäglichen Handlungen herstellen helfen, wenn das reflexive Verhältnis von Zeitpraxen, Zeitstrukturen und Zeitkonzeptionen gelingt. Im Folgenden werden die möglichen geschlechtsspezifischen Implikationen von Zeit im außerschulischen Spannungsfeld unterschiedlicher Lebensbereiche analysiert. Die Wirkmächtigkeiten von Zeitpraxen und Zeitkonzeptionen stehen hier im Mittelpunkt der Analyse, da sich im außerschulischen Lebensbereich die zeitlichen Konstruktionsprozesse weniger an den organisationalen Zeitstrukturen ausrichten, sondern stärker aus dem Handeln der Lehrerinnen und Lehrer selbst hervorgehen. Dieses sehr sensible Spannungsfeld ist im Alltag entscheidend, weil Zeitpraxen zugunsten einer kohärenten Zeitkonzeption umdefiniert werden (können). Es wird vermutet, dass Lehrerinnen und Lehrer dieses gleichermaßen tun, aber mit unterschiedlichen Routinen und anderen Legitimationsmustern.

Wenn die Verbindlichkeit von Zeitstrukturen abnimmt, bekommen die je spezifischen Zeitkonzeptionen für die Ausbildung und Bewertung von Zeitpraxen eine besondere Bedeutung, weil hier eine Diskrepanz von „männlichen" und „weiblichen" Zeiten in ihrer Pointierung rekonstruiert und in ihren Widersprüchen aufgezeigt werden kann.

Anhand folgender Schwerpunkte werden die aus den Interviews herausgearbeiteten (Dys)Funktionalitäten in den zeitlichen Konstruktionsprozessen der Lehrerinnen und Lehrern analysiert: Motive zur Berufswahl, Normative Erwartungen und individualisierte Zeitkonzeptionen sowie Karriere und Zeit als vereinbarkeitsbehindernde Option.

4.1.1. *Berufswahlmotivationen: Vergeschlechtlichte Zeitkonzeptionen als erfolgversprechende Vereinbarkeitsoption (von Frauen)?*

Inwieweit sind Vereinbarkeitswünsche von Familie und Beruf in der Berufswahlmotivation von Bedeutung und wie lassen sie sich an den zeitlichen Konstruktionsprozessen von Lehrerinnen und Lehrern rückbinden? Die These der Feminisierung im Lehrberuf (vgl. Kaiser 1997; Carle 1995; Sadker/Sadker/Klein 1991), die das Ergebnis einer optimistischen Vereinbarkeitseinschätzung von Familie und Beruf darstellt, hat schon in der Analyse der arbeitsinhaltlichen Zeitpraxen, organisationalen Zeitstrukturen und den individualisierten Zeitkonzeptionen gezeigt, dass mit abnehmender Verbindlichkeit von Zeitstrukturen individualisierte Zeitkonzeptionen in ihrer Bedeutung für die Bewertung und Ausgestaltung arbeitinhaltlicher Zeitpraxen zwar wichtiger werden, sie aber die das organisationale Leitbild des (männlichen) zeitlich flexiblen Organisationsmitglieds restabilisierenden arbeitsinhaltlichen Zeitpraxen der Lehrerinnen und Lehrer für die Erklärung des hohen Frauenanteils im Lehrberuf kritisch geprüft werden müssen. Ist der Lehrberuf für die Vereinbarkeit von Familie und Beruf für Lehrerinnen und Lehrer geeignet, auch wenn das innerhalb der Schulen aufgrund der oben beschriebenen Prozesse schwieriger zu sein scheint als erwartet, da organisationale Zeitpolitiken und ihre Abbildung in den organisationalen Zeitstrukturen nur bedingt zeitliche Spielräume zulassen?

Der außerschulische Lebensbereich muss auf seine zeitlichen Vereinbarkeitspotentiale hin kritisch analysiert werden, weil hier die Gründe zu finden sind, warum außerschulische Lebensbereiche und die Konstruktion arbeitsinhaltlicher und nicht-arbeitsinhaltlicher Zeitpraxen innerhalb dieser aufgrund der besonderen Rahmenbedingungen als mögliche zeitliche Vereinbarkeitskonzeptionen für Lehrerinnen und Lehrer neu bewertet werden müssen. Treiben zeitliche Vereinbarkeitskonzeptionen den Lehrberuf in die „Verweiblichung" oder muss dieser Trend aufgrund der Wirkungszusammenhänge von Zeitpraxen, Zeitstrukturen und Zeitkonzeptionen kritisch geprüft werden?

Frauen ergreifen den Beruf, weil sie Familie und Beruf vereinbaren wollen, erscheinen aus der Komplexität der reflexiven Wirkungszusammenhänge der zeitlichen Konstruktionsprozesse zu kurz. Vielmehr wird vermutet, dass obwohl als Vereinbarkeitsoption in die individualisierte Zeitkonzeption integriert, arbeitsinhaltliche und nicht-arbeitsinhaltliche Zeitpraxen einen erheblichen Einfluss auf die Ausgestaltung von Vereinbarkeitsoptionen und ihrer Umsetzung im Alltag haben.

Die Lehrerforschung (vgl. Kaiser 1997; Flaake 1989) hält an eher männlich und weiblich konnotierten Motiven fest, die dazu führen, dass der Lehrberuf als Arbeitsfeld attraktiv ist. Demnach wählen Frauen den Lehrberuf, um Familie und Beruf zu vereinbaren und Männer, um mehr Zeit für ihre Hobbies zu haben (vgl. Gerding 1999; Flaake 1989). Intergeschlechtliche Motivationen in den Zeitkonzeptionen und den Zeitpraxen der Lehrerinnen und Lehrer werden entweder vernachlässigt oder analytisch nicht erfasst. Wurde die Vereinbarkeitsproblematik explizit in den Interviews angesprochen, dann von den Lehrerinnen. Die Lehrer haben diese Problematik nur indirekt angesprochen, wenn sie selbst ihr Lehrdeputat verringert hatten. Somit kann zunächst nur die These aus der Lehrerforschung bestätigt werden, dass Lehrerinnen weiterhin den Beruf unter anderem wählen, um für sich die Vereinbarkeit von Familie und Beruf realisieren. Eine Lehrerin äußert sich wie folgt:

> Frauen machen öfter mal so eine Reduzierung, da wegen der Kinder, aber das ist dann so im Zusammenhang mit den Kindern zu sehen, denke ich. Die wollen dann auch nicht so unbedingt Karriere machen. F2, I8, 786-791[119]

Diese Lehrerin koppelt die Entscheidung, Familie und Beruf zu vereinbaren, direkt an vorhandene Karriereambitionen von Männern. Damit wird aus ihrer Perspektive deutlich, dass Lehrer innerschulische Karrieren realisieren können und sich nicht primär in den Vereinbarkeitskontext integrieren wollen, können und müssen. Gleichzeitig folgt sie der zweigeschlechtlichten Konnotation von Berufswahlmotivationen, nämlich der, dass Frauen, die keine Kinder haben, ebenfalls Karriere machen wollen und sich im außerschulischen-außerberuflichen Lebensbereich selbstbestimmend engagieren können. Aber diese Interpretation durch die Lehrerin selbst muss kritisch hinterfragt werden, denn sie erklärt nicht, wie diese Interpretation abgeleitet werden kann.

Aus der subjektiven Perspektive können diese strukturellen (entlang der Kategorie Geschlecht) konnotierten Berufswahlmotive aufgehoben werden und die Chancen einer gelungenen Vereinbarkeit von Familie und Beruf ganz anders eingeschätzt werden. Denn die Reduzierung des Lehrdeputats und die damit verbundenen organisationalen Zeitpolitiken können auch eine Reduzierung der Arbeitszeit in Frage stellen, da diese interpersonell durchgesetzt und begründet werden muss. Eine Lehrerin beschreibt ihre Erfahrung so:

> Man erzählt, ich habe viel zu tun, ja aber guck mal, ich habe doppelte Stunden. Also dieser Anteil, den man zu Hause arbeitet, der wird ja nicht gesehen, der wird ja auch nicht akzeptiert. Das empfinde ich bis heute so, sagen wir mal so. Außer vielleicht von Kollegen, die es selber kennen, von Kolleginnen, die auch so arbeiten wie ich, ich denke schon, dass die das verstehen. Aber eben, wir haben ja auch sehr viele Kollegen, die gar keine Familie haben, die können das nicht nachvollziehen. F1, I6, 399-406

Die biographische Phase, in der sich diese Lehrerin befindet, beinhaltet die Forderung nach Transparenz und damit Eindeutigkeit in den arbeitsinhaltlichen Zeitpraxen außer- und innerhalb der Schule. Diese Forderung impliziert, dass die anderen Kolleginnen und Kollegen diese verweigern, indem sie die arbeitsinhaltlichen au-

[119] Vgl. auch: F2, I5, 935-942 und F1, I6, 7-10.

ßerschulischen Zeitpraxen nicht anerkennen und ihr damit die kollegiale Legitimation und Unterstützung dieser individuellen zeitpraktischen- und zeitstrukturellen Entscheidung entziehen. Hier wirken einerseits die Mechanismen der interpersonellen Leistungsbewertung, andererseits aber die nicht herzustellende Transparenz von arbeitsinhaltlichen Zeitstrukturen und arbeitsinhaltlichen Zeitpraxen außerhalb der Schule. Dieses Strukturprinzip der Arbeitszeit ist gleichzeitig von Bedeutung, wenn es um die zeitkonzeptionelle Internalisierung von Normen geht, die wiederum das Leitbild der Organisation und ihrer Mitglieder restabilisieren. Das geschieht über die Anerkennung von vereinbarkeitsfördernden Arbeitszeitstrukturen, denn in den Äußerungen und Bewertungen der arbeitsinhaltlichen Zeitpraxen durch die Kolleginnen und Kollegen wird gleichermaßen ausgeblendet, dass es familienstrukturelle Gründe gibt, die dazu führen, dass das Lehrdeputat reduziert und die zeitstrukturellen und zeitpraktischen Auswirkungen von innerorganisationalen Funktionen verhindert werden.

Neben den möglichen Zweifeln auf der Ebene der Zeitkonzeptionen gibt es alltagspraktische Anpassungsprobleme an die Zeitlogiken anderer Lebensbereiche, die durch die arbeitsinhaltlichen und nicht-arbeitsinhaltlichen Zeitpraxen kompensiert werden können und müssen. Würde man hier weiter der Argumentation der Lehrerforschung folgen, ist der Lehrberuf geeignet, wenn es um die Vereinbarkeit von Familie und Beruf geht. Aber...

> Arbeitszeiten schwierig, vor allem wenn man Familie hat, also Ganztagsschule und der organisatorische Rahmen, sagen wir mal, ist schon schwierig und mein Stundenplan, den kann man wirklich beschreiben: Loch an Loch und hält doch. F2, I2, 33-44

Diese Lehrerin beschreibt den Stundenplan als äußerst ungünstig, wenn es um die Familienvereinbarkeit geht. Damit sind zeitpraktische und zeitstrukturelle Probleme in den unterschiedlichen Lebensbereichen gemeint. Unterrichtsstunden werden durch sogenannte Springstunden unterbrochen; d. h., dass sich die Unterrichtsstunden nicht aneinander reihen und sie dadurch eine eindeutige „geblockte" organisationale arbeitsinhaltliche Zeitstruktur hat. Für diese Lehrerin bedeutet das, dass sie durch diese „Unterbrechungen" gezwungen ist, die zeitlichen Bedürfnisse der anderen Familienmitglieder an die organisationalen bzw. schulischen Zeitstrukturen anzupassen. Hierzu ist es in ihrem Fall notwendig, dass sie die zeitlichen Bedürfnisse der anderen Familienmitglieder zurückstellt. Es muss ihr gelingen, die differenten und konkurrierenden Zeitlogiken der verschiedenen Familienmitglieder zu organisieren.

Die Anpassungsleistungen der Lehrerinnen und Lehrer an die familialen außerschulischen Zeitstrukturen werden als belastend empfunden, da sie nur durch ihre zeitpraktischen Anpassungsleistungen den unterschiedlichen Lebensbereichen gerecht werden können. Die Vereinbarkeit erscheint in diesem Fall zunächst problematischer als angenommen und die Vereinbarkeitsoption wird aber als alltagspraktische Zeitkonzeption unter enormen zeitpraktischen Anpassungsleistungen der Lehrerin realisiert.

Eine mögliche zeitpraktische und zeitstrukturelle Lösung könnten andere organisationale Zeitpolitiken aus der Perspektive der befragten Lehrerin sein. Hierzu eine Lehrerin:

> Also wenn ich Schulleiterin wäre, dann würde ich versuchen, die Stundenpläne speziell für Kollegen und Kolleginnen mit Kindern, die sich eben entschlossen haben, auf einen Teil ihres Einkommens zu verzichten, die Stundenpläne dieser Leute zu verbessern. Nicht unbedingt Unterricht um Acht, sondern vielleicht erst um neun Uhr, um Zehn. Ja, das ist eigentlich so der Hauptpunkt, der mir jetzt so spontan einfällt, um eben mit ihren Kindern zusammen zu sein. Ein ganz, ganz wichtiger Faktor. F2, I2, 1063-1079

Die Anpassung der organisationalen Zeitstrukturen an die zeitlichen Bedürfnisse des familialen Alltags erscheint wünschenswert und ist vergleichbar mit dem in den Interviews oft geäußerten Wunsch von Lehrerinnen und Lehrern, klarere und eindeutigere arbeitsinhaltliche Zeitstrukturen zu haben, die als zeitpraktische „Basis" zur Ausgestaltung der eigenen nicht-organisationalen arbeitsinhaltlichen Zeitpraxen verwendet werden können. Mit dieser einheitlicheren über den Wochenrhythmus verteilten organisationalen Zeitstruktur können individuelle Zeitbedürfnisse, die als zeitpraktische Anpassungsleistungen in diesem Fall dienen, an die organisationalen Zeitstrukturen anderer zur Vereinbarkeit notwendigen Organisationen und Institutionen angepasst werden und die individuellen Anpassungsleistungen, die sich durch einen hohen Grad an organisatorischem Engagement in der Funktion des/der „zeitpraktischen Multioptionenmanager/in"[120] auszeichnen, verringert werden. Die infestesimale Logik der Zeit (Rinderspacher 1985) kann dadurch in den individualisierten Zeitpraxen eingeschränkt werden, so dass die individualisierten zeitpraktischen Anpassungsleistungen als weniger anstrengend erlebt werden.

Aber wie sehen diese Familienarrangements aus? Werden diese zeitpraktischen Anpassungsleistungen auch in männlichen Berufsbiographien als anstrengend empfunden? Wie eine erste Analyse des Interviewmaterials bestätigt, werden diese zeitpraktischen Belastungen in den Vereinbarkeitsoptionen von den Lehrerinnen beschrieben. Die Lehrer erwähnen diese Belastungen nicht im Zusammenhang mit der Vereinbarkeit von flexiblen Familienarrangements. Damit könnten eher männliche Motivationen von Lehrern aus den Analysen der Lehrerforschung (vgl. auch Flaake 1989) bestätigt werden. Allerdings müssen die Familienkontexte stärker in den Blick genommen werden, denn wenn sich eine Person als der/die zeitprakti-

[120] Aus der Analyse des Interviewmaterials hat sich der Begriff der/des zeitpraktischen Multioptionenmanager/in/s herausgebildet. Hierunter wird im Folgenden die Person verstanden, die überwiegend für die Alltagsorganisation im Spannungsfeld beruflicher und außerberuflicher Lebensbereiche verantwortlich ist. Unter Verantwortung wird in diesem Zusammenhang die selbst- und/oder fremdzugeschriebene zeitliche Anpassungsleistung an die zeitlichen Bedürfnisse der anderen in überwiegend familialen Kontexten verstanden (zeitpraktisches Multioptionenmanagement).

sche/n Multioptionenmanager/in herauskristallisiert, können die zeitpraktischen Anforderungswünsche der anderen Familienmitglieder auch eher umgesetzt werden; dieses gilt gleichermaßen für arbeitsinhaltliche und nicht-arbeitsinhaltliche Zeitpraxen außerhalb und innerhalb der Schule. Es bleibt weiterhin die Frage unbeantwortet, in welchen Arrangements sich bestimmte zeitpraktische Funktion ergeben und wer sie übernimmt? Denn Lehrer reduzieren ihre Arbeitszeiten auch und erfüllen damit zeitstrukturell die Voraussetzungen für die Übernahme zeitpraktischer Anpassungsleistungen. Ein Lehrer beschreibt den Kontext dieser Entscheidung wie folgt:

> Dann war ja auch meine Tochter zu dem Zeitpunkt auch gerade auf die Welt gekommen und meine Frau wollte auch berufstätig sein und von daher haben wir auch gesagt, dass wir dann halt jeder einer Teilzeitbeschäftigung nachgehen. F2, I4, 920-924

Dieser Lehrer hat aufgrund der Tatsache, dass seine Frau ihre Berufstätigkeit nur für kurze Zeit unterbrechen wollte, sein wöchentliches Lehrdeputat reduziert, um eine geringe zeitstrukturelle organisationale Verpflichtung zu haben und damit bessere zeitpraktische Anpassungsleistungen an die Zeitlogiken des außerschulischen Lebensbereiches zu realisieren. Beide arbeiten reduziert und nicht nur ein Elternteil, wie es bei den Lehrerinnen in fast allen Fällen ist.

Die Lehrerinnen empfinden diese Anpassungsleistungen als belastend, da sie diejenigen sind, die für diese zeitpraktischen Anpassungsleistungen an die Anfordernisse der anderen Familienmitglieder zuständig sind, denn ihre Ehemänner arbeiten in fast allen Fällen außerhäuslich und nicht reduziert. Damit werden die Zuweisungsprozesse von zeitpraktischen Anpassungsleistungen und die damit verbundenen Funktionen und Rollen innerhalb der außerberuflichen Lebensbereiche entlang anderer Mechanismen entschieden; vermutet wird neben einer monetären Ausgleichs- und Verwertungslogik von Zeit[121], entlang derer die Wertigkeiten von

[121] Die monetäre Ausgleichs- und Verwertungslogik von Zeit ist in Anlehnung an die von Andrea Maurer (1992) entwickelte ökonomische Zeitrationalität in dieser Arbeit entwickelt worden. Allerdings impliziert dieses Konzept die besonderen Organisationsformen von Geld. Die Bedeutung des Geldes sowie seiner Organisationsformen (Aktien, Kreditkarten, erwartbare Erbschaften etc.) wurden aus soziologischer Perspektive bisher kaum befriedigend analysiert und eine Verknüpfung und gleichzeitig differenzierte Betrachtung von Geld und Partnerschaft fand ebenso wenig statt. Die Verwendung von Geld und die damit verbundenen Verfügungs- und Verteilungsmuster spielen aus der Perspektive dieser Arbeit eine nicht zu unterschätzende machtvolle Variable im Spiel der Geschlechterarrangements. Der Zugang zu Geld entscheidet über die Optionen, zu denen sich jemand von bestimmten Tätigkeiten „freikaufen" kann und damit die Wertigkeit von arbeitsinhaltlichen und nicht-arbeitsinhaltlichen Zeitpraxen mitbestimmt. Wie können nun individualisierte Entscheidungen, die Arbeitszeit zu reduzieren, im Kontext vergeschlechtlichter Zeitpraxen und vergeschlechtlichter Verteilungs- und Verfügungsmuster gedeutet werden? Wie werden im Kontext flexibler Familienarrangements die ausgehandelten Geldlogiken auf die Zeitpraxen übertragen? Bedeutet Money-Gendering gleichzeitig auch Time-Gendering? Diese Fragen können sich in dieser Arbeit nur skizziert werden, aber auch als Anregung für weitere Fragestellungen dienen.

Einkommen verhandelt werden können in Kombination mit den je individualisierten Zeitkonzeptionen der Lehrer/innen. Wenn sich eine Lehrerin dazu entschließt, ihren Beruf auszuüben und eine Familie zu gründen, kann sie für sich diese multioptionalen Anpassungsleistungen definieren. Entscheidend bleibt in diesen Aushandlungsprozessen, wer sich wie gegen monetäre Ausgleichs- und Verwertungslogiken von Zeit in den Paarbeziehungen durchsetzen kann und wer gegen diese vorrangige Logik die Chance hat und haben will, zeitpraktische Anpassungsleistungen gegen Widerstände anderer Familienmitglieder durchzusetzen oder sogar zu verweigern.

Als Konsequenz dieser subtilen Prozessen von zeitpraktischen Zuweisungen sowie selbst- und fremdbestimmten Verantwortlichkeiten abgeleitet, stellt eine Lehrerin gegen Ende ihres Berufslebens folgendes fest:

> Ich würde ihn dann wieder ergreifen, wenn ich sicher wäre, dass ich selber keine Kinder möchte. Obwohl natürlich dann die Eltern immer sagen, ist viel besser, dass sie Kinder haben, dann haben Sie mehr Verständnis. Das kann natürlich auch sein, oder sie verstehen die Kinder anders. Das sagen die immer. Sie verstehen uns, die Anderen verstehen das oft nicht. Aber ich finde, gerade wenn die eigenen Kinder klein sind und man kommt nach Hause, das fand ich so stressig erst mal haben sie in der Schule den Krach und die Aufregung, und dann kommen sie nach Hause und sind sie noch nicht drin, da wurde ich immer beschossen von allen. Hier und da und da und hier. Und diese Anspannung, das weiß ich nicht. Das würde ich, glaube ich, nicht noch mal machen wollen. Ich finde, man sollte sich überlegen, dass man vielleicht selber keine Kinder dann hat, wenn man Lehrer wird, weil man dann vielleicht offener auf die Kinder zugeht. Es ist einfach ein Widerspruch. Bei den Männern ist es was ganz Anderes, ich weiß es, wenn die Kollegen so erzählen. Wir gehen nach Hause, ja, dann machen Sie erst mal die Tür zu, gehen in ihr Arbeitszimmer, darf keiner von den Kindern rein die erste Stunde. Wenn man das zu Hause so regeln könnte, dann wäre das auch okay. Aber das kann man ja nicht, also finde ich als Mutter oder macht man nicht. Gibt es vielleicht auch, aber ich hätte das gar nicht gekonnt, jetzt sagen, ihr bleibt in eurem Zimmer, ich brauche eine Stunde Ruhe oder so. F2, I10, 1517-1550

Diese Lehrerin hat selbst drei mittlerweile erwachsene Kinder. In ihrem innerfamilialen Arrangement war ihr Mann voll erwerbstätig und sie arbeitete mit einem reduzierten Lehrdeputat, um die Vereinbarkeit von Familie und Beruf zu realisieren. Sie hat aber trotz dieser aus ihrer Perspektive guten Lösung im Verlauf ihres Berufslebens festgestellt, dass es auch unterschiedliche Praktiken und Strategien geben kann, mit deren Hilfe es gelingt, auch außerhalb der Schule arbeitsinhaltliche Zeitpraxen umzusetzen. Als Beispiel nennt sie ihre männlichen Kollegen, die ebenfalls Kinder haben. Diese haben sich aus ihrer Perspektive gegenüber den zeitpraktischen Anforderungen anderer Familienmitglieder erfolgreich durchgesetzt, indem sie ihnen innerhalb ihrer Familienarrangements arbeitsinhaltliche oder eindeutig regenerative Zeitstrukturen durchgesetzt haben. Sie selbst gibt zu, dass sie theoretisch diese arbeitszeitstrukturellen und/oder regenerativen Optionen gehabt hätte, sie aber aufgrund ihrer Konzeption von Mutterschaft und den darin enthaltenen

Implikationen familialer Zeitkonzeptionen nicht umsetzen wollte. Sie diagnostiziert auch eine eher männliche und eine weibliche/mütterliche Strategie im Umgang mit den außerberuflichen zeitpraktischen Ansprüchen der anderen Familienmitglieder: Männer können ihre Zeitstrukturen durchsetzen; Frauen können und/oder wollen das nicht. In ihren Entscheidungen und Handlungen können Lehrerinnen ebenso gegenüber den anderen Familienmitgliedern legitimieren, dass sie regenerative oder arbeitsinhaltliche Zeitpraxen umsetzen wollen, weil sie auch wie ihre Ehemänner und männlichen Kollegen arbeiten. Aber aufgrund ihrer zeitpraktischen Verpflichtungen, die sie selbst definieren und in ihren Zeitkonzeptionen integrieren, sind sie nicht oder nur begrenzt in der Lage, ihre Zeitpraxen selbstbestimmt nach ihren eigenen Ansprüchen umzusetzen.

Diese individualisierten Aushandlungs- und Abgrenzungsstrategien werden „historisch" im Rückblick auf die eigene (Berufs)Biographie als anstrengend beschrieben, so dass diese Lehrerin ihrer Tochter davon abriet, eine Vereinbarkeit von Familie und Beruf im Lehrberuf umzusetzen. Sie stellt fest:

> Wenn man dann so einen Job hat wie sie, da war ja absolute Ruhe und dann kommt man nach Hause, dann kann man auch das Leben wieder brauchen, dann macht einem das Spaß, aber wenn man schon den Krach hatte und dann geht es ja weiter, das ist das, wo ich denke, das würde ich, wenn ich, was ich heute weiß, würde ich es so nicht mehr machen. Ich habe es auch meiner Tochter so empfohlen, es nicht zu machen. F2, I10, 1568-1577

Damit kann aus der Perspektive dieser Lehrerin eine realistische Vereinbarkeit nur umgesetzt werden, wenn man bereit ist, diese permanenten Aushandlungs- und Abgrenzungsprozesse gegenüber den anderen Familienmitgliedern durchzusetzen. Hier ist entscheidend, in welcher Weise es den Familienmitgliedern gelingen kann, ihre je individualisierten Zeitpraxen durchzusetzen und diese gegenüber anderen Familienmitgliedern zu behaupten. Abhängig vom eigenen Anspruchsdenken in den familialen Zeitpraxen und dem je individualisiertem Engagement in außerberuflichen Lebensbereichen ist entscheidend, mit welcher Befriedigung die eigenen Zeitpraxen umgesetzt werden können. Lehrer scheinen hier erfolgreicher zu sein als Lehrerinnen, unabhängig davon, ob sie ihr wöchentliches Lehrdeputat reduziert haben oder nicht.

Die Vereinbarkeit von Familie und Beruf kann als integraler Bestandteil der These von der Feminisierung des Lehrberufs aufgrund der zeitsoziologischen Analyse so nicht weiter bestätigt werden. Die Analyse der arbeitsinhaltlichen und nichtarbeitsinhaltlichen Zeitpraxen der Lehrerinnen und Lehrer hat gezeigt, dass der Lehrberuf aufgrund seiner besonderen Rahmenbedingungen der Arbeitsorganisation und den alltäglichen Ausgleichs- und Verwertungslogiken von Zeit nur begrenzt zur Vereinbarkeit von Familie und Beruf geeignet ist. Hierbei sind einerseits die innerschulischen Durchsetzungsstrategien der Lehrerinnen und Lehrer entscheidend. Dieser Wirkungszusammenhang wird durch eine kollektive Intransparenz (bezogen auf das Fehlen eines eindeutigen Arbeitsauftrages und klarer arbeitsinhaltlicher Zeitstrukturen durch die Schulen) und von Kolleginnen und Kollegen, die ihre Lehrdeputate und ihre organisationalen Zeitstrukturen nicht reduziert haben, aufrechterhalten.

Die individuellen Zeitpraxen der reduziertarbeitenden Lehrerinnen und Lehrer wiederum sorgen dafür, dass die organisationalen Zeitstrukturen und ihre Auswirkungen auf die arbeitsinhaltlichen Zeitpraxen der Lehrerinnen in Frage gestellt werden. Denn sie werden entlang ihrer eigenen arbeitsinhaltlichen Zeitpraxen von den Lehrer/innen – durch die Logik der interpersonellen Leistungsbewertung – ebenso in ihrer Arbeit kontrolliert und bewertet.

Dieses kollegiale Misstrauen führt dazu, dass die organisationalen Zeitstrukturen wieder stabilisiert werden, denn die Reduzierung der inner- und außerorganisationalen Zeitpraxen und –strukturen stellen prinzipiell die arbeitsinhaltlichen Zeitpraxen nicht in Frage bzw. umgekehrt, lassen alle arbeitsinhaltlichen zeitpraktischen Optionen zu. Das Wechselverhältnis von individualisierten Zeitkonzeptionen und organisationalen Leitbildern legitimiert das des (männlichen) Mitglieds, obwohl es in seiner Logik durch die zunehmende Flexibilisierung von Arbeit und die hierin enthaltenen Innovations- und Leistungspotentiale von neuen (familienfreundlichen) Beschäftigungsformen die Möglichkeit zur Veränderung beinhalten.

4.1.2. Normative Erwartungen und individualisierte Zeitkonzeptionen – Vermittlungsstrategien im Alltag

Die Widersprüche und Brüche in den zeitlichen Konstruktionsprozessen der Lehrerinnen und Lehrer wurden in den vergangenen Kapiteln im Kontext der schulischen Organisation, der verschiedenen Lebensbereiche und unter besonderer Berücksichtigung der spezifischen Rahmenbedingungen in der Arbeitsorganisation nachgezeichnet. Die als normativ erlebten Zeiterwartungen der Lehrerinnen und Lehrer werden in den Umgehungs- und Abgrenzungsstrategien der Zeitpraxen im Alltag analysiert und es wird versucht, die Frage nach den Strategien zu beantworten: Welche „bestehenden" normativen Zeiterwartungen werden erfüllt und welche nicht? Wie werden sie zugunsten bestehender Zeitkonzeptionen möglicherweise umdefiniert, um in der eigenen Selbstwahrnehmung kohärent zu bleiben? Was geschieht bei diesen Leistungen der Umdefinition? Wer ist daran beteiligt oder sind hierfür besondere Rahmenbedingungen ausschlaggebend? Wie sehen die Vermittlungsstrategien der Lehrerinnen und Lehrer aus und lassen sich geschlechtsspezifische Formen feststellen?

Das in den Interviews immer wiederkehrende und von den Lehrerinnen und Lehrern erkannte zeitsoziologische Problem ihres Berufes ist die Konstruktion arbeitsinhaltlicher und nicht-arbeitsinhaltlicher Zeitstrukturen. Über eine oftmals fehlende räumliche Trennung von arbeitsinhaltlichen und nicht-arbeitsinhaltlichen Zeitpraxen wird die Ausbildung von möglichen Abgrenzungs- und Vermittlungsstrategien erhöht. Diese wird um die räumliche Entgrenzung erhöht. Vermittlungs- und Abgrenzungsstrategien werden von den Lehrerinnen und Lehrern dann eingesetzt, wenn die Abgrenzung allein nicht funktioniert, weil die Rahmenbedingungen bei der Ausbildung arbeitsinhaltlicher und nicht-arbeitsinhaltlicher Zeitpraxen ungünstig sind. Hierunter fallen u. a. die Stundenplangestaltung, die zu erledigenden beruflichen Aufgaben und die eigenen Ansprüche in den verschiedenen Lebensbereichen. Diese Strategien legitimieren die Zeitpraxen der Lehrerinnen und Lehrer, die sie nicht selbst legitimieren können. Es wird vermutet, dass die organisationalen Rahmenbedingungen eine Rolle spielen, in dem sie ein „Klima" zur Vereinbarkeit von Familie und Beruf ausbilden oder behindern. Allerdings konnte die Analyse in 3.1.2 zeigen, dass unterschiedliche Modelle der Arbeitszeitreduzierung bestehende organisationale Leitbilder restabilisieren und damit diese Vereinbarkeitsleitbilder verhindern.

Im Spannungsfeld der eigenen arbeitsinhaltlichen zeitpraktischen Leistungen der Lehrerinnen und Lehrer, die durch ihre Zeitpraxen das organisationale Leitbild des (männlichen) zeitlich flexiblen Lehrers unterstützen, wird gerade im Kontext der Ausbildung individualisierter Zeitkonzeptionen der Grad der Widersprüchlichkeit am Größten, wenn es um die gewünschte Vereinbarkeitspraxis (meistens) der Lehrerinnen geht. Hierzu müssen sie, da das Zusammenspiel von individualisierter Arbeitsorganisation sowie den organisationalen Zeitpolitiken und ihre Abbildung in den organisationalen Zeitstrukturen die möglichen Vereinbarkeitsoptionen unterschiedlicher Lebensbereiche beeinflussen, Strategien entwickeln, die dem unklaren Arbeitsauftrag gerecht werden (vgl. Gerding 1999).

Die Selbstbeschreibung und die Selbstwahrnehmung in den Abgrenzungs- und Vermittlungsstrategien und ihre Umsetzung in den Zeitpraxen werden so entwickelt, dass eine eindeutige Trennung von arbeitsinhaltlichen und nicht-arbeitsinhaltlichen Zeitpraxen nicht immer möglich ist. Die Gründe hierfür liegen in den Zeitpraxen, denn die Lehrerinnen und Lehrer entscheiden selbst (eingeschränkt) über das, was sie wann erledigen.

Einige der befragten Lehrerinnen haben eine eindeutige Strategie der Vermittlung und Abgrenzung gegenüber anderen organisationalen und familialen Zeitstrukturen benannt: Die Reduzierung der Arbeitszeit.

> Ich habe eine halbe Stelle, anders würde ich es nicht schaffen. F1, I6, 138[122]

Die Reduzierung der Arbeitszeit wird als eine vorwiegend von den Lehrerinnen umgesetzte erfolgreiche Strategie bewertet, denn die Reduzierung des wöchentlichen Lehrdeputats beeinflusst die organisationalen Zeitstrukturen, da hierbei orga-

122 Vgl. auch: F2, I3, 587-593.

nisationale Zeitpolitiken umgesetzt werden. Die Entscheidung von den Lehrerinnen und einem Lehrer, ihre Arbeitszeit zu reduzieren, kann auch als eine subjektiv erlebte Verbesserung im Sinne einer gelungenen Zeitanpassung an die außerberuflichen Lebensbereiche wahrgenommen werden.

> Ja, ich komme mir jetzt, sage ich mal, nicht so gehetzt oder gestresst vor, sondern ich denke, dass ich die verbleibende Zeit auch nehmen kann, was vorzubereiten, nur wie gesagt, ich würde es gerne noch gründlicher vorbereiten. Man möchte ja auch nicht jetzt sage ich mal eine Stundenreduzierung machen und dann nachher doch 40 oder 50 Stunden arbeiten. F2, I4, 967-975

Dieser Lehrer macht deutlich, dass ihm eine gelungene Abgrenzung im Sinne einer ökonomisierten Zeitpraxis, die sich an seiner zeitökonomischen Rationalität, die sich wiederum an die der männlichen Normalerwerbsbiographie orientiert, als Ziel erstrebenswert erscheint. Diese Aussage verdeutlicht zugleich, dass die individualisierte Arbeitsorganisation und ihre zeitpraktische Umsetzung nicht immer gelingen. Die Integration arbeitsinhaltlicher Zeitpraxen in den organisationalen Zeitstrukturen als Teil der individuellen Arbeitsorganisation kann zwar zusammen dazu führen, dass eine Reduzierung der Arbeitszeit als eine gelungene Anpassungsstrategie gesehen wird. Aber die individuelle Arbeitsorganisation ist nicht immer durch eine zeitstrukturelle Entlastung durch die Schule und ihre organisationalen Zeitpolitiken möglich. Das wird teilweise durch die organisationalen Zeitpolitiken und -institutionen wie Lehrerkonferenznachmittage, zerrissene Stundenpläne etc verhindert. Vor diesem Hintergrund kann sich der arbeitszeitreduzierte berufliche Alltag auch als fehlgeleitete Strategie zeigen. Hierzu diese Lehrerin:

> Ja, also insofern besser geworden, weil – wie soll ich sagen, – ich habe zwar jetzt erheblich mehr Stunden, aber man hat so dass Gefühl, alles das wie Lehrerkonferenzen, Elternsprechtage oder so, das muss ich jetzt mit meiner vollen Stelle genauso machen wie mit der halben Stelle. Das ist zwar inzwischen hier geändert worden, aber früher war es so, als ich anfing, da musste ich jede Lehrerkonferenz besuchen, ob ich nun eine halbe Stelle hatte oder eine volle Stelle; das heißt, dieser ganze zusätzliche Zeitaufwand, der war genau so für die Halbzeitkräfte wie für die Ganzzeitkräfte da. F2, I7, 743-754

Die organisationalen Zeitstrukturen werden von den Lehrerinnen und Lehrern an der Stelle als problematisch bewertet, wenn es keine Kongruenz mit anderen außerschulischen Lebensbereichen gibt. Diese Wahrnehmungen werden von den Lehrerinnen und Lehrern als Hektik und Stress wahrgenommen, weil hier keine zeitstrukturelle Anpassung an andere Lebensbereiche stattfindet oder stattfinden kann. Wenn man die Arbeitszeitreduzierung nicht in ihrer Grundsätzlichkeit als gelungene Vereinbarkeitsoption wahrnimmt, sind sie gezwungen, ihre Strategien zu ändern. Ihnen geht es dann hierbei um eine erfolgreiche Abgrenzung, die ihnen eine Klarheit von arbeitsinhaltlichen und nicht-arbeitsinhaltlichen Zeitstrukturen herstellt. Eine Lehrerin sagt:

> Es hat sich vom Schulischen her nichts geändert. Was ich immer nur als sehr ungerecht empfunden habe, das war die Tatsache, dass ich als Teilzeitkraft eigentlich nur meinen Unterricht reduziert hatte. Alles andere wurde im Grunde genommen so behandelt, als wäre ich Vollkraft. F2, I13, 894-899

Sie beklagt die Uneindeutigkeit der Arbeitszeitreduzierung bezogen auf das gesamte Spektrum ihrer zu leistenden arbeitsinhaltlichen Tätigkeiten. Die Reduzierung der Arbeitszeit bezieht sich nur auf die zu leistenden Unterrichtsstunden und nicht auf die in ihrer Wahrnehmung anderen Tätigkeiten, die der Lehrberuf umfasst. In diesem Fall wird eine gelungene Abgrenzung nicht umgesetzt, weil die organisationalen Zeitstrukturen und Zeitinstitutionen das verhindern.

Die Abgrenzungsstrategien der Lehrerinnen und Lehrer finden nicht nur auf der individualisierten Ebene der Zeitpraxen statt, sondern im Zusammenspiel mit den organisationalen Zeitstrukturen und den organisationalen Zeiterwartungen. Die Lehrerinnen und Lehrer verlassen sich bei der Festlegung ihrer wöchentlichen Unterrichtsverpflichtung auf verschiedene organisationale Zeitpolitiken. Die Gültigkeit organisationaler Zeitpolitiken und -institutionen ist für die Lehrerinnen und Lehrer transparent und bietet die Möglichkeit, die Umsetzung dieser Zeitpolitiken einzufordern und eine zeitstrukturelle Verlässlichkeit für sich selbst herzustellen.

> Und da gibt es auch einen Schlüssel, in der Freizeit dürfen, Lehrer und Lehrerinnen mit halber Stelle nicht eingesetzt werden. F2, I13, 304-310

Die organisationale Zeitpolitik wird durch die Lehrerinnen und Lehrer durch die Einforderung selbst wiederum hergestellt. Mit dieser Zeitpolitik ist der mikropolitische Einfluss der organisationalen Leitung (Schuldirektion) nicht ganz aufgehoben, denn es besteht auf Seiten der Organisationsleitung ein begründetes Interesse, diese Zeitpolitiken zu umgehen.

> Es sei denn, sie fragen mich und auf Rücksprache, stimme ich dem also zu, dass ich diese Freistunde mache. Aber die haben mich also im letzten Jahr einfach nur so eingesetzt. F2, I13, 304-310

Andererseits können diese Zeitpolitiken auch in Frage gestellt werden, wenn sich die Organisationsleitung selbst über die von ihr legitimierten Zeitpolitiken und -institutionen ohne Absprache mit den Lehrerinnen und Lehrern hinwegsetzt. Eine Lehrerin hat folgende Erfahrung gemacht:

> Im letzten Schuljahr war es also schon mit den Springstunden einfach ein Problem. Ich hatte bei acht Stunden Unterricht drei Springstunden, wenn man das hochrechnet auf eine volle Stelle mit sechsundzwanzig Stunden. F2, I2, 46-50

Für die organisationale Glaubwürdigkeit ist das Hinwegsetzen bzw. das Infragestellen der eigenen Zeitinstitutionen nicht förderlich, da es zu einem zeitinstitutionellen Vertrauensverlust auf Seiten der Lehrerinnen und Lehrer führen kann, den die Organisationsleitung wieder herstellen muss, indem sie in interpersonellen Auseinandersetzungen die Zeitinstitutionen wiederum reproduziert. Zeitinstitutionen sind als eine zeitstrukturelle Verlässlichkeit im Doing-Time-Konzept zu begreifen, da sie sowohl die organisationale Ebene der Zeitstrukturen als auch die Ebene der Individuen durch die Zeitpraxen permanent verbinden und über diese Koppelung die Verlässlichkeit der Zeitinstitutionen herstellt.

Neben Zeitinstitutionen existieren auch über die Lehrerinnen und Lehrer hergestellte normative Zeiterwartungen.

> Aber ich habe die Erfahrung gemacht, in letzter Zeit wird das auch wenig gemacht, weil ich glaube, dass die Schulleitung das auch nicht gerne sieht und ich denke, dass sie da vollkommen recht hat. Also wenn jemand jetzt eine Pflegefall in der Familie hat oder erkrankt ist oder so, ich denke dann wird nie jemand was sagen, wenn derjenige sagt, das muss ich jetzt, das kann ich gar nicht, das schaffe ich nicht. Aber wenn da kein Grund dieser Art vorzuweisen ist, dann denke ich, dann muss man sich eben dann auch stellen. F1, I8, 334-342

Die Lehrerinnen und Lehrer werden von Seiten der Schulleitung bei der Übernahme von schulischen Aufgaben und Funktionen, die sie neben ihrem Lehrdeputat innerhalb der Schulen übernehmen, mit normativen Zeiterwartungen konfrontiert. Diese Zeiterwartungen erfüllen den Zweck, den Aufgabenbereich und damit die innerschulisch und außerschulisch verbrachte Arbeitszeit von Lehrerinnen und Lehrern zu erhöhen. Würden diese normativen Zeiterwartungen durch die Schule nicht existieren, hätten die Lehrerinnen und Lehrer die Möglichkeit, über die Übernahme von arbeitszeiterhöhenden Funktionen selbst zu bestimmen. Diese übernehmen über die Identifikation mit der Schule diese normativen Zeiterwartungen. Sie führen dazu, dass trotz der individualisierten Arbeitsorganisation die Lehrerinnen und Lehrer diese normativen Zeiterwartungen erfüllen und hierdurch schließlich die Handlungsfähigkeit der Schule mit aufrechterhalten.

Neben diesen organisationalen Strukturen entscheiden in der individualisierten Arbeitsorganisation die subjektiven Strategien der Lehrerinnen und Lehrer über eine gelungene oder nicht-gelungene Abgrenzung der beruflichen und außerberuflichen Lebensbereiche. Bei den Abgrenzungsstrategien geht es den Lehrerinnen und Lehrern immer um die Konstruktion von klaren eindeutigen Zeitstrukturen, die sie für sich selbst und anderen gegenüber vor dem Hintergrund eines nicht-definierbaren Arbeitsauftrages herstellen wollen. Dabei sind sie oft von der Idee geleitet, freie Blockzeiten außerhalb der Schule herzustellen, denn sie ermöglichen eine klarere und eindeutigere Zeitpraxis zuhause. Eine Lehrerin sagt dazu:

> Und dann werde ich heute Nachmittag allerdings wohl ja Freizeit haben. Ist auch Freitag, mal nichts für die Schule tun. F1, I4, 456-458

Obwohl sie bei der Konstruktion von beruflichen Zeitstrukturen zuhause scheinbar selbstständig entscheiden können, wann sie arbeiten und wann nicht, orientieren sie sich hier an einer individualisierten zeitökonomischen Rationalität. Diese Orientierung wird durch die Formulierung „wohl" sehr deutlich, denn die Abgrenzung erfolgt nicht ohne Selbstzweifel, so dass die arbeitsinhaltlichen und nicht-arbeitsinhaltlichen Zeitpraxen über diese Rationalität bewertet und legitimiert werden.

Neben der eindeutigen Konstruktion von nicht-beruflichen Blockzeiten außerhalb der Schule geht es bei den Abgrenzungsstrategien auch darum, die individuell schulisch-verbrachten Zeitstrukturen der Lehrerinnen und Lehrer so zu konstruieren, dass es wiederum zu möglichst großen Blockzeiten innerhalb der Organisation kommt.

> Im Vergleich zu den anderen Tagen ist jetzt natürlich für mich persönlich jetzt anstrengend, ich hab morgen so einen Tag, wo ich also acht Unterrichtsstunden habe, keine Pause zwischen, weil ich noch irgendwo die Mittags-AG[123] unterbringen musste, sonst hätte sie die auch heute unterbringen können und ich hätte heute Mittag noch mal hinfahren müssen. F2, I4, 139-145

Wenn es gelingt, Blockzeiten sowohl innerhalb als auch außerhalb der Schule herzustellen, kann es zu einer klareren Zeitstrukturierung des Alltags sowohl im beruflichen als auch außerberuflichen Lebensbereich kommen. Schließlich führen diese eindeutigeren Zeitstrukturen dazu, dass die hierdurch hergestellte zeitstrukturelle Transparenz für die anderen (d. h. berufliche und nicht-berufliche Umwelt) ebenso deutlich ist. Diese Transparenz führt schließlich über eine Anerkennung der anderen zu einer Verfestigung der Zeitpraxen in Zeitstrukturen und hierdurch wiederum in eine Art Verlässlichkeit bei den Zeitstrukturen der Lehrerinnen und Lehrer. Sie entscheiden über eine klare und eindeutige Einhaltung, indem sie sich selbst über die Zeitstrukturen wiederum in ihrem Handeln legitimieren.

Innerhalb der Schule können Zeitinstitutionen als Erklärungszusammenhang von den Lehrerinnen und Lehrern umdefiniert werden, indem sie diese in ihrer zeitregulierenden Funktion in Frage stellen. Hierbei weigern sie sich, organisationale Arbeitskontexte in reduzierter Weise (den Zeitinstitutionen entsprechend) in außerberufliche familiale Kontexte zu sublimieren. Damit geraten diejenigen, die ihre Arbeitszeit reduziert haben, erneut in Legitimationsnotwendigkeiten. Diese Legitimationen führen dazu, dass die geschlechtsneutralen Arbeitszeitmodelle wiederum doch nicht geschlechtsneutral bleiben, da sie die auf Seiten der Lehrerinnen und Lehrer eingeschränkten organisational-unterstützende Zeitpraxen in Frage stellen.

[123] An Ganztagsschulen gibt es in der Mittagszeit (Dauer: eine Stunde) Arbeitsgruppen für Schülerinnen und Schüler, die von Lehrerinnen und Lehrern angeboten werden müssen, die das wöchentliche Lehrdeputat strukturell nicht vollständig in Unterrichtsstunden in ihren Fächern unterrichten können.

Selbst wenn klare Arbeitszeitinstitutionen existieren, werden sie durch die Zeitpraxen der Lehrerinnen und Lehrer selbst unter Umständen entlegitimiert.

> Einer muss zu Hause bleiben unter Umständen, da man aber nur vier Kalendertage im Jahr hat, versucht man das immer möglichst weit rauszuschieben, da hab ich schon oft große Bauchschmerzen gehabt, oder da in der Klasse eine Arbeit geschrieben wird oder irgendwas ansteht, kann man das nicht immer mit gutem Gewissen und dann hat man sowohl zu Hause als auch in der Schule immer ein schlechtes Gewissen. F2, I3, 537-545

Innerhalb der Organisation existiert die Zeitinstitution, dass Lehrerinnen und Lehrer mit Familie[124] vier Tage im Schuljahr haben, an denen sie vom Unterricht fernbleiben können, um die eigenen Kinder zu betreuen. Diese Zeitinstitution wird durch die interpersonellen Auseinandersetzungen der Lehrerinnen und Lehrer, die keine Kinder haben, und denjenigen mit Kindern, untereinander in ihrer Wirkmächtigkeit in Frage gestellt. In mehreren Interviews[125] wurde mir von Lehrerinnen gesagt, dass sie sich nicht aufgrund dieser Zeitinstitution vom Unterricht befreien lassen, sondern sich selbst krankmelden. Das sei unproblematischer, weil es gegenüber kinderlosen Kolleginnen und Kollegen nicht zu Legitimationsproblemen kommen würde. Durch diese Zeitpraxen werden aber organisationalen Zeitinstitutionen in Frage gestellt und die Zeitpraxen der Lehrerinnen und Lehrer selbst verursachen damit die Auflösung dieser. Wenn man diese Entwicklungen zuende führt, scheinen auch vereinbarkeitsfördernde und unterstützende Zeitinstitutionen nicht in der Lage zu sein, für (geschlechtsneutrale) Zeitpraxen der Lehrerinnen und Lehrer zu sorgen. Generell scheinen Auflösungsoptionen vorhanden zu sein, da die Zeitinstitutionen durch die Organisationsleitung selbst legitimiert und für alle Lehrerinnen und Lehrer transparent sind. Die Konflikte auf der interpersonellen Ebene zwischen den reduziert und nichtreduziert arbeitenden Lehrerinnen und Lehrern führen dazu, dass die Zeitpraxen die Zeitinstitutionen „entmachten" und sie als zeitpraktisches Regelwerk angezweifelt werden können. Schließlich muss die Frage gestellt werden, welche Legitimationsmacht Zeitinstitutionen selbst haben, wenn sie permanent durch diejenigen in Frage gestellt werden, die eigentlich von diesen organisationalen Zeitinstitutionen zeitstrukturell und zeitpraktisch profitieren könnten?

Dieses Dilemma wird durch individualisierte Entscheidungsoptionen bei der Abgrenzung von beruflichen und außerberuflichen Lebensbereichen umgangen, in dem die Lehrerinnen und Lehrer für sich selbst definieren, was sie innerhalb und außerhalb der Schule bereit sind zu tun. Hierzu äußert sich eine Lehrerin wie folgt:

[124] Familie bedeutet in diesem Zusammenhang betreuungspflichtige Kinder.

[125] Die Lehrerinnen haben in den Interviews ausdrücklich darum gebeten, ihre Umgehungsstrategien nicht zu veröffentlichen. Deshalb werden keine Interviewpassagen angeben. Diese Aussagen gab es im zweiten Fall bei den Interviews 3, 7 und 12.

> Nein, das[126] mache ich nicht zu Hause. Also das wird dann auch in die Schule verlegt und das mache ich dann in der Schule. Das klappt insofern, dass wir den Eltern die Termine geben, manche kommen, manche kommen nicht. F2, I13, 558-562

Diese Lehrerin verlegt einen Teil ihrer Arbeit eindeutig in die Schule und schafft es somit, ihre außerschulisch verwendeten Zeitstrukturen zu vergrößern. Hierdurch zeigt sie innerhalb ihrer Arbeitsorganisation eine Transparenz in ihren Tätigkeiten den nicht reduziertarbeitenden Kolleginnen und Kollegen gegenüber; gleichzeitig verbringt sie ihre Arbeitszeit innerhalb der organisationalen Zeitstrukturen. Darüber, dass sie in ihrem Terminspektrum eingeschränkt ist, kalkuliert sie nicht zustande kommende Termine mit den Eltern von Schülerinnen und Schülern in ihre arbeitsinhaltliche Zeitstrukturen mitein. Ihre Abgrenzung gegenüber anderen Kolleginnen und Kollegen gelingt, indem sie ihre arbeitsinhaltlichen Zeitpraxen bewusst in die organisationalen Zeitstrukturen verlegt und den Eltern eine zeitstrukturelle Verantwortung überträgt. Anderen Kolleginnen und Kollegen gelingt eine solche Abgrenzung, die aber auch den Inhalt von unterschiedlichen Zeitpraxen berücksichtigen muss, nicht so gut.

> In den Sommerferien. Und, ich habe dieses Jahr zum ersten Mal seit zehn Jahren es geschafft, mal drei Wochen kein Schulbuch in die Hand zu nehmen in den Sommerferien. Und den restlichen Teil zu arbeiten. Das war also wirklich, ich meine, das ist bei mir auch sehr extrem. Das weiß ich auch und Manches ist auch uneffektiv, wie ich arbeite, denn das ist übertrieben und ich steiger mich da auch dermaßen rein, das weiß ich und trotzdem vermag ich das irgendwie nicht zu ändern. F2, I14, 719-728

Diese Lehrerin deklariert für sich, nach langen beruflichen Jahren immer noch keine eindeutige zeitstrukturelle Balance zwischen beruflichen und außerberuflichen Lebensbereichen realisiert zu haben. Das besondere Hervorheben der Sommerferien hat möglicherweise zwei Gründe: Die Sommerferien lagen zum Zeitpunkt des Interviews erst vier Wochen zurück und sind der Lehrerin präsent oder es ist das durch die öffentliche Meinung hergestellte „schlechte Bild des Lehrberufs" („drei Monate Ferien im Jahr"). Dieses zeitstrukturelle Vorurteil nutzt die Lehrerin, indem sie sich von den ihr bekannten arbeitsinhaltlichen und nicht-arbeitsinhaltlichen Zeitpraxen anderer möglicherweise positiv abgrenzt. Sie verdeutlicht, dass sie trotz ihrer reduzierten Unterrichtsverpflichtung ähnliche zeitstrukturelle und zeitpraktische Schwierigkeiten wie ihre Kolleginnen und Kollegen hat. Grundsätzlich muss in diesen Interpretationen berücksichtigt werden, wie die beruflichen und außerberuflichen Zeitpraxen durch die Lehrerinnen und Lehrer selbst eingeschätzt werden. Während außerberufliche Zeitstrukturen zur Legitimation der individualisierten Zeitpraxen von den Lehrerinnen und Lehrern herangezogen werden, können sie aber auch in ihrer Legitimation umgedeutet werden.

[126] Diese Lehrerin hat in diesem Zusammenhang Elterngespräche gemeint.

> Ich habe in den Ferien regelmäßig jeden Tag mich morgens aber wirklich ganz diszipliniert, um halb elf an den Schreibtisch gesetzt und habe durchgearbeitet[127] bis mittags zwei, halb drei und habe meistens nachmittags noch mal so ein Einhalb Stunden gearbeitet. Und das aber wirklich 14 Tage durch. F2, I14, 372-378

Diese Lehrerin hat zunächst eine eindeutige zeitstrukturelle Trennung von beruflichen und außerberuflichen Lebensbereichen, aber sie definiert die außerschulischen Zeitstrukturen – nämlich die Ferien- in berufliche Zeitpraxen um. Dadurch wird das organisationale Leitbild eines unabhängigen, zeitdisponiblen männlichen Organisationsmitgliedes indirekt bestätigt, denn die außerschulischen Zeitstrukturen werden durch die arbeitsinhaltlichen Zeitpraxen der Lehrerin besetzt. Wenn keine eindeutige Trennung von beruflichen und außerberuflichen Zeitpraxen in den nicht-organisationalen Zeitstrukturen stattfindet, wird das organisationale Leitbild durch die Lehrerinnen und Lehrer permanent hergestellt und durch ihre Zeitpraxen legitimiert. Zeitstrukturelle Abgrenzungen, die nicht gelingen, können von den Lehrerinnen und Lehrern positiv im Sinne des Leitbildes umgedeutet werden. Hierzu äußert sich ein Lehrer folgendermaßen:

> Dass ich mir Hefte mitnehme, solche Sachen, die mache ich dann in den Ferien gerne, weil ich da während der Schulzeit nicht zukomme. Ich lese Physikhefte, die die Schüler führen, die nehme ich dann in den Ferien mit. F2, I4, 387-390

Damit werden verhinderte Abgrenzungsstrategien in den nicht-beruflichen Zeitstrukturen zu Vermittlungsstrategien. Der Konnotation der Zeitpraxen ist somit positiv.

Arbeitszeitreduzierung und die Höhe des wöchentlichen Lehrdeputats als Regulativ ist für die subjektive Erfassung der Arbeitszeit im Lehrberuf im Spannungsfeld beruflicher und außerberuflicher Lebensbereiche als eine erfolgreiche Abgrenzungsstrategie von den Lehrerinnen und Lehrern in ihren Zeitpraxen analysiert worden. Lehrerinnen und Lehrer entwickeln ebenso Strategien innerhalb und außerhalb der Schule, um mit den von ihnen erwarteten Zeiterwartungen umzugehen und sie im Sinne ihrer individualisierten Zeitkonzeptionen umzusetzen. Hierbei sind die Rahmenbedingungen, unter denen die Strategien entwickelt und angewendet werden, im beruflichen und außerberuflichen Spannungsfeld analysiert worden.

Es bleibt die Frage offen, inwieweit Zeitinstitutionen im Zusammenspiel mit den beruflichen und außerberuflichen Zeitpraxen der Lehrerinnen und Lehrer Optionen bieten, das organisationale Leitbild eines zeitlich flexiblen (männlichen) Lehrers aufzulösen, wenn es durch die Zeitpraxen der Lehrerinnen und Lehrer permanent selbst hergestellt wird.

---

[127] Diese Lehrerin bezieht sich arbeitsinhaltlich auf die Unterrichtsvorbereitung für das nach den Sommerferien folgende Schulhalbjahr.

4.1.3. Karriere und Zeit – Wege aus dem Dilemma der Vereinbarkeitsoptionen

Die zeitlichen Konstruktionsprozesse im Lehrberuf sind aufgrund der besonderen Rahmenbedingungen und der unter anderem daraus resultierenden Unklarheiten im Arbeitsauftrag interessant, wenn es um die Frage nach Karrieremustern von Lehrerinnen und Lehrern geht. Sind Motivationen für oder gegen eine aktive Karriereplanung aus einer zeitsoziologischen Perspektive heraus zu erklären? Welche Karrieremuster gibt es in den Schulen und welche Bedeutung haben sie im Kontext der Lebensplanung? Wie lassen sie sich im Spannungsfeld beruflicher und außerberuflicher Lebensbereiche realisieren?

Durch die Analyse der organisationalen Zeitpolitiken und –institutionen sowie das durch die Zeitpraxen der Lehrerinnen und Lehrer einerseits aber auch durch die organisationalen Zeitstrukturen andererseits reproduzierte Leitbild des (männlichen) zeitlich flexiblen Lehrers wurde deutlich, dass die Lehrerinnen und Lehrer ihre eigenen arbeitsinhaltlichen und nicht-arbeitsinhaltlichen Zeitpraxen in diesen Kontexten konstruieren und über verschiedene Strategien (interpersonelle Leistungsbewertung etc.) ihr eigenes Handeln bewerten. Bei den befragten Lehrerinnen und Lehrern wurde mit dem Thema Karriere(ambitionen) sehr unterschiedlich umgegangen. Die Lehrerforschung bewertet die Karrieremuster von Lehrerinnen und Lehrern als ein männliches und damit als eines mit Vereinbarkeitsoptionen nicht „Realisierbares" (vgl. Flaake 1989). Allerdings klärt die Lehrerforschung nicht, inwieweit Lehrerinnen und Lehrer sich selbst als karriereambitioniert wahrnehmen. Die Frage nach den subjektiven Bewertungen von individualisierten Karrieremustern anhand arbeitsinhaltlicher Zeitpraxen als integraler Bestandteil in ihren Zeitkonzeptionen wird nicht beantwortet.

Die Selbstwahrnehmungen der befragten Lehrerinnen und Lehrern sind die von politisch engagierten Persönlichkeiten, die ihre Karriere wenn als kontingentes Konstrukt ohne strategische Planung bezeichnen. Die Lehrerinnen und Lehrer, die ihr Lehrdeputat reduziert haben, nehmen sich selbst nicht als karriereambitioniert war. Diese Selbstbeschreibung lässt zunächst vermuten, dass die Normativität des männlichen Normalerwerbsverhältnisses bei den Lehrerinnen und Lehrern an Bedeutung nicht verloren hat. Hierzu äußert sich eine Lehrerin folgendermaßen:

> Also mit Sicherheit ist mit dieser Arbeitszeitreduzierung keine Karriere zu planen. Ich denke nicht, dass man damit wirklich weiterkommen kann, weil alles was zusätzlich kommt, ja auch mehr Arbeitszeit ist. Stunden und Funktionsarbeiten sind verschieden. Also theoretisch ist es denkbar, dass man auch mit Teilzeit eine Funktionsstelle[128] ausübt. Denke ich schon. Aber ob man dann wirklich viel Arbeitszeit reduziert, also was ich meine ist Unterrichtszeit, ist fest verplante Zeit, alle andere Arbeit ist oben offen. Wenn Sie Teilzeit haben, dann ist die Gefahr im-

[128] Eine Funktionsstelle in der schulischen Organisation ist eine Funktion, die man neben der eigentlichen Unterrichtstätigkeit übernimmt und dafür je nach Bewertung dieser Funktion eine entsprechende Lehrdeputatsentlastung bekommt, die durch einen Entlastungsschlüssel vorgegeben ist. Dieser Entlastungsschlüssel wird auf der Lehrerkonferenz verabschiedet.

> mer, dass Sie eben dieses nach oben offen auch nutzen, weil soviel da ist. Und ich könnte mir vorstellen, wenn man wirklich eine Funktionsstelle anstreben würde, dann würde man dann eine halbe Stelle bezahlt bekommen, aber sehr, sehr viel machen zusätzlich. So richtig kann ich es mir nicht vorstellen, dass es passt, dass man es zusammen bringen kann. F1, I6, 374-388

Diese Lehrerin nimmt sich an einer anderen Stelle im Interview als karriereambitioniert war. Doch sie antizipiert für sich, dass man eine Funktionsstelle, die nicht gleichbedeutend mit der Höhe des Lehrdeputates ist, erfolgreich ausführen kann, ohne eine ungünstige ökonomische Zeitrationalität (Maurer 1992) umzusetzen. Sie impliziert aber, dass eine Funktionsstelle an einer Ganztagsschule auch ein nicht-reduziertes Lehrdeputat zur Grundlage haben kann und dass man mit der Arbeitszeitreduzierung und einer Funktionsstelle das intendierte zeitstrukturelle Problem gegenüber außerberuflichen Lebensbereichen weiterhin haben wird.

Eine andere Lehrerin schätzt die Realisierbarkeit von Stundenreduzierung, d. h. Lehrdeputatsreduzierung, und Funktionsstellen an der Schule ebenso ein. Sie sagte folgendes:

> Ich will da keine Karriere machen an dieser Schule. Ich strebe keinen Posten an. Ich bin mit meiner halben Stelle, halbe Stelle müsste man auch aufstocken, bin ich zufrieden. Ich will eine vernünftige Basisarbeit leisten, dass ich die Klasse, die ich habe, vernünftig führe, dass ich da eine Kontrolle habe. F1, I2, 356-360

Für diese Lehrerin gilt, dass sie in ihrer Selbstwahrnehmung eine klare Zeitkonzeption verfolgt. Sie will ihren Beruf als Lehrerin in seiner Hauptaufgabe – nämlich dem Unterrichten – anspruchsvoll und in einer für sie selbst befriedigende Weise praktizieren. Ihre Zeitkonzeption beinhaltet somit die Realisierung einer gelungenen „Basisarbeit“[129] und die gelungene Organisation des außerschulischen, familialen Lebensbereiches. Sie deutet ein Muster an, indem sie die eigentlichen Arbeitsbereiche und Aufgaben im Lehrberuf in Basisarbeit und Nicht-Basisarbeit definiert; sie hat eigene Beurteilungskriterien, die den unklaren Arbeitsauftrag transparenter machen und damit ihre arbeitsinhaltlichen Zeitpraxen bewerten. Demnach teilt sie die arbeitsinhaltlichen Tätigkeiten in für sie leistbare und wichtige Aufgaben ein und der andere von ihr nicht geleistete Beitrag wird als für den Lehrberuf und ihrer eigenen Konzeption des Berufes entsprechend als nicht wichtiger Bereich definiert. Hier kommt eine Zeitkonzeption zum Ausdruck, die in ihrer Ausgestaltung und Wirkmächtigkeit die Vereinbarkeit mit einer Karriere in Frage stellt.

Hierdurch werden formal geschlechtsneutrale Arbeitszeitmodelle in ihrer stabilisierenden Funktion für die Aufrechterhaltung der nicht-organisationalen außerberuflichen Geschlechterrollen nicht in Frage gestellt. Sie dienen aber den individualisierten Zeitkonzeptionen und legitimieren wie in diesem Fall eine Rhetorik, die eine

---

[129] Damit definiert sie sich als Lehrerin entlang der organisationalen Zeitstrukturen wie Stundenplan und die für sie unmittelbar daraus ergebenden arbeitsinhaltlichen Zeitpraxen wie Unterrichten, Elterngespräche, Konferenzteilnahme etc.

befriedigende Arbeitsleistung und eine Aufrechterhaltung eher traditioneller außerberuflicher familialer Arrangements legitimieren kann. Diese zeitkonzeptionelle Rhetorik kann durch die organisationalen Zeitstrukturen tendenziell unterstützt werden, wenn die organisationalen Zeitstrukturen an die Zeitstrukturen anderer Organisationen[130] angepasst werden.

In der Lehrerforschung würde diese Forderung als der Wunsch nach einer gelungenen Vereinbarkeit von Familie und Beruf bewertet werden (vgl. Terhart 1997; Flaake 1989). Diese Trennung beider Lebensbereiche kann aber im Lehrberuf selbst nur schwer hergestellt werden, da er sich durch einen unklaren Arbeitsauftrag auszeichnet und damit die regenerativen, arbeitsinhaltlichen und familialen Zeitstrukturen nur durch die Lehrerinnen und Lehrer in ihren Zeitpraxen konstruiert werden können. Sie entscheiden zunächst, wann etwas getan werden muss. Die Unklarheit über diese verschiedenen und konkurrierenden Zeitstrukturen wird allerdings über die Selbstdefinition der Arbeitsinhalte in wichtige und unwichtige Dinge hergestellt. In der Lehrerforschung wird die Arbeitszeitreduzierung als Strategie zur Vereinbarkeit von Familie und Beruf bewertet und legitimiert die Aufrechterhaltung von individualisierten Zuschreibungsprozessen bei den Karrieremustern von Lehrerinnen und Lehrern (vgl. Gerding 2000; Terhart 1997; Flaake 1989)

Die Unklarheit über arbeitsinhaltliche Zeitstrukturen wird somit einerseits von den Lehrerinnen und Lehrern genutzt, um die Konstruktion arbeitsinhaltlicher Zeitpraxen in ihre individualisierten Zeitkonzeptionen im Sinne einer Vereinbarkeitsoptionen zu integrieren. Andererseits dienen diese Legitimationsmuster einer kollektiven (weiblichen) Argumentation dem „paradoxen“ Zweck, die organisationalen Zeitstrukturen in ihrer regulierenden und Zeitkonzeptionen beeinflussenden Funktion nicht zu hinterfragen.

> Natürlich werde ich bei halber Stundenzahl und halber Bezahlung bestimmte Aufgabe ablehnen, das ist ganz klar. Stellenangebote sind aber häufig damit verbunden, dass jemand in einem Bereich innovativ tätig ist oder neue Konzepte entwickelt, das ist das gleich wieder. Und wenn dann eine neue Sache beginnt für die Schule und sie dafür eben eine Beförderungsstelle bekommt. Ich glaube, dass beides möglich ist, also eine positive, man kann auch durchaus sagen, vielleicht dass es positiv auf meine Karriere gewirkt hat, weil ich sehr viel Zeit hatte, mich mit inhaltlichen Dingen zu beschäftigen. Und so ist es zum Beispiel so, dass ich mich in diesem bilingualen Bereich mich durchaus zu Hause fühle und mich da für alles kompetent fühle, was da irgendwie anfällt. Das hängt aber auch damit zusammen, dass ich das nicht zielstrebig angestrebt habe. Es hätte bestimmt Stellen geben können, wo ich das hätte betreiben können, aber wo ich das abgelehnt habe, weil ich eben das andere Standbein außerhalb der Schule habe, was ich dann hätte vernachlässigen müssen und das hätte ich nicht gewollt. F1, I7, 381-403

Karriere wird in diesem kollektiven Legitimationsmuster als ein zeitstrategisches Konzept gehandelt. Das bedeutet, dass Karriere nur durch die zeitlichen Investitionen früherer arbeitsinhaltlicher Zeitpraxen zu realisieren ist. Interessant ist der re-

[130] Kinderbetreuungseinrichtungen, Supermärkte etc.

flexive Charakter der verschiedenen Zeitebenen an den Legitimationsmustern. Über die vernachlässigten arbeitsinhaltlichen Zeitpraxen als Teil der Karrierestrategien in früheren berufsbiographischen Phasen, die Verhinderung von kongruenteren organisationalen Zeitstrukturen und die kollektiven Legitimationsmuster der Befragten können die Karrieremuster entgegen den Interpretationen in der Lehrerforschung als gar nicht oder nur eingeschränkt bestehend analysiert werden.

Wenn keine Karriere angestrebt wird, entscheiden sich die Lehrerinnen für die Konzentration auf die eigentliche Aufgabe im Lehrberuf – das Unterrichten- und hierdurch werden die bestehenden organisationalen Zeitstrukturen, das Leitbild des (männlichen) zeitlich flexiblen Lehrers der Schule und die mögliche Vergeschlechtlichung der individualisierten Zeitkonzeptionen fortgeführt.

> Also ich bin Klassenlehrerin immer schon gewesen und ich werde auch dieses Jahr eine neue fünf wieder übernehmen, zusammen mit meinem Co. Und das ist eigentlich meine Hauptaufgabe, mein Hauptziel, dass ich mich für eine Klasse verantwortlich fühle. F1, I8, 471-474[131]

Die Selbstwahrnehmung kann aber durchaus als karrierefördernd wahrgenommen werden. Das subjektive Potential, welches als organisationsinnovativ für die eigene Arbeit und die der anderen bezeichnet wird, bleibt abstrakt und so bleiben zunächst die Karrieremuster realistischer. Die Lehrerin erkennt an, dass die Schule in ihrer Logik verbessert werden muss, um realistischerweise eine Funktionsstelle zu bekommen. Doch der individualisierte Rückzug in die arbeitsinhaltlichen Zeitpraxen (Unterricht) und die alleinige Konzentration folgt der reflexiven Logik des Modells und definiert den individuellen Anteil der Lehrerin in ihrer Arbeit weg. Der Rückzug in die auf familiale Bedürfnisse ausgerichtete Zeitkonzeption dient dieser Entscheidung. Hierzu sagt eine Lehrerin folgendes:

> Also ich muss sagen, es gibt schon Bereiche hier, die mich interessieren, wo ich auch gern, glaub ich auch Sachen einbringen könnte, die positiv sind, aber das wird mir dann zu viel, weil ich zu Hause halt auch meine Dinge habe. Das ist dann einfach zu viel. Also ich habe so für mich mehr entschieden, dass ich mein Engagement vor allen Dingen im Unterricht reinsetze und das andere dann halt leider nicht so. F2, I12, 593-601

Auch wenn individualisierte Umdefinitionen von Karriere zugunsten der eigenen Zeitkonzeptionen erfolgen, bedeutet das nicht, dass Karriereambitionen nie wieder entwickelt werden können. Eine mögliche Änderung in den Zeitkonzeptionen wird unter Umständen von den Lehrerinnen antizipiert:

> Die Familie war da vorher schon. Als dann die Kinder größer wurden, habe ich überlegt, sollst du vielleicht mal machen und da habe ich mich da auch in diese Mühle begeben, auf so eine A 14 – Stelle beworben und ich möchte das jetzt auch nicht im Detail alles erläutern und erklären, aber als ich das Geschubste und Geschiebe und so was alles miterlebt habe, habe ich gesagt: nee, aber bei aller Liebe, das musst du dir nicht noch mal antun. F2, I13, 823-830

131 Vgl. auch: F2, I10, 874-878.

Die Möglichkeiten für Lehrerinnen, Karrieren innerhalb ihrer Schulen zu machen, stehen ihnen wie ihren männlichen Kollegen gleichermaßen offen. Allerdings sind mit der Umsetzung und Realisierung von Karrieren innerorganisationale Konflikte verbunden. Diese Konflikte sind männlich, weil das Feld der Funktionsstellen aufgrund des reflexiven Zusammenspiels von Zeitkonzeptionen, organisationalen Zeitstrukturen und den kollektiven Legitimationsmustern von Männern dominiert wird und damit die Ergebnisse der Lehrerforschung weiterhin auch hier bestehen (vgl. Terhart 1997; Flaake 1989; Kanter 1977).

Weil die Lehrerinnen aufgrund ihrer arbeitsinhaltlichen Zeitpraxen einen Vorstoß in dieses männliche Feld nicht geleistet haben, finden sie sich hier nicht zurecht. Das grenzt sie aus und führt dazu, dass die Lehrerinnen die Karrieren in den Schulen als männliche wahrnehmen. Sie selbst leisten ihren Beitrag, da sie selbst Teil dieser zeitlichen und damit sozialen Praxen sind. Die Ambivalenz in den Aussagen der Lehrerinnen kann als die Diffusität dieser Zusammenhänge möglicherweise interpretiert werden. Eine Lehrerin äußert sich:

> Wenn ich also mal wieder Vollzeit arbeiten würde, dann könnte ich mir zum Beispiel auch vorstellen, wenn sich die Möglichkeit ergeben würde, vielleicht eine Abteilungsleiterstelle mal zu übernehmen. F2, I2, 750-753

Nur bei einem vollen Lehrdeputat würde sie eine Karriere anstreben. Hierbei steht die gelungenere Verwertung von Zeit und Geld im Sinne einer ökonomischen Zeitrationalität im beruflichen Alltag dieser Lehrerin im Vordergrund. Wenn sie ein volles Lehrdeputat wieder unterrichtet, könnte sie sich eine Karriere in der Schule vorstellen. Auf die Frage, ob sie ihre Arbeitszeitreduzierung als einen Nachteil für ihre innerschulische Karriere wahrnimmt, antwortet die Lehrerin folgendes:

> Ich denke schon, dass es ein Karriereknick ist. Also wie gesagt, bis ich schwanger wurde oder bis zur Geburt meines Sohnes war ich halt Beratungslehrerin in der Oberstufe und wenn ich das geblieben wäre, dann hätte ich sicher früher oder später mich nach einer Abteilungsleiterstelle in dem Bereich auch umgesehen. Wenn ich mich jetzt auf eine Abteilungsleiterstelle bewerben würde, sag ich jetzt mal, ohne eben diese Erfahrung mit jetzt einbringen zu können als Beratungslehrerin, glaube ich, hätte ich relativ schlechte Chancen, so eine Stelle zu bekommen, selbst wenn ich sagen würde, ich würde auf eine volle Stelle gehen. F2, I2, 904-917

Die eigene Einschätzung, ob sie nun Karriere machen kann, ist bei dieser Lehrerin sehr ambivalent. Zunächst sagt sie, dass sie sich eine höhere Stelle vorstellen könnte, wenn sie ihr Lehrdeputat erhöhen würde. Sie verdeutlicht aber auch, dass frühere karrierestrategische Zeitpraxen bei der späteren Umsetzung von innerorganisationalen Karriereoptionen nützlich sein können.

Ein weiteres Argumentationsmuster bei der Entscheidung, eine Karriere auf spätere berufsbiographische Phasen zu verschieben, sie also später anzustreben bzw. umzusetzen, ist die antizipierte Konkurrenz zu anderen Lebensbereichen. Eine Lehrerin sagt:

> Als ich hier anfing, war meine Tochter drei, vier und jetzt braucht sie einen halt immer noch, und deshalb sind das, wenn das dann noch so zusätzliche Termine sind, dann schlecht, weil ich auch aus Düsseldorf komme, wie Sie wissen, und man hat immer noch diese Fahrerei. F2, I5, 404-408

Diejenigen Lehrerinnen und Lehrer, die sich selbst als nicht karriereambitioniert beschreiben, unabhängig davon, aus welchen Motiven heraus sie ihr wöchentliches Lehrdeputat reduziert haben, äußern eine indirekte Kritik gegenüber denjenigen, die ihre Stundenzahl nicht reduziert haben und zusätzlich noch eine Funktionsstelle ausüben. Ihre Arbeitsorganisation wird von denjenigen Lehrerinnen und Lehrern in Frage gestellt, in dem man die eigentliche Tätigkeit im Lehrberuf – nämlich das Unterrichten – qualitativ abwertet. Damit wird die Logik des zeitlich flexiblen (männlichen) Lehrers als organisationales Leitbild im Sinne eines kulturellen Paradigmas der Arbeitsgesellschaft[132] verkehrt: Gut arbeiten nur die, die ihr wöchentliches Lehrdeputat reduzieren und damit ihre arbeitsinhaltlichen Zeitpraxen ausweiten können. Durch die Reduzierung des Lehrdeputats wird eine negative Korrelation im Sinne einer gelungenen Vereinbarkeitsstrategie verfolgt. Durch das indirekte Abwerten der anderen nicht-reduziert arbeitenden Kolleginnen und Kollegen legitimieren die reduziert arbeitenden Kolleginnen und Kollegen ihre Entscheidung, reduziert zu arbeiten und stellen letztendlich das Leitbild des männlichen Normalerwerbsverhältnisses nicht in Frage. Über das Kriterium der selbstdefinierten Unterrichtsqualität wird das Paradigma allerdings wieder auf umgekehrtem Wege reproduziert und schließlich stabilisiert.

Wenn man aufgrund der These der Feminisierung des Lehrberufes und der Implikationen realistischer Vereinbarkeitsoptionen eine Auflösung des organisationalen Leitbildes des männlichen zeitlich flexiblen Lehrers erwartet hätte, zeigen die Analysen der geleisteten oder antizipierten Karrierechancen bei den Lehrerinnen und Lehrern, die ihr wöchentliches Lehrdeputat reduziert haben, dass sie indirekt durch ihre arbeitsinhaltlichen Zeitpraxen im Sinne ihrer individualisierten Zeitkonzeptionen dieses reproduzieren und stabilisieren. In welcher Weise von der Schulleitungsebene andere organisationale Leitbilder oder Paradigmen eröffnet bzw. bestehende zur Disposition gestellt werden, ist aufgrund der bisherigen Analysen un-

---

132 Der Begriff des kulturellen Paradigmas der Arbeitsgesellschaft wurde in der Untersuchung „Zeitpioniere: Flexible Arbeitszeiten – neuer Lebensstil" als ein gesellschaftliches Leitbild definiert, bei dem als integraler Bestandteil die Normativität der Arbeitszeit mit den Karriereambitionen herausgearbeitet wurde. Hierbei wurde deutlich, dass Karriereambitionen nur realistischerweise umgesetzt werden können, wenn jemand seine Arbeitszeit im Sinne der Organisation bzw. des Unternehmens definiert. Das bedeutet im Umkehrschluss, dass eine Arbeitszeitreduzierung nicht als Indikator möglicher Karrierechancen bewertet werden kann (vgl. ausführlich Hörning/Gerhardt/Michailow 1991).

erheblich, da sie an den arbeitsinhaltlichen und nicht-arbeitsinhaltlichen Zeitpraxen der Lehrerinnen und Lehrer selbst scheitern. Sie beurteilen die Kontexte und ihre Bedeutungen selbst, auch wenn sie als unbefriedigend im Sinne ihrer eigenen Zeitkonzeptionen bewertet werden, und stabilisieren durch Prozesse einer rhetorischen Umdefinition. Der strukturelle Aspekt, der sich im Leitbild ausdrückt, hat in den Wahrnehmungsmustern der Lehrerinnen und Lehrer kaum oder keine Bedeutung; vielmehr werden die bestehenden Ungleichheiten als individualisierte Verhaltens- und Entscheidungsmuster rekonstruiert.

4.2. Die andere Seite des Lebens: Anpassungs- und Abgrenzungsstrategien im Alltag

Der abschließende empirische Teil wird die Abgrenzungs- und Anpassungsstrategien der Lehrerinnen und Lehrer rekonstruieren, mit deren Hilfe sie die unterschiedlichen zeitlich-konkurrierenden Lebensbereiche „unter einen Hut bringen". Dabei werden die Rahmenbedingungen, unter denen sie ihre arbeitsinhaltlichen Zeiten in außerschulischen Kontexten konstruieren, analysiert und herausgearbeitet, wie sich verschiedene Alltagsarrangements in den Familien herausbilden. Hierzu werden die verschiedenen zeitlichen nicht-arbeitsinhaltlichen Konstruktionsebenen des Doing-Time-Konzeptes in ihrer Bedeutung für das Zusammenwirken der verschiedenen reflexiven Ebenen fokussiert.

4.2.1. Alltag – Arbeitszeit = Familienzeit? Alltägliche Zeitpraxen und individualisierte Zeitkonzeptionen in außerschulischen Kontexten

Im ersten Teil der Analyse wurden die arbeitsinhaltlichen Zeitpraxen im Kontext der spezifischen organisationalen Zeitstrukturen einerseits, aber auch die besonderen Rahmenbedingungen der Arbeitsorganisation andererseits in ihrer Bedeutung für die Ausbildung individualisierter Zeitkonzeptionen herausgearbeitet. Im Zusammenhang dieser Analysen wurden die arbeitsinhaltlichen Zeitpraxen und ihre Bedeutung für die Ausbildung der nicht-arbeitsinhaltlichen Zeitpraxen durch die Lehrerinnen und Lehrer analysiert. Dieses Kapitel soll nun in umgekehrter Weise die nicht-arbeitsinhaltlichen Zeitpraxen in ihrer Bedeutung für die arbeitsinhaltlichen fokussieren, denn so können entlang der individualisierten Rahmenbedingungen die zeitlichen Konstruktionsprozesse im Alltagshandeln der Lehrerinnen und Lehrer sowie die Bedeutung der Zeitkonzeptionen für dieses Alltagshandeln kritisch hinterfragt werden.

Als ein wichtiges Ergebnis des ersten empirischen Teils wurde herausgearbeitet, dass organisationale Zeitstrukturen zur Ausbildung arbeitsinhaltlicher und nicht-arbeitsinhaltlicher Zeitpraxen entscheidend sind und mit unklaren Zeitstrukturen die Bedeutung der individualisierten Zeitkonzeptionen zunimmt, da die Lehrerinnen und Lehrer ihre Zeitpraxen vor dem Hintergrund dieser schließlich bewerten (können).

Der Lehrberuf zeichnet sich strukturell durch seine individualisierte Arbeitsorganisation aus, die von den Befragten als sehr ambivalent wahrgenommen wird. Die Gründe für diese Ambivalenz sind an anderer Stelle aus zeitsoziologischer Perspektive unter Berücksichtigung der organisationalen Zeitstrukturen schon analysiert worden[133]. In den neueren Diskussionen um das Konzept der alltäglichen Lebensführung wird zunehmend der Typus eines neuen (männlichen) Arbeitnehmers diskutiert, der sich durch eine zunehmende Flexibilisierung von Arbeitszeiten und der Erosion außerberuflicher Lebenskontexte zu einem Arbeitskraftunternehmer entwickelt, der sich durch einen reflexiven Umgang mit Zeit, in dem er diese aktiv gestaltet, auszeichnet (vgl. Voß/Jurzcyk 2000, 1999). Hier ist die Voraussetzung, dass das Subjekt selbst an den zeitlichen Gestaltungsprozessen beteiligt ist und der Wegfall von Zeitstrukturen durch einen reflexiven Umgang mit der Zeit individuell kompensiert wird. Allerdings bleiben die Auswirkungen und Ergebnisse dieser Kompensationsbemühungen durch den Arbeitskraftunternehmer selbst unberücksichtigt.

Im Folgenden wird versucht, in der Analyse noch einen Schritt weiter zu gehen und die Auswirkungen dieser individualisierten zeitstrukturellen Kompensationsbemühungen zu fokussieren. Es muss in dieser Untersuchung überprüft werden, ob nicht gerade uneindeutige Arbeitszeitstrukturen sowie die sich daraus ergebenden unklaren nicht-arbeitsinhaltlichen[134] Zeitstrukturen durch die Zeitpraxen der Lehrerinnen und Lehrer permanent konstruiert werden, da hierüber auch die arbeitsinhaltlichen Zeitpraxen in ihrer Kontingenz und Multioptionalität bestehen bleiben.

Unter welchen Konstruktionsbedingungen und mit welchen Strategien grenzen sich die Lehrerinnen und Lehrer von anderen alltäglichen nicht-arbeitsinhaltlichen Verpflichtungen ab und wie vereinbaren bzw. balancieren sie das Spannungsfeld unterschiedlicher zeitstruktureller Erfordernisse aus? Wie sehen ihre Zeitpraxen aus, wenn sie sich außerhalb der organisationalen Kontexte aufhalten? An welchen Kriterien und entlang welcher Strategien werden ihre Zeiten konstruiert? Gibt es unterschiedliche Strategien bei den Lehrerinnen und Lehrern? Mit welchen Zeit-

[133] Vgl. auch Kapitel 3.2.1.

[134] Da in diesem Kapitel der Schwerpunkt der nicht-arbeitsinhaltlichen Zeitpraxen und ihre Bedeutung für die arbeitsinhaltlichen Zeitpraxen sowie der sich hieraus ergebenden Zeitstrukturen und Zeitkonzeptionen handelt, wird im Folgenden unter dem Begriff nicht-arbeitsinhaltlich familiale und regenerative „Zeit" verstanden. Wenn die Lehrerinnen und Lehrer in den Interviews eindeutig ihre *Zeitpraxen* inhaltlich zuordnen, wird dieses explizit erwähnt. Wenn sie in den Aussagen diffus bleiben, wird im Sinne einer erwünschten analytischen Trennschärfe und einer größeren Verständlichkeit in der Interpretation der Begriff „nicht-arbeitsinhaltlich" verwendet.

praxen und Zeitkonzeptionen werden außerberufliche Zeitstrukturen in außerberuflichen Lebensbereichen hergestellt? Wie gestaltet sich der Alltag?

In der gegenwärtigen Phase der gesellschaftlichen Modernisierung[135] verlieren normative Verhaltensvorgaben immer mehr an Bedeutung für das Verhalten der Subjekte (vgl. Beck/Giddens 1996). Stattdessen ergeben sich Multioptionen (vgl. ausführlicher Gross 1994): Die Subjekte können ihr Leben stärker nach eigenen Vorstellungen gestalten, gleichzeitig sind sie aber auch permanent damit beschäftigt Entscheidungen zu treffen. Damit gibt es zwar erst einmal einen Entscheidungszuwachs, aber damit auch gleichermaßen einen Entscheidungszwang (vgl. Schimank 2005; Jürgens/Reineke 2000). Im Zentrum dieses Kapitels steht die Frage nach möglichen Mustern in den Zeitpraxen in der familialen Lebensführung der Lehrerinnen und Lehrer im Spannungsfeld arbeitsinhaltlicher und nicht-arbeitsinhaltlicher Lebensbereiche. Anders als in vielen Beiträgen zur alltäglichen Lebensführung, in deren Mittelpunkt die Frage nach den Auswirkungen flexibilisierter Arbeitszeiten auf die individuelle Lebensführung steht, sollen hier am Beispiel der Arbeitszeiten von Lehrerinnen und Lehrern die Auswirkungen auf die zeitlichen familialen Arrangements analysiert werden.

Die zeitliche Flexibilität im beruflichen Alltag von Lehrerinnen und Lehrern wird in der eigenen Arbeitsorganisation in den meisten Fällen als sehr vorteilhaft beschrieben, wenn es um die Ausgestaltung der beruflichen Zeitpraxen geht. Unabhängig von den Kriterien, entlang derer die Zeitpraxen hergestellt werden, werden diese Vorteile allerdings in anderen Kontexten anders bewertet: Nämlich dann, wenn es um die zeitlichen Bedürfnisse anderer Lebensbereiche außerhalb des Berufes wie Familie oder Freizeit geht[136].

In den Interviews wurden die Lehrerinnen und Lehrer nach ihrem Alltag befragt. Sie sollten einen detaillierten Überblick über ihre Tätigkeiten und Aktivitäten gestern, heute und morgen leisten und dabei differenzieren, inwieweit sie diese Tätigkeiten als etwas Besonderes oder Alltägliches beschreiben würden. Hierbei wurden ihre Arbeitszeiten und ihre Arbeitsorganisation aus der Perspektive der Befragten rekonstruiert, um die Arbeitsorganisation im Kontext anderer Lebensbereiche zu erfragen und die Dauer und Lage der arbeitsinhaltlichen Zeitpraxen entlang der eigenen Bedürfnisse und denen der anderen zu erfahren. Es bleibt immer noch offen, welche Bedeutung die Zeitkonzeptionen für eine mögliche Konnotationen von Zeit haben und inwieweit sie zu einer Verfestigung und Restabilisierung geschlechtsstereotyper Rollenverteilungen außerhalb und innerhalb von Familien beitragen und damit die zufriedene Ausgestaltung entgrenzter Arbeitszeitstrukturen

---

135 Einen Überblick zu den Begriffen in den Diskussionen um die reflexive Moderne gibt Weiss (1998).

136 Vgl. Diskussion über die subjektorientierte Arbeitszeitdiskussionen und die alltägliche Lebensführung um flexible Arbeitszeitverhältnisse und die Entstehung der Arbeitsmonaden bei Jurczyk/Voß (2000).

nur bedingt im Zusammenspiel unterschiedlicher zeitlicher Anforderungsoptionen realisiert werden können.

In den arbeitsorganisatorischen Kontexten wird die besondere Form der Arbeitsorganisation bei den Lehrerinnen und Lehrern als Problem gesehen, denn die Konstruktion von arbeitsinhaltlichen Zeitpraxen außerhalb der Schulen beeinflusst die Qualität anderer Zeitpraxen erheblich. Wenn die Lehrerinnen und Lehrer ihre arbeitsinhaltlichen Zeitpraxen außerhalb der Schule wiedergeben sollen und die Frage, wie sie ihren Alltag organisieren, beantworten, wird das Bild unklar und bleibt uneindeutig. Eine Zuordnung über ihre außerschulischen arbeitsinhaltlichen Zeitpraxen findet nur sehr diffus statt.

Klare eindeutige Zuordnungen von arbeitsinhaltlichen Zeitpraxen außerhalb der Schulen nehmen in den Interviews ausschließlich die Lehrerinnen vor. Sie praktizieren ihre Zeiten in allen Fällen entlang der zeitlichen Bedürfnisse anderer – in der Regel – Familienmitglieder. Eine Lehrerin beschreibt ihren Tagesablauf ausschnittsartig so:

> Kindergartenbrote fertig gemacht, dann habe ich meinen Sohn zum Kindergarten gebracht, bin in die Schule gefahren, hatte ein Gespräch mit dem Schulleiter, habe vier Stunden Unterricht gemacht zum Thema Berufswahlvorbereitung im weitesten Sinne, bin – zum Kindergarten, bin ich nicht. Gestern hat mein Mann meinen Sohn abgeholt. Ich bin nach Hause gefahren, habe was gegessen, habe mit den Kindern gespielt, habe einen Teil der Englischarbeiten nachgeguckt, dann ist mein Mann auf eine Dienstreise gefahren, ich bin mit den Kindern spazieren gegangen, habe mit denen gemeinsam Abend gegessen, habe die für das Bett fertig gemacht, habe die ins Bett gebracht, habe kurz mit einer Freundin telefoniert, nein, mit zwei Freundinnen telefoniert und anschließend habe ich mich an den Schreibtisch gesetzt und habe bis zwölf Uhr korrigiert. F2, I2, 935-950

Diese Lehrerin konstruiert ihre arbeitsinhaltlichen Zeitpraxen entlang der Bedürfnisse anderer Personen und konstruiert ihre arbeitsinhaltlichen Zeitpraxen sekundär. In diesem Fall sind es ihre beiden Kinder. Hierbei kann sie partiell auf die Unterstützung ihres Mannes zurückgreifen; allerdings bleibt der größte Teil der Kinderbetreuung und –versorgung in ihrer Verantwortung. Auf die Frage, was sie gestern alles gemacht hat und wie viel Zeit sie mit diesen Dingen verbracht hat, antwortet diese Lehrerin wie alle anderen Lehrerinnen und Lehrer, indem sie die Dinge, die sie aus ihrer Perspektive getan hat, aufzählt. Für sie ist es viel entscheidender, eine eindeutige Zuordnung von arbeitsinhaltlichen und familialen Zeitpraxen über die inhaltliche Ebene herzustellen. Darüber gelingt es ihr, sich in ihrem eigenen Handeln gegenüber unklaren arbeitsinhaltlichen Zeitstrukturen zu legitimieren. Sie hat ihre Arbeitszeit reduziert, um sich um ihre Kinder zu kümmern. Das ist die zeitliche Konzeption, im Rahmen dieser sie ihre Zeitpraxen definiert und damit ihr Handeln arbeitsinhaltlicher und nicht-arbeitsinhaltlicher Art legitimiert. Allerdings bleibt eine zeitmessende Einschätzung ihrer Zeitpraxen aus; so beschreiben fast alle befragten Lehrerinnen und Lehrer ihre Zeitpraxen mit Hilfe diffuser zeitstruktureller Angaben wie in diesem exemplarisch gewählten Fall:

> Erst Mal hatte ich fünf Stunden Unterricht. Bin einkaufen gefahren, bin zu meiner Mutter gefahren, die psychisch stark erkrankt ist. Habe für die gekocht, mit ihr gegessen. Bin von dort zum Krankenhaus gefahren, in dem mein Vater liegt, habe den da besucht. Dann war es etwa, glaube ich, so halb vier. Und darauf bin ich wieder zurück zur Schule und habe mir irgendwelche Unterlagen genommen, bin dann damit nach Hause gefahren, da war ich so ungefähr siebzehn Uhr. Dann habe ich was gegessen, dann habe ich also vielleicht noch bis zwanzig Uhr gearbeitet, um hier gewisse Dinge statistisch vorzubereiten und dann noch eine Stunde Unterricht vorbereitet. Ich glaube, um einundzwanzig Uhr war dann also Feierabend. F1, I4, 431-443[137]

Die Intransparenz über die eigenen arbeitsinhaltlichen Zeitpraxen kann unter Umständen zu sehr ungünstigen arbeitsinhaltlichen Zeitpraxen führen wie im Fall dieser Lehrerin:

> Mit den kleinen Kindern zu Hause das war sehr, sehr stressig am Anfang und da blieb mir nichts anderes übrig, als die Nacht durchzumachen oder jetzt einfach mich selber zu disziplinieren. F2, I3, 425-429

Diese Lehrerin hat ihre arbeitsinhaltlichen Zeitpraxen denen der familialen Zeitbedürfnisse untergeordnet und diese Unterordnung fand in ihrer Selbstbeschreibung in einer eindeutigen Zuordnung statt. Die zeitlichen Bedürfnisse werden durch ihre Zeitkonzeption zur Legitimation der eigenen arbeitsinhaltlichen und nicht-arbeitsinhaltlichen Zeitpraxen herangezogen.

Entgegen der These von Arlie Russel-Hochschild (1997), dass gerade Frauen, die sich durch eine vermehrte flexible Anpassung an die zeitlichen Bedürfnisse anderer Familienmitglieder zunehmend in den Betrieb zurückziehen, da hier Handlungsabläufe zwar fremdbestimmt, aber dafür eindeutig arbeitsinhaltlich besetzt sind, kann dieses Ergebnis anderer Studien für den Lehrberuf zunächst nicht bestätigt werden. Das liegt zunächst nicht an der Trennung selbst- und fremdbestimmter Zeiterfordernisse, sondern vielmehr an dem Fehlen einer klaren eindeutigen räumlichen Trennung von arbeitsinhaltlichen und nicht-arbeitsinhaltlichen Lebensbereichen. An Ganztagsschulen in Nordrhein-Westfalen existieren kaum Arbeitsplätze, an denen die Lehrerinnen und Lehrer ihre gesamte Arbeitszeit verbringen können[138].

---

137 Alle befragten Lehrerinnen und Lehrer haben ihre Angaben zu ihren Tätigkeiten in ein zeitstrukturelles Bezugssystem gesetzt, in dem sie sich an die Uhrzeiten halten. Allerdings wird das eigene Handeln zwischen diesen zeitstrukturellen Angaben nur inhaltlich reflektiert.

138 An dieser Stelle kann nur ein Verweis auf das Abschlusskapitel gegeben werden: Hochschulen sind als Wissensorganisationen anders organisiert; hier existieren in der Regel für jede/n Arbeitnehmer/innen ein Büro, so dass es zu einer eindeutigeren Konstruktion arbeitsinhaltlicher und nicht-arbeitsinhaltlicher Zeitstrukturen kommen könnte.

Aber es liegt auch an den Mustern der familialen Lebensführung außerhalb der Schulen. Aus den Selbstbeschreibungen lassen sich eher traditionelle Aufgabenverteilungen ableiten. Diese Lehrerin sagt folgendes:

> Ja, wenn ich nicht reduziert hätte, dann könnte ich also privat keinen Termin, kein Kinobesuch, keinen Tennistermin wahrnehmen. Nein, das würde ich nicht schaffen, weil ich Familie habe, da bin ich froh, dass ich die habe, aber das ist ja Arbeit genug mit den Kindern, mit dem Haushalt, dann würde ich nichts mehr können, dann hätte ich die Kraft nicht dazu, die Zeit nicht, wirklich die Zeit und die Kraft nicht. F1,I2, 776-782

Demnach sind die Lehrerinnen für die reproduktiven Leistungen verantwortlich. Das hat mehrere Gründe: Zum einen wollen die befragten Lehrerinnen sich um ihre Familien und um die damit verbundenen anderen Aufgaben und Verpflichtungen kümmern. Schließlich haben sie ihre Arbeitszeiten reduziert, um für sich eine Vereinbarkeitsoption zu realisieren. Damit sind ihre außerberuflichen familialen Zeitpraxen im Kontext ihrer jeweiligen Zeitkonzeptionen zu bewerten. Und zum anderen werden so über Arbeitsverteilungen (familiale Zeitpraxen) im außerschulischen Lebensbereich organisationale Leitbilder des männlichen zeitlich flexiblen Lehrers indirekt aufrechterhalten.

Die Erkenntnisse über die familialen Aufgabenverteilungen von Männern und Frauen und ihre Auswirkungen auf eventuelle Karriereambitionen von Lehrerinnen und Lehrern werden durch Ergebnisse der Lehrerforschung prinzipiell bestätigt (vgl. Kaiser 1997; Hänsel 1994, 1992; Sadker/Sadker/Klein 1991; Flaake 1989). Aber die von den Lehrerinnen und Lehrern in den außerschulischen Lebensbereichen umgesetzten Zeitpraxen verdeutlichen, dass sich über die Einbettung in die jeweiligen Zeitkonzeptionen eine alltagspraktische Relevanz für die Alltagsorganisation ableiten lässt. Hierbei geht es zunächst nicht um eine Bewertung dieser Prozesse aus der Perspektive der Lehrerinnen und Lehrer, sondern vielmehr um die Rekonstruktionen der Alltagsstrategien, mit denen sie die zeitlichen Herausforderungen ihrer Alltagsorganisation bewältigen. Eine realistische Vereinbarkeitsoption wurde schon durch die Wirkmächtigkeit organisationaler Zeitstrukturen in Frage gestellt[139].

Die Abgrenzungsstrategien der Lehrerinnen und Lehrer müssen in außerschulischen Kontexten von anderen anerkannt sein und anerkannt werden, weil diese dadurch die Chance einer Zeitstrukturierung erhalten. Hierbei sind zunächst die Familienmitglieder allen voran bei der Ausgestaltung dieser Abgrenzungs- und Durchsetzungsprozesse entscheidend, aber auch andere Personen aus nicht familialen Kontexten wie Freunde etc. müssen solche Zeitstrukturen anerkennen. Damit stellen sie die beruflichen Zeitstrukturen und damit die Stabilisierung von Zeitpraxen in außerorganisationalen Kontexten mit her. Unabhängig davon haben aber andere – (i.d.R.) Familienmitglieder – eigene individuelle Zeitbedürfnisse, die sich in

139 Vgl. ausführlich Kapitel 4.1.1.

den Zeitstrukturen ihrer Alltagswelt im Zusammenspiel mit den Zeitpraxen der anderen verdichten und ebenso auf die Reproduktion ihrer eigenen Zeitstrukturen angewiesen sind wie die Lehrerinnen und Lehrer auch.

Wie in anderen neueren Studien, die die Auswirkungen flexibler Arbeitszeiten von berufstätigen Eltern auf das Familienleben untersuchen, belegt wird, ist der Arbeitsplatz zum Zuhause geworden und die Anforderungen des Familienlebens werden als fremdbestimmter Zeitstress wahrgenommen (vgl. Oechsle 2002; Hochschild 1997). Wenn man den Thesen folgt und diese auf das Erkenntnisinteresse zeitsoziologischer Forschung überträgt, können die zeitlichen Erfordernisse und Bedürfnisse unterschiedlicher Lebensbereiche (hier Beruf und Familie) nicht in Einklang gebracht werden. Es werden klare Zeitstrukturen (im Betrieb) denen der uneindeutigen und flexiblen Zeitstrukturen in außerberuflichen Lebensbereichen vorgezogen.

Das bedeutet, dass die erforderliche zeitliche Flexibilität in den Zeitpraxen der Lehrerinnen und Lehrer als belastend und anstrengend empfunden werden und sie bemüht sind, durch eindeutig hergestellte Zeitstrukturen eine Verlässlichkeit in ihrem Alltag zu konstruieren. Eine Lehrerin äußert sich so:

> Ja, manchmal hätte ich lieber, ich würde morgens pünktlich aus dem Haus gehen und wäre mittags hier und hätte dann frei. Fände ich schöner, dann wäre die Qualität der Freizeit eine andere. F1, I2, 785-788

Diese Lehrerin beschreibt den Umstand der unklaren arbeitsinhaltlichen Zeitstrukturen als belastend, denn sie sieht, dass das Wechselspiel arbeitsinhaltlicher und nicht-arbeitsinhaltlicher Zeitpraxen anstrengend für sie ist. Auch sie wünscht sich eine zeitliche und räumliche Trennung ihrer Zeitstrukturen, die sie in ihrem Beruf als Lehrerin an einer Ganztagsschule auch mit einer Reduzierung ihres Lehrdeputats und den damit verbundenen organisationalen Zeitpolitiken nicht entlang ihrer eigenen Bedürfnisse herstellen kann. Flexibilität in der Alltagsorganisation kann aber auch als bewusste Strategie gewählt werden, um auf die Erfordernisse von korrelierenden Zeitpraxen zu reagieren. Hierzu diese Lehrerin:

> Das ist halt der Vorteil von dieser, sage ich mal, etwas flexiblen Geschichte, die wir zu Hause haben, dass dann halt auch wirklich in der Situation nach Bedürfnis auch reagiert werden kann. F2, I12, 980-983

Die Flexibilität wird als Strategie gewählt, um mit den Erfordernissen fremdbestimmter, d. h. mit den Zeitansprüchen anderer umzugehen. Das beinhaltet einerseits die Chance, dass die zeitlichen Bedürfnisse anderer und eigene optional berücksichtigt werden können. Andererseits ist damit aber auch die Herstellung und Stabilisierung von Zeitstrukturen nicht oder nur schwer möglich. Über die Flexibilisierungsstrategie können alle optional ihre zeitlichen Bedürfnisse berücksichtigen, reproduzieren aber auch alle damit die Verhinderung eindeutiger und klarer Zeitstrukturen, in denen Zeiterfordernisse institutionalisiert werden können. Diese Selbstbeschreibung berücksichtigt, dass die flexible Alltagsorganisation außerhalb der Schule für den gemeinsamen familialen Alltag auf eine weniger klassische Rollenverteilung der familialen Verpflichtungen schließen lässt. Allerdings bleibt die Frage offen, ob dieses Arrangement als zufriedener wahrgenommen und erlebt wird.

Flexiblere Alltagsorganisationen müssen nicht unbedingt einhergehen mit einer größeren Zufriedenheit im Alltag. Wenn beide Ehepartner/Lebenspartner berufstätig sind, werden durch die fehlende räumliche Trennung unterschiedlicher Lebensbereiche die zeitlichen Bedürfnisse anderer an die beruflichen Zeitstrukturen angepasst. Es kommt hier weniger zu einer Anpassung der Flexibilitätspuffer an die arbeitsinhaltlichen Zeitstrukturen und Zeitpraxen der Lehrerinnen, sondern diese werden im Kontext ihrer Zeitkonzeptionen zu Lasten der Lehrerinnen und durch sie selbst umdefiniert. Damit können zwar alle innerhalb dieser familialen Kontexte von diesem flexibleren Alltagsarrangement profitieren, allerdings gehen die Anpassungsleistungen und die Variabilität in den meisten Fällen zu Lasten der berufstätigen Frauen, da sie ihre eigenen arbeitsinhaltlichen als auch familialen und regenerativen Zeitpraxen an die zeitpraktischen und zeitstrukturellen Bedürfnisse anderer anpassen.

> Oder eben auch durch Familie und irgendwelche Dinge, dass ich also selten mal wirklich zwei oder drei Stunden mich hinsetzen kann und am Stück irgendwas arbeiten kann. F2, I2, 729-733

Zunächst können alle Personen als Flexibilitätsmanager/innen innerhalb solcher flexiblen Familienarrangements[140] bezeichnet werden, denn diese Strategie wird von allen Familienmitgliedern anerkannt und durch das Zusammenwirken der flexiblen Zeitpraxen aller anderen restabilisiert. In seiner zeitsoziologischen Relevanz entwickelt sich hieraus aber auch eine Art Gegenstrategie: Eine Person muss in der Realisierung ihrer Zeitpraxen „Zeitpuffer" herstellen, um den flexiblen Zeitanforderungen der Familienmitglieder gerecht zu werden. Diese Zeitpuffer können als *multioptionale Zeit* bezeichnet werden, da sie von allen Mitgliedern für verschiedene Dinge genutzt werden können. Dies schließt grundsätzlich nicht aus, dass die anderen Familienmitglieder ebenfalls diese zeitlichen Pufferzonen herstellen können und müssen. Wenn man aber die Konstruktion dieser multioptionalen Zeiten im Kontext der Zeitkonzeptionen betrachtet, lassen sich sogenannte Zuständigkeits- und Be-

[140] Es wurde in den Analysen zum Konzept der alltäglichen Lebensführung herausgestellt, dass in den Familienarrangements egalitäre Alltagsarrangements und Muster der Lebensführung aufgrund reflexiver und oft konflikthaltiger Aushandlungsprozesse zwischen Männern und Frauen aus der Perspektive der Befragten selbst als solche rekonstruiert werden; allerdings sind hier eher egalitäre Einstellungen für die Rekonstruktionsprozesse der Befragten entscheidend (Jurczyk/Rerrich 1993). Der gemeinsame Glaube den diesen gleichberechtigten Arrangements wird auch durch spätere Untersuchungen zu Doppelkarrierepaaren bestätigt (vgl. ausführlich Behnke/ Meuser 2003 a, b, c).

wältigungsmuster für die Herstellung dieser „zeitlichen Pufferzonen", die als Anpassungsstrategie gegenüber zeitflexiblen Familienarrangements betrachtet werden können, rekonstruieren.

> Hier für die Schule aber ansonsten also der Sonntagnachmittag ist überwiegend, dass ich dann wieder auf den Montag mich vorbereite. Eigentlich versuche ich es dann auch immer manchmal am Samstag, oder so, da richte ich mich ein bisschen auch nach dem Wetter. Wenn Samstag schlechter ist, versuche ich mich Samstag schon mal hinzusetzen, ansonsten wird es also auch Sonntag. F2, I4, 1231-1238

Diese Lehrerin nutzt das Wochenende[141], um für sich die Herstellung multioptionaler Zeiten einzuschränken. Dies leistet sie mit dem Ziel, die unter der Woche erforderlichen und von ihren Kindern eingeforderten Zeitflexibilitäten nicht nur zu Lasten der außerschulischen Arbeitsorganisation zu realisieren. Die individualisierte Zeitkonzeption ist für die Motivation entscheidend, wenn man die Entwicklung dieser Anpassungsstrategie betrachtet. Diese Lehrerin hat drei Kinder im schulpflichtigen Alter und ist alleinerziehend. Sie kann zwar tendenziell auf die Unterstützung der eigenen Mutter, die im selben Haus wohnt, zurückgreifen, allerdings ist das auch aufgrund des hohen Alters der Mutter nur begrenzt möglich. Um die zeitlichen Flexibilitäten dieses Familienarrangements erfolgreich umzusetzen, muss diese Lehrerin ihre arbeitsinhaltlichen Zeitpraxen an die familialen Zeitbedürfnisse anpassen. Die Zeitinstitution Wochenende dient somit einerseits der zeitlichen Anpassung an familiale Bedürfnisse, andererseits werden hier die Pufferzonen zugunsten arbeitsinhaltlicher Zeitpraxen umdefiniert. Das kann unter Umständen Auswirkungen auf die Zeitinstitution Wochenende generell haben, wie im Fall dieser Lehrerin:

> Früher habe ich versucht, ich habe es zwar nie geschafft oder nicht immer geschafft, ich habe es selten geschafft, aber ich habe versucht, mir ein Wochenende frei zu halten. Aber ganz geschafft habe ich es glaube ich nie. Kann mich nicht erinnern. F2, I10, 1075-1079

Die Orientierung am Wochenende als freie arbeitsinhaltliche Zeitinstitution kann als Interpretation einer an die männliche Normalerwerbsbiographie (vgl. Lewis/Ostner 1994) orientierte ökonomische Zeitrationalität gedeutet werden. Dient es doch eher in ihrem Sinne der Regeneration und der Familie – also der Nicht-Arbeit –, so wird es durch flexible Familienarrangements permanent in Frage gestellt, da das Alltagsleben unterhalb der Arbeitswoche, die noch die Trennung

[141] Klassische Freizeitinstitution, die sich zwar als Garant einer gelungen Arbeits-Freizeit-Struktur immer mehr in der Auflösung befindet und für viele Berufsgruppen (z. B. Schichtarbeiter/innen, Krankenhauspersonal etc.) immer nur eingeschränkt galt (vgl. ausführlich Jurczyk/Rerrich 1993; zum Wochenende als Zeitinstitution und zeitlicher Ebene religiöser Implikationen Rinderspacher 2003).

von schulischer und außerschulischer Arbeitsorganisation gleichermaßen unterstützt und behindert, nicht aufrecht erhalten werden kann.

Andere Strategien, die Zeitpuffer ermöglichen und sie zu Lasten der Lehrerin verteilen, sind scheinbar gerecht verteilte Aufgabenbereiche in der familialen Alltagsorganisation. Eine Lehrerin, deren Ehemann ebenfalls an einer Ganztagsschule unterrichtet, äußert sich hierzu folgendermaßen:

> Es gibt ein paar Bereiche, die ausschließlich ich mache und ausschließlich mein Mann, also Bad putzen zum Beispiel mach ausschließlich ich und er macht so Reparaturen und so Geschichten. Und ansonsten machen wir aber auch, – gut, putzen und solche Sachen, Staubwischen, das mache ich – doch sehr viel, und Wäsche mache ich auch alleine. Aber ansonsten ist das ziemlich offen so. Also das ist nicht genau eingeteilt, das ist halt so, wie es sich ergibt und wie es die Lage erfordert. Obwohl ich natürlich schon manchmal so das Gefühl habe, ich mache mehr als er und er ist dann manchmal auch so, dass ich eher dies machen sollte oder jenes, aber ich muss ja diese ganz genauen Pläne, der eine ist diese Woche für dies zuständig, der andere für das, das sind wir beide nicht. Kommen wir nicht so gut mit klar. Ich wollte sogar das auch mal ausprobieren, aber mein Mann kommt mit so was gar nicht zurecht. F2, I12, 919-938

Die Organisation des familialen Alltags geht in diesem Fall zu Lasten der Lehrerin. Sie selbst bezeichnet das Organisationsarrangement als ein ausgehandeltes zwischen ihr und ihrem Mann und kontextualisiert damit die Verteilung und Organisation der regenerativen und familialen Verpflichtungen als Muster eines scheinbar flexiblen Familienarrangements. Allerdings handelt es sich hier um eine pseudogerechte Aufteilung familialer Zeitpraxen, die sich durch zwei verschiedene Mechanismen reproduzieren. Der eine Mechanismus ist die Aufteilung verschiedener Aufgabenbereiche innerhalb familialer Zeitpraxen; allerdings wird dieser Lehrerin in der Beschreibung ihrer Zeitpraxen selbst sehr schnell deutlich, dass sie eindeutig mehr familiale Aufgaben übernimmt als ihr Mann. Diese ergeben sich aus dem Zusammenspiel von organisationalen Zeitstrukturen und familialen Zeitkonzeptionen. Der andere Mechanismus ist die indirekte Verweigerungshaltung auf Seiten ihres Mannes, Transparenzen in den Zeitpraxen durch die Konstruktion familialer Zeitstrukturen herzustellen. Deshalb gehen die zeitlichen Pufferzonen zu Lasten der Lehrerin (vgl. ausf. Hochschild 1997,1993).

Wenn es in den Paarbeziehungen und familialen Arrangements nicht gelingt, eindeutige Familien- und Arbeitszeiten herzustellen, unabhängig durch welche Umgehungsstrategien und durch wen sie nicht zustande kommen, können trotzdem Eindeutigkeiten bei der Verhinderung dieser familialen Organisations- und Bewältigungstransparenz nicht geleistet werden, denn

> Ich sage mal, ein großer Teil des Tages ist wirklich einfach, steht zur Verfügung. Ohne, dass ich von vorn herein weiß, das wird jetzt erledigt oder das muss erledigt werden, sonst klappen bestimmte Dinge nicht. Da müssen Puffer da sein und natürlich zu meinen Lasten, was die Vorbereitungen und vieles andere um meine eigenen Aktivitäten betrifft. Aber ich habe dann im-

> mer gedacht, es gibt einfach Zeiten, wo die Kinder so Babys sind und solche Sachen, da muss das halt auch mal sein. F2, I12, 948-962

Diese Lehrerin leistet selbst ihren Beitrag dazu, sich an der Verhinderung eindeutiger arbeitsinhaltlicher und regenerativer/familialer Zeitstrukturen zu beteiligen. Die Erklärung für diese Interpretation ergibt sich durch die Einbettung ihrer Zeitpraxen in ihre Zeitkonzeption. Sie hat den Beruf und seinen zeitstrukturellen Umfang reduziert, weil sie mehr Zeit mit ihren Kindern verbringen möchte und diese Strategie als eine gelungene Vereinbarkeitsoption bezeichnen würde. Durch diese Einbettung ihrer Alltagszeit in den Kontext ihrer Zeitkonzeption ergeben sich zeitpraktische Konsequenzen auf verschiedenen Ebenen: Ihre arbeitsinhaltlichen Zeitpraxen außerhalb der Schule verhindern eine eindeutige und klare arbeitsinhaltliche Zeitstruktur und führen schließlich dadurch zu einem Verlust an qualitativ höherer Freizeit und Familienzeit. Werden gleichzeitig die unklaren arbeitsinhaltlichen und eindeutigeren familialen Zeitpraxen in die individuelle Zeitkonzeption eines familien- und berufsvereinbarenden Modells eingebettet, ergibt sich in den flexiblen Familienarrangements gleichermaßen das Problem, dass die Konstruktion zeitlicher Puffer in den meisten Fällen durch die Lehrerinnen selbst hergestellt werden (müssen). Das wird umso schwieriger, als dass es in den Schulen selbst oft keine ordentlichen Arbeitsplätze gibt, die bei der Konstruktion und Stabilisierung eindeutigerer Arbeitszeitstrukturen helfen könnten, unterstützt. Eine Lehrerin stellt hierzu fest:

> Ich mache eigentlich sehr viel zu Hause, weil ich in der Schule eigentlich keinen Arbeitsplatz habe, wo ich in Ruhe arbeiten kann. Was ich als sehr problematisch empfinde. [...] Bei mir sieht es eben so aus, dass ich abends nach halb Neun, wenn die Kinder im Bett sind, mich dann an den Schreibtisch setze und diese Sachen dann hier erledige. Also gestern Abend war es zum Beispiel Zwölf, als ich fertig war, weil ich eine Klassenarbeit noch fertig machen musste. F2, I2, 378-399

Auch wenn die Anpassungsstrategien der einzelnen Lehrerinnen und Lehrer an flexible Familienarrangements unterschiedlich aussehen, führen in der Konsequenz dessen, wer sich anpasst und Zeitpuffer zu Lasten der eigenen arbeitsinhaltlichen und regenerativen Zeitpraxen herstellt, zu dem Ergebnis, dass es die Lehrerinnen tun. Allerdings sind sie vor den zeitlichen Fallen ihrer eigenen Zeitkonzeptionen nicht zu schützen, da sie selbst ihren eigenen Beitrag zur Stabilisierung dieser Zeitpraxen und Konstruktion der multioptionalen Zeiten und damit die Auflösung eher traditioneller Rollenverteilungen in den alltäglichen Familienarrangements verhindern und selbst „klassische“ Arrangements in den Paarbeziehungen und Familienkonstellationen restabilisieren. Sie definieren ihre Zeiten im Sinne ihrer Zeitkonzeptionen und unterstützen damit selbst die stärkere zeitliche Ausgrenzung von Männern bei der Alltagsorganisation. Männer kommen ihren familialen Zeiten und Verpflichtungen nach und gelten nicht prinzipiell als „Familienzeitpraxenverweigerer“.

Wie bei den Lehrerinnen sind die Zeitpraxen der Lehrer vor dem Hintergrund ihrer eigenen Zeitkonzeptionen zu interpretieren. Keiner der interviewten Lehrer würde sich in der Beschreibung seiner eigenen Zeitpraxen außerhalb der außerberuflichen Lebensbereiche als ein „Familienzeitpraxenverweiger" beschreiben. Unabhängig von dem aktuellen Umfang ihres wöchentlichen Lehrdeputats zum Zeitpunkt der Befragung haben sich alle Lehrerväter in der gemeinsamen Haushaltführung engagiert und sich um die Pflege der Kinder gekümmert. Wie konstruieren nun die Lehrer im Kontext ihrer Arbeitsorganisation ihre arbeitsinhaltlichen und familialen Zeiten? Sind sie auch Flexibilisierungsmanager, die die zeitlichen Bedürfnisse der anderen Familienmitglieder mit bedienen?

Die Lehrer bezeichnen sich alle in den Interviews als Mitgestalter und Mitbewältiger der familialen Verpflichtungen. Wie definieren sie selbst ihre familiale Verpflichtung? Die Vereinbarkeitsstrategien der Lehrer finden in anderer Art und Weise statt wie das untenstehende Beispiel zeigt:

> Dann sind wir so von zwei bis um fünf mit dem Rad gefahren, die Ruhr entlang, also schöner freier Tag und dann habe ich abends aber noch mal zweieinhalb Stunden an die Arbeit gesetzt, weil ich ja die Klassenarbeit vorbereitet habe. F2, I4, 1050-1055

Dieser Lehrer bewertet die Zeit, die er mit seiner Tochter auf dem Fahrrad verbringt, als Familienzeit. Damit definiert er die Zeitpraxen, die er außerhalb der Schule verbringt, zunächst erst einmal als den Bedürfnissen der anderen Familienmitglieder nachrangig zu bewertende. Seine Interpretation fällt damit zugunsten der eigenen familialen Zeitpraxen seiner familienvereinbarenden und somit dem flexiblen Familienarrangement gerecht werdenden Zeitkonzeption aus. Er verbringt seine Zeit mit seiner Tochter und somit definiert er seine Zeitpraxen nicht im Sinne einer arbeitsinhaltlichen Zeitkonzeption. Die verlegt er an diesem Tag auf den Abend. Seine Zeitpraxen sind zwar familiar: Er kümmert sich um seine Tochter, aber er verknüpft an dieser Stelle selbstbestimmte Interessen (Fahrradfahren an einem schönen Tag), die er auch als Freizeit definieren könnte, mit familialen Zeitpraxen. Damit kann er sowohl seine eigenen regenerativen Zeitpraxen mit denen der familialen im Sinne seiner Zeitkonzeption definieren und sich im außerorganisationalen Kontexten gegenüber den arbeitsinhaltlichen Zeitpraxen abgrenzen.

Dieser Lehrer verhält sich bei der Konstruktion der familialen und regenerativen Zeitpraxen geschickter als die Lehrerinnen. Er definiert seine Zeitpraxen, die er als fremdbestimmt wahrnimmt, als vereinbarkeitsfördernde und familiäre Verpflichtungen nachkommende Zeitpraxen im Sinne des flexiblen Familienarrangements. Damit legitimiert er gleichermaßen seine nicht-arbeitsinhaltlichen Zeitpraxen außerhalb der organisationalen Kontexte, grenzt sich aber auch von alltäglichen fremdbestimmten Tätigkeiten und Zeitpraxen im Familienarrangement ab.

Damit haben die Lehrer möglicherweise zwei große Strategien, mit denen sie ihre zeitlichen Interessen in den flexiblen Familienarrangements durchsetzen können. Entweder sie bestimmen eigene regenerative Zeitpraxen zu familialen/vereinbarenden Zeitpraxen um und legitimieren damit ihre nicht-arbeitsinhaltlichen Zeitpraxen oder sie umgehen in den Familienarrangements mit scheinbar ausgehandelten Absprachen die alltäglichen Verpflichtungen in den zeitlichen Erfordernissen der anderen Familienmitglieder. Dadurch umgehen sie alltägliche „arbeitsinhaltliche" Zeitpraxen zugunsten anderer nicht alltäglicher Tätigkeiten. Beide Strategien führen zu dem Ergebnis, dass es den Lehrern eher gelingt, ihre eigenen zeitlichen Bedürfnisse im Zusammenspiel mit den Zeitpraxen der anderen Familienmitglieder durchzusetzen.

Die Diskrepanz ergibt sich aus der Selbstbeschreibung der Männer als familienvereinbarende Mitgestalter von Familienzeit und der Umdefinition ihrer eigenen Zeitpraxen im Sinne ihrer Zeitkonzeptionen zugunsten sogenannter fremdbestimmter Zeit in den Familienarrangements.

Die Familienarrangements werden durch die Enträumlichung von Arbeitszeit im Lehrberuf stark beeinflusst. So können in Familien, in denen beide Elternteile im Lehrberuf tätig sind, ihre arbeitsinhaltlichen und familialen/regenerativen Zeitpraxen zunächst flexibler gestalten und damit zunächst eine größere Anpassung an die zeitlichen Erfordernisse anderer Personen und Kontexte[142] realisieren.

Damit scheint die Enträumlichung der Arbeitszeit und die damit verbundene Flexibilität in den Zeitpraxen der Lehrerinnen und Lehrer die Konstruktion von familialen und arbeitsinhaltlichen Zeitpraxen zu unterstützen und eher positiv zu beeinflussen. Allerdings kann die Enträumlichung der Arbeitszeit in Familienkonstellationen, in denen eine/r nicht zuhause arbeitet, auch eine andere Entwicklung tendenziell fördern, wie das folgende Beispiel zeigt:

> Vielleicht noch ein Punkt, weil der ärgert mich immer ganz gewaltig, wenn mein Mann dann sagt: Ach, Du hast ja morgen Deinen freien Tag. Also da haben wir schon sehr oft uns drüber gestritten, weil mein freier Tag sieht so aus, dass dann die Putzfrau auf der Matte steht und ich dann mitputze. Das heißt, der ist für mich wirklich so ein Hausfrauentag, dann wird alles richtig sauber gemacht, und wenn ich dann drei Stunden oder so drei Einhalb Stunden im Haushalt gewirkt habe, dann kann ich nicht sagen, das war mein freier Tag. F2, I5, 842-850

Diese Lehrerin arbeitet mit einem reduzierten Lehrdeputat und ihr Mann ist als Ingenieur tätig. Sie verbringt im Vergleich zu ihrem Mann einen Teil ihrer Arbeitszeit zuhause. Damit entscheidet sie zunächst selbst, wann sie ihre arbeitsinhaltlichen und familialen Zeitpraxen konstruiert. Aber die Konstruktionen und damit die definitorische Leistung dessen, wie ihre Zeitpraxen inhaltlich besetzt werden, hängen auch davon ab, inwieweit diese von den anderen (i.d.R. Familienmitglieder) anerkannt werden.

142 Ladenöffnungszeiten, Kinderbetreuung, Freizeitgestaltung der Kinder etc.

Der Ehemann stellt die arbeitsinhaltlichen und familialen Zeitpraxen seiner Frau in Frage, in dem er die Zeit, die sie außerhalb der Schule verbringt, prinzipiell als nicht-arbeitsinhaltliche Zeitpraxen definiert und nicht nach außerschulischen Arbeitszeitpraxen oder familialen Zeitpraxen differenziert. Er konstruiert entlang der räumlichen und zeitlichen Präsenz seiner Frau ihre Zeitpraxen und definiert darüber schließlich seine eigenen Zeitpraxen. Er verbringt seine Zeit nicht zuhause und arbeitet. Sie verbringt ihre Zeit zuhause und arbeitet nicht. Entlang dieser einfachen Dualität von Raum und Zeit werden die familialen Arrangements durch den Ehemann konstruiert und bewertet. Er äußert sich gegenüber seiner Frau so, dass „Zeit", die außerhalb des Arbeitsplatzes und der Schule verbracht wird, in seinen Augen als Freizeit definiert werden kann.

Diese Definition der außerschulisch verwendeten Zeitpraxen durch den Ehemann stellt die eigene Definitionsleistung der Lehrerin in Frage. Dadurch, dass der Ehemann die reproduktiven verwendeten Zeitpraxen der Lehrerin als Freizeit umdefiniert, stellt er prinzipiell die Verwendung ihrer Zeitpraxen in Frage und legimitiert gleichermaßen die Verwendung seiner eigenen Zeitpraxen. Die hieraus entstehende Dynamik in den Legitimationsmustern beider führt schließlich dazu, dass sowohl die Lehrerin in der reproduktiven Verwendung ihrer eigenen außerorganisationalen arbeitsinhaltlichen Zeitpraxen als auch die von ihr geleisteten familialen Zeitpraxen innerhalb der Familie mehr anerkennen lassen muss.

Gleichzeitig restabilisiert sich über die Dynamik folgendes Muster: Die Lehrerin und ihr Ehemann müssen permanent ihre eigenen regenerativen, arbeitsinhaltlichen und familialen Zeiten konstruieren. Diese Trias taucht in den Konstruktionsleistungen des Ehemannes nicht auf, denn für ihn gibt es hier eindeutige Zeitstrukturen durch die Trennung von Raum und Zeit. Er entwertet die außerschulisch verbrachte Zeit der Lehrerin, in dem er die von ihr geleistete reproduktive Arbeit als Freizeit umdefiniert und ihre Zeitpraxen durch seine eigene Zeitkonzeption bewertet. Die Lehrerin setzt diese Dynamik der Definitionen von Zeitpraxen fort und trägt schließlich damit zu deren Restabilisierung bei, indem sie sich nicht aus dem Dualismus von konstruierten Zeitpraxen und Zeitkonzeptionen löst, sondern indirekt diesen Dualismus in der Argumentation aufgreift und sich hierüber legitimiert. Die Entgrenzungsproblematik wird auf die Lehrerin verlagert, da ihr Ehemann diese Problematik als Teil seiner Arbeitsorganisation nicht hat.

Diese Muster der Re- und Definitionen von flexiblen Familienarrangements können zu sehr unterschiedlichen zeitstrukturellen Formen von regenerativen, familialen und arbeitsinhaltlichen Zeitpraxen führen. Eine Lehrerin beschreibt ihren familialen Alltag so:

> Und ich habe nur einmal in dieser Woche nachmittags, von daher kann ich an vier Tagen das so einrichten, dass ich grundsätzlich immer da bin, wenn die Kinder nach Hause kommen und dass ich mit denen, wenn die Eine um zwei isst und die Andere um halb vier, ich mir immer

> die Zeit nehmen muss, da auch mit denen am Tisch zu sitzen. Das ist also wirklich ganz wichtig für mich, aber Priorität hat dann auch: Mein Unterricht muss stehen. F2, I14, 290-296

Diese Lehrerin hat zwei schulpflichtige Kinder. Im Kontext ihrer familialen Zeitkonzeption ordnet sie ihre arbeitsinhaltlichen Zeitpraxen denen der Kinder unter. Für sie ist es wichtig, mit den Kindern zusammen zu sein. Ihre Zeitpraxen unterliegen damit ihrer Zeitkonzeption und legitimieren somit die Verhinderung arbeitsinhaltlicher Zeitpraxen und –strukturen außerhalb der Schule. In einem Atemzug setzt sie mit den familialen Zeitpraxen die beruflichen außerorganisationalen Zeitpraxen gleich. Es dient der Transparenz der nicht-arbeitsinhaltlichen Zeitpraxen, weil sie hier, da eindeutige arbeitsinhaltliche Zeitstrukturen fehlen, ihre arbeitsinhaltlichen und nicht-arbeitsinhaltlichen Zeitpraxen im Sinne ihrer Zeitkonzeption bewertet und ausgestaltet[143]. Hier werden fehlende Arbeitszeitstrukturen zwar als abwechslungsreich beschrieben, aber auch als belastend und anstrengend empfunden. In außerschulischen Kontexten allerdings werden diese Belastungen zugunsten familialer Zeitkonzeptionen definiert und darüber nicht-arbeitsinhaltliche Zeitpraxen legitimiert.

Die Lehrerinnen und Lehrer wurden in den Interviews ebenfalls danach gefragt, wann sie Freizeit haben. Ohne diesen Begriff in dem Interview näher definiert zu haben, sollte den Befragten eine eigene Definition des Begriffes Freizeit ermöglicht werden. Diese eigene definitorische Leistung nahmen die Lehrerinnen und Lehrer auf sehr unterschiedliche Weise vor. Hierzu eine Lehrerin:

> Ja, Freizeit, das ist eine gute Frage. Freizeit ist für mich, wenn ich nichts für die Schule tue und stattdessen zum Beispiel jetzt ein offenes Ohr habe für meine Kinder habe, wenn die da sind. Und wenn ich mich auf die Gartenbank setze und dann kommen die und setzen sich dazu und wir unterhalten uns. Das ist meine Freizeit im Moment. F1, I8, 1121-1126

Diese Lehrerin definiert ihren Freizeitbegriff entlang familialer Zeitpraxen. Freizeit ist nicht Zeit für sie, sondern die, die sie mit ihren Kindern verbringt. Damit unterliegt die Konstruktion ihrer regenerativen Zeitpraxen ihrer Zeitkonzeption. Entscheidend ist, dass kein Lehrer seinen Freizeitbegriff entlang familialer Zeitpraxen definiert hat, sondern nur die Lehrerinnen. Die Lehrer definierten in den Interviews ihren Freizeitbegriff entlang eigener selbstbestimmter Zeit, die sich entweder

---

[143] Unklare Zeitstrukturen werden durch unterbrochene arbeitsinhaltliche Zeitpraxen verlängert, da das Eindenken und die Erfordernisse unterschiedlicher Lebensbereiche ein höheres Maß an Konzentration erforderlich werden lassen. Damit werden die arbeitsinhaltlichen Zeitpraxen in ihrer Summe zwar verlängert, aber die Qualität bzw. die Effizienz, mit der arbeitsinhaltliche Aufgaben erledigt werden können, bleibt in Relation gesehen gering. Dieses Problem unklarer Arbeitszeitstrukturen wurde im ersten empirischen Teil als Adhoc-Arbeitszusammenhänge in organisationalen Kontexten analysiert. Das bedeutet für die psychologischen Konsequenzen von unklaren Arbeitsaufträgen und Unterbrechungen dieser, dass die Kontrolle über die Arbeitsabläufe abnimmt. Diese hängt nämlich nicht nur von der zu lösenden Aufgabe selbst ab, sondern auch vom Wissen und der Kompetenz, die einem bei der Lösung von Aufgaben zur Verfügung steht (vgl. Ulich 1992).

aus der Umdefinition ihrer familialen Zeitpraxen oder aus der Abgrenzung gegenüber familialen Zeitpraxen ergab. Unabhängig davon, inwieweit sich die Zeitpraxen der Lehrer in die Zeitkonzeptionen einbetten lassen, führen sie zu dem Ergebnis, dass es ihnen gelingt, im Zusammenspiel mit der definitorischen Leistung der Lehrerinnen/Ehefrauen, die Familienzeiten als Freizeiten definieren, ihre zeitlichen Interessen erfolgreicher durchzusetzen.

In den Selbstwahrnehmungen der Lehrerinnen und Lehrer werden Familienarrangements als flexibel beschrieben. Diese Flexibilität führt aber zur Gegenstrategie der multioptionalen Zeit, die es ermöglicht, das Zusammenwirken unterschiedlicher Zeitbedürfnisse anderer Personen, Lebensbereiche etc. im Alltag zu organisieren. Diese Strategie wird i.d.R. von Lehrerinnen entwickelt, da sie ihre Zeitpraxen zugunsten der Familie definieren. Die Entgrenzung der Arbeitszeit und ihre indirekte Infragestellung durch die Zeitpraxen anderer Familienmitglieder können dazu führen, dass Zeitpraxen im Kontext der Zeitkonzeptionen umdefiniert werden und hierüber schließlich zu einer Restabilisierung der Geschlechterrollen führen. Dadurch werden die Geschlechterarrangements, die aus den Zeitpraxen der Lehrerinnen und Lehrer teilweise aus den Selbstbeschreibungen rekonstruiert werden konnten, weniger verhandelbar. Abhängig von den Zeitkonzeptionen, in denen die Zeitpraxen eingebettet sind, gelten für Lehrerinnen und Lehrer unterschiedliche Zeitpraxen und eine eindeutige Trennung der Alltagszeit in Familienzeit und Arbeitszeit kann zwar aufrecht erhalten werden. Entscheidend sind die zeitpraktischen Verwendungsmuster innerhalb der Familienarrangements, innerhalb derer es gelingen kann, die eigenen zeitlichen Interessen im Sinne der eigenen Zeitkonzeptionen durchzusetzen und innerhalb derer schließlich die Zeitpraxen definiert werden.

4.2.2. Individualisierte Zeitpraxen und organisationale Zeitstrukturen – Vereinbarkeitsstrategien im Alltag

Der Stundenplan, das Lehrdeputat, die von der Schule festgelegten Zeitstrukturen und organisationale Zeitpolitiken bestimmen die arbeitsinhaltlichen und nicht-arbeitsinhaltlichen Zeitpraxen in den außerschulischen Lebensbereichen und haben damit zeitpraktische und zeitstrukturelle Konsequenzen für die alltägliche Lebensführung, denen die Lehrerinnen und Lehrer als auch die Familienmitglieder mit unterschiedlichen Strategien im Alltag begegnen. Während im ersten Kapitel die arbeitsinhaltlichen Zeitpraxen vor dem Hintergrund der individualisierten Zeitkonzeptionen analysiert wurden, werden jetzt die organisationalen Zeitstrukturen und ihre Berücksichtigung in den nicht-arbeitsinhaltlichen Zeitpraxen der Lehrerinnen und Lehrer außerhalb der Schulen analysiert[144]. Mit welchen unterschiedlichen Strategien werden die Familienarrangements an die organisationalen Zeitstrukturen angepasst? Wie werden organisationale Zeitstrukturen in die familialen Alltagsarrangements integriert? Gibt es Differenzen in den Integrationsstrategien bei Lehrerinnen und Lehrern?

Es können insgesamt zwei große Strategiestränge in den Interviews der Lehrerinnen und Lehrer herausgearbeitet werden: Entweder werden die organisationalen Zeitstrukturen in das Alltagsarrangement zugunsten der familialen Zeitpraxen integriert oder die Lehrerinnen und Lehrer grenzen sich entlang ihrer arbeitsinhaltlichen Zeitkonzeptionen gegenüber den Ansprüchen und Erfordernissen familialer Zeitpraxen ab. Im Folgenden werden die Strategien vorgestellt, die entlang der familialen zeitpraktischen Erfordernisse die organisationalen Zeitstrukturen zu integrieren versuchen und somit als vereinbarkeitsoffensive Strategien bezeichnet werden.

In vielen Interviews empfanden die befragten Lehrerinnen und Lehrer die organisationalen Zeitstrukturen als belastend, weil sie als ungünstig bewertet werden, wenn es um die Ausgestaltung arbeitsinhaltlicher oder nicht-arbeitsinhaltlicher Zeitpraxen geht. Eine Lehrerin äußert sich so:

> Zwei Typen von Tagen: Entweder Tage, wo ich zum Beispiel sieben oder acht Stunden Unterricht habe, oder solche Tage, wo ich dann nur vier oder fünf Stunden habe und irgendwie unendliche Freistunden dazwischen. Das finde ich dann sehr anstrengend, weil man ständig das Gefühl hat, man vergeudet, man vertut eigentlich Freizeit von einem selber. F2, I12, 160-168[145]

Die Dominanz der organisationalen Zeitstrukturen wird in diesem Zitat sehr deutlich. Entweder verhindern sie, dass nicht-arbeitsinhaltliche (in diesem Fall regenerative) Zeitpraxen zustande kommen können, weil sie durch die räumliche Trennung und damit eindeutige Zuordnung nur arbeitsinhaltliche Zeitpraxen durch die organisationalen Zeitstrukturen zulassen. Oder die organisationalen Zeitstrukturen werden in Frage gestellt, weil sie nicht eindeutig durch arbeitsinhaltliche Zeitpraxen unter anderem durch das Fehlen von Arbeitsplätzen legitimiert werden können. Zudem können organisationale Zeitstrukturen nicht nur von den Lehrerinnen und Lehrern bezogen auf ihre eigenen arbeitsinhaltlichen Zeitpraxen als belastend emp-

[144] Unter familialem Alltagsarrangement werden in der Analyse folgende Zeitpraxen verstanden sofern sie nicht in den Selbstbeschreibungen der Lehrerinnen und Lehrer weiter differenziert werden: Reproduktion, Freizeit, Ehrenamt, Hobby. Aus den Aussagen der Lehrerinnen und Lehrer werden keine Zeitverwendungsstile abgeleitet oder überprüft, wie sie ihre außerschulischen „Zeiten" verbringen, sondern es geht vielmehr um die Rekonstruktion und Darstellung der möglichen Muster ihrer Zeitpraxen, aufgrund derer sie ihr Alltagshandeln einordnen, beschreiben und bewerten. Diese werden aufgrund der forschungsleitenden Prämissen in Anlehnung an das Konzept der alltäglichen Lebensführung als äußerst flexibel betrachtet (vgl. ausführlich Jurczyk 2000; Rerrich 2000; zu Zeitverwendungsforschung Groß/Baur/Schilling 1997).

[145] Vgl. auch: F2, I13, 260-274.

funden werden. Neben der Verhinderung arbeitsinhaltlicher Zeitpraxen innerhalb der Organisation werden organisationale Zeitstrukturen, wenn sie den Alltag durch eine nicht eindeutige Trennung arbeitsinhaltlicher und nicht-arbeitinhaltlicher Zeitpraxen behindern, als belastend und anstrengend beschrieben. Eine Lehrerin sagt:

> Im Moment würde ich fast sagen, ist der Donnerstag für mich am schwierigsten, weil ich da die erste und die sechste Stunde habe und zwischendurch hin- und herfahre. Ich komme also nach der ersten Stunde nach Hause, bringe meinen Sohn in den Kindergarten, bin dann zum Teil hier, mache also hier im Haushalt was oder bereite irgendwas vor und fahre dann praktisch wieder in die Schule. Also zwischendurch, wenn mein Mann dann keine Zeit hat, bin ich dann also vorher auch noch zum Kindergarten gefahren, habe meinen Sohn wieder eingesammelt und bin dann eben, habe den wirklich hier nur reingeworfen mehr oder weniger und bin dann halt eben in die Schule gefahren. Und so diese Hin- und Herfahrerei und von jedem so ein bisschen, das hab ich also schon als sehr stressig empfunden. F2 I2, 146-162

Der Wechsel von arbeitsinhaltlichen und familialen Zeitpraxen empfindet die Lehrerin als anstrengend. Der Wechsel unterschiedlicher Zeitpraxen wird durch die Lehrerin selbst verhindert, da sie sich selbst bei der Herstellung eindeutiger Zeitstrukturen außerhalb und innerhalb der Schule auf die Zeitpraxen ihres Mannes verlässt, wenn es um die Aufteilung der familialen Alltagsverpflichtungen innerhalb ihres familialen Alltagsarrangements geht. Gleichermaßen wird hier die Strategie bestätigt, nach der es i.d.R. die Frauen sind, die sich bei der Gestaltung ihrer Zeitpraxen innerhalb dieser Arrangements als zeitliche Multioptionenmanagerinnen einbringen, um auf die alltäglichen Unvorhersehbarkeiten und spezifischen zeitstrukturellen Erfordernisse und Bedürfnisse der anderen zu reagieren.

Diese zeitpraktischen Bewältigungsstrategien können als ungerecht empfunden werden, wenn sich die strukturellen Rahmenbedingungen der Arbeitsorganisation beider Elternteile ähneln (vgl. Hochschild 1993). Ganz besonders gilt dieses in Haushalten, in denen beide Eltern berufstätig sind und beide zuhause arbeiten[146]. Es wird deutlich, dass im Kontext der familialen Arrangements die familialen Zeitpraxen nicht immer zur Zufriedenheit gestaltet werden können, wenn sie unabhängig vom Engagement anderer Familienmitglieder durch die organisationalen Zeitstrukturen bestimmt werden.

Das zeitsoziologische Dilemma, in dem die Lehrerinnen und Lehrer stecken, die im Sinne einer erfolgversprechenden Strategie zur Vereinbarkeit von Familie und Beruf ihre Arbeitszeit reduziert haben, ist folgendes: Die Täuschung liegt zunächst im Leitbild der Organisation begründet, die bei der Stundenplangestaltung auf den zeitlich flexiblen unabhängigen (männlichen) Lehrer setzt und dieses durch die organisationalen Zeitpolitiken auf der Ebene der Zeitstrukturen indirekt restabilisiert. Das fällt den Lehrkräften auf, die ihre familialen und arbeitsinhaltlichen Zeitpraxen in die organisationalen Zeitstrukturen integrieren müssen und die letzteren nicht in die Logik der Alltagarrangements passen. Wie gehen die Lehrerinnen

146 Selbstständigkeit der Partnerin/des Partners oder beide im Lehrberuf tätig.

und Lehrer mit den unterschiedlichen Zeitlogiken der beiden Lebensbereiche um? Mit Hilfe welcher Strategien versuchen Lehrerinnen und Lehrer, die Alltagsarrangements mit den organisationalen Zeitstrukturen zu vereinbaren? Was bedeutet Vereinbarkeit in diesem Zusammenhang? Unterordnung familialer Zeitpraxen unter die organisationalen Zeitstrukturen? Wird der Gleichheitsanspruch nicht durch die organisationalen Leitbilder ad absurdum geführt?

Das gesamte Spannungsfeld der vereinbarkeitsoffensiven Strategien der Lehrerinnen und Lehrer ist vor den bestehenden organisationalen Zeitpolitiken und -institutionen und in ihrer Konsequenz in den organisationalen Zeitstrukturen zu bewerten. In der Schule gilt zur besseren Vereinbarkeit von Familie und Beruf eine zeitstrukturelle Regel, nach der eine Lehrkraft wegen eines kranken Kindes zuhause bleiben kann und nicht zum Unterricht erscheinen muss[147]. Lehrerinnen und Lehrer umgehen aber diese organisationale vereinbarkeitsoffensive Zeitpolitik der Schulen, weil

> Als die so klein waren, dass man dann schnell zum Arzt musste und dann hier anrufen musste, mein Kind ist krank, das kam nicht sehr gut an damals. Und da war ich auch sehr böse, weil ich habe dann den Tipp bekommen von einem Kollegen: Sag lieber, du bist selber krank, da sagt kein Mensch was, nur wenn Du sagst, Dein Kind ist krank, kommt das eben nicht gut an. F2, I5, 874-880

Integraler Bestandteil organisationaler Zeitpolitiken ist es, den eigentlichen Anspruch, nämlich die Vereinbarkeit von Familie und Beruf zu erleichtern und den zeitpraktischen Erfordernissen anderer Familienmitglieder gerecht zu werden, durch die eigene Besonderheit selbst wiederum aufzuheben. Das bedeutet, dass es den Lehrerinnen und Lehrern nicht gelingen kann, über eine Verringerung ihres Lehrdeputats und der damit verbundenen Verringerung organisationaler Zeitstrukturen eine erfolgreiche zeitpraktische Anpassung zu realisieren. Neben der offiziellen, d. h. durch die Organisationsleitung legitimierte, weil eingeführte Zeitpolitik, gibt es eine informelle Zeitpolitik auf Seiten der Lehrerinnen und Lehrer selbst, die sie zu arbeitsinhaltlichen Zeitpraktiker/innen macht: Wenn sie sich selbst krank melden und nicht ihre Kinder.

Diese zeitpraktischen Erfordernisse im Alltagsarrangement stellen die Entscheidung im Sinne einer vereinbarkeitsoffensiven Strategie zugunsten der flexiblen Familienarrangements in den Vordergrund. Dadurch werden die Lehrerinnen und Lehrer als organisationale zeitstrukturelle Erfordernisse verweigernde Kolleg/in/en von ihren eigenen Kolleg/innen wahrgenommen und sie erhalten darüber die Logik der beiden unterschiedlichen Zeitsysteme aufrecht. Lehrerinnen und Lehrer haben die Chance, sich selbst als die der Schule permanent zur Verfügung stehenden Lehrkräfte zu präsentieren und ihre vereinbarkeitsoffensiven Strategien in ver-

---

[147] Diese Tage werden Familientage in den Schulen genannt und dürfen max. 5 Tage pro Schuhalbjahr in Anspruch genommen werden.

einbarkeitsdefensive Strategien gegenüber den Kolleginnen und Kollegen zu definieren. Diese Umdefinition führt zu einer teillegitimierten, weil organisational anerkannten zeitpraktischen Anpassung an familiale Alltagsarrangements und vernachlässigt den Versuch, die zeitstrukturellen Erfordernisse der Schule innerhalb einer vereinbarkeitsoffensiven Strategie zu legitimieren. Darüber bleibt der generelle Charakter von familienvereinbarenden Arbeitszeitoptionen in seiner Besonderheit innerhalb der Schulen erhalten und eine notwendig werdende zeitinstitutionelle Anpassung an die familialen Arrangements außerhalb der Schule wird verhindert.

Neben den informellen vereinbarkeitsdefensiven Strategien bleiben auf der Ebene der organisationalen Zeitstrukturen individualisierte Möglichkeiten, diese in eine formale vereinbarkeitsoffensive Strategie umzuwandeln. Eine Lehrerin sagt:

> Da habe ich also sehr darunter gelitten, deshalb habe ich damals auch beantragt, ich wollte die Schule wechseln, weil ich mit einer halben Stelle einen Stundenplan hatte, wo ich viermal in der Woche nachmittags hatte und das mit kleinen Kindern im Kindergarten. Da war ich also wirklich so sauer, dass ich gesagt habe, da mache ich nicht mit. Ich will zur Realschule, ich will von der Gesamtschule weg. Mittlerweile habe ich diesen Eindruck nicht mehr, sondern ich habe schon den Eindruck, dass versucht wird, gute Stundenpläne machen – also für mich jetzt. F2, I14, 1187-1197[148]

Diese Lehrerin hat sich auf der Ebene ihrer mikropolitischen Gestaltungsmacht[149] durchgesetzt, indem sie eine organisationale zeitstrukturelle Anpassung an die familialen Zeiterfordernisse erfolgreich umgesetzt hat. Sie selbst stellt es so dar, dass unter Androhung, ihre Schule wechseln zu wollen, die Gestaltung ihres Stundenplanes so beeinflusst wurde, dass die organisationalen Zeitstrukturen denen der familialen Anforderungen gerechter werden konnten. Allerdings führt sie im Interview nicht weiter aus, wieso es ihr gelingen konnte, ihre zeitstrukturellen Anpassungen so erfolgreich umzusetzen. Es wird vermutet, dass diese Lehrerin innerhalb der schulischen Organisation eine besondere Stellung aufgrund von Fächerkombinationen, Beziehungen zur Schulleitung etc. hat(te), die die Möglichkeiten ihrer Einflussnahme vergrößerten.

Trotzdem wird deutlich, dass eine formale vereinbarkeitsoffensive Strategie zur Anpassung organisationaler Zeitstrukturen an die zeitpraktischen familialen Erfordernisse auch möglich ist. Man kann die Strategien in ihrer Einbindung in die organisationalen Zeitstrukturen und damit in ihrer ihr eigenen Logik allerdings unterscheiden: Während die informellen Strategien die organisationalen Zeitstrukturen prioritär und die familialen sekundär einbinden, sind bei den formellen Strategien die Zeitstrukturen der Schule scheinbar konsensual koordiniert. Entscheidend für die Logik dieser unterschiedlichen Strategien ist in diesem Zusammenhang die In-

148 Vgl. auch: F2 I2, 33-55.

149 Vgl. hierzu ausführlich die Diskussionen um die Mikropolitik in Organisationen: Ortmann 1995; Küpper/Ortmann 1992,1986; Friedberg 1992; Crozier/Friedberg 1979; zu Geschlecht und Mikropolitik Riegraf 1996.

tegration in die Zeitkonzeptionen. Wenn eindeutige zeitstrukturelle Prioritäten zugunsten der familialen Zeitpraxen gesetzt werden (können), müssen arbeitsinhaltliche Zeitpraxen außerhalb der Schulen durch die Lehrerinnen und Lehrer verstärkt selbst hergestellt werden und der Einfluss der Schule ist geringer. Werden die familialen Zeitpraxen entlang der organisationalen Zeitstrukturen formal aufrecht erhalten, legitimieren sich die Lehrerinnen und Lehrer bei der Ausgestaltung ihrer arbeitsinhaltlichen Zeitpraxen entlang der zeitstrukturellen Erfordernisse dieser außerhalb der Schulen.

Eine weitere Strategie, die organisationale Zeitstrukturen in die Anforderungen flexibler Alltagsarrangements einzubinden, ist die, keine zu haben. Das ist dann der Fall, wenn die organisationalen Zeitstrukturen eindeutig sind und außerhalb der Schule ebenfalls eindeutige arbeitsinhaltliche Zeitstrukturen individuell durch die arbeitsinhaltlichen Zeitpraxen gestaltet werden. Hierzu sagt eine Lehrerin:

> Ich bin ganz froh mit meiner Teilzeitbeschäftigung einen freien Tag zu haben, denn wenn morgens meine eigenen Kinder aus dem Haus sind, setze ich mich konsequent an den Schreibtisch und dann kann ich ganz viel wegschaffen. An den Nachmittagen habe ich wenig Zeit und abends kann ich nicht mehr so gut arbeiten wie in meinen ersten Lehrerjahren. Damals hab ich mich noch um neun Uhr abends hingesetzt und korrigiert oder vorbereitet. Das möchte ich nicht mehr und ich schaffe es auch nicht mehr gut. F2, I3, 186-197

Diese Lehrerin hat innerhalb und außerhalb der Schule eindeutige arbeitsinhaltliche Zeitstrukturen geschaffen. Hierbei nutzt sie einerseits die zeitstrukturellen Auswirkungen organisationaler Zeitinstitutionen. Andererseits kann sie sich bei der Ausgestaltung ihrer arbeitsinhaltlichen Zeitpraxen darauf verlassen, dass sie diese umsetzen kann, wenn die zeitstrukturellen Eingebundenheiten der anderen Familienmitglieder wirken. Sie selbst führt an, dass sie früher zugunsten des familialen Alltagsarrangements in ihrer Rolle als zeitpraktische Multioptionenmanagerin ihre arbeitsinhaltlichen Zeitpraxen sekundär behandelt hat. Darauf kann und will sie verzichten und ihre außerorganisationalen Zeitstrukturen arbeitsinhaltlich aufrechterhalten. Dadurch stabilisiert sie ihre eigenen Zeitpraxen und die der anderen Familienmitglieder. Damit hat sie die organisationalen Zeitstrukturen konsensual mit den familialen Zeitstrukturen und zeitpraktischen Anforderungen vereinbaren können. Allerdings ist die erfolgreiche Umsetzung dieser Strategie nur möglich, wenn die zeitstrukturellen Anforderungen der anderen Familienmitglieder und der Lehrerin selbst in dieser Weise bestehen bleiben. Ändert sich die organisationale Zeitstruktur zum nächsten Schuljahr oder erhöht sie das Lehrdeputat, sind zeitstrukturelle Auswirkungen zu erwarten, die ein symbiotisches Verhältnis von familialen und arbeitsinhaltlichen Zeitpraxen und organisationalen Zeitstrukturen obsolet werden lassen.

Integrationsstrategien von organisationalen Zeitstrukturen können auch anders aussehen[150]. Eine Lehrerin erzählte, dass sie sich eine Strategie zurechtgelegt hat, um organisationale Zeitstrukturen zu umgehen: Wenn sie ihren Unterricht gemacht hat und im Anschluss daran eine Vertretungsstunde übernehmen soll[151], ignoriert sie diesen Aushang und lässt die Vertretungsstunde ausfallen. Diese Lehrerin machte deutlich, dass nicht nur sie diese Strategie anwendet, sondern dass auch andere Lehrerinnen und Lehrer es so praktizieren. Die Schule kann die Lehrerinnen und Lehrer durchaus verpflichten, dass sie eine bestimmte Anzahl an Vertretungsstunden (abhängig von der Höhe des Lehrdeputats) innerhalb einer Woche übernehmen müssen. In großen Schulsystemen sind Vertretungsstunden allerdings strukturell sehr schwierig, da abhängig von der Fächerkombination und der Höhe des Lehrdeputats Schülerinnen und Schüler unterrichtet werden müssen, die den Lehrerinnen und Lehrer unbekannt sind. Zudem ist die Umsetzung durch die Lehrerinnen und Lehrer selbstdefinierter sinnvoller arbeitsinhaltlicher Zeitpraxen kaum möglich. Die Verweigerung, diese zusätzlichen organisationalen Zeitstrukturen zu akzeptieren, kann sich aus dem individuellen Unbehagen gegenüber diesen Unterrichtsstunden ergeben. Aus der Logik der organisationalen Zeitstrukturen heraus ergeben sich aber auch andere strukturelle Benachteilungen derjenigen, die für diese Form der organisationalen Zeitstrukturen in Frage kommen.

Die Höhe des Lehrdeputats, die damit verbundenen organisationalen Zeitpolitiken sowie die Fächerkombination und die Jahrgangsstufen, in denen unterrichtet wird, entscheiden strukturell über die Ausgestaltung des Stundenplanes. Lehrkräfte, die ihr Lehrdeputat verringert haben, haben in den meisten Fällen mehr freie Stunden bzw. auch größere Freizeitblöcke in ihren Stundenplänen. So können sie innerhalb der Schule eher in ihrer Funktion als organisationale „Zeitpuffer“ fungieren und die „Lücken“ in den organisationalen Zeitstrukturen ausfüllen als die Kolleginnen und Kollegen mit einem vollen Lehrdeputat. Wenn die Schulleitung Lehrer/innen diese Funktion zuweist, empfinden sie das als ungerecht, weil sie hier mit einer zeitstrukturellen Funktion betraut werden, denen sie in den meisten Fällen zuhause schon als familiale Multioptionenmanager/innen gerecht werden müssen. Wenn ihnen diese Funktion zusätzlich innerhalb der schulischen Organisation zugewiesen wird, können die sensiblen Abstimmungsstrategien dieser beiden Lebensbereiche nicht aufrecht erhalten werden, denn diese Alltagsarrangement funktioniert nur dann, wenn einer dieser beiden Lebensbereiche in seiner zeitstrukturellen Ausprägung stabil bleibt.

---

[150] Im Interview wurde der Lehrerin zugesagt, dass die von ihr gemachte Aussage nicht zur weiteren Verwendung genutzt wird. Da sie allerdings für die Analyse von entscheidender Bedeutung ist, wird sie aus Gründen der Vertraulichkeit und der zugesagten Anonymität nur angeben.

[151] Diese hängen an beiden Schulen an zentraler Stelle im zentralen Lehrertrakt öffentlich für alle Personen des Lehrkörpers aus.

Und um das zu gewährleisten, werden in vereinbarkeitsoffensiven Strategien organisationale Zeitstrukturen, die dieses Arrangement stören, ausgeblendet, in dem die arbeitsinhaltlichen Zeitpraxen diese zeitstrukturellen Anweisungen verweigern und durch die formale organisationale Arbeitszeitstruktur des Stundenplanes wiederum legitimiert werden. Dabei geht die o.a. erwähnte Lehrerin auch soweit, dass sie Sanktionen durch die Schulleitung auf sich nehmen würde, mit denen sie aufgrund ihrer verweigernden arbeitsinhaltlichen Zeitpraxen rechnen muss. Allerdings scheint es ihr bis zum Zeitpunkt des Interviews gelungen zu sein, ihre Verweigerungshaltung durch das Berufen auf die formale organisationale Arbeitszeitstruktur des Stundenplanes gegenüber der Schulleitung zu legitimieren. Sie erwähnt in der Interviewpassage, dass andere Kolleginnen und Kollegen diese zeitstrukturelle Praxis der Organisation nicht als legitim betrachten, doch diese durch die Akzeptanz ihrer in diesem Zusammenhang zugewiesenen Funktion als Zeitpuffer durch ihre arbeitsinhaltlichen Zeitpraxen nicht in Frage stellen. Damit hat die Schule weiterhin genügend Lehrkräfte, auf die sie sich bei der Umsetzung organisationaler Zeitstrukturen verlassen kann.

Eine zweite Strategie, die eine Einbindung der organisationalen Zeitstrukturen in eher vereinbarkeitsdefensive Strategien zugunsten der eigenen arbeitsinhaltlichen Zeitpraxen realisiert, konnte ebenfalls herausgearbeitet werden. In diesen Fällen handelt es sich um den Versuch, die zeitpraktischen Bedürfnisse anderer Familienmitglieder zugunsten der eigenen arbeitsinhaltlichen Zeitpraxen zurückzustecken. Allerdings sind die Motive dafür sehr unterschiedlich.

> Was Unterrichtsvorbereitung betrifft ist das inzwischen natürlich nicht mehr so ein Problem, also ich bin jetzt im dreizehnten Jahr, zwar mit Unterbrechungen durch Schwangerschaft und Kindererziehungszeiten, aber ich habe inzwischen einen Grundstock an Material. Also Lehrer sind eigentlich doch Jäger und Sammler oder die meisten sind das, und ich hab also inzwischen so viel Material gesammelt und auch soviel vorbereitete Stunden, sagen wir mal im Ordner, dass ich also sagen kann, wenn es wirklich hart auf hart geht, dann zieh ich eine Stunde, die ich schon mal gehalten habe, auch sofort nach. F2, I2, 401-411

Diese Lehrerin gestaltet ihre außerschulischen arbeitsinhaltlichen Zeitpraxen eher entlang von vereinbarkeitsoffensiven Strategien. Sie kann über die offensive Einbindung der organisationalen Zeitstrukturen in ihre familialen Zeitpraxen zeigen, dass sie sich an die Erfordernisse organisationaler Zeitstrukturen anpasst und gleichermaßen ihr arbeitsinhaltliches Engagement demonstriert. Sie gibt indirekt ihren Kolleginnen und Kollegen sowie der Organisationsleitung zu verstehen, dass sie die organisationalen Zeitstrukturen nicht in Frage stellt, kann sich diesen zeitstrukturellen „Luxus" aber nur leisten, weil sie innerhalb ihrer außerschulisch verwendeten arbeitsinhaltlichen Zeitpraxen eine wesentlich geringe Transparenz gegenüber anderen Lehrerinnen und Lehrern herstellen muss. So kann sie ihre eigenen arbeitsinhaltlichen Zeitstrukturen den zeitpraktischen Erfordernissen der anderen Familienmitglieder anpassen. Aber auch dieses kann manchmal misslingen, denn sie führt weiter aus:

> Oder ich vergesse meinen Sohn abzuholen und der steht dann im Kindergarten und heult oder so. Also, das sind einfach so wirklich Stressfaktoren. Für mich F2, I2, 186-188

Hier ist ihr die Integration von familialen Zeitpraxen an die organisationalen Zeitstrukturen nicht gelungen, auch wenn sich diese Lehrerin eigentlich darum bemüht, die organisationalen Zeitstrukturen zu nutzen, um die eigenen arbeitsinhaltlichen Zeitpraxen transparenter werden zu lassen. Das kann nicht immer gelingen und die Strategien sowohl der hierarchisierenden Integration als auch der paritätischen Integration können immer nur entlang der zeitpraktischen Bedürfnisse und zeitstrukturellen Erfordernisse der anderen Familienmitglieder begrenzt aufrechterhalten werden. Damit dienen sie wiederum der Legitimation der eigenen Zeitpraxen, sowohl familialer als auch arbeitsinhaltlicher Art.

Der außerschulische Lebensbereich wird aber nicht nur durch die zeitpraktischen Multioptionenmanager/innen in den Alltagsarrangements in seinen zeitstrukturellen Rahmenbedingungen gestaltet, sondern auch durch eine ganz gegenteilige Strategie, nämlich die absolute Abgrenzung gegenüber den Zeitpraxen der anderen Familienmitglieder. Eine Lehrerin beschreibt es so:

> Ich muss dann so wirklich da sitze ich da eine Stunde oder zwei am Stück, und dann sehe ich nur meine Arbeit und ich höre nichts und dann will ich auch meine Kinder nicht sehen, sondern dann will ich da den Faden durchdenken. F1, I8, 195-198[152]

Diese Lehrerin versucht, in ihren außerschulischen arbeitinhaltlichen Zeitpraxen Zeitstrukturen durchzusetzen, in dem sie für die anderen Familienmitglieder deutlich macht, dass sie nicht auf die zeitpraktischen Erfordernisse eingehen wird und damit in ihrer familialen zeitpraktischen Funktion als Multioptionenmanagerin nicht zur Verfügung steht. Die Absicht dieser Lehrerin, ihre arbeitsinhaltlichen Zeitpraxen gegenüber den anderen Familienmitgliedern in Zeitstrukturen zu stabilisieren, kann insgesamt in den Interviews bestätigt werden.

Unabhängig von der Höhe des Lehrdeputats scheinen Lehrer diese Durchsetzungsstrategien erfolgreicher umzusetzen. Lehrer sind in der Selbstbeschreibung bei der Durchsetzung ihrer arbeitsinhaltlichen Zeitstrukturen innerhalb der familialen Alltagsarrangements erfolgreicher als die Lehrerinnen. Das kann mehrfach erklärt werden: Entweder blenden die Lehrer das Scheitern dieser zeitpraktischen Strukturversuche aus, weil sie sich als gelungene Zeitkonstrukteure beweisen wollen. Oder sie definieren ihre außerschulischen Zeitpraxen tendenziell eher als arbeitinhaltliche. Auch hier kann der Grund für die erfolgreiche Umsetzung arbeitsin-

[152] Vgl. auch: F1, I6, 138-142.

haltlicher Zeitstrukturen im außerschulischen Lebensbereich durch die Einbettung in die Zeitkonzeptionen erklärt werden.

Lehrer können bei der Durchsetzung ihrer arbeitsinhaltlichen Zeitstrukturen eher mit der indirekten Unterstützung durch die Zeitpraxen der Lehrerinnen rechnen, die sich in der Definition dessen, was Freizeit oder Familienzeit ist, darauf verlassen, dass die Lehrerinnen ihnen bei der Umsetzung ihrer Zeitpraxen indirekt helfen, indem sie zunächst zuhause sind. Die räumliche Trennung von Arbeit und Familie fördert diese Erfolge bei der Anwendung dieser Strategien. Die Lehrerinnen definieren in ihrem Wunsch, die Vereinbarkeit von Familie und Beruf zu realisieren, ihre Zeitpraxen in familiale zu Lasten der eigenen selbstbestimmten regenerativen Zeitpraxen um. Für das Scheitern dieser Strategie von Lehrerinnen, arbeitsinhaltliche Zeitpraxen in Zeitstrukturen zu stabilisieren, kann die Einbettung ihrer Zeitpraxen in ihre Zeitkonzeptionen herangeführt werden. Gleichzeitig wird unter den Dynamiken in der Konstruktion arbeitsinhaltlicher Zeitpraxen und familialer Zeitpraxen die Umsetzung hier erfolgreicher von den Lehrern realisiert.

Entscheidend für die Integration der organisationalen Zeitstrukturen in die außerberuflichen Lebensbereiche sind die Zeitkonzeptionen, vor deren Hintergrund die Zeitpraxen der Lehrerinnen und Lehrer interpretiert werden können. Organisationale Zeitstrukturen werden entweder zugunsten eines prioritär familialen Arrangements in die außerschulischen Lebensbereiche integriert oder die familialen zeitpraktischen Erfordernisse werden gegenüber den arbeitsinhaltlichen Zeitpraxen zurückgestellt. Eine eindeutige Trennung in eher männliche und eher weibliche Strategien kann hier empirisch zunächst nicht eindeutig bestätigt werden. Das hängt damit zusammen, dass Lehrer organisationale Zeitstrukturen im Sinne des organisationalen Leitbildes, dem eines flexiblen und permanent zur Verfügung stehenden Lehrers, als zeitliches Bezugssystem in den Vordergrund stellen und andere zeitliche Erfordernisse diesem Leitbild unterordnen. In dem Interviewmaterial findet sich bei den Lehrern keine klare Äußerung darüber, inwieweit sie ihre arbeitsinhaltlichen Zeitpraxen außerhalb der schulischen Organisation konstruieren. Sie geben weder an, wie sie arbeitsinhaltliche Zeitpraxen konstruieren, noch wie sie ihre familialen Zeitpraxen herstellen. Man könnte vermuten, dass sie über das Verhältnis dieser unterschiedlichen Lebensbereiche zeitlich nur begrenzt reflektieren.

Allerdings wird hier durch die bisherigen Ergebnisse der anderen Kapitel eher vermutet, dass die Lehrer bedingt durch das Multioptionenmanagement der Lehrerinnen sich den zeitstrukturellen Erfordernissen der Schulen besser anpassen können, da innerhalb der Alltagsarrangements ihnen dieses durch die familialen Zeitpraxen der Lehrerinnen/Frauen ermöglicht wird. Über das dynamische Zusammenwirken der zeitpraktischen Anforderungen der unterschiedlichen Lebensbereiche an die alltäglichen zeitpraktischen Muster, können die Lehrerinnen und Lehrer ihre Zeitpraxen unterschiedlich im Sinne ihrer eigenen Zeitkonzeptionen definieren. Damit wird aber auch zugleich deutlich, dass die Stabilisierung außerschulischer Zeitstrukturen nicht oder nur in geringem Umfang umgesetzt werden können und die Zeitkonzeptionen zur Bewertung der individualisierten arbeitsinhaltlichen und nicht-arbeitsinhaltlichen Zeitpraxen herangezogen werden.

Unabhängig von den unterschiedlichen Strategien, die organisationalen Zeitstrukturen in die jeweiligen Alltagsarrangements zu integrieren, geschieht dieses bei den Lehrerinnen und Lehrern auf sehr unterschiedliche Weise. Während bei den Lehrern die Integration organisationaler Zeitstrukturen in den Alltagsarrangements keine Rolle zu spielen scheint, sind es die Lehrerinnen, die diese Integration schaffen müssen, wenn sie die organisationalen Zeitstrukturen so integrieren wollen, dass sie mit den zeitstrukturellen Erfordernissen der anderen Familienmitglieder nicht konkurrieren. Dieses wird nicht immer durch die organisationalen Zeitstrukturen trotz verschiedener organisationaler Zeitpolitiken – und -institutionen gefördert. Das kann die Schule aufgrund ihrer eigenen Handlungslogik nicht, da sie hierüber gleichermaßen ihre Zeitstrukturen legitimiert und sie indirekt über die Zeitpraxen der Lehrerinnen und Lehrer restabilisieren muss.

4.2.3. Selbst- und Fremdzuschreibungen als Regulativ individualisierter Zeitpraxen und Zeitkonzeptionen

In den vorangegangenen Kapiteln wurden die arbeitsinhaltlichen und nicht-arbeitsinhaltlichen Zeitpraxen im Spannungsfeld organisationaler Zeitstrukturen und individualisierter Zeitkonzeptionen analysiert, wobei hier die Handlungsmuster und Strategien bei der Konstruktion unterschiedlicher Zeitpraxen im Vordergrund standen. Im Folgenden wird analysiert, wie sie diese zur Konstruktion ihrer arbeitsinhaltlichen, regenerativen und familialen Zeitpraxen nutzen und wie die Handlungsmuster und Strategien in die Zeitkonzeptionen der Lehrerinnen und Lehrer wieder reintegriert werden[153]. Wie konstruieren Lehrerinnen und Lehrer ihre arbeitsinhaltlichen, familialen und regenerativen Zeitpraxen? In welchem Verhältnis stehen diese zueinander? Wie regulieren sie ihre Zeitpraxen?

Die individualisierten Zeitkonzeptionen der Lehrerinnen und Lehrer werden verstärkt zur Bewertung und Herstellung von Transparenz der eigenen Zeitpraxen herangezogen, wenn der Grad organisationaler Zeitstrukturen abnimmt. Zudem wurde gezeigt, dass dem Kollegium als interpersonelle Leistungsbewertung nur eine eingeschränkte Funktion im Hinblick auf die Ausgestaltung, Bewertung und Transparenz der arbeitsinhaltlichen Zeitpraxen innerhalb und außerhalb der Schu-

153 Während in den bisherigen Kapiteln auf eine analytische Trennung entlang der Kernfragen der einzelnen Kapitel in arbeitsinhaltliche und nicht-arbeitsinhaltliche Zeitebenen unterschieden wurde, werden diese im Folgenden aus der analytischen Intention dieses Kapitels heraus trennschärfer gehalten, wenn es sich aus den Interviewaussagen der Lehrerinnen und Lehrer eindeutig ergibt; sonst wird die Trennung arbeitsinhaltlicher und nicht-arbeitsinhaltlicher Zeitebenen beibehalten.

len zugeschrieben werden kann; diese findet in außerschulischen Lebensbereichen nur begrenzt statt. Entlang der Frage, wie die Lehrerinnen und Lehrer ihren Alltag organisieren, d. h. ihre familialen und arbeitsinhaltlichen Zeitpraxen aufeinander abstimmen, und wie sie ihre Freizeit definieren, werden mögliche vergeschlechtlichte Strategien und Handlungsmuster in den zeitlichen Konstruktionsprozessen angedeutet.

Im Konzept der alltäglichen Lebensführung sind im Kontext von Geschlecht und Zeitsoziologie die besondere Einbindung von Frauen in Familie und Beruf für die Partizipation an verschiedenen Zeitordnungen herausgearbeitet worden. Diese Partizipationen führen zu konfligierenden organisatorischen Anforderungen, die i.d.R. von den Frauen bewältigt werden müssen (vgl. Jurczyk 2000, 1999, 1998). Bezieht man den Familienkontext mit ein, wird zudem deutlich, dass der Prozess der Individualisierung die alltäglichen Anforderungen anwachsen lässt und die Herstellung einer kohärenten Lebensführung immer anspruchsvoller wird (vgl. Rerrich 2000). Überträgt man diese Ergebnisse auf die zeitlichen Konstruktionsprozesse der Lehrerinnen und Lehrer in den beruflichen und außerberuflichen Lebensbereichen, bleiben die Lehrer außen vor und die Erklärung von scheinbaren zeitgerechten Arrangements in den außerberuflichen Lebensbereichen unhinterfragt.

In den Interviews wurde aber auch angedeutet, dass im Interesse einer gelungen Zeitverwertungslogik im Sinne des ökonomischen Verwendungsimperativs der Zeit (vgl. Rinderspacher 1985) eher „klassische" Rollenverteilungen restabilisiert werden (können). Hieran sind innerhalb der Familienarrangements die anderen Familienmitglieder ebenso beteiligt wie die Schule als Organisation und die Lehrerinnen und Lehrer selbst. Entscheidend ist hierbei, wie die Strategien und Handlungsmuster in die Zeitkonzeptionen integriert sind und wie vor diesem zeitkonzeptionellen Hintergrund die Zeitpraxen konstruiert und bewertet werden.

Aus dem Interviewmaterial lassen sich drei große Argumentationsstränge ableiten, aus denen heraus die Lehrkräfte die Ausgestaltung ihrer individualisierten außerorganisationalen arbeitsinhaltlichen, familialen und regenerativen Zeitpraxen begründen. Hierzu sagt diese Lehrerin:

> Der Freitag, weil das ist mein freier Tag, da kann ich also wirklich mir die Zeit so einteilen, wie es eben mir familienorganisatorisch am besten passt. F2, I2, 197-203

Dabei kann den organisationalen Zeitstrukturen generell eine regulative Funktion bei der Ausgestaltung außerschulischer arbeitsinhaltlicher Zeitpraxen zugeschrieben werden[154]. Damit externalisieren die Lehrerinnen und Lehrer die Rahmenbedingungen ihrer individualisierten arbeitsinhaltlichen Zeitpraxen. Gleichzeitig nutzen sie die Multioptionalität bei der Ausgestaltung der arbeitsinhaltlichen Zeitpraxen außerhalb der Schulen. Damit können schließlich zeitpraktische Anpassungsleistun-

[154] Vgl. ausführlich Kapitel 3.1 und 3.2.

gen im Alltag realisiert werden. Gleichzeitig orientieren sie sich bei ihren außerorganisationalen individualisierten Arbeitszeitpraxen entlang der organisationalen Zeitstrukturen und begründen hierüber ihre Entscheidungen, arbeitsinhaltliche oder nicht-arbeitsinhaltliche Zeitpraxen zu konstruieren. Diese Lehrerin beschreibt es so:

> Und dann habe ich mich um Viertel vor Zehn dann wutentbrannt hingesetzt und dann noch versucht zu korrigieren und dann kam mein Mann und meinte: Hör mal, glaubst Du eigentlich, Du wirst dafür bezahlt, hier um Viertel vor Zehn noch zu korrigieren. Und da habe ich gesagt: nee, ich werde dafür bezahlt, das nachmittags zu machen, aber das ist einfach nicht drin gewesen, ne. F2, I5, 463-468[155]

Sie beschreibt, dass sie bei der Konstruktion ihrer außerorganisationalen Arbeitszeitpraxen mit zeitpraktischen Unvorhersehbarkeiten rechnen muss. Diese ergeben sich aus ihrer innerfamilialen Rolle der Multioptionenmanagerin, über die es ihr nicht gelingen kann, arbeitsinhaltliche Zeitpraxen gegenüber anderen Familienmitgliedern durchzusetzen. Bei der Bewertung der eigenen arbeitsinhaltlichen Zeitpraxen verlässt sie sich auf drei regulative Instrumente: Zunächst nennt sie die eigenen arbeitszeitpraktischen Ansprüche, die sich aus ihrer Zeitkonzeption ableiten lassen. Dann erwähnt sie ihren Mann, der ihre arbeitsinhaltlichen Zeitpraxen reguliert, indem er sie entlang einer (männlichen) Normalerwerbsbiographie anzweifelt und drittens verlässt sie sich selbst auf eine monetäre Anerkennungslogik ihrer arbeitsinhaltlichen Zeitpraxen, die sie selbst entlang einer (männlichen) Normalerwerbsbiographie konstruiert und sie vor ihrer zeitökonomischen Rationalität bewertet.

Neben den organisationalen Zeitstrukturen und ihrer Bedeutung für die Ausgestaltung der außerorganisationalen arbeitsinhaltlichen Zeitpraxen ist entscheidend, inwieweit es den Lehrerinnen und Lehrern gelingt, familiale und regenerative Zeitpraxen den anderen Familienmitgliedern gegenüber durchzusetzen. Wenn sich die Lehrerinnen und Lehrer in ihrem Alltag für ein vereinbarendes Alltagsarrangement entschieden haben, werden widersprüchliche Zeitpraxen in ihrer Entstehung und Logik zunächst nicht erklärbar. Welche Bedeutung hat ein reduziertes Lehrdeputat und die damit verbundenen Konsequenzen in Form der organisationalen Zeitpolitiken und Zeitstrukturen, wenn die Zeitpraxen durch die zeitpraktische multioptionale Manager/infunktion der Lehrer/innen selbst ihrerseits wieder zeitpraktische Konsequenzen für das Familienarrangement haben?

Eine Lehrerin blickt auf die Reduzierung ihrer organisationalen Zeitstrukturen und arbeitsinhaltlichen Zeitpraxen wie folgt zurück:

> In den ersten Jahren, als meine Kinder noch klein waren ja nicht, weil ich dann immer so von einem Programm ins andere gewechselt bin, weil ich eben zu Hause auch ganz stark gefordert war. Im Moment sind meine Kinder jetzt zehn und zwölf Jahre alt und relativ selbständig, und

[155] Vgl. auch: F2, I2, 864-870.

> im Moment merke ich, wie schön, wie viele Freiräume mir durch die Teilzeit bleiben. F2, I3, 395-402

Diese Lehrerin beschreibt die zeitpraktischen Konsequenzen ihrer arbeitsinhaltlichen Zeitpraxen und organisationalen Zeitstrukturen so, dass sie mit zunehmenden Alter ihrer beiden Kinder wieder „Zeit für sich hat". Im Umkehrschluss bedeutet dass, dass sie die zeitpraktischen Konsequenzen ihres reduzierten Lehrdeputats in die Logik des Alltagsarrangements eingebettet hat, indem sie ihre Zeitpraxen in familiale Zeitpraxen entsprechend ihrer selbstzugeschriebenen und durch die Zeitpraxen der anderen Familienmitglieder restabilisierten multioptionalen Managerin im Sinne ihrer ganz eigenen Zeitkonzeption kontextualisiert. Sie hat ihre organisationalen Zeitstrukturen reduziert, um Familie und Beruf zu vereinbaren. Im Rückblick bemerkt sie, dass sie trotz des reduzierten Lehrdeputats nur eingeschränkt regenerative Zeitpraxen umsetzen konnte.

Bei Rückblicken auf die eigene Ausgestaltung arbeitsinhaltlicher und familialer Zeitpraxen können regenerative Zeitpraxen in ihrem Verhältnis zu den anderen einen geringeren Anteil einnehmen und darüber in den Rekonstruktionen der Lehrerinnen und Lehrer „verschwinden". Aber in der Rekonstruktion der Zeitpraxen muss berücksichtigt werden, dass die Lehrerin die gleichen zeitpraktischen Gestaltungsoptionen prinzipiell wie ihre männlichen Kollegen hätte, die ihr Lehrdeputat ebenfalls reduziert haben. In den Alltagsarrangements müssen und können sie ebenso ihre regenerativen und arbeitsinhaltlichen Zeitpraxen in den Familienkontext integrieren. Allerdings scheinen die Lehrer hier erfolgreicher zu sein als ihre Kolleginnen, denn aus ihren Aussagen lassen sich keine größeren Umsetzungsprobleme bei der Ausgestaltung regenerativer und arbeitsinhaltlicher Zeitpraxen ableiten.

Wie in Kapitel 4.2.1 schon analysiert wurde, liegt das auch an der Kontextualisierung von Zeitpraxen über die individualisierten Zeitkonzeptionen. Das reflexive Verhältnis von Zeitpraxen und Zeitkonzeptionen ermöglicht, dass die Lehrer dieses tun, um ihre regenerativen zeitpraktischen Anforderungen erfolgreich umzusetzen und damit gleichermaßen verhindern, dass ihnen Aufgabenbereiche innerhalb der familialen Arrangements übertragen werden, die für sie zu einer Verschiebung der zeitkonzeptionellen Triade von arbeitsinhaltlichen, regenerativen und familialen Zeitpraxen führen könn(t)en.

Diese zeitkonzeptionelle Triade wird von den befragten Lehrerinnen auch angestrebt, aber sie wird zu Lasten der regenerativen Zeitpraxen umdefiniert. Denn...

> dass man auch mal ein bisschen was Anderes hat und nicht nur Schule, Kind, Haushalt. Die Freiräume muss man sich dann ja auch mal schaffen. F2, I7, 979-987[156]

[156] Vgl. auch: F2, I5, 857-864.

Diese Lehrerin veranschaulicht im Rückblick ihrer eigenen Zeitpraxen, dass die zeitkonzeptionelle Triade zu Lasten der eigenen regenerativen Zeitpraxen an die Alltagsarrangements angepasst wird. Es stellt sich nun die spannende Frage, ob diese individuelle Einschränkung regenerative Bedürfnisse zugunsten der familialen oder arbeitsinhaltlichen Zeitpraxen geschieht? Gibt es hier Unterschiede bei den Lehrerinnen und Lehrern?

Die Beteiligung von Männern an den reproduktiven Verpflichtungen wurde in vielen Untersuchungen als die im Vergleich zu den Frauen geringere herausgestellt (vgl. Bang/Jensen/Pfau-Effinger 2000; Gottschall 2000; Hornung 2000; Pfau-Effinger 2000; Lind/Moller 1999; Hochschild 1997, 1993). Dieses geschlechtsspezifische Verhalten kann auch zeitsoziologisch als Ergebnis erfolgreicher Vermeidungs- und Umgehungsstrategien von Männern bewertet werden. Die räumliche Trennung der beruflichen und außerberuflichen Lebensbereiche unterstützt zudem die erfolgreiche Umsetzung von zeitpraktischen Strategien. Wie gestalten sich die Umsetzungs- und Durchsetzungsprozesse dieser Strategien in den Alltagsarrangements, in denen eine Eindeutigkeit entlang der Zuordnungskategorien wie privat/weiblich öffentlich/männlich nicht existiert wie im Fall des Lehrberufs? Wie setzen Lehrerinnen und Lehrer ihre zeitpraktischen Bedürfnisse entlang ihrer Zeitkonzeptionen durch?

Die Strategien sind bei Lehrerinnen und Lehrern unterschiedlich. Eine mögliche Strategie können verschiedene Zeitkonzeptionen als integraler Bestandteil eines ausgehandelten Alltagsarrangements sein, in der die Zuständigkeiten in den Zeitpraxen zugeschrieben werden. Ein Lehrer beschreibt das von ihm und seiner Frau getroffene Arrangement so:

> Ich koch auch, aber nicht so viel wie meine Frau, die das also schneller und besser kann. Und drum herum eben so, was weiß ich, Rasen und Büsche und was – wir haben einen großen Garten, da muss mal ab und zu was gemacht werden – das ist so mein Teil. F1, I4, 477-481

Unter dem ökonomischen Verwendungsimperativ der Zeit, die sich durch die Berufstätigkeit beider Partner verstärkt, in dem sie die Möglichkeiten regenerativer und familialer Zeitpraxen verringern, werden „alltagstaugliche" Absprachen bzw. Arrangements ausgehandelt, die – wie in diesem Fall – eher zu einer retraditionellen Aufgabenübernahme und damit einer günstigeren Optionalität von Zeitpraxen für den Lehrer führen. Er begründet das getroffene Arrangement so, in dem er die familialen Zeitpraxen seiner Frau als „schneller" und „besser" beschreibt. Er selbst ist in diesem Arrangement für die Pflege des gemeinsamen Gartens zuständig, die er eindeutig als Familienarbeit definiert. Für ihn ist die Pflege des Gartens nicht gleichbedeutend mit der Umsetzung regenerativer Zeitpraxen.

Entscheidend ist in diesem Arrangement und seinen zeitpraktischen Konsequenzen für beide, das aus der Logik des ökonomischen Verwendungsimperativs der Zeit die je alltagsorganisationalen zeitpraktischen Auswirkungen dieses Arrangements nicht erwähnt werden. Die Zubereitung des alltäglichen Essens hat aufgrund seines alltäglichen Charakters eine viel größere zeitpraktische Konsequenz für seine Frau als die Pflege des Gartens, die saisonal bedingt eher geringe alltägliche zeitpraktische Konsequenzen hat. Da es sich hier aber formal um ein ausgehandeltes Alltagsarrangements handelt, sind zunächst die Interessen beider berücksichtigt. Es wird nicht weiter hinterfragt, warum denn die Frau das Essen besser, weil schneller zubereiten kann. Über den zeitbewirtschaftenden Mechanismus, der das Arrangements gestaltet, können eher traditionelle Rollenverteilungen von familialen Verpflichtungen restabilisiert werden und das Geschlechterarrangement weniger verhandelbar erscheinen lassen.

Alltagsarrangements und die Verantwortlichkeit von familialen Verpflichtungen können auch anders ausgehandelt werden wie im Fall dieser Lehrerin:

> Garten ist hauptsächlich so mein Ressort, aber das ist eigentlich, also das sehe ich nicht so unter dem Punkt Haushalt, sondern das ist für mich wirklich Hobby. F2, I2, 1000-1002

Diese Lehrerin definiert ihre familialen Zeitpraxen, die sich aus ihrem Alltagsarrangement ergeben, zugunsten regenerativer Zeitpraxen um. Was im Falle des oben zitierten Lehrers eindeutig als Arbeit innerhalb des familialen Arrangements definiert wird, wird bei dieser Lehrerin eindeutig zu regenerativen Zeitpraxen. Wieso? Was für Männer Arbeit ist, ist für Frauen das Hobby?

Das widerspricht im Kern den Ergebnissen der Lehrerforschung (vgl. Flaake 1989), denn hier sind es eher die Lehrer, die ihre Arbeit reduzieren, um mehr Zeit für ihre Hobbies zu haben und die Lehrerinnen reduzieren ihre arbeitsinhaltlichen Zeitstrukturen, um Familie und Beruf zu vereinbaren. In der Konsequenz dieser Untersuchungsergebnisse können Prozesse, die zu diesen Selbstzuordnungen familialer und regenerativer Zeitpraxen führen, nicht entgültig geklärt werden.

Die Ausgestaltung von Zeitpraxen unabhängig von ihren Inhalten findet im reflexiven Verhältnis von Zeitstrukturen und individualisierten Zeitkonzeptionen statt. Über diese reflexive Verbundenheit dieser verschiedenen Konstruktionsebenen der Zeit werden folgende Interpretationen dieser Selbstzuordnungen möglich: Die zeitkonzeptionelle Triade von arbeitsinhaltlichen, regenerativen und familialen Zeitpraxen hat für Lehrerinnen und Lehrer zunächst die gleiche Gültigkeit, aber in der individualisierten Zuordnung und Definition von Zeitpraxen ergeben sich Differenzen in den individualisierten Zeitkonzeptionen. Wie Zeitpraxen hergestellt werden und mit welcher Intention sie hergestellt werden, hängt von dem ausgehandelten Arrangements zwischen den beiden berufstätigen Elternteilen ab. Abhängig von den Konstruktionsbedingungen arbeitsinhaltlicher und nicht-arbeitsinhaltlicher Zeitpraxen wie die Trennung oder keine eindeutige Trennung von Beruf und Familie wie im Lehrberuf, besteht immer ein Konstruktionsbedarf in der Ausgestaltung von Zeitpraxen und ihrer Einbettung in die Zeitkonzeptionen, denn organisationale Zeitstrukturen existieren kaum in den außerberuflichen Lebensbereichen und somit sind sie für die Organisation in den Alltagsarrangements unverbindlicher.

Wenn man die zeitpraktische Funktion der Multioptionenmanager/innen, die in der Regel von den Lehrerinnen in dieser Untersuchung übernommen wird, in die Analyse mit einbezieht, erscheint diese Funktion zunächst als individualisierte Anpassungsstrategie im familienorganisatorischen Alltag. Darüber, dass es so realisiert wird, kann eine strukturelle, nämlich vergeschlechtlichte Ebene in der Ausgestaltung dieser Zeitpraxen festgestellt werden. Für die einzelnen Lehrerinnen und Lehrer handelt es sich um individualisierte Zeitkonzeptionen im Rahmen ihrer ausgehandelten Alltagsarrangements. Strukturell haben diese Arrangements gemeinsam, dass es spezifische Zuordnungen von Zeitpraxen in den individualisierten Zeitkonzeptionen gibt, die sich mit der Kategorie Geschlecht verknüpft lassen.

Wenn man die verschiedenen Definitionen des Freizeitbegriffes in den Interviews hinzuzieht, können die gleichen strukturellen und inhaltlichen Zuordnungen in den Zeitkonzeptionen ausgemacht werden. Wenn die Lehrkräfte ihre Freizeit beschreiben sollen, stehen sie vor der Aufgabe, entlang eines unklaren Arbeitsauftrages und damit verbundener uneindeutiger außerschulischer arbeitsinhaltlicher Zeitpraxen, Freizeit im Kontext ihres jeweiligen Alltagsarrangements und damit auch entlang arbeitsinhaltlicher Zeitpraxen herzustellen. Das kann sich im Alltagshandeln unterschiedlich ausgestalten. Entweder gibt es den Versuch, regenerative Zeitstrukturen zu implementieren, die im Alltagsarrangement in ihrer Wirkmächtigkeit von den anderen Familienmitgliedern akzeptiert werden (müssen).

> Immer, wie Sie sehen. Jetzt habe ich Freizeit, immer. Ja. Freizeit. Wir versuchen oder ich versuche, einen Tag am Wochenende, dass ich nichts machen muss. F2, I4, 1226-1229

Allerdings ist die Durchsetzung dieser regenerativen Zeitstrukturen im Alltagshandeln wiederum nur begrenzt möglich. Die Ursachen hierfür liegen einerseits in der Übernahme bestimmter familialer Funktionen wie die der zeitpraktischen Multioptionenmanager/in. Denn

> ansonsten ist es nicht so irgendwelche Dinge, wo ich so ganz konkret sage, das ist meine Freizeit oder ab dem Zeitpunkt habe ich Freizeit. Das ist so nicht. Ach ja, manchmal schon, aber das bedeutet ja auch, dass das bei den anderen dann auch so wäre und Kinder, halten sich auch nicht an solche Geschichten in dem Alter und das ist auch natürlich. Du kannst ihm jetzt irgendwie nicht sagen, sondern er hat jetzt, von drei bis fünf ihre Zeit, wo ich lese, schlafe oder sonst irgendwas mache. Das geht dann nur, wenn ich wirklich außer Haus gehe, aber im Haus selber, wo ich natürlich auch meine Freizeit verbringen möchte, klappt das so einfach nicht. F2, I12, 989-1005[157]

[157] Vgl. auch: F2, I8, 1048-1053.

Wie diese Lehrerin beschreibt, ist es ihr nicht immer möglich, ihre regenerativen Zeitpraxen gegenüber anderen Familienmitgliedern – sie meint hier ihre Kinder – durchzusetzen. Aber diese Feststellung impliziert gleichermaßen, dass sie es auch nicht geschafft hat, ihre regenerativen Zeitpraxen gegenüber ihrem Mann durchzusetzen. Wenn ihre Kinder daran gewöhnt wären, sich auch an das andere Elternteil zu wenden und hier ihre zeitpraktischen Bedürfnisse befriedigt werden würden, wäre es für diese Lehrerin unter Umständen einfacher, ihre eigenen regenerativen Zeitpraxen umzusetzen. Aus dem zeitpraktischen Zusammenspiel zwischen ihrem Mann und ihren eigenen Zeitpraxen, die beide je im Kontext ihrer Zeitkonzeptionen hergestellt werden, lassen sich diese zeitpraktischen Bezugspunkte für die Kinder ableiten. Diese gescheiterte Umsetzungsstrategie kann unter Umständen zeitpraktische Konsequenzen annehmen, die zu Lasten der regenerativen Zeitpraxen umdefiniert werden.

> Mein Hobby ist nur noch lesen und Familie. F2, I10, 1303

Im Fall dieser Lehrerin wird die zeitkonzeptionelle Triade zuungunsten der eigenen regenerativen Zeitpraxen umdefiniert. Sie selbst scheint sich indirekt dieser Umdefinition bewusst zu sein, da sie diese Aussage selbstironisch mit einem Lachen kommentiert. Im familialen Alltagsleben scheinen zwar durchaus regenerative zeitpraktische Optionen vorhanden zu sein wie im Fall dieser Lehrerin:

> Spontan. Also ich habe jetzt nicht für mich in der Woche, dass ich sage, den Donnerstag, das ist mein freier Tag, den nutze ich jetzt nur für mich, was weiß ich, um da meine Freizeit für mich ganz persönlich zu nutzen. Dafür fällt dann auch einfach im Haushalt, im Garten im Sommer oder Sonstiges, zuviel an, das muss ich spontan für mich entscheiden. Ich sage: Jetzt habe ich Zeit und dann nutze ich das auch. F2, I13, 1101-1108

Die Konstruktion regenerativer Zeitpraxen wird aus der zeitkonzeptionellen Triade abgeleitet. Diese Lehrerin sieht für sich die Bewältigung häuslicher familialer Verpflichtungen an erster Stelle, die sie um die organisationalen Zeitstrukturen einerseits, andererseits aber auch um die zeitpraktischen Anforderungsbedürfnisse der anderen Familienmitglieder herum konstruieren muss und will.

Familiale und regenerative Zeitpraxen im außerberuflichen Lebensbereich werden in unterschiedlichem Umfang von den Lehrerinnen und Lehrern hergestellt. Dieses geschieht im Zusammenwirken der verschiedenen Familienmitglieder und ihrer zeitpraktischen Bedürfnisse und durch die Bewertung und Definition von Zeitpraxen im Kontext der Zeitkonzeptionen. Je nach Grad von Verantwortlichkeiten ergeben sich alltagszeitpraktische Relevanzen für die Familienmitglieder in unterschiedlichem Umfang.

Eine mögliche vergeschlechtlichte Zuordnung konnte auf der strukturellen Ebene der Alltagsarrangements und der inhaltlichen Ebene der Zeitkonzeptionen gezeigt werden, so dass bei der Ausgestaltung von Zeitkonzeptionen die tendenzielle Möglichkeit zur Auflösung von eher traditionellen Arrangements in den außerberuflichen Lebensbereichen besteht. Aber wenn die Geschlechterungleichheiten konstruiert sind und in geronnenen Konstruktionsprozessen zur sozialen Wirklichkeit werden und diese gleichzeitig über Verteilungs- und Verfügungskämpfe um zeitliche Ressourcen Geschlechterkonstruktionen von weiblichen und männlichen Stereotypen aufrecht erhalten werden, stellt sich die Frage, ob sie zu einer Restabilisierung oder optionalen Auflösung von Geschlechterungleichheiten beitragen.

In der Analyse des Interviewmaterials wurde nicht das „Weibliche" als das Besondere von Anfang an betrachtet, sondern es ging in der Auswertung vielmehr um die Konstruktionsprozesse und ihrer Rahmenbedingungen, unter denen scheinbar geschlechtsneutrale Asymmetrien in den Zeitpraxen, Zeitstrukturen und Zeitkonzeptionen zustande kommen und restabilisiert werden. Dieses gelingt über eine strukturelle Koppelung der Geschlechterebene an die Zeit als Bezugs- und Ordnungssystem und damit weniger eindeutig auf der Geschlechterebene. So können hier mögliche Prozesse der Vergeschlechtlichung in den zeitlichen Konstruktionsprozessen nachgezeichnet werden.

5. Doing-Time: Bedeutungen und Chancen einer integrierenden Perspektive von Zeitsoziologie und Ethnomethodologie

5.1. Doing Time: Die Relevanz reflexiver Konstruktionsebenen für die zeitsoziologische Diskussionen

5.1.1. Doing-Time: Systematische Perspektivierung zeitsoziologischer Analyseebenen

Zeit ist als eine soziale Konstruktion zu begreifen und die Zeit folgt einem ökonomischen Verwendungsimperativ (vgl. Rinderspacher 1985). Norbert Elias (1988) stellt fest, dass die Zeit in modernen Gesellschaften zu dem gesellschaftlichen Bezugssystem wird, das das Handeln der Subjekte strukturiert. Zeitmanagement wird zum Garant einer erfolgreichen Lebensführung und die Parameter seiner Umsetzung richten sich nach den immer größer werdenden Erfordernissen moderner Arbeitsverhältnisse. Zudem können in der reflexiven Moderne die individuellen Optionen des eigenen Handelns und der hier zugrundeliegenden Entscheidungsfindung neu austariert werden, unabhängig von Lebens- und Liebensverhältnissen (Kudera/Voß 2000; Jurczyk 2000, 1999; Rerrich 2000).

Die Zeitsoziologie kann mit ihren basalen Fragen nach den Strukturprinzipien und den organisationalen Rahmenbedingungen in der Grundannahme wichtige Beiträge für die Analyse moderner Gesellschaften leisten, wenn die Zeit in der Eliaschen Tradition als Struktur- und Ordnungsprinzip menschlichen Handelns betrachtet wird. Dieser Denktradition folgt auch das Doing-Time-Konzept.

Zeit wurde in dieser Untersuchung entlang der reflexiven Ebenen von Zeitpraxen, Zeitstrukturen und Zeitkonzeptionen in beruflichen und außerberuflichen Lebensbereichen analysiert. Zunächst erfolgte eine Begriffbestimmung, denn in der Zeitsoziologie gibt es nur eine begrenzte Einheitlichkeit diskutierter Begriffe und Definitionen. Wissenschaftssoziologisch lässt sich dieser Umstand aus den unterschiedlichen Bedeutungen von Zeit erklären. Die Begriffsbestimmung erfolgt(e) entlang unterschiedlicher Fragestellungen und wird in andere disziplinäre Kontexte eingebunden. So ist für viele die Annahme, Zeit als soziale Konstruktion zu begreifen, grundlegend; allerdings variieren die Definitionen je nach Untersuchung. So werden Zeitstrukturen als Zeitordnungen oder Zeitinstitutionen (vgl. Brose/Wohlrab-Sahr/Corsten 1993; Maurer 1992; Hörning/Michailow/Gerhardt 1990), Zeitpraxen als reflexives Zeithandeln oder Zeitbewusstsein definiert (Jurczyk/Voss 2000, 1999). Zeitkonzeptionen übernehmen definitorisch die Funktion, Muster neuer Zeitgestaltung zu sein und haben damit eine direkte Gestaltungs- und Ordnungsfunktion. Und es gibt theoretisch diese Ebenen verbindende Konzepte wie das der Temporalen Muster (Jetzkowitz/Lüdtke/Schneider 2004; Dollase 1995). Der Begriff des Doing-Time taucht auch in der Diskussion als eine empfehlende Randbemerkung auf (Jurczyk/Voss 1999:24), wird aber hier eher als Surrogat der Eliaschen Anmerkung des Wort „zeiten" gedacht und nicht als eigenständiges Theoriekonzept diskutiert.

5.1.2. Die Relevanz verschiedener Handlungs- und Gestaltungsebenen von zeitsoziologischen Konstruktionsprozessen

Das Doing-Time-Konzept zeichnet sich durch die Übertragung ethnomethodologischer Perspektiven auf die Kategorie Zeit aus, durch die Strategien und Handlungsmuster der alltäglichen Wirklichkeit in ihrer Bedeutung für die Regelstrukturen des Alltagslebens betrachtet werden können. In den Anfängen der Ethnomethodologie war die Grundannahme, dass alle Interaktionen durch die Geschlechtszugehörigkeit (nur Männer und Frauen) geprägt werden, leitend für die weiterführenden Diskussionen (Garfinkel 1967). Zudem wird neben der offenkundigen Relevanz des Doing Gender aber auch in dieser Perspektive auf die situativen Kontexte hingewiesen, denen durch die subjektiven Bedeutungszuschreibungen ihr Sinn zugewiesen wird. Auch wenn die ethnomethodologische Perspektive in der weiteren Diskussion kritisiert wurde[158], geht diese Untersuchung davon aus, dass Ungleichheiten auch über die Zeit stabilisiert werden können, in dem sie in ihrer scheinbaren Selbstverständlichkeit eine Ressource darstellen, durch die Ungleichheiten und Differenzen restabilisiert werden. Damit aber die Differenz legitim bleibt, müssen Arrangements, die von allen ausgehandelt und mitgetragen werden, getroffen werden, die wiederum die Selbstverständlichkeit der Zeit selbst reproduzieren.

Die in Anlehnung an die Ethnomethodologie entwickelten Analyseebenen erklären, wie die Lehrerinnen und Lehrer durch ihre individualisierten Zeitpraxen dazu beitragen, dass sich in den beruflichen und außerberuflichen Lebensbereichen unterschiedliche Strategien und Handlungsmuster nachzeichnen lassen, organisationale Leitbilder eines (männlichen) zeitlich-flexiblen Lehrers restabilisiert werden und darüber Formen von Teilzeitarbeit und Arbeitszeitflexibilisierung in den Schulen trotz ihres formal geschlechtsneutralen Charakters vergeschlechtlicht werden. Die Zeit als soziale Konstruktion strukturiert das Handeln der Lehrerinnen und Lehrer und wird von diesen als ein unabhängiges für alle geltendes Bezugs- und Ordnungssystem gesellschaftlicher Realität wahrgenommen.

[158] Zur Entwicklung und Kritik an der ethnomethodologischen Rezeption in der deutschen Frauen- und Geschlechterforschung vgl. ausführlich Gottschall 2000.

Ein Merkmal dieser gesellschaftlich relevanten Bezugs- und Ordnungssysteme ist das Verschleiern des sozialen Charakters durch die Subjekte, denn sie selbst nehmen diese Muster als Grundannahme ihrer alltäglichen Selbstverständlichkeiten wahr und integrieren diese wiederum in ihr Alltagshandeln. Dadurch wird die Zeit in ihrer Selbstverständlichkeit als gesellschaftlich relevantes Bezugs- und Ordnungssystem im Alltagshandeln der Lehrerinnen und Lehrer aufgelöst und in ihr berufliches und außerberufliches Alltagshandeln integriert.

In dieser Untersuchung ging es nicht nur darum, die Zeitverwendung der befragten Lehrerinnen und Lehrer zu rekonstruieren, sondern vielmehr um die Rekonstruktion der Strategien, Normen und alltäglichen Routinen, die sie in ihrem beruflichen und außerberuflichen Alltag Tag für Tag umsetzen und durchsetzen. Diese Analyse, die reflexive Ebenen von Zeitpraxen, Zeitstrukturen und Zeitkonzeptionen verbindet, leistet somit ihren Beitrag, wenn es um die hinter den „Zeitverwendungen“ oder auch „Zeitmustern“ stehenden subjektiven Konstruktionsleistungen der Zeit und deren Konnotation im Kontext der individualisierten Zeitkonzeptionen geht. Zeit wird in der soziologischen Auseinandersetzung in die Fragestellungen anderer Soziologien eingebunden, in dem diese als „besetztes“ Bezugs- und Ordnungssystem integriert wird. Die Zeit in Objektform wird integriert und die Mechanismen ihrer Ausgestaltung bleiben auf der deskriptiven Ebene und werden in ihrer Ausgestaltung und Wirkmächtigkeit unberührt. Damit wird durch die verschiedenen Soziologien selbst die Verwendung und Ausgestaltung der Zeit normiert und nicht konstitutionslogisch in die Analyse eingebunden. Das Doing-Time-Konzept hat damit das analytische Potential, nicht nur Fragestellungen zeitsoziologischer Forschung zu ergänzen, sondern auch die Prozesse ihrer Vergeschlechtlichung kritisch zu hinterfragen. Wird damit das Doing Time zum Doing Gender?

5.2. Doing-Time und die Lehrerforschung

5.2.1. Konsequenzen für die Diskussion um die Arbeitszeit im Lehrberuf

Die Lehrerforschung hat spätestens seit der Flaake-Studie (1989) erkennen müssen, dass für Lehrerinnen und Lehrer unterschiedliche Berufswahlmotivationen, Durchsetzungs- und Abgrenzungsstrategien sowie flexible Arbeitszeitmodelle im beruflichen Alltag gelten (vgl. auch Kaiser 1997; Combe/Buchen 1996; Buchen 1991, 1993; Sadker/Sadker/Klein 1991; Flaake 1989). Wenn diese Unterschiede berücksichtigt werden, dann als Bestandteil sehr spezifischer Fragestellungen wie der Lehrerweiterbildung, Auswirkungen von Prozessen in der Schulentwicklung oder als Teil der Organisationsentwicklung sowie für die Analyse (berufs)biographischer Kontexte (vgl. Buchen 1997; Kaiser 1997; Combe/Buchen 1996; Flaake 1989).

Wenn man nun Zeit und Geschlecht als Analyseebenen auf die Diskussionen in der Lehrerforschung überträgt, wird deutlich, dass beide bisher nur auf der deskriptiven Ebene in den Untersuchungen berücksichtigt wurden. So geht es in vielen Forschungsfeldern der Lehrerforschung um die Arbeitszeit, während die ihr zugrundeliegenden strukturellen und inhaltlichen Besonderheiten im Mittelpunkt der berufsbiographischen Belastungsforschung stehen. Diese Untersuchung konnte zeigen, dass die Lehrerinnen und Lehrer bei der Konstruktion ihrer arbeitsinhaltlichen und nicht-arbeitsinhaltlichen Zeitpraxen die von ihnen als belastend beschriebenen strukturellen Besonderheiten selbst reproduzieren, obwohl sie die Optionen hätten, diese in einem für sie günstigeren Rahmen zu gestalten. Sie selbst beteiligen sich in ihren Zeitpraxen an der Herstellung von kollektiven Deutungsmustern, aber diese Potentiale bleiben ungenutzt, da sie einerseits durch organisationale Zeitpolitiken und Zeitinstitutionen das schulische Leitbild des (männlichen) zeitlich flexiblen Lehrers reproduzieren. Hierbei sind individualisierte Interessen der einzelnen Lehrerinnen und Lehrer entscheidend, die sich aus ihren jeweiligen individualisierten Zeitkonzeptionen ableiten lassen: Sie haben kein oder ein nur untergeordnetes Interesse an einer Veränderung in der Strukturierung arbeitsinhaltlicher Zeitpraxen. Damit ist auch vorhersehbar, dass Instrumente, die arbeitsinhaltliche Zeitpraxen standardisieren und sie darüber strukturieren wollen aufgrund der Ausgestaltung arbeitsinhaltlicher Zeitpraxen nicht funktionieren können bzw. ein Erfolg erst dann möglich sein wird, wenn sich die organisationalen Rahmenbedingungen und der Grad der individualisierten Arbeitsorganisation verringert.

5.2.2. Feminisierung des Lehrberufs – Die Mythen um die Vereinbarkeit

In den Diskussionen der Lehrerforschung spielen Fragen nach dem Zusammenhang von Geschlecht und Organisation sowie Fragen nach der Zeit in den verschiedenen Forschungsfeldern zur Arbeitszeit und Arbeitsorganisation nur eine untergeordnete Rolle. Die Kategorie Geschlecht wird in der Lehrerforschung in ihrer Zweigeschlechtlichkeit reproduziert und ist eher in der Tradition differenztheoretischer Perspektiven zu verorten.

Die Ergebnisse dieser Untersuchung zeigen, dass die Zeit auch in der Lehrerforschung als soziale Konstruktion begriffen werden sollte, um weiterführende Fragen nach dem Zusammenhang von organisationalen Zeitstrukturen und individualisierter Arbeitsorganisation grundlegender zu beantworten. Gerade in einem Berufsbild, das sich permanent durch interaktive Prozesse selbst herstellt, kann bei der Fokussierung auf die Einzelnen rekonstruiert werden, wie Alltagsarrangements im Spannungsfeld beruflicher und außerberuflicher Lebensbereiche permanent hergestellt und in den alltäglichen Routinen von Zeitpraxen, Zeitstrukturen und Zeitkonzeptionen restabilisiert werden. Die Reflexivität der verschiedenen Zeitebenen in den Aushandlungs- und Interaktionsprozessen der Lehrerinnen und Lehrer kann ihre Wirkmächtigkeit in unterschiedlichen arbeitsinhaltlichen Kontexten entfalten, wenn die Zeit in ihrer Funktion als soziales Bezugs- und Ordnungssystem eingebunden wird. So wurde der Wirkungszusammenhang von Organisation und Geschlecht sowie die familialen und regenerativen Zeitpraxen in die Analyse integriert. So konnten aus der Perspektive der befragten Lehrerinnen und Lehrer Widersprüche und Brüche in ihren zeitlichen Alltagsroutinen nachgezeichnet und auf die Prozesse ihrer Vergeschlechtlichung aufmerksam gemacht werden. Die Ergebnisse dieser Studie lassen somit eine Übertragbarkeit auf die Diskussionen in der Lehrerforschung auf drei verschiedenen Ebenen zu:

Erstens kann über die ethnomethodologische Einbindung der Zeitebenen in die Rekonstruktionen des Lehrberufes aus der Perspektive der Befragten nach den grundlegenden Konstituierungsprozessen von zeitlichen Alltagsarrangements in diesem Berufsfeld gefragt werden.

Zweitens ergeben sich im Kontext der politisierten Diskussion um die Lehrerarbeitszeit besondere Perspektivierungen. Es konnte gezeigt werden, dass sich die Enträumlichung der arbeitsinhaltlichen Zeitpraxen und die damit notwendig gewordenen Abgrenzungs- und Durchsetzungsstrategien, eindeutige arbeitsinhaltliche Zeitstrukturen in außerorganisationalen Lebensbereichen gegenüber anderen Familienmitgliedern durchzusetzen, als die wesentlichen strukturellen Belastungskriterien im Beruf herauskristallisieren. Diese strukturelle Besonderheit im Lehrberuf, die für die meisten Lehrerinnen und Lehrer Bedeutung hat, da sie keine geeigneten Arbeitsplätze innerhalb der Schule haben und auch haben wollen, wurde von den meisten Befragten als besondere Belastung beschrieben. Es konnte aber nachgewiesen werden, dass aufgrund der individualisierten arbeitsinhaltlichen und vor allen Dingen auch nicht-arbeitsinhaltlichen Zeitpraxen im Kontext der je individualisierten Zeitkonzeptionen nach den eigenen oder von anderen gesetzten Zeitbedürfnissen umdefiniert wurden und dieses nur möglich ist, weil eine Institutionalisierung arbeitsinhaltlicher Zeitstrukturen gerade in außerorganisationalen Lebensbereichen ein individualisierter Prozess in Aushandlung mit den anderen Familienmitgliedern darstellt. Dadurch bestehen aber auch gleichermaßen Gestaltungspotenziale für die Vereinbarkeit von Familie und Beruf. Dieses Berufswahlmotiv ist entscheidend für Frauen und wurde in den Interviews bestätigt. Es konnte aber auch gezeigt werden, dass über den Wirkungszusammenhang nicht-arbeitsinhaltlicher Zeitpraxen in den Alltagsarrangements und den dort existierenden zeitpraktischen Bedürfnissen anderer Familienmitglieder gerade für Lehrerinnen die Umsetzung arbeitsinhaltlicher Zeitpraxen und die Institutionalisierung arbeitsinhaltlicher Zeitstrukturen in außerberuflichen Lebensbereichen aufgrund ihrer Rolle als Multioptionenmanagerinnen schwierig ist. Die Zuweisung dieser zeitorganisierenden Funktion erfolgt in der Reflexivität von individualisierten Zeitkonzeptionen (Vereinbarkeit Familie und Beruf,

Identität als Mutter etc.) und den interaktiven Aushandlungsprozessen von zeitpraktischen Abgrenzungs- und Durchsetzungsstrategien.

Das Leitmotiv vieler Frauen, nämlich die Vereinbarkeit von Familie und Beruf zu realisieren, kann zwar immer noch im Kontext der Untersuchungsergebnisse bestätigt werden; allerdings mit der Einschränkung, dass dieses im Zusammenwirken mit den Zeitpraxen der anderen Familienmitgliedern geschehen kann und muss. Falls sich hier die Strategien der anderen bei der Durch- und Umsetzung ihrer individualisierten Zeitpraxen als erfolgreich(er) erweisen, haben die Lehrerinnen nur entlang der organisationalen Zeitstrukturen die Möglichkeit, ihre eigenen nicht-arbeitsinhaltlichen Zeitpraxen herzustellen. Deshalb ist die Vereinbarkeit von Familie und Beruf tatsächlich kein Mythos, aber es bleibt die entscheidende Frage, wie sich wer innerhalb der Alltagsarrangements mit seiner zeitkonzeptionellen Triade durchsetzen kann. Über die Konnotation von Zeit und Geschlecht können Prozesse der „Feminisierung" im Lehrberuf erklärbar werden, wenn sie im Kontext beruflicher und außerberuflicher Lebensbereiche analysiert werden[159]. Auf der Ebene der organisationalen Strukturen können vor dem Hintergrund der oben beschriebenen Wirkungszusammenhänge innerorganisationale Prozesse der Vergeschlechtlichung rekonstruiert werden, wenn die Geschlechterdifferenzen als relevantes Ordnungssystem versagen und stattdessen der Kontext, der zwar vorstrukturiert ist, aber Handlungsoptionen offen lässt, analysiert werden. So können Prozesse der Vergeschlechtlichung auf der Ebene der Organisation als Teil einer asymmetrischen Kultur, „archaisches Erbe", immanentes Merkmal oder auch als Bestandteil von „sexualisierten" Organisationen analysiert werden, wenn Zeitkonstruktionen als integraler Bestandteil organisationaler Kontexte in die Analyse eingebunden werden[160].

5.3. Doing Time und der Alltag

5.3.1. Entgrenzte Arbeitszeit = reflexive Alltagszeit?

In den neueren Diskussionen um das Konzept der alltäglichen Lebensführung wird die zunehmende Flexibilisierung der Arbeitszeiten als Ursache für den Wirkungszusammenhang von flexibilisierten Arbeitsorganisationen und sich anzupassenden außerberuflichen Lebensbereichen betrachtet. Hauptthese ist, dass es „als Konsequenz zunehmender, als Entgrenzungen zu bezeichneter Flexibilisierungen von Arbeits- und Beschäftigungsverhältnissen auch zu einer tiefgreifenden Entgrenzung des betrieblichen Zugriffs auf Arbeitskraft und damit letztlich der generellen sozia-

[159] Allerdings ist hier noch nicht die Frage beantwortet, wie es um die Wertigkeit des Lehrberufs bestellt ist und welche Prozesse zu seiner gesellschaftlichen (Ent)Wertung führen.

[160] Zu den Defiziten in der Lehrerforschung zum Verhältnis von Schule als Organisation und der Geschlechterperspektive vgl. auch ausführlich Kapitel 1.2.3.

len Verfassung von Arbeitskraft kommt" (Jurczyk/Voß 2000:153). Damit ist die gleichzeitige Entgrenzung gesellschaftlicher und individueller Zeitstrukturen verbunden (vgl. Jurczyk/Voß 2000). Diese These impliziert die zeitsoziologische Annahme von Norbert Elias, dass die Menschen als Subjekte die Zeit herstellen, in dem sie die Fähigkeit besitzen, Prozesse von Veränderung und Wiederkehr in ihrem Alltag und in ihrem Lebensverlauf eine Ordnung zu geben, weiterhin aufrecht zu erhalten. Die Zeit bleibt das Ergebnis einer Syntheseleistung, zu der Tiere nicht fähig sind (vgl. Elias 1988). So werden Arbeitszeitstrukturen im Konzept der alltäglichen Lebensführung als die „Produkte eines sozial verobjektivierten, institutionalisierten Zeithandelns" (Jurczyk/Voß 2000:153) definiert. Eine andere theoretische Ebene ist die des Subjektes, denn hier ist das Zeithandeln prinzipiell als die Fähigkeit zu verstehen, natürliche, gesellschaftliche und subjektive Zeiten in eine individuelle Ordnung zueinander zu bringen (vgl. Jurczyk/Voß 2000).

Vor diesem Hintergrund sind die Überlegungen im Konzept der alltäglichen Lebensführung zu betrachten, dass in Folge der zunehmenden Flexibilisierung der Arbeits- und Alltagswelt Individuen ihre Zeit aktiver und reflexiver gestalten und kontrollieren (müssen). Um dieses erfolgreich zu tun, sind sie auf die Herstellung und Kultivierung einer individuellen Zeitordnung angewiesen, die als Chance aber auch als Anforderung und Belastung im aktiven Zeithandeln verstanden wird.

Dieses Modell definiert aktives Zeithandeln nicht; vielmehr wird aktives Zeithandeln als die Strategie begriffen, die wegbrechenden und sich auflösenden Zeitinstitutionen gesellschaftlicher Ordnungen individuell aufzufangen. Damit wird die Herstellung von Zeitordnungen subjektiviert und die Herstellung von Zeitinstitutionen wird ebenfalls individualisiert. Allerdings bleibt der Beitrag des Subjektes selbst bei der Herstellung gesellschaftlich anerkannter Zeitinstitutionen ungeklärt und löst den selbstformulierten konstruktivistischen Anspruch nicht allumfassend ein. Vielmehr wird das Subjekt in seiner Mikrototalität zum Zeitgestalter allein. Das aktive Zeithandeln impliziert die These, dass die Subjekte dieses bewusst tun und es sich um eine kognitive Leistung handelt.

5.3.2. Zeitkonzeptionen als Strukturprinzip reflexiver Alltagszeit

Diese Untersuchung konnte zeigen, dass es nicht immer kognitive und reflexive Prozesse der Zeitgestaltung sind, die von den Subjekten – in diesem Fall der Lehrerinnen und Lehrer – geleistet und als solche erkannt werden. Vielmehr spielen sich die Prozesse der Zeitkonstruktion oder auch des aktiven Zeithandelns auf der bewussten und unbewussten Ebene ab und sind gleichermaßen als das Ergebnis des reflexiven Zusammenspiels von Zeitkonzeptionen und Zeitpraxen zu verstehen, die ihrerseits wieder Zeitstrukturen herstellen (können), in dem sie in den kollektiven Sinnproduktionen und Deutungsmustern der Individuen verankert und restabilisiert werden. Damit werden die Eliaschen Annahmen erweitert um den reflexiven Wirkungszusammenhang von Zeitpraxen, Zeitstrukturen und Zeitkonzeptionen.

Der Zeitbegriff im Konzept der alltäglichen Lebensführung verlässt sich aus der Perspektive dieser Arbeit zu sehr auf die individualisierte Fähigkeit, dass Subjekte aufgrund sich verändernder gesellschaftlicher Rahmenbedingungen von Arbeitszeit und Alltagsorganisation bewusster mit den ihnen zur Verfügung stehenden Optionen umgehen. Es konnte ebenso gezeigt werden, dass die Subjekte bewusst und unbewusst ihre individualisierten Zeitkonzeptionen dazu verwenden, ihre zeitpraktischen Optionen zu strukturieren. Damit ist allerdings auch verbunden, dass die Zeitkonzeptionen eine Gestaltbarkeit bei den individualisierten Zeitpraxen zulassen, aber sie werden in den alltäglichen Routinen der Subjekte selbst wiederum zu einem Bezugs- und Ordnungssystem, das in seiner Selbstverständlichkeit im Alltag nur funktionieren kann, wenn die Selbstverständlichkeit nicht hinterfragt wird.

5.4. Ausblick/ Fazit

5.4.1. Doing-Time = Doing Gender? Die Alltagsrhetorik und die Restabilisierung der Geschlechterverhältnisse

Im Verlauf dieser Arbeit wurde der Geschlechteraspekt in einzelnen Bereichen der Analyse herausgearbeitet. Im Folgenden werden nun die Ergebnisse dieser Untersuchung an die für diese Fragestellung relevanten Diskussionen in der Geschlechterforschung zurückgebunden, um weitere Forschungsfragen zu eröffnen. Das passiert auf zwei Ebenen, die sich aus dem eingangs gewählten konzeptionellen Rahmen dieser Untersuchung ableiten lassen: Erstens werden die Ergebnisse des Doing-Time-Konzeptes an die ethnomethodologische Frauen- und Geschlechterforschung angebunden und dadurch für die Vergeschlechtlichung von zeitlichen Konstruktionsprozessen weiterführende Perspektiven eröffnet. In einem zweiten Schritt werden die Formen der Vergeschlechtlichung und ihre Übertragbarkeit auf andere Wissensorganisationen und ihrer spezifischen Rahmenbedingungen herausgestellt.

Im Doing-Time-Konzept werden ethnomethodologische Denktradition(en) mit den Fragestellungen der Zeitsoziologie verknüpft. So werden die individualisierten Zeitkonzeptionen der Lehrerinnen und Lehrer als das Ergebnis der (organisationalen) Zeitstrukturen und handlungsbezogenen, durch sie selbst permanent zu leistenden und geleisteten Zeitpraxen verstanden, die wiederum als kollektive Sinnproduktionen und Deutungsmuster durch die Zeitpraxen der Lehrerinnen und Lehrer zu verstehen sind.

Aufgrund der konstruktivistischen Herangehensweise dieser Arbeit stehen die Strategien und Handlungsmuster in den Alltagsarrangements im Mittelpunkt, durch die das Geschlecht als Konstrukt durch das Wechselverhältnis alltäglicher Zeitpraxen und organisationaler Zeitstrukturen, in der Wirkmächtigkeit individualisierter Zeitkonzeptionen eingebettet, hergestellt wird. So können Zeitstrukturen als soziales Bezugs- und Ordnungssystem in den Sozialstrukturen als die Ergebnisse interaktiver/zeitpraktischer Prozesse verstanden werden. Gleichermaßen stellt die Zeit als Bezugssystem sozialer Ordnung den Rahmen sozialen Handelns dar. Damit ist zugleich die Möglichkeit zur Veränderung gegeben, da so die „Selbstverständlichkeiten" in der sozialen Ordnung instabil sind, da sie in ihrer Logik auf die interaktiven/zeitpraktischen Wiederherstellungsprozesse angewiesen sind.

Das Doing-Time-Konzept konnte sowohl in beruflichen als auch außerberuflichen Lebensbereichen dem Zusammenwirken von Doing-Time und Doing-Gender-Prozessen in den alltäglichen Handlungen der Lehrerinnen und Lehrer nachspüren, in dem die Beschreibungen ihrer sozialen Praxen permanent auf die Reflexivität der individualisierten Zeitpraxen, der organisationalen Zeitstrukturen sowie der individualisierten Zeitkonzeptionen hinterfragt wurden. Die Prozesse der Vergeschlechtlichung von Zeitkonstruktionen begründen sich damit, dass Zeit – unabhängig wie sie durch welche Zeitpraxen gestaltet wird – als soziale Ordnung situationsübergreifend wirkt, aber doch gleichzeitig das Ergebnis systemimmanenter zeitpraktischer Prozesse ist.

Zugleich konnte nachgewiesen werden, wie in den alltäglichen Zeitkonstruktionen die unterschiedlichen Strategien und Handlungsmuster der Lehrerinnen und Lehrer dazu führen, dass in der Rhetorik einer ökonomischen Nutzung alltäglicher Zeitpraxen traditionelle Geschlechterrollen innerhalb und außerhalb beruflicher und nicht-beruflicher Lebensbereiche restabilisiert werden können. Es existieren aber auch intergeschlechtliche Variationen und diese können in den Alltagsarrangements der Lehrerinnen und Lehrer durchaus auch eine Rolle spielen. Doch in der Analyse konnten die vielschichtigen Prozesse der zeitlichen Konstruktionen auf ihre geschlechterrollenstabilisierenden Implikationen in den arbeitsinhaltlichen und nicht-arbeitsinhaltlichen wie familialen und regenerativen Zeitpraxen der Lehrerinnen und Lehrer herausgearbeitet werden. Über das rhetorische Moment der Umdefinition von Zeitpraxen und die damit verbundene Restabilisierung der Geschlechterverhältnisse scheint das Arrangement der Geschlechter im Alltagshandeln weniger verhandelbar zu werden, da im Kontext der Zeitkonzeptionen diese Möglichkeiten der Umdefinition grenzenlos vorhanden sind.

Denn im Alltag selbst, der den zeitlichen Handlungs- und Strukturrahmen der individualisierten Zeitpraxen der Lehrerinnen und Lehrer darstellt, wird die Frage nach der Herstellung und Bewährung zeitökonomischer Arrangements zwischen den Geschlechtern nur begrenzt in Frage gestellt und vielmehr als eine zeiteffiziente Strategie von ihnen selbst bewertet, bei der sie sich als „unabhängig entscheidende Subjekte“ selbst darstellen (können).

Innerhalb der Schulen konnten den organisationalen Leitbildern eine restabilisierende Wirkung auf die Konnotation von Arbeitszeitmodellen, Formen der Arbeitsorganisationen und innerorganisationalen Segregationsprozessen aus den Widersprüchen, alltäglichen arbeitsinhaltlichen Routinen sowie den dort herrschenden Normen aus der Perspektive der Lehrerinnen und Lehrer nachgewiesen werden. Geschlecht ist damit in die Konstruktionsprozesse der Zeit eingebunden und damit ist deutlich, dass die ethnomethodologische Perspektive für Fragen nach den vergeschlechtlichten Implikationen von Zeit nutzbar zu machen ist und für die Zukunft gewinnbringende und spannende Erkenntnisse verspricht.

5.4.2. Formen der Vergeschlechtlichung in Wissensorganisationen

Auch wenn der organisationale Kontext der Untersuchung auf Ganztagsschulen begrenzt war, sollte eine Übertragbarkeit für Organisationen möglich sein, die eine ähnliche strukturelle Zeitorganisation sowie ähnliche individualisierte Arbeitsorganisationen ihrer Mitglieder haben. Hierzu gehören insbesondere Universitäten und moderne Dienstleistungsunternehmen, die neben der flexiblen Gestaltung der Arbeitszeiten auch eine Enträumlichung von arbeitsinhaltlichen und nicht-arbeitsinhaltlichen Lebensbereichen als integralen Bestandteil ihrer Mitgliedschaft konzipieren. Hierzu zählen Instrumente wie das der Vertrauensarbeitszeit sowie die Organisationen von projektförmigen Arbeitsinhalten in Teamstrukturen. Organisationen im Wissenssektor zeichnen sich durch organisationale Zeitpolitiken aus, die eine Flexibilisierung in den arbeitsinhaltlichen Zeitpraxen ermöglichen, die aber gleichermaßen damit auf eine hohe intrinsische Motivation ihrer Mitglieder setzen, die sich wiederum im Sinne der Organisation in einer effizienten zu verstehenden hochmotivierten Zeitorganisation münden muss und dort zum Ausdruck kommt.

Es wird deutlich, dass die Mitglieder der Organisationen den Konstruktionsbedarf ihrer arbeitsinhaltlichen und nicht-arbeitsinhaltlichen Zeitpraxen erhöhen müssen, um den flexibilisierten Ansprüchen an berufliche und nicht-berufliche Lebensbereiche als Mitglied der Organisation gerecht zu werden. Damit ist eine Verstärkung reflexiver Gestaltungsformen von Zeit durch die Mitglieder der Organisation verbunden, die wiederum dazu führen kann, dass sich geschlechterstabilisierende Zeitpolitiken und Zeitinstitutionen, die für die Aufrechterhaltung der organisationalen Handlungslogik notwendig sind, verstärken und zu einer Vergeschlechtlichung von modernen Dienstleistungs- und Wissensorganisationen führen, in dem sie durch ihre Zeitpraxen das organisationale Leitbild des (männlichen) Organisationsmitgliedes restabilisieren und dieses durch die organisationalen Zeitpolitiken unterstützt wird.

Die Verknüpfung ethnomethodologischer Perspektiven mit der Kategorie Zeit konnte die zeitlichen Konstruktionsprozesse entlang der reflexiven Ebenen von Zeitpraxen, Zeitstrukturen und Zeitkonzeptionen in beruflichen und außerberuflichen Lebensbereichen beispielhaft am Lehrberuf analysieren.

Die Ergebnisse dieser Untersuchung zeigen, wie im scheinbaren Einklang ausgehandelter Alltagsarrangements die individualisierten arbeitsinhaltlichen und nicht-arbeitsinhaltlichen Zeitpraxen der Lehrerinnen und Lehrer dazu beitragen, dass die Verwirklichung und alltägliche Umsetzung individualisierter Zeitkonzeptionen nur bedingt möglich ist, wenn berufliche und außerberufliche Lebensbereiche vereinbart werden sollen. Aufgrund der hier dargestellten teilweise sehr widersprüchlichen und konfliktreichen Alltagsstrategien und der ihnen zugrunde liegenden Deutungsmuster von Lehrerinnen und Lehrer wird deutlich, dass sie versuchen, im Sinne ihrer individualisierten Zeitkonzeptionen, handlungsfähig zu bleiben und ihre individualisierten Lebensentwürfe in einer intentionalen zeitkonzeptionellen Triade von Beruf, Familie und Freizeit zu balancieren. Diese Balanceakte können sich sehr unterschiedlich gestalten, denn sie hängen auch davon ab, wer innerhalb der Alltagsarrangements in den Familien seine zeitkonzeptionelle Triade erfolgreich umsetzen kann. Denn wie könnte sonst erklärbar werden, dass Lehrerinnen ihren Freizeitbegriff als einen definieren, den sie zu Lasten ihrer regenerativen Zeitpraxen im Sinne einer familialen Zeitkonzeption umdefinieren?

Diese Untersuchung hat einen Beitrag geleistet, die Prozesse an der Schnittstelle von Beruf/Arbeit und Subjekt stärker in den Blick zu nehmen. Damit leistet sie einerseits einen Beitrag zur subjektorientierten Soziologie der Arbeit. Andererseits wurde die Zeit als soziale Konstruktion in die wissenschaftliche Auseinandersetzung um die Veränderungsprozesse moderne Gesellschaften weiter integriert und ihre Bedeutung für die Analyse der Vergeschlechtlichung in diesen angedeutet. Weitere wichtige Impulse können für die Fragen nach der Bedeutung neuer Kommunikationstechnologien sein sowie die Prozesse der Enträumlichung arbeitsinhaltlicher und nicht-arbeitsinhaltlicher Lebensbereiche. Wie werden diese sich permanent erweiternden arbeitsorganisatorischen Möglichkeiten die Ausgestaltung arbeitsinhaltlicher, familialer und regenerativer Zeitpraxen beeinflussen? Kommt es weiterhin zur Auflösung „klasssischer" Lebensbereiche oder werden sie im Zuge dieser Entwicklungen restabilisiert?

Im Zuge der „Veränderbarkeit" arbeitsinhaltlicher und nicht-arbeitsinhaltlicher Zeitpraxen und (organisationaler) Zeitstrukturen im Kontext der individualisierten Zeitkonzeptionen können auch Fragen nach den Vorstellungen von Erwerbs- und Erziehungsarbeit in den Alltagsarrangements neu gestellt werden. Oder werden diese Gestaltungsoptionen, die vielfältige Lebensentwürfe von Männern und Frauen möglich werden lassen, durch eine indirekte Vergeschlechtlichung organisationaler Zeitstrukturen und familialer Zeitpraxen in den Alltagsroutinen der Subjekte entlang zweigeschlechtlicher Ordnungsmuster restabilisiert, weil die Alltagsrhetorik, die auch für den ökonomischen Verwendungsimperativ der Zeit gilt, eine Umdefinition struktureller Ungleichheiten in individualisierte Zeitpraxen erlaubt?

6. Literatur

Abels, H. (2001): *Interaktion, Identität, Präsentation. Kleine Einführung in interpretative Theorien der Soziologie*. 2. überarbeitete Auflage. Wiesbaden: Westdeutscher Verlag.

Acker, J. (1990): Hierarchies, Jobs, Bodies: A Theory of Gendered Organizations. In: *Gender & Society* 4 (2), S. 139-158.

Acker, J. (1992): Gendering Organisational Theory. In: Mills, A. J. /Tancred, P. (Hrsg.): *Gendering organisational Analysis*. London: Sage, S. 248-260.

Acker, J. (1998): The Future of Gender and Organizations: Connections and Boundaries. In: *Gender, Work and Organizations* 5 (4), S. 195-206.

Acker, J. (1999): Gender and Organizations. In: Saltzman Chafetz, J. (Hrsg.): *Handbook of the Sociology of Gender*. New York: Kluwer/Plenum, S. 177-193.

Alessio, J. C./Andrzejewski, J. (2000): Unveiling the Hidden Glass Ceiling: An Analysis of the Cohort Effect Claim. In: *An American Sociological Review* 65 (2), S. 311-315.

Alheit, P. (1983): *Alltagsleben. Zur Bedeutung eines gesellschaftlichen Restphänomens*. Frankfurt a. M./New York: Campus.

Andrioli-Gebauer, A. (1981): Schule der Zeit – Schulzeit. In: *Zeitschrift für Ästhetik & Kommunikation* 45/46, S. 107-113.

Augustinus, A. (1982): *Bekenntnisse*, eingeleitet und übertragen von W.Timme. München: dtv.

Backhaus, K./Bonus, H. (1998): *Die Beschleunigungsfalle oder der Triumph der Schildkröte*. Stuttgart: Poeschel. 3.Aufl.

Baethge, M./Essbach, W. (Hrsg.) (1983): *Soziologie: Entdeckungen im Alltäglichen. Hans-Paul Bahrdt – Festschrift zu seinem 65. Geburtstag*. Frankfurt a. M./New York: Campus.

Baur, F./Schilling, G.: *Zeitverwendung in Arbeits- und Lebenswelt. Fallstudien bei Alleinstehenden und Beschäftigten in Paarhaushalten mit und ohne Kind*. Köln 1997.

Baxter, J./Wright, E.O. (2000): The Glass Ceiling Hypothesis. A Comparative Study of the United States, Sweden and Australia. In: *Gender & Society*, 14 (2), S.275-294.

Beck, U./Giddens, A./Lash, S. (1996): *Reflexive Modernisierung: Eine Kontroverse*. Frankfurt a. M.: Suhrkamp.

Beck-Gernsheim, E. (1976): *Der geschlechtsspezifische Arbeitsmarkt: Zur Ideologie und Realität von Frauenberufen*. Frankfurt a. M.: Fischer Taschenbuch.

Beck-Gernsheim, E. (1980): *Das halbierte Leben – Männerwelt Beruf. Frauenwelt Familie*. Frankfurt a. M.: Fischer.

Becker, G. (1981): Altruism in the Family and Selfishness in the Market Place. In: *Economica* 48, S. 1-15.

Becker, H./Langosch, I. (1995): *Produktivität und Menschlichkeit. Organisationsentwicklung und ihre Anwendung in der Praxis*. Stuttgart (4): Lucius & Lucius.

Behnke, C./Meuser, M. (2003a): Modernisierte Geschlechterverhältnisse? Entgrenzung von Beruf und Familie bei Doppelkarrierepaaren. In: Gottschall, K./Voß, G.G. (Hrsg.): *Arbeit und Leben im Umbruch*. München: Hampp.

Behnke, C./Meuser, M. (2003b): Vereinbarkeitsmanagement. Die Herstellung von Gemeinschaft bei Doppelkarrierepaaren. In: *Soziale Welt* 54 (2), S. 163- 174.

Behnke, C./Meuser, M. (2003c): Zwei Karrieren – eine Familie. Vereinbarkeitsmanagement bei Doppelkarrierepaaren. In: *Bulletin-Texte* 26, Humboldt-Universität Berlin. Zentrum für transdisziplinäre Geschlechterstudien, S. 27- 36.

Belinszki, E./Hansen, K./Müller, U. (2003): *Diversity Management*. Münster: LIT.

Bender, G. (1997): *Lohnarbeit zwischen Autonomie und Zwang. Neue Entlohnungsformen als Element veränderter Leistungspolitik*. Frankfurt a. M./New York: Campus.

Berger, P.L./Luckmann, T. (2000): *Die gesellschaftliche Konstruktion der Wirklichkeit*. 17. Auflage. Frankfurt am Main: Fischer-Verlag.

Bergmann, W. (1981): *Die Zeitstrukturen sozialer Systeme: Eine systemtheoretische Analyse*. Berlin: Buncker & Humblot.

Bergmann, W. (1983): Das Problem der Zeit in der Soziologie. Ein Literaturüberblick zum Stand der zeitsoziologischen Theorie und Forschung. In: *Kölner Zeitschrift für Soziologie und Sozialpsychologie* (35), S. 462-504.

Betzelt, S./Gottschall, K. (2005): Flexible Bindungen – Prekäre Balancen: Ein neues Erwerbsmuster bei hochqualifizierten Alleindienstleistern. In: Kronauer, M./Linne, G. (Hrsg.): *Flexicurity – Die Suche nach Sicherheit in der Flexibilität*. Berlin: Edition Sigma. S. 275-294.

Blossfeld, H. P./Drobnic, S. (2001): *Careers of Couples in Contemporary Societies*. Oxford: Oxford University Press.

Bock, G./Duden, B. (1977): Arbeit aus Liebe – Liebe aus Arbeit. In: *Frauen und Wissenschaft*. Beiträge zur ersten Sommeruniversität für Frauen Juli 1976. Berlin 1977.

Böge, S. (1995): Geschlecht, Prestige und ‚horizontale' Segmentierungen in der juristischen Profession. In: Wetterer, A. (Hrsg.): *Die soziale Konstruktion von Geschlecht in Professionalisierungsprozessen*. Frankfurt a. M./New York: Campus, S. 139-154.

Bogumil, J./Immerfall, S. (1985): *Wahrnehmungsweisen empirischer Sozialforschung. Zum Selbstverständnis des sozialwissenschaftlichen Forschungsprozesses*. Frankfurt a. M./New York: Campus.

Bohnsack, F. (1994): Pädagogische Strukturen einer guten Schule heute. In: Tillmann, K.-J. (Hrsg.): *Was ist eine gute Schule?* Hamburg (2): Bergmann + Helbig, S. 47-62.

Bolte, K.-M. (2000): Typen alltäglicher Lebensführung. In: Kudera, W./Voß, G.-G. (Hrsg.): *Lebensführung und Gesellschaft: Beiträge zu Konzept und Empirie alltäglicher Lebensführung*. Opladen: Leske + Budrich, S. 133-146.

Bolte, K.M./Treutner, E. (Hrsg.) (1983): *Subjektorientierte Arbeits- und Berufssoziologie*. Frankfurt am Main/New York: Campus.

Borscheid, P. (2004) *Das Tempo-Virus. Eine Kulturgeschichte der Beschleunigung*. Darmstadt: Wissenschaftliche Buchgesellschaft.

Bosch, G. (2000): Entgrenzung der Erwerbsarbeit – Lösen sich die Grenzen zwischen Erwerbs- und Nichterwerbsarbeit auf? In: Minssen, H. (Hrsg.): *Begrenzte Entgrenzungen: Wandlungen von Organisation und Arbeit.* Berlin: Edition Sigma, S. 249-268.

Brehmer, I. (Hrsg.) (1980): *Lehrerinnen: Zur Geschichte eines Frauenberufes.* München: Urban & Schwarzenberg.

Brehmer, I. (1987): *Der widersprüchliche Alltag: Probleme von Frauen im Lehrberuf.* Berlin: Frauen- und Schule-Verlag.

Britton, D. M./Williams C. L. (2000): Response to Baxter and Wright. In: *Gender & Society* 14 (6), S. 804-808.

Bromme, R. (1992): *Der Lehrer als Experte: Zur Psychologie des professionellen Wissens.* Bern: Huber.

Brose, H.G. (1986): Lebenszeit und biographische Zeit Zeitperspektiven im Kontext sozialer Zeitstrukturen. In: Fürstenberg, F./Mörth, I. (Hrsg.): *Zeit als Strukturelement von Lebenswelt und Gesellschaft.* Linz: UV Trauner, S. 175-208.

Brose, H.G./Wohlrab-Sahr, M./Corsten, M. (1993): *Soziale Zeit und Biographie. Über die Gestaltung von Alltagszeit, Lebenszeit in Zeiten der Diskontinuität und Flexibilität.* Opladen: Westdeutscher Verlag.

Buchen, S. (1999): Von der Staatsbürgerkunde zur Sozialkundelehrerin: Wissenschaftliche Lehrerweiterbildung in Sachsen-Anhalt. In: Carle, U./Buchen, S. (Hrsg.): *Jahrbuch für Lehrerforschung* Band 2. Weinheim/München: Juventa, S. 305-320.

Buchen, S./Carle, U./Döbrich, P./Hoyer, H.-D./Schönwälder, H.-G. (Hrsg.) (1997): *Jahrbuch für Lehrerforschung* Band 1. Weinheim/München: Juventa.

Buchen, S. (1997): Belastungen von Lehrerinnen und Lehrern. Ein Vergleich zwischen Gesamtschulen und Gymnasium. In: Buchen, S./Carle, U./Döbrich, P./Hoyer, H.-D./Schönwälder, H.-G. (Hrsg.) (1997): *Jahrbuch für Lehrerforschung* Band 1. Weinheim/München: Juventa. S. 227-246

Buchen, S. (1993): *Ganzheitliches Lernen in Unterricht und Weiterbildung. Ein soziopsychoanalytisches Verstehens konzept – dargestellt am Thema Wiedervereinigung und Migration.* Weinheim: Deutscher Studienverlag.

Buchen, S. (1991): *„Ich bin immer ansprechbar!". Gesamtschulpädagogik und Weiblichkeit. Eine sozialpsychologische Frauenstudie.* Weinheim: Deutscher Studienverlag.

Bühl, A. (Hrsg.) (2004): *Auf der Suche nach der Muße : Empirische Analysen zum Freizeitverhalten.* Münster: LIT.

Buhren, C.G./Rolff, H.G. (2002): *Personalentwicklung in Schulen. Konzepte, Praxisbaustein, Methoden.* Weinheim/Basel: Beltz.

Carle, U./Buchen, S. (Hrsg.) (1999): *Jahrbuch für Lehrerforschung* Band 2. Weinheim/München: Juventa.

Carle, U. (1997): Die Arbeit von Lehrerinnen und Lehrern als Entwicklungsprozess – Über die Untrennbarkeit von persönlicher und institutioneller Entwicklung. In: Buchen, S./Carle, U./Döbrich, P./Hoyer, H.-D./Schönwälder, H.-G. (Hrsg.): *Jahrbuch für Lehrerforschung* Band 1. Weinheim/München: Juventa, S. 15-30.

Carle, U. (1995a): *Mein Lehrplan sind die Kinder. Eine Analyse der Planungstätigkeit von Lehrerinnen und Lehrern an Förderschulen.* Weinheim: Deutscher Studienverlag.

Carle, U. (1995b): Kooperation und Teamarbeit in der modernen Schule. In: Carle, U. (Hrsg.): *Gesunde Schule. Öffnung – Kooperation – Bewegung – Integration. Beiträge zur Tagung „Gesunde Schule" Februar 1995 an der Universität Osnabrück*. Reihe des Fachbereichs 3, Band 14, Osnabrück: Verlag der Universität, S.79-96.

Carle, U. (1995c): Arbeitsbiographie und Wiedereinstieg In: Carle, U./Brinker, T./Dane, E. (Hrsg.): *Zurück in die berufliche Zukunft. Vom beschwerlichen und dennoch geglückten Wiedereinstieg von Akademikerinnen – ein Modellversuch*. Bielefeld: Kleine, S. 17-19.

Carle, U./Holtappels, H.-G. (1995): Schulzeit und Entwicklungsqualität: Neue Perspektiven für Forschung und Entwicklung. In: Holtappels, H.-G. (Hrsg.): *Ganztagserziehung in der Schule*. Opladen: Leske + Budrich, S. 280-294.

Combe, A./Buchen, S. (1996): *Belastung von Lehrerinnen und Lehrern. Fallstudien zur Bedeutung alltäglicher Handlungsabläufe an unterschiedlichen Schulformen*. Weinheim/München: Juventa.

Crozier, M./Friedberg, E. (1979): *Macht und Organisation. Die Zwänge kollektiven Handelns*. Königstein: TS.

Danz, G. (1992): Auf Kosten des zart Frauenhaften: Ein Rückblick auf 200 Jahre Mädchenbildung und Lehrerinnenberuf in Baden-Württemberg. In: *Weingartener Hochschulschriften* 11, Bergatreute: Eppe.

Dausien, B. (2001): Erzähltes Leben – erzähltes Geschlecht? Aspekte der narrativen Konstruktion von Geschlecht im Kontext der Biographieforschung. In: *Feministische Studien* 19 (2): 57-73.

Deutschmann, C. (2002): *Die gesellschaftliche Macht des Geldes*. Wiesbaden: Verlag für Sozialwissenschaften.

Dollase, R./Hammerich, K./Tokarski, W. (Hrsg.) (2000): *Temporale Muster. Die ideale Reihenfolge der Tätigkeiten*. Opladen: Leske + Budrich.

Dollase, R. (1995): Temporale Muster in der Freizeitforschung. Eine neue methodische Perspektive für empirische Untersuchungen. In: *Spektrum Freizeit*, 17, 2/3, S.107-119.

Dunkel, W. (1993) : Kontrolle und Vertrauen. Die Herstellung von Stabilität in der alltäglichen Lebensführung. In: Jurczyk, K./Rerrich, M. S. (Hrsg.): *Die Arbeit des Alltags. Beiträge zu einer Soziologie der alltäglichen Lebensführung*. Freiburg i. B.: Lambertus. S. 195-209

Durkheim, E. (1981): *Die elementaren Formen des religiösen Lebens*. Franz. Original 1912. Frankfurt a. M.: Suhrkamp.

Dux, G. (1989): *Die Zeit in der Geschichte: Ihre Entwicklungslogik vom Mythos zur Weltzeit*. Frankfurt a. M.: Suhrkamp.

Eberling, W. (Hrsg.) (1996): *Einfach kurz und gut: Zur Praxis der lösungsorientierten Kurztherapie*. Dortmund: Borgmann.

Ebert, M./Kühnel, S./Ostner, I. (2005): Sicherheit und Flexibilität – Die Akzeptanz flexibler Beschäftigungsverhältnisse und der Wunsch nach neuer Sicherheit bei Frauen und Männern. In: Kronauer, M./Linne, G. (Hrsg.): *Flexicurity – Die Suche nach Sicherheit in der Flexibilität*. Edition Sigma: Berlin, S. 317-344.

Eckart, C. (1991): Verschlingt die Arbeit die Emanzipation? Von der Polarisierung der Geschlechtscharaktere zur Entwicklung der Arbeitsmonade. In: *Widersprüche* 23/1991, S. 7-18.

Eder, K. (1998): Gibt es Regenmacher? Vom Nutzen des Konstruktivismus in der soziologischen Analyse der Natur. In: Brand, K.-W. (Hrsg.): *Soziologie und Natur. Theoretische Perspektiven*. Opladen. Leske + Budrich, S. 97-115.

Eickelpasch, R. (1983): Das ethnomethodologische Programm einer ‚radikalen' Soziologie. In: Eickelpasch, R./Lehmann, B. (Hrsg.): *Soziologie ohne Gesellschaft? Probleme einer phänomenologischen Grundlegung der Soziologie.* München: Fink, S. 63-111.

Elias, N. (1988): *Über die Zeit. Arbeiten zur Wissenssoziologie II.* Frankfurt a. M.: Suhrkamp.

Europäische Kommission (1999): *Beschäftigung in Europa 1998.* Luxemburg: Europäische Gemeinschaft.

Ferguson, K. E. (1984): *The Feminist Case against Bureaucracy.* Philadelphia: Temple University Press.

Flaake, K. (1989): *Berufliche Orientierungen von Lehrerinnen und Lehrern. Eine empirische Untersuchung.* Frankfurt a. M./New York: Campus.

French, W. L./Bell, C. H. (1994): *Organisationsentwicklung. Sozialwissenschaftliche Strategien zur Organisationsveränderung.* Bern: Haupt.

Frevert, U. (1979): Vom Klavier zur Schreibmaschine – Weiblicher Arbeitsmarkt und Rollenzuweisungen am Beispiel der weiblichen Angestellten in der Weimarer Republik. In: Kuhn, A./Schneider, G. (Hrsg.): *Frauenrechte und die gesellschaftliche Arbeit der Frauen im Wandel: Fachwissenschaftliche und fachdidaktische Studien zur Geschichte der Frauen.* Düsseldorf: Pädagogischer Verlag Schwan.

Friedberg, M. (1992): Zur Politologie in Organisationen. In: Küpper, W./Ortmann, G. (Hrsg.): *Mikropolitik – Rationalität, Macht und Spiele in Organisationen.* 2. durchgesehene Auflage. Opladen: Westdeutscher Verlag, S. 39-52

Friedrichs, J./Lüdtke, H. (1971) : *Teilnehmende Beobachtung. Einführung in die sozialwissenschaftliche Feldforschung.* Weinheim/Basel: Beltz.

Fürstenberg, F./Herrmann-Stojanov, I./Rinderspacher, J. (1999): *Der Samstag. Über Entstehung und Wandel einer Zeitinstitution.* Berlin: Edition Sigma.

Fürstenberg, F./Mörth, I. (Hrsg.) (1986): *Zeit als Strukturelement von Lebenswelt und Gesellschaft.* Linz: Trauner.

Garfinkel, H./Sacks, H. (1976): Über formale Strukturen praktischer Handlungen. In: Weingarten, E./Sack, F./Schenkein, J. (Hrsg): *Ethnomethodologie. Beiträge zu einer Soziologie des Alltagshandelns.* Frankfurt a. M.: Suhrkamp, S. 130-176.

Garfinkel, H. (1967): *Studies in Ethnomethodology.* Eaglewood Cliffs/New York: Prentice Hall.

Garhammer, M. (2001): Kontingenz-Management und Fatalismus. Zeitinstitutionen und Unsicherheiten in der spätmodernen Arbeitsgesellschaft. In:

Brosziewski, A./Eberle, T./Maeder, C. (Hrsg.): *Moderne Zeiten – Reflexionen zur Multioptionsgesellschaft.* Konstanz: UVK-Verlags-Gesellschaft, S. 263-277

Garhammer, M. (1999): *Wie Europäer ihre Zeit nutzen: Zeitstrukturen und Zeitkulturen im Zeichen der Globalisierung.* Berlin: Edition Sigma.

Garhammer, M. (1994): *Balanceakt Zeit: Auswirkungen flexibler Arbeitszeiten auf Alltag, Freizeit und Familie.* Berlin: Edition Sigma.

Gehrmann, A./Hübner, P./Werle, M. (1996): Analyse empirischer Datensätze zur Lehrerrolle. In: *Tagungsband zum Symposium der DFG-Forschergruppe `Bildung und Schule im Transformationsprozess von SBZ, DDR und neuen Ländern`.* Berlin: Freie Universität Berlin.

Geißler, K. A. (1999): *Vom Tempo der Welt. Am Ende der Uhrzeit.* Freiburg i. B.: Herder.

Geißler, K. A. (1985): *Zeit leben. Vom Hasten und Rasten, Arbeiten und Lernen, Leben und Sterben*. Weinheim/ Basel: Beltz.

Gemeinnützige Gesellschaft Gesamtschule e.V (2001): *Verzeichnis der Gesamtschulen in Nordrhein-Westfalen*. Ausgabe 2001/2002. Dortmund.

Gerding, M. (2000): *Von der Lust auszusteigen! Soziologische Anmerkungen zur Wahl des Sabbatjahres*. In: Neue deutsche Schule 11/2000, S.15.

Gerding, M. (1999): *Lust oder Frust? Empirische Untersuchung zum Sabbatjahrwahlverhalten von Lehrerinnen und Lehrern in NRW unter besonderer Berücksichtigung berufsbiographischer und zeitsoziologischer Ansätze*. Diplomarbeit an der Fakultät für Sozialwissenschaft, Ruhr-Universität Bochum.

Giddens, A. (1997): *Die Konstitution der Gesellschaft: Grundzüge einer Theorie der Strukturierung*. Frankfurt am Main/New York: Campus. 3. Auflage.

Giddens, Anthony (1987): Time and Social Organisation. In: Ders. *Social Theory und Modern Sociology*. Stanford: Stanford University Press, S. 140-165.

Gildemeister, R./Wetterer, A. (1992): Wie Geschlechter gemacht werden. Die soziale Konstruktion der Zweigeschlechtlichkeit und ihre Reifizierung in der Frauenforschung. In: Knapp, G.A./Wetterer, A. (Hrsg.): *TraditionenBrüche. Entwicklungen feministischer Theorien*. Freiburg i. B.: Kore. S. 201-254.

Glaserfeld, E. (1995): *Einführung in den Konstruktivismus*. München: Piper.

Glazer, P.M./Slater, M. (1987): *Unequal colleagues. The entrance of Women into the Professions, 1890-1940*. New Brunswick/London: Rutgers University Press.

Goffmann, E. (1994): Das Arrangement der Geschlechter. In: der.: *Interaktion und Geschlecht*. Frankfurt a. M./New York: Campus. S.105-158. (Original von 1977: The Arrangement between the sexes. In: *Theory and Society* (4); S. 301-333.)

Goldschmitt-Clermont, L./Pagnossin-Aligisakis, E. (1995): *Measures of unrecorded Economic Activities in fourteen Countries. Human Development Report Office*. New York.

Gottschall, K. (Hrsg.) (2005): *Entgrenzung von Arbeit und Leben: Zum Wandel der Beziehung von Erwerbstätigkeit und Privatsphäre im Alltag*. München: Hampp.

Gottschall, K./Kroos, D. (2003): *Self-Employment in Germany und the UK Labour Market Regulation Risk Management and Gender in Comparative Perspective*; Bremen: Universität Bremen. Zentrum für Sozialpolitik, Working Paper, Heft 13.

Gottschall, K./Pfau-Effinger, B. (Hrsg.) (2002): *Zukunft der Arbeit und Geschlecht – Diskurse, Entwicklungspfade und Reformoptionen im internationalen Vergleich*. Opladen: Leske + Budrich.

Gottschall, K. (2000): *Soziale Ungleichheit und Geschlecht. Kontinuitäten und Brüche, Sackgassen und Erkenntnispotentiale im deutschen soziologischen Diskurs*. Opladen: Leske + Budrich.

Gottschall, K. (1995): Geschlechterverhältnis und Arbeitsmarktsegregation. In: Becker-Schmidt, R./Knapp, G.-A. (Hrsg.): *Das Geschlechterverhältnis als Gegenstand der Sozialwissenschaften*. Frankfurt a. M./New York: Campus, S. 125-162.

Gronemeyer, M. (1996): *Das Leben als letzte Gelegenheit: Sicherheitsbedürfnisse und Zeitknappheit*. Darmstadt: Wissenschaftliche Buchgesellschaft. 2. Auflage.

Gross, P. (1994): *Die Multioptionsgesellschaft*. Frankfurt a. M.: Suhrkamp.

Groß, H./Thoben, C./Bauer, F. (1989): Ein Report zu den Arbeitszeiten und Arbeitszeitwünschen der abhängig Beschäftigten in der Bundesrepublik. In: Der Minister für Arbeit, Gesundheit und Soziales des Landes Nordrhein-Westfallen (Hrsg.): *Arbeitszeit 1989*. Köln.

Grunder, H.-U./Bieri, T. (1995): *Zufrieden in der Schule? Zufrieden mit der Schule? Berufszufriedenheit und Kündigungsgründe von Lehrkräften*. Bern: Verlag Paul Haupt.

Händle, C. (1997): Qualifizierung von Lehrerinnen in Ost und West durch ihre doppelte Sozialisation im beruflichen und privaten Lebenslauf. In: Buchen, S./Carle, U./Döbrich, P./Hoyer, H.-D./Schönwälder, H.-G. (Hrsg.): *Jahrbuch für Lehrerforschung* Bd. 1, Weinheim/München: Juventa, S. 49-60.

Händle, C. (1993): Wir sind nun mal die Verlierer. Paradoxien in der Fort- und Weiterbildung von Lehrer/innen in Berlin. In: Meier, A./Rabe-Kleberg, U. (Hrsg.): *Weiterbildung, Lebenslauf und sozialer Wandel*. Neuwied/Knittel/Berlin: Luchterhand.

Hänsel, D. (1994): Primarlehrerausbildung und -beruf als weibliche Karriere. In: *Zeitschrift für Pädagogik* 32 (Beiheft), S. 353-354.

Hänsel, D. (1992): Wer ist der Professionelle? Analyse der Professionalisierungsproblematik im Geschlechterzusammenhang. In: *Zeitschrift für Pädagogik* 38 (6), S. 873-893.

Hänsel, D. (1991): Die männliche und die weibliche Form des Lehrerseins. In: *Neue Sammlung* 31 (2), S. 187-202.

Hauger, W. (1997): Nicht zweimal in denselben Fluss. Zur Unumkehrbarkeit der Zeit in der Physik. In: *Der blaue Reiter. Journal für Philosophie Zeit* Heft 5 (1).

Hausen, K. (1976): „Die Polarisierung der ‚Geschlechtscharaktere' – Eine Spiegelung der Dissoziation von Erwerbs- und Familienleben". In: Conze, W. (Hrsg.): *Sozialgeschichte der Familie in der Neuzeit Europas*. Stuttgart: Klett, S. 363-393.

Hawking, S./Mlodinow, L. (2005): *Die kürzeste Geschichte der Zeit*. Reinbek bei Hamburg: Rowohlt.

Hawking, S. (1988): *Eine kurze Geschichte der Zeit. Die Suche nach der Urkraft des Universums*. Reinbek bei Hamburg: Rowohlt.

Heidegger, M. (1927). *Sein und Zeit*. Tübingen. Niemeyer.

Heintz, B./Nadai, E. (1998): Gender und Kontext – (De)Institutionalisierungsprozesse und geschlechtliche Differenzierung. In: *Zeitschrift für Soziologie* 27 (2), S. 75-93.

Heintz, B./Nadai, E./Fischer, R. (1997): *Ungleich unter Gleichen. Studien zur geschlechtsspezifischen Segregation des Arbeitsmarktes*. Frankfurt a. M./New York: Campus.

Heinze, R.G./Ollmann, R. (2005): Employability in diskontinuierlichen Erwerbsbiographien – Implikationen für die Arbeits- und Wirtschaftpolitik. In: Neuendorff, H./Ott, B. (Hrsg.): *Neue Erwerbsbiographien und berufsbiographische Diskontinuität. Identitäts- und Kompetenzentwicklung in entgrenzten Arbeitsformen*. Hohengehren: Schneider, S. 198-209.

Heinze, R.G./Streeck, W. (2000): Institutionelle Modernisierung und Öffnung des Arbeitsmarktes: Für eine neue Beschäftigungspolitik. In: Kocka, J./Offe, C. (Hrsg.): *Geschichte und Zukunft der Arbeit*. Frankfurt a. M./New York: Campus, S. 234-261.

Hermann, U./Hertramph, H. (1996): Reflektierte Berufserfahrung und subjektiver Qualifikationsbedarf – Eine Pilotstudie mit Lehrerinnen und Lehrern an Schulen. Fragestellungen – Vorgehensweisen – Ergebnisse. In: Buchen, S./Carle, U./Döbrich, P./Hoyer, H.-D./Schönwälder, H.-G. (Hrsg.): *Jahrbuch für Lehrerforschung* Band 1, Weinheim/München: Juventa. S. 139-164.

Herrmann, C./Promberger, M./Singer, S. (1999): *Forcierte Arbeitszeitflexibilisierung. Die 35-Stunden-Woche in der betrieblichen und gewerkschaftlichen Praxis*. Berlin: Edition Sigma.

Hewener, V. (2004): Geschlechtsspezifische Unterschiede im Umgang mit der Zeit. In: *Das Parlament. Aus Politik und Zeitgeschichte*. B31-32/2004, S.26-32.

Hildebrandt, E./Linne, G. (Hrsg.) (2000): *Reflexive Lebensführung. Zu den sozialökologischen Folgen flexibler Arbeit*. Berlin: Edition Sigma.

Hildebrandt, E./Reineke, K./Rinderspacher, J./Voß, G. (2000): Zeitwandel und reflexive Lebensführung. In: Hildebrandt, E. (Hrsg.) in Zusammenarbeit mit Linne, G.: *Reflexive Lebensführung – Zu den sozialökologischen Folgen flexibler Arbeit*. Berlin: Edition Sigma, S. 9-47.

Hirsch-Kreinsen, H. (2003): Arbeits- und Industriesoziologie. Renaissance der Industriesoziologie. In: Orth, B./Schwietring, T./Weiß, J. (Hrsg.): *Soziologische Forschung – Stand und Perspektiven*. Opladen: Leske + Budrich, S. 67-79.

Hochschild, A. R. (2002): *Keine Zeit: Wenn die Firma zum Zuhause wird und zuhause nur Arbeit wartet*. Opladen: Leske + Budrich.

Hochschild, A. R. (1997): *The Time Bind: When Work becomes Home and Home Becomes Work*. New York: Metropolitan Books.

Hochschild, A. R./Machung, A. (1993): *Der 48-Stunden-Tag: Wege aus dem Dilemma berufstätiger Eltern*. München: Knaur.

Hochschild, A. R. (1990): *Das gekaufte Herz. Zur Kommerzialisierung der Gefühle*. Frankfurt a. M./New York: Campus.

Hoffmann, U. (1987): *Computerfrauen. Welchen Anteil haben Frauen an der Computergeschichte?* München: Hampp.

Holtappels, H. G. (Hrsg.) (1999): *Neue Wege in der Didaktik?: Analysen und Konzepte zur Entwicklung des Lehrens und Lernens*. Weinheim/München: Juventa.

Hörning, K.-H./Gerhard, A./Michailow, M. (1990): *Zeitpioniere: Flexible Arbeitszeiten – neuer Lebensstil*. Frankfurt a. M.: Suhrkamp.

Hornung, U. (2000): Stachel „Geschlecht". Der soziologische Diskurs über den Wandel und die Zukunft der Arbeit, Ökonomie und Geschlechterverhältnis – Ein Überblick. In: *Soziologie*, Heft 3, S. 5-19.

Hoyer, H.-D. (1996): *Lehrer im Transformationsprozess: Berufliches Selbstverständnis, soziale und professionelle Kompetenz von ostdeutschen Pädagogen im Wechsel der Schulsysteme*. Weinheim/München: Juventa.

Hübner, P./Werle. M. (1997): Arbeitszeit und Arbeitsbelastung Berliner Lehrerinnen und Lehrer. In: Buchen, S./Carle, U./Döbrich, P./Hoyer, H.-D./Schönwälder, H.-G. (Hrsg.): *Jahrbuch für Lehrerforschung* Bd. 1, Weinheim/München: Juventa, S. 203-226.

Husserl, E. (1966): *Zur Phänomenologie des inneren Zeitbewusstseins*. Den Haag: Nijhoff.

Jakobi, J. (Hrsg.) (1994): Frauen zwischen Familie und Schule. Köln: Boehlau.

Janich, P. (1980): *Die Protophysik der Zeit. Konstruktive Begründung und Geschichte der Zeitmessung*. Frankfurt a. M.: Suhrkamp.

Jehle, P. (1996): *Vorzeitige Pensionierung von Lehrerinnen und Lehrern: Eine Analyse amtlicher Materialien aus den alten Bundesländern*. Reihe: Forschungsberichte. Frankfurt a. M.: Deutsches Institut für Internationale Pädagogische Forschung.

Jetzkowitz, J./Lüdtke, H./Schneider, J. (2004): *O Tempora, o Mores. Wie Studierende mit der Zeit umgehen.* Wiesbaden: VS Verlag.

Jurczyk, K./Treutner, E./Voß, G.-G./Zettel, O. (2000): Die Zeiten ändern sich – Arbeitszeitpolitische Strategien und die Arbeitsteilung der Personen. In: Kudera, W./Voß, G.-G. (Hrsg.): *Lebensführung und Gesellschaft – Beiträge zu Konzept und Empirie alltäglicher Lebensführung*. Opladen: Leske + Budrich, S. 39-62.

Jurczyk, K. (2000): Zwischen Selbstbestimmung und Bedrängnis. Zeit im Alltag von Frauen. In: Kudera, W./Voß, G.G. (Hrsg.) (2000): *Lebensführung und Gesellschaft. Beiträge zu Konzept und Empirie alltäglicher Lebensführung*. Opladen: Leske + Budrich, S.219-246.

Jurczyk, K./Voß, G.G. (2000): Entgrenzte Arbeitszeit – Reflexive Arbeitszeit. In: In: Hildebrandt, E. (Hrsg.) in Zusammenarbeit mit Linne, G.: *Reflexive Lebensführung – Zu den sozialökologischen Folgen flexibler Arbeit*. Berlin: Edition Sigma, S.151-206.

Jurczyk, K. (1998): Zeitordnungen als Ordnung der Geschlechter. Zeit als Machtfaktor – Stabilität und Erosion der unterschiedlichen Zeitmuster von Frauen und Männern im Alltag. In: Weis, K. (Hrsg.): *Was treibt die Zeit? Entwicklung und Herrschaft der Zeit in Wissenschaft, Technik und Religion.* München: dtv, S. 159-192.

Jurczyk, K./Rerrich, M. S. (1995a): Lebensführung weiblich – Lebensführung männlich. Macht diese Unterscheidung heute noch Sinn? In: Projektgruppe Alltägliche Lebensführung (Hrsg.): *Alltägliche Lebensführung. Arrangements zwischen Traditionalität und Modernisierung*. Opladen: Leske + Budrich, S. 279-309.

Jurczyk, K./Rerrich, M. (1995b): Lebensführung, soziale Einbindung und die Strukturkategorie Geschlecht. In: Projektgruppe Alltägliche Lebensführung (Hrsg.): *Alltägliche Lebensführung. Arrangements zwischen Traditionalität und Modernisierung*. Opladen: Leske + Budrich, S. 262-278.

Jurczyk, K./Voß, G. G. (1995c): Zur gesellschaftsdiagnostischen Relevanz der Untersuchung von alltäglicher Lebensführung. In: Projektgruppe Alltägliche Lebensführung (Hrsg.): *Alltägliche Lebensführung: Arrangements zwischen Traditionalität und Modernisierung*. Opladen: Leske + Budrich, S. 371-407.

Jurczyk, K. (1994): Zwischen Selbstbestimmung und Bedrängnis. Zeit im Alltag von Frauen. In: Brückner, M./Meyer, B. (Hrsg.): *Die sichtbare Frau. Die Eroberung der gesellschaftlichen Räume*. Freiburg: Kore, S. 198-233.

Jurczyk, K./Rerrich, M. S. (Hrsg.) (1993a): *Die Arbeit des Alltags – Beiträge zu einer Soziologie der alltäglichen Lebensführung*. Freiburg i. Br.: Lambertus.

Jurczyk, K. /Rerrich, M. S. (1993b): Einführung: Alltägliche Lebensführung: der Ort, wo alles zusammenkommt. In: Jurczyk, K./Rerrich, M. S. (Hrsg.): *Die Arbeit des Alltags – Beiträge zu einer Soziologie der alltäglichen Lebensführung*. Freiburg i. Br.: Lambertus, S. 11-45.

Jurczyk, K. (1993c): Flexibilisierung für wen? Zum Zusammenhang von Arbeitszeiten und Geschlechterverhältnissen. In: Jurczyk, K./Rerrich, M. S. (Hrsg.): *Die Arbeit des Alltags – Beiträge zu einer Soziologie der alltäglichen Lebensführung*. Freiburg i. Br.: Lambertus, S. 346-374

Jürgens, K. (2001): Familiale Lebensführung. Familienleben als alltägliche Verschränkung individueller Lebensführungen. In: Voß, G.G./Weihrich, M. (Hrsg.): *Tagaus-Tagein. Neue Beiträge zur Soziologie familialer Lebensführung*. München: Mehring, S.33-60.

Jürgens, K./Reinecke, K. (2000): Anpassung an atmende Unternehmen – Anforderungen an Familien durch flexibilisierte Arbeitszeiten. In: Hildebrandt, E./Linne, G. (Hrsg.) (2000): *Reflexive Lebensführung. Zu den sozialökologischen Folgen flexibler Arbeit*. Berlin: Edition Sigma.

Jürgens, K./Reinecke, K. (1998): *Zwischen Volks- und Kinderwagen. Auswirkungen der 28,8 Stundenwoche bei der VW-AG auf die familiale Lebensführung von Industriearbeiten.* Berlin: Edition Sigma.

Kaiser, A. (1997): Doppeltqualifiziert oder ‚auf halber Stelle'? – Thesen zur Sozialisation von Grundschullehrerinnen. In: Buchen, S./Carle, U./Döbrich, P./Hoyer, H.-D./Schönwälder, H.-G. (Hrsg.): *Jahrbuch für Lehrerforschung* Band 1. Weinheim/München: Juventa.

Kanter, R. M. (1977): *Men and Women of the Corporation.* New York: Basic Books.

Keller, Barbara (Hrsg.) (2002): *Frauen machen Karriere in Wissenschaft, Wirtschaft und Politik: Chancen nutzen-Barrieren überwinden.* Baden-Baden: Nomos.

Kessler, S. J./McKenna, W. (1994): *Gender. An Ethnomethodological Approach.* New York: Wiley.

Kiefl, W./Lamnek, S. (1984): Qualitative Methoden in der Marktforschung. In: *Planung und Analyse* 11/12, S. 474-480.

Kil, M./Uhtes, R. (1998): Organisationsdiagnose für eine geschlechtergerechte Hochschulstrukturreform. In: Roloff, C. (Hrsg.): *Reformpotential an Hochschulen. Frauen als Akteurinnen in Hochschulreformprozessen.* Berlin: Edition Sigma, S. 127-152.

Kleemann, F./Voß, G.G. (1999): Telearbeit und alltägliche Lebensführung. In: Büssing, A./Seifert, H. (Hrsg.): *Die Stechuhr hat ausgedient. Flexible Arbeitszeiten durch technische Entwicklungen.* Berlin: Edition Sigma.

Klein, R./Kiem, E./Ette, W. (Hrsg.) (2000): *Musik in der Zeit – Zeit in der Musik.* Weilerswist: Velbrück.

Klemm, K./Döbrich, P./Lohmann, A./Beckmann, U./Schmitter, J./Daschner, P. (1998): *Lehrerarbeit, Zeit und Schulentwicklung.* Weinheim: Deutscher Studien-Verlag.

Koch, S. (1999): Wenn Schulforscher von Schulreform träumen. Theorie und Praxis in der Schulqualitätsforschung. In: Die deutsche Schule, 91.Jg. 1999 (4), S. 411-423.

Kohli, M. (1985): Die Institutionalisierung des Lebenslaufs. Historische Befunde und theoretische Argumente. In: *Kölner Zeitschrift für Soziologie und Sozialpsychologie* 3, S. 1-29.

Krell, G. (1984): *Das Bild der Frau in der Arbeitswissenschaft.* Frankfurt a. M./New York: Campus.

Kudera, W./Voß, G.G. (Hrsg.) (2000): *Lebensführung und Gesellschaft. Beiträge zu Konzept und Empirie alltäglicher Lebensführung.* Opladen: Leske + Budrich.

Kudera, W. (1995): Lebenslauf, Biographie und Lebensführung. In: Berger, P.-A./Sopp, P. (Hrsg.): *Sozialstruktur und Lebenslauf.* Opladen: Leske + Budrich, S. 85- 105.

Kudera, W./Voß, G.G. (1988): Veränderungen der Arbeitsteilung von Personen. Neue Muster der individuellen Verteilung von Arbeit auf verschiedene Lebensbereiche. Ein Forschungsprogramm. In: Schmiede, R. (Hrsg): *Arbeit und Subjektivität.* Bonn: Informationszentrum Sozialwissenschaft.

Kühl, S. (2003): Organisationssoziologie. Ein Ordnungs- und Verortungsversuch. In: Orth, B./Schwietring, T./Weiß, J. (Hrsg.): *Soziologische Forschung: Stand und Perspektiven.* Opladen: Leske + Budrich, S. 379-388.

Künzler, J. (1995): Geschlechtsspezifische Arbeitsteilung. Die Beteiligung von Männern im Haushalt im internationalen Vergleich. In: *Zeitschrift für Frauenforschung* 1+2, S. 115-135.

Küpper, W./Ortmann, G. (1986): Mikropolitik in Organisationen. In: *Die Betriebswirtschaft*, Nr.46.

Lamnek, S. (1993a): *Qualitative Sozialforschung.* Bd. 1. Weinheim: Beltz. 2. Auflage.

Lamnek, S. (1993b): *Qualitative Sozialforschung.* Bd. 2. Weinheim: Beltz. 2. Auflage.

Lauterbach, W. (2003): Nur Mythenjägerin? Zur Biographie der Familiensoziologie in den letzten Jahren. In: Orth, B./Schwietring, T./Weiß, J. (Hrsg.): *Soziologische Forschung: Stand und Perspektiven.* Opladen: Leske + Budrich, S. 125-138.

Lefebvre, H. (1987): *Kritik des Alltagslebens.* Frankfurt a. M.: Suhrkamp.

Lenz, I. (2000): Globalisierung, Geschlecht, Gestaltung? In: Lenz, I./Nickel, H.M./Riegraf, B. (Hrsg.) (2000): *Geschlecht, Arbeit, Zukunft.* Münster: Westfälisches Dampfboot. S.16-48.

Levine, R. (2002): *Eine Landkarte der Zeit.* München: Piper.

Lewis, J./Ostner, I. (1994): *Gender and the Evolution of European Social Policy. Working Paper 4 of the Centre for Social Policy Research.* Bremen: Zentrum für Sozialpolitik.

Lind, I. (2004): Aufstieg oder Ausstieg? Karrierewege von Wissenschaftlerinnen – Ein Forschungsüberblick. In: *CEWS Beiträge Frauen in Wissenschaft und Forschung* 2. Bielefeld: Kleine.

Lind, I. /Moller, I. (1999): *Inclusion and Exclusion: Unemployment and Non-standard Employment in Europe.* Aldershot: Ashgate.

Lorber, J. (1994): *Paradoxes of Gender.* New Haven/London: Yale University Press.

Lorber, J. (1991): Dismatling Noahs Arch. In: Lorber, J./Farell, S. (Hrsg.): *The Social Construction of Gender.* Newbury Park/London/New Delhi: Sage, S. 355-369.

Lorber, J. (1984): *Women Physicians: Careers, Status and Power.* London: Travistock.

Luedtke, J. (2000): *Lebensführung in der Arbeitslosigkeit. Differentielle Problemlagen und Bewältigungsmuster.* Herbolzheim: Centaurus-Verlag.

Lüscher, K. (1989): Zeit. In: Endruweit, G./Trommsdorff, G. (Hrsg.): *Wörterbuch der Soziologie. Bd3.* Stuttgart: dtv. S.834-836.

Luhmann, N. (1990): Die Zukunft kann nicht beginnen: Temporalstrukturen der modernen Gesellschaft. In: Sloterdijk, P. (Hrsg.): *Vor der Jahrtausendwende. Bericht zur Lage der Zukunft* Bd.1. Frankfurt a. M.: Suhrkamp, S. 119-150.

Luhmann, N. (1984): Struktur und Zeit. In: Luhmann, N. (Hrsg.): *Soziale Systeme. Grundriss einer allgemeinen Theorie.* Frankfurt a. M.: Suhrkamp, S. 377-487.

Luhmann, N. (1981a) Zeit und Handlung – Eine vergessene Theorie. In: Luhmann, N. *Soziologische Aufklärung 3.* Opladen: Westdeutscher Verlag, S.101-125.

Luhmann, N. (1981b): Temporalstrukturen des Handlungssystems. Zum Zusammenhang von Handlungs- und Systemtheorie. In: Luhmann, N. *Soziologische Aufklärung 3,* Opladen: Westdeutscher Verlag, S. 126-150.

Luhmann, N. (1975): Die Knappheit der Zeit und die Vordringlichkeit des Befristeten. In: Luhmann, N.: *Politische Planung. Aufsätze zur Soziologie von Politik und Verwaltung.* Opladen: Leske + Budrich, S. 143-164.

Luhmann, N. (1971): Lob der Routine. In: Luhmann, N. (Hrsg.): *Politische Planung. Aufsätze zur Soziologie von Politik und Verwaltung.* Opladen: Leske + Budrich, S. 113-142.

Maffesoli, M. (1989): *The Sociology of Everyday Life.* London: Sage.

Maturana, H./Varela, F. (1987): *Der Baum der Erkenntnis.* München: Goldmann.

Maurer, A. (1994): *Moderne Arbeitsutopien. Das Verhältnis von Arbeit, Zeit und Geschlecht.* Wiesbaden: VS-Verlag.

Maurer, A. (1992): *Alles eine Frage der Zeit? Die Zweckrationalisierung von Arbeitszeit und Lebenszeit.* Berlin: Edition Sigma.

Mayring, P. (1997): *Qualitative Inhaltsanalyse. Grundlagen und Techniken.* Weinheim: Deutscher Studien-Verlag.

Mead, G. H. (1987): *Gesammelte Aufsätze. Herausgegeben von Hans Joas.* Frankfurt a. M. (1): Suhrkamp.

Metz-Göckel, S. (1993): Die Macht der Lehrerinnen. In: Kreinbaum, M.A. (Hrsg.): *Was ist eine gute Schule?* Weinheim: Deutscher Studien-Verlag, S. 9-23.

Michailow, M. (1989): Umbrüche und Neuarrangements sozialer Zeitverhältnisse: Die neue Zeitsemantik im Lebensstil der Zeitpioniere. In: *Schweizerische Zeitschrift für Soziologie* 15, S. 393-411.

Morrison, A. /White, R. /Van Velsor, E. (1992): *Breaking the Glass Ceiling: Can Women Reach the Top of America's Largest Corporations?* Reading, MA: Addison-Wesley.

Mummert & Partner (1999): *Untersuchung zur Ermittlung, Bewertung und Bemessung der Arbeitszeit der Lehrerinnen und Lehrer im Land Nordrhein-Westfalen*, Band 1+2. Arbeitsstab Aufgabenkritik beim Finanzministerium Nordrhein-Westfalen.

Müller, U. (1999): Geschlecht und Organisation. Traditionsreiche Debatten – Aktuelle Tendenzen. In: Nickel, H. M./Völker, S./Hüning, H. (Hrsg.): *Transformationen – Unternehmensreorganisation – Geschlechterforschung.* Opladen: Leske + Budrich, S. 53-75.

Müller, U. (1998): Asymmetrische Geschlechterkultur in Organisationen und Frauenförderung als Prozess mit Beispielen aus Betrieben und der Universität. In: *Zeitschrift für Personalforschung* 12 (2), S. 123-142.

Müller, U. (1997): Von der Gegen- zur Interventionskultur: ‚Frauenforschung' als institutionalisierte Sozialwissenschaft. In: Metz-Göckel, S./Steck, F. (Hrsg.): *Frauenuniversitäten. Initiativen und Reformprojekte im internationalen Vergleich.* Opladen: Leske + Budrich, S. 157-177.

Müller, U. (1993): Sexualität, Organisation, Kontrolle. In: Aulenbacher, B./Goldmann, M. (Hrsg.): *Transformationen im Geschlechterverhältnis.* Frankfurt a. M./New York: Campus, S. 97-114.

Naschold, F. (1982): Gesellschaftliche Entwicklung und Belastungsstruktur. In: Friczenski, F./Maschewsky, W./Naschold, F./Wotchack, P./Wotchack, W. (Hrsg.): *Arbeitsbelastung und Krankheit bei Industriearbeitern.* Frankfurt a. M./New York: Campus, S.9-24.

Naschold, F. /Tietze, B. (1978): *Arbeitsgestaltungspolitik durch rechtliche Normierung.* Veröffentlichungsreihe des IIVG am WBZ. Berlin.

Nassehi, A. (1993): *Die Zeit der Gesellschaft. Auf dem Weg zu einer soziologischen Theorie der Zeit.* Opladen: Westdeutscher Verlag.

Neumann, E. (1988): Das Zeitmuster der protestantischen Ethik. In: Zoll, R. (Hrsg.): *Zerstörung und Wiederaneignung der Zeit.* Frankfurt a. M.: Suhrkamp, S. 160-171.

Neusel, A. (1998): Funktionsweise der Hochschule als besondere Organisation. In: Roloff, C. (Hrsg.): *Reformpotential an Hochschulen. Frauen als Akteurinnen in Hochschulreformprozessen.* Berlin: Edition Sigma, S. 63-76.

Newton, I. (1963): *Mathematische Prinzipien der Naturlehre.* Herausgegeben von J. Ph. Wolters. Fotomechanischer Nachdruck der Ausgabe Berlin 1872. Darmstadt: Wissenschaftliche Buchgesellschaft.

Nowotny, H. (1993): *Eigenzeit. Entstehung und Strukturierung eines Zeitgefühls.* Frankfurt a. M.: Suhrkamp.

Nünning, A. (Hrsg.) (2004): *Metzler-Lexikon Literatur- und Kulturtheorie. Ansätze, Personen, Grundbegriffe.* Stuttgart/Weimar: Metzler Verlag.

Oechsle, M. (2002): Keine Zeit – (k)ein deutsches Problem? In: Hochschild, A. R.: *Keine Zeit – Wenn die Firma zum Zuhause wird und zu Hause nur Arbeit wartet.* Opladen: Leske + Budrich, S. VII-XVII.

Oevermann, U. (1983): Hermeneutische Sinnrekonstruktion – Als Therapie und Pädagogik missverstanden, oder: Das notorische strukturtheoretische Defizit pädagogischer Wissenschaft. In: Gorz, D./ Krainer, K. (Hrsg.): *Brauchen wir andere Forschungsmethoden? Beiträge zur Diskussion interpretativer Verfahren.* Monographien Pädagogik, Bd.33, Frankfurt a. M.: Scriptor, S.113-155.

Ortmann, G./Sydow, J./Türk, K. (2000): *Theorien der Organisation. Die Rückkehr der Gesellschaft.* 2. durchgesehene Auflage. Wiesbaden: Westdeutscher Verlag.

Ortmann, G. (1995): *Die Form der Produktion. Organisation und Rekursivität.* Opladen: Leske + Budrich.

Ostner, I. (1992): Zum letzten Male: Anmerkungen zum weiblichen Arbeitsvermögen. In: Krell, G./Osterloh, M. (Hrsg.): *Personalpolitik aus der Sicht von Frauen – Frauen aus der Sicht der Personalpolitik.* München/Mering: Hampp, S. 107-121.

Ostner, I. (1990): Das Konzept des weiblichen Arbeitsvermögens. In: Autorinnengemeinschaft: *Erklärungsansätze zur geschlechtsspezifischen Strukturierung des Arbeitsmarktes.* Paderborn: SAMF.

Ostner, I. (1979): *Beruf und Hausarbeit. Die Arbeit der Frau in unserer Gesellschaft.* Frankfurt a. M./New York: Campus.

Paris, R. (2001): Warten auf Amtsfluren. In: *Kölner Zeitschrift für Soziologie und Sozialpsychologie.* 2000/01, S. 705-733.

Peirce, C.S. (1991): *Naturordnung und Zeichenprozess. Schriften über Semiotik und Naturphilosophie.* Hrsg. und eingel. von Helmut Pape. Frankfurt a. M.: Suhrkamp.

Pfahl, S./Reuyß, S. (2002): Blockfreizeiten und Sabbaticals. Mehr Zeit für die Familie?. In: *WSI-Mitteilungen* 8.

Pfau-Effinger, B. (2000): *Kultur und Frauenerwerbsarbeit in Europa. Theorie und Empirie des internationalen Vergleichs.* Opladen: Leske + Budrich.

Pickshaus, K. (2000): Arbeiten ohne Ende und ohne Maß. In: *Computer Fachwissen* 4, S. 14-17.

Pongartz, H.G./Voß, G.G. (Hrsg.) (1998a): *Subjektorientierte Soziologie.* Opladen: Leske + Budrich.

Pongartz, H.G./Voß, G.G. (1998b): Der Arbeitskraftunternehmer. Eine neue Grundform der Ware Arbeitskraft?. In: *Kölner Zeitschrift für Soziologie und Sozialpsychologie.* 50 (1), S. 131-158.

Prahl, H.-W. (1977): *Freizeitsoziologie: Entwicklungen, Konzepte, Perspektiven.* München: Kösel.

Przyklenk, A./Geißler, M. (2001): *Effektives Zeitmanagement – Dem Zeitdieb keine Chance.* Stuttgart: Sauer-Verlag.

Rabe-Kleberg, U. (1993): *Verantwortlichkeit und Macht. Ein Beitrag zum Verhältnis von Geschlecht und Beruf angesichts der Krise traditioneller Frauenberufe.* Bielefeld: Kleine.

Rabe-Kleberg, U. (1987): *Frauenarbeit – Zur Segmentierung der Berufswelt.* Bielefeld: Kleine.

Raehlmann, I. (2004): *Zeit und Arbeit.* Wiesbaden: VS-Verlag.

Raehlmann, I./Meiners, B./Glanz, A./Funder, M. (1993): *Flexible Arbeitszeiten. Wechselwirkungen zwischen betrieblicher und außerbetrieblicher Lebenswelt. Westdeutscher Verlag.* Studien zur Sozialwissenschaft Band 123. Opladen: Leske + Budrich.

Raehlmann, I./Meiners, B./Glanz, A./Funder, M. (Hrsg.) (1992): *Alles unter einen Hut? Arbeits- und Lebenszeit von Frauen in der ‚Dienstleistungsgesellschaft'.* Hamburg: VSA-Verlag.

Raml, E. M. (1993): *Karriere und Familien: Erklärungen zur Unterrepräsentation von Frauen in Führungspositionen und Lösungsansätze zur Vereinbarkeit von Familie und Beruf.* Linz: Trauner.

Rammstedt, O. (1975): Alltagsbewusstsein von Zeit. In: *Kölner Zeitschrift für Soziologie und Sozialpsychologie* 27, S. 47-63.

Reh, S./Tillmann, K.J. (1994): Zwischen Verunsicherung und Stabilitätssuche. Der Wandel der Lehrerrolle in den neuen Bundesländern. In: *Die deutsche Schule*, 86. Jg. (2), S. 224-241.

Reheis, F. (1998): *Die Kreativität der Langsamkeit. Neuer Wohlstand durch Entschleunigung.* Darmstadt: Primus. 2. erweiterte Auflage.

Reich, R. B. (2002): *The Future of Success. Wie wir morgen arbeiten werden.* München: Piper.

Reichert, T. (2003): *Frauen und Karriere: Eine empirisch gestützte Analyse von Hindernissen und Erfordernissen.* Bochum: Institut für Unternehmensführung und Unternehmensforschung.

Rerrich, M.S. (2000): Zusammenfügen, was auseinanderstrebt: Zur familialen Lebensführung von Berufstätigen. In: Kudera, W./Voß, G.G. (Hrsg.): *Lebensführung und Gesellschaft. Beiträge zu Konzept und Empirie alltäglicher Lebensführung.* Opladen: Leske + Budrich, S. 247-263.

Rerrich, M.S. (1993): Gemeinsame Lebensführung: Wie Berufstätige einen Alltag mit ihren Familien herstellen. In: In: Jurczyk, K./Rerrich, M.S. (Hrsg.): *Die Arbeit des Alltags. Beiträge zu einer Soziologie der alltäglichen Lebensführung.* Freiburg i. Br.: Lambertus, S. 310-333.

Rerrich, M.S. (1991): Puzzle Familienalltag: Wie passen die einzelnen Teile zusammen? In: *Jugend und Gesellschaft. Zeitschrift für Erziehung, Jugendschutz und Suchtprävention*; 5,6/1991.

Rerrich, M.S. (1990): *Balanceakt Familie. Zwischen alten Leitbildern und neuen Lebensformen.* Freiburg i. B.: Kore. 2. Aufl.

Reskin, B. F. /Padavic, I. (1994): *Women and Men at Work.* Thousand Oaks: Pine Forge.

Reskin, B. F./Ross, C. E. (1992): Jobs, Authority, and Earning Among Managers. The Continuing Significance of Sex. In: *Work and Occupations* 19 (4), S. 342-365.

Rieckmann, H. (1994): „Organisationsentwicklung – von der Euphorie zu den Grenzen". In: Sattelberger, Th. (Hrsg.): *Die lernende Organisation: Konzepte für eine neue Qualität der Unternehmensentwicklung.* Wiesbaden (2): Gabler, S. 126-143.

Riegraf, B. (1996): *Geschlecht und Mikropolitik. Das Beispiel betrieblicher Gleichstellung.* Opladen: Leske + Budrich.

Rifkin, J. (1988): *Uhrwerk Universum. Die Zeit als Grundkonflikt des Menschen.* München: Piper.

Rinderspacher, J. (Hrsg) (2003): *Zeit für alles – Zeit für nichts? Die Bürgergesellschaft und ihr Zeitverbrauch.* Essen: SWI-Verlag.

Rinderspacher, J. (2002a): Zeitwohlstand. *Ein Konzept für einen anderen Wohlstand der Nation*. Berlin: Edition Sigma.

Rinderspacher, J. (2002b): Zeitwohlstand. Entstehungszusammenhänge eines erweiterten Verständnisses vom Ziel des Wirtschaftens. In: *Zeitwohlstand. Ein Konzept für einen anderen Wohlstand der Nation*. Berlin: Edition Sigma.

Rinderspacher, J. (2000): *Ohne Sonntag gibt es nur noch Werktage – Die soziale und kulturelle Bedeutung des Wochenendes*. Bonn: Dietz.

Rinderspacher, J. (1995): Zeit gewinnen: Paradoxien im Umgang mit einem alltäglichen Phänomen. In: Rinderspacher, J./Kohr, H. U./Born, C./Karsten, M.-E. (Hrsg.): *Zeit im Leben – Zeit erleben*. 49. Lüneburger Universitätswoche. Lüneburger Universitätsschriften 7.

Rinderspacher, J. (1987): Die ruhelose Gesellschaft. In: *Das Argument*. Jg. 29 (164), S. 498-504.

Rinderspacher, J. (1985): *Gesellschaft ohne Zeit. Überlegungen zu einer menschengerechten Zeitökonomie. In: Gesellschaft ohne Zeit. Individuelle Zeitverwendung und soziale Organisation der Arbeit*. Frankfurt a. M./New York: Campus.

Robak, B. (1992): Schriftsetzerinnen und Maschineneinführungsstrategien im 19. Jahrhundert. In: Wetterer, A. (Hrsg.): *Profession und Geschlecht. Über die Marginalität von Frauen in hochqualifizierten Berufen*. Frankfurt a. M./New York: Campus, S. 83-100.

Robak, B. (1988): *Auf der Suche nach der weiblichen Facharbeit. Das Beispiel der Schriftsetzerin*. Kassel: IAG Frauenforschung.

Rohmert, W./Rutenfranz, J. (1975): Arbeitswissenschaftliche Beurteilung der Belastung und Beanspruchung an unterschiedlichen industriellen Arbeitsplätzen. Forschungsbericht für das Bundesministerium für Arbeit und Sozialordnung. Bonn.

Rolff, H.-G./Buhren, C. G./Lindau-Bank, D./Müller, S. (1998): Das SchuB-Konzept im Überblick. In: dies.: *Manual Schulentwicklung. Handlungskonzept zur pädagogischen Schulentwicklungsberatung (SchuB)*. Weinheim/Basel: Beltz, S. 11-57.

Rolff, H.-G. (1995): *Wandel durch Selbstorganisation: Theoretische Grundlagen und praktische Hinweise für eine bessere Schule*. Weinheim: Juventa. 2. Aufl.

Rolff, H.-G. (1990): Wie gut sind gute Schulen? Kritische Analysen zu einem Modethema. In: Rolff, H.-G. (Hrsg.): *Jahrbuch der Schulentwicklung. Daten, Beispiele und Perspektiven*. Band 6. Weinheim: München, S. 243-261.

Roloff, C. (2003): Die Verbindung von Hochschulreform und Gender Mainstreaming. In: Roloff, C./Selent, P. (Hrsg.): *Hochschulreform und Gender Mainstreaming. Geschlechtergerechtigkeit als Querschnittaufgabe*. Bielefeld: Kleine, S. 19-34.

Roloff, C./Selent, P./Pfaff, C. (2003): Geschlechtergerechtigkeit als Reformstrategie – Viereinhalb Jahre Projekt „QueR" an der Universität Dortmund. In: Roloff, C./Selent, P. (Hrsg.): *Hochschulreform und Gender Mainstreaming. Geschlechtergerechtigkeit als Querschnittaufgabe*. Bielefeld: Kleine, S. 35 – 55.

Rosa, H. (2005): *Beschleunigung. Die Veränderung der Zeitstrukturen in der Moderne*. Frankfurt a. M.: Suhrkamp.

Rosa, H. (Hrsg.) (2004): *Fast Forward. Essays zu Zeit und Beschleunigung*. Hamburg: Edition Körber Stiftung.

Rosenfeld, R.A./Van Buren, M.E./Kalleberg, A.L. (1998): Gender Differences in Superiory Authority: Variation among Advanced Industrialized Democraties. In: *Social Science Research* 27, S. 23-49.

Rüsen, J. (Hrsg.) (2003): *Zeit deuten: Perspektiven – Epochen – Paradigmen.* Bielefeld: Transcript.

Sadker, M./Sadker, D. /Klein, S. (1991): The Issue of Gender in Elementary and secondary Education. In: *Review of Research in Education* 17, Washington: AREA.

Salzwedel, H. (1988): *Zeit als Zeiterleben, Zeitorientierung und Zeitperspektive.* Dissertation. Berlin.

Saupe, R./Möller, H. (1981): *Psychomentale Belastungen im Lehrerberuf. Ergebnisse einer Studie in Berlin-West.* Berlin: GEW Landesverband Berlin.

Schäfer, C. (1995): Lieber kürzer arbeiten – und besser leben, als lange arbeitslos und bald auch hilflos. In: *Wirtschafts- und sozialpolitische Zeitschrift* 38, S. 49-74.

Schilling, G./Bauer, F./Groß, H. (1996): Arbeitszeiten, Arbeitszeitwünsche und Zeitverwendung in Deutschland. In: *WSI-Mitteilungen* 49 (7). Frankfurt a. M.: Bund-Verlag.

Schimank, U. (2005): *Die Entscheidungsgesellschaft. Komplexität und Rationalität der Moderne.* Wiesbaden: VS Verlag.

Schmitter, J. (1997): Schon jetzt sind die Mängel offenkundig. In: *Neue deutsche Schule* 3.

Schöneck, N. (2004): „Stets ein bisschen getrieben" – Die Zeitwahrnehmung meiner Mitmenschen im Fokus. In: Rosa, H. (Hrsg.): *Fast Forward – Essays zu Zeit und Beschleunigung.* Hamburg: Edition Körber, S. 29-46.

Schöneck, N. (2003): *Subjektive Zeitwahrnehmung im sozialen Kontext.* Diplomarbeit an der Fakultät für Sozialwissenschaft, Ruhr-Universität Bochum.

Schönwälder, H. G. (1998): *Arbeitsbelastung im Lehrberuf.* Bremen:

Schönwälder, H. G. (1997): Ein Schuft, wer böses dabei denkt? In: *Neue deutsche Schule.* 3.

Schönwälder, H.G. (1993): Der gestresste Sysiphos. Lehrerstress – Anlass, Ausmaß und Möglichkeiten, ihm zu begegnen: In: *Pädagogik extra* (10), S. 6-10.

Schöps, M. (1980): *Zeit und Gesellschaft.* Stuttgart: Poeschel.

Schumann, M. (2002): Das Ende der kritischen Industriesoziologie?. In: *SOFI-Mitteilungen* 30, S. 11-26.

Schütz, A./Luckmann, T. (1994): *Strukturen der Lebenswelt* Bd. 1+2. Frankfurt a. M.: Suhrkamp. 5. Auflage.

Seiwert, L. (2001): *Das 1x1 des Zeitmanagements.* Landsberg am Lech: Mvg-Verlag. 22. Auflage.

Sennett, R. (1998): *Der flexible Mensch: Die Kultur des neuen Kapitalismus.* Berlin: Berlin-Verlag.

Sichtermann, B. (1985): Gegen eine politische Ökonomie der Hausarbeit. In: *Leviathan* 2, S. 212-218.

Soeffner, H.G. (1983): *Auslegung des Alltags – Der Alltag als Auslegung. Zur wissenssoziologischen Konzeption einer sozialwissenschaftlichen Hermeneutik.* Frankfurt a. M.: Suhrkamp.

Stanko, L./Ritsert, J.: (1994): *„Zeit" als Kategorie der Sozialwissenschaften: Eine Einführung.* Münster: Westfälisches Dampfboot.

Terhart, E. (2001): *Lehrerberuf und Lehrerbildung: Forschungsbefunde, Problemanalysen, Reformkonzepte.* Weinheim/München: Beltz.

Terhart, E. (1997): *Forum Lehrerbild. Biographie und Kommunikation.* Beiträge zur Fachtagung vom 17.6.1997 an der Westfälischen Wilhelms-Universität Münster. Münster: Zentrale Koordination Lehrerbildung. ZKL-Texte Nr.4.

Terhart, E./Czerwenka, K./Ehrich, K./Jordan, F./Schmidt, H-J. (1994): *Berufsbiographien von Lehrerinnen und Lehrern.* Frankfurt a. M.: Lang.

Teriet, B. (1978): Zeitökonomie, Zeitsouveränität und Zeitmanagement. In: *Zeitschrift für Arbeitswissenschaft* 32, S. 112-118.

Thompson, E.P. (1980): Zeit, Arbeitsdisziplin und Industriekapitalismus. In: Thompson, E.P./Groh, D. (Hrsg.): *Plebejische Kultur und moralische Ökonomie.* Frankfurt a. M.: Suhrkamp, S. 34-65.

Tornes, K. (1988): Frauen und Zeit. In: Hernes, H. M. (Hrsg.): *Frauenzeit – Gebundene Zeit.* Bielefeld: AJZ, S. 13-42.

Trebesch, K. (1980): Organisationsentwicklung in Europa. Organisation Development in Europe. Bd. 1 + 2.

Treutner, E./Voß, G.G. (2000): Arbeitsmuster – Ein theoretisches Konzept zum Zusammenhang von gesellschaftlicher Arbeitsteilung und der Verteilung von Arbeiten auf Ebene der Subjekte. In: Kudera, W./Voß, G.G. (Hrsg.): *Lebensführung und Gesellschaft. Beiträge zu Konzept und Empirie alltäglicher Lebensführung.* Opladen: Leske + Budrich, S.29-38.

Ulich, E. (1992): *Arbeitspsychologie.* Stuttgart: Poeschel. 2.Aufl.

Voß, G.G. (2001): Neue Verhältnisse? Zur wachsenden Bedeutung der Lebensführung von Arbeitskräften für die Betriebe. In: Burkart, L. (Hrsg.): *Entwicklungsperspektiven von Arbeit.* Ergebnisse aus dem Sonderforschungsbereich 333 der Universität München (DFG). Berlin: Akademie, S.31-45.

Voß, G.G./Weihrich, M. (Hrsg.) (2001): *Tagaus – Tagein. Neue Beiträge zur Soziologie alltäglicher Lebensführung. Arbeit und Leben im Umbruch.* Schriftenreihe zur subjektorientierten Soziologie der Arbeit und der Arbeitsgesellschaft Band 1. München: Hampp.

Voß, G.G. (2000): Zur sozialen Differenzierung von „Arbeit" und „Leben". Überlegungen aus der Perspektive des Konzepts „Alltägliche Lebensführung". In: Kudera, W./Voß, G.G. (Hrsg.): *Lebensführung und Gesellschaft. Beiträge zu Konzept und Empirie alltäglicher Lebensführung.* Opladen: Leske + Budrich, S. 63-76.

Voß, G.G. (1998): Die Entgrenzung von Arbeit und Arbeitskraft. Eine subjektorientierte Interpretation des Wandels von Arbeit. MAB, Heft 3, S.473-487.

Voß, G.G. (1993): Der Strukturwandel der Arbeitswelt und die alltägliche Lebensführung. In: Jurczyk, K./Rerrich, M.-S. (Hrsg.): *Die Arbeit des Alltags. Beiträge zu einer Soziologie der alltäglichen Lebensführung.* Freiburg i.B.: Lambertus, S. 70-111.

Voß, G.G. (1991): *Lebensführung als Arbeit. Über die Autonomie der Person im Alltag der Gesellschaft.* Stuttgart: Poeschel.

Wältz, B. (1986): *Berufsbelastung und Realitätsdeutung von Lehrern. Eine empirische Untersuchung.* Bensheim: Pädagogik-Extra-Verlag.

Wagner, A. (2000): Arbeiten ohne Ende? Über die Arbeitszeiten hochqualifizierter Angestellter. In: Institut Arbeit und Technik (Hrsg.): *Jahrbuch 1999/2000.* Gelsenkirchen: Wissenschaftszentrum Nordrhein-Westfalen, S. 258-275.

Wartenpfuhl, B. (2000): *Dekonstruktion von Geschlechtsidentität. Transversale Differenzen.* Opladen: Leske + Budrich.

Weber, M. (1991): *Die protestantische Ethik I. Eine Aufsatzsammlung.* Hrsg. Von Winckelmann, J. Gütersloh: Siebenstern. 8. Aufl.

Wegner, R. (2000): *Gesundheitliche Auswirkungen von beruflichen Belastungen bei Lehrkräften und in anderen psychomental belastenden Berufen aus arbeitsmedizinischer Sicht.* Vortrag im Rahmen der Veranstaltung " Stress im Klassenzimmer – Neue Studie zur Lehrerbelastung, DBB, Berlin 2.11.2000.

Wegner, R./Ladendorf, B./Mindt-Prüfert, S./Poschadel, B.: Psychomentale Belastung und Beanspruchung im Lehrerberuf, Ergebnisse einer Fragebogenerhebung. Sonderdruck aus: *Arbeitsmedizin, Sozialmedizin, Umweltmedizin.* 33. Jg. Heft 6, Stuttgart 1998, S. 248-259.

Weiss, J. (1998): Die zweite Moderne – Eine neue Suhrkamp-Edition. In: *Soziologische Revue* 21, S. 415-426.

Wendorff, R. (1989): *Im Netz der Zeit. Menschliches Zeiterleben interdisziplinär.* Stuttgart: Poeschel.

West, C./Zimmermann, D.H. (1991): Doing Gender. In: Lorber, J. /Farell, S. (Hrsg.): *The Social Construction of Gender.* Newbury Park/London/New Delhi: Sage, S. 13-37.

Wetterer, A. (1992): Hierarchie und Differenz im Geschlechterverhältnis. Theoretische Ansätze zur Analyse der Marginalität von Frauen in hochqualifizierten Berufen. In: Wetterer, A. (Hrsg.): *Profession und Geschlecht. Über die Marginalität von Frauen in hochqualifizierten Berufen.* Frankfurt a. M./New York: Campus, S. 13-40.

Willms-Herget, A. (1985): *Frauenarbeit: Zur Integration der Frauen in den Arbeitsmarkt.* Frankfurt am Main/New York: Campus.

Wilz, S.M. (2002): Organisation und Geschlecht. Wiesbaden: VS-Verlag.

Witz, A. (1992): *Professions and Patriarchy.* London/New York: Routledge.

Witz, A./Savage, M. (1992): The Gender of Organisations. In: dies. (Hrsg.): *Gender and Bureaucracy.* Oxford: Blackwell, S. 3-62.

Witz, A. (1990): Patriarchy and Professions: The gendered Politics of Occupational Closure. In: *Sociology* 24 (4): 675-690.

Woderich, R. (1997): „Ich mag Schüler trotzdem noch!" Fallanalysen zur Verarbeitung biographischer Unsicherheit. In: Buchen, S./Carle, U./Döbrich, P./Hoyer, H.D./Schönwälder, H.G. (Hrsg.): *Jahrbuch für Lehrerforschung* Bd. 1. Weinheim/München: Juventa, 117-138.

Yoder, J. D. (1991): "Rethinking Tokenism Looking Beyond Numbers". In: *Gender & Society* 5 (2), S. 178-192.

Zoll, R. (Hrsg.) (1988): *Zerstörung und Wiederaneignung von Zeit.* Frankfurt a. M.: Suhrkamp.

SPRINGER NATURE

GPSR Compliance

The European Union's (EU) General Product Safety Regulation (GPSR) is a set of rules that requires consumer products to be safe and our obligations to ensure this.

If you have any concerns about our products, you can contact us on ProductSafety@springernature.com

In case Publisher is established outside the EU, the EU authorized representative is:

Springer Nature Customer Service Center GmbH
Europaplatz 3
69115 Heidelberg, Germany

FSC
www.fsc.org
MIX
Papier | Fördert
gute Waldnutzung
FSC® C083411

Kolibri 360 GmbH
Ferdinand-Jühlke-Straße 7
99095 Erfurt, Deutschland
produktsicherheit@kolibri360.de